T0280883

Festigkeitslehre für den Leichtbau

Lizenz zum Wissen.

Sichern Sie sich umfassendes Technikwissen mit Sofortzugriff auf tausende Fachbücher und Fachzeitschriften aus den Bereichen: Automobiltechnik, Maschinenbau, Energie + Umwelt, E-Technik, Informatik + IT und Bauwesen.

Exklusiv für Leser von Springer-Fachbüchern: Testen Sie Springer für Professionals 30 Tage unverbindlich. Nutzen Sie dazu im Bestellverlauf Ihren persönlichen Aktionscode C0005406 auf
www.springerprofessional.de/buchaktion/

Jetzt 30 Tage testen!

Springer für Professionals.
Digitale Fachbibliothek. Themen-Scout. Knowledge-Manager.

🔍 Zugriff auf tausende von Fachbüchern und Fachzeitschriften

☺ Selektion, Komprimierung und Verknüpfung relevanter Themen durch Fachredaktionen

✎ Tools zur persönlichen Wissensorganisation und Vernetzung

www.entschieden-intelligenter.de

Springer für Professionals

 Springer

Markus Linke · Eckart Nast

Festigkeitslehre für den Leichtbau

Ein Lehrbuch zur Technischen Mechanik

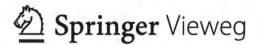 Springer Vieweg

Markus Linke
Eckart Nast
Department F+F
HAW Hamburg
Hamburg, Deutschland

ISBN 978-3-642-53864-3   ISBN 978-3-642-53865-0 (eBook)
DOI 10.1007/978-3-642-53865-0

Die Deutsche Nationalbibliothek verzeichnet diese Publikation in der Deutschen Nationalbibliografie; detaillierte bibliografische Daten sind im Internet über http://dnb.d-nb.de abrufbar.

Springer Vieweg
© Springer-Verlag Berlin Heidelberg 2015
Das Werk einschließlich aller seiner Teile ist urheberrechtlich geschützt. Jede Verwertung, die nicht ausdrücklich vom Urheberrechtsgesetz zugelassen ist, bedarf der vorherigen Zustimmung des Verlags. Das gilt insbesondere für Vervielfältigungen, Bearbeitungen, Übersetzungen, Mikroverfilmungen und die Einspeicherung und Verarbeitung in elektronischen Systemen.

Die Wiedergabe von Gebrauchsnamen, Handelsnamen, Warenbezeichnungen usw. in diesem Werk berechtigt auch ohne besondere Kennzeichnung nicht zu der Annahme, dass solche Namen im Sinne der Warenzeichen- und Markenschutz-Gesetzgebung als frei zu betrachten wären und daher von jedermann benutzt werden dürften.

Der Verlag, die Autoren und die Herausgeber gehen davon aus, dass die Angaben und Informationen in diesem Werk zum Zeitpunkt der Veröffentlichung vollständig und korrekt sind. Weder der Verlag noch die Autoren oder die Herausgeber übernehmen, ausdrücklich oder implizit, Gewähr für den Inhalt des Werkes, etwaige Fehler oder Äußerungen.

Gedruckt auf säurefreiem und chlorfrei gebleichtem Papier.

Springer-Verlag GmbH Berlin Heidelberg ist Teil der Fachverlagsgruppe Springer Science+Business Media
(www.springer.com)

Vorwort

Während unserer Tätigkeit in der Industrie und an der Hochschule konnten wir immer wieder feststellen, dass die Anwendung mechanischer Grundlagen und der darauf aufbauenden Theorien, die zum Verständnis der Wirkungsweise von Leichtbaustrukturen und damit der eingesetzten Auslegungsmethoden zentral sind, große Schwierigkeiten bereitet. Dies ist nicht nur darin begründet, dass das auf den Leichtbau vorbereitende Fach Technische Mechanik des Grundstudiums hohe Anforderungen an das Abstraktionsvermögen und die mathematischen Fähigkeiten der Studierenden stellt, sondern dass auch nur wenige Lehrbücher eine Brücke zwischen den mechanischen Grundlagen und den weiterführenden Berechnungsmethoden des Leichtbaus schlagen. Aus diesem Grunde möchten wir mit diesem Lehrbuch einen Beitrag zu einem erleichterten Zugang zu den Berechnungsmethoden des Leichtbaus leisten.

Das Buch wendet sich an Ingenieurstudierende der Fachrichtungen Fahrzeugtechnik und Flugzeugbau sowie an Studierende anderer Studiengänge mit der Vertiefung Leichtbau oder Höhere Festigkeitslehre. Zudem kann dieses Buch Ingenieurinnen und Ingenieuren in der Praxis zur Auffrischung ihrer Leichtbaukenntnisse dienen.

Mit diesem Buch verfolgen wir das Ziel, das unbedingt notwendige Rüstzeug zum Verständnis und zur Berechnung von Leichtbaustrukturen in einfacher und kompakter Weise zusammenzustellen. Die notwendigen Grundlagen und Theorien werden an einfachen Beispielen erarbeitet und dann zur Entwicklung komplexerer Zusammenhänge genutzt. Da man eine Theorie erst richtig beherrscht, wenn man sie auf unterschiedliche Fragestellungen erfolgreich anwenden kann, werden zu jedem Thema Beispiele vorgerechnet. Der Anschaulichkeit halber sind die Herleitungen wie auch die Berechnungsbeispiele mit erläuternden Abbildungen versehen. Darüber hinaus werden am Ende eines jeden Kapitels die wesentlichen Formeln kompakt aufgeführt und Fragen zum allgemeinen Verständnis gestellt, die zur Überprüfung des eigenen Wissenstandes dienen.

Dieses Lehrbuch ist aus unserer Lehrveranstaltung Festigkeit im Leichtbau entstanden, die wir an der HAW Hamburg halten. Ihre Inhalte sind aus unseren Erfahrungen und Kenntnissen erwachsen, die wir während unserer Berufstätigkeit aber natürlich auch im Studium gesammelt haben. Als Folge sind im Laufe der Zeit eine

Vielzahl von Werken durch unsere Hände gegangen, die zu dieser Vorlesung bei-
getragen haben. Da dies ein Lehrbuch ist, möchten wir den laufenden Text jedoch
nicht mit Referenzen überfrachten. Um dennoch niemandem diese Werke vorzuent-
halten, verwenden wir zwei Literaturverzeichnisse. Ein übliches und ein zweites
Verzeichnis, das wir Ergänzungsliteratur nennen. Im letzteren führen wir Bücher
auf, die wir für das Eigenstudium sehr empfehlen, da sie neue Perspektiven auf den
Lernstoff wie auch eine weitergehende Auseinandersetzung ermöglichen. Machen
Sie sich dieses Material daher zu Nutze.

Da man als Lehrender genauso wenig wie als Lernender jemals ausgelernt hat,
hinterfragen wir kritisch die Darstellungsform der Inhalte mit dem Ziel, die komplexen mechanischen Zusammenhänge möglichst leicht verständlich vorzustellen.
Eine wichtige Voraussetzung dazu stellen Hinweise und Anregungen aus der Leser-
schaft dar, weshalb wir uns über entsprechende Rückmeldungen freuen würden.

Freunden und Kollegen haben wir das Manuskript mit der Bitte um kritische
Durchsicht überlassen. Für die fachlichen und didaktischen Anregungen bedanken
wir uns herzlich:

> Dipl.-Ing. Philipp Abel
> Prof. Dr.-Ing. Jens Baaran
> Prof. Dr.-Ing. Wilfried Dehmel
> Prof. Dr.-Ing. Hans Flüh
> Prof. Dr.-Ing. Sven Füser
> Prof. Dr.-Ing. Ulrich Huber
> Prof. Dr.-Ing. habil. Thomas Kletschkowski
> Dr.-Ing. Felix Kruse
> Prof. Dr.-Ing. Gerhard Laging
> Dr.-Ing. Andreas Schnabel
> Prof. Dr.-Ing. Michael Seibel
> Prof. Dr.-Ing. Martin Wagner

Zeit ist ein knappes Gut. Die Zeit, die wir zur Erstellung dieses Lehrbuches auf-
gewendet haben, stand uns nicht für die vielen anderen schönen Dinge im Leben
zur Verfügung. Aus diesem Grunde bedanken wir uns herzlich für das aufgebrachte Verständnis während der Umsetzung dieses Buchprojekts bei unseren Nächsten
Vivian Hermann und Vicky Nast.

Hamburg,   *Markus Linke*
Februar 2015   *Eckart Nast*

Inhaltsverzeichnis

Nomenklatur

Lateinische Buchstaben

a	Länge eines Bauteils oder Abschnitts [mm]
A	Querschnitts- bzw. Profilfläche [mm^2]
A_m	von Profilmittellinie eingeschlossene Fläche [mm^2]
A^*	Ersatzfläche eines Trapez- oder Parallelogrammfeldes [mm^2]
b	Breite eines Bauteils oder Abschnitts [mm]
c	Federsteifigkeit [N/mm] oder Abmessung [mm]
c_φ	Torsions- oder Drehfedersteifigkeit [N mm]
C_T	Wölbwiderstand [mm^6]
d	Durchmesser [mm]
e	Exzentrizität [mm]
e_y	Schubmittelpunktslage infolge Querkraft Q_z (offenes Profil) [mm]
e_{y_g}	Schubmittelpunktslage infolge Querkraft Q_z (geschlossenes Profil) [mm]
e_z	Schubmittelpunktslage infolge Querkraft Q_y (offenes Profil) [mm]
e_{z_g}	Schubmittelpunktslage infolge Querkraft Q_y (geschlossenes Profil) [mm]
E	Elastizitätsmodul [N/mm^2]
E_K	Knickmodul [N/mm^2]
E_T	Tangentenmodul [N/mm^2]
EA	Dehnsteifigkeit [N]
EI	Biegesteifigkeit [N mm^2]
f	Verschiebung [mm]
F	Einzelkraft (Einzellast) [N]
g	Erdbeschleunigung [m/s^2]
G	Schubmodul [N/mm^2]
GA_Q	Querschubsteifigkeit [N]
GI_T	Torsionssteifigkeit [N mm^2]
h	Höhe eines Bauteils oder Abschnitts [mm]
H	Hilfskraft [N]
i	Trägheitsradius [mm]
I_0	polares Flächenträgheitsmoment um Schubmittelpunkt [mm^4]

I_T Torsionsflächenmoment [mm^4]
I_y axiales Flächenmoment 2. Grades um y-Achse [mm^4]
I_{yz} biaxiales Flächenmoment 2. Grades [mm^4]
I_z axiales Flächenmoment 2. Grades um z-Achse [mm^4]
K Plattensteifigkeit [N mm]
k Druckbeulwert mit Bezug auf σ_E [-]
k^* Druckbeulwert ohne Bezug auf σ_E [-]
k_τ Schubbeulwert mit Bezug auf σ_E [-]
k_τ^* Schubbeulwert ohne Bezug auf σ_E [-]
k_E Eulerscher Knickbeiwert [-]
l Länge eines Bauteils oder Abschnitts [mm]
l_0 Ausgangslänge oder freie Knicklänge [mm]
m Halbwellenzahl in x-Richtung [-] oder Masse [kg]
m_x Momentenfluss auf Fläche mit Normale in x-Richtung [N]
m_y Momentenfluss auf Fläche mit Normale in y-Richtung [N]
m_{xy} Drillmomentenfluss [N]
M Moment [N mm]
M_{by} Biegemoment um y-Achse [N mm]
M_{bz} Biegemoment um z-Achse [N mm]
M_t Schnittmoment um Trägerlängsachse (auch mit M_x bezeichnet) [N mm]
M_x Schnittmoment um Trägerlängsachse (auch mit M_t bezeichnet) [N mm]
n Halbwellenzahl in y-Richtung [-]
$\boldsymbol{n}$ Normalenvektor [-]
n_x Normalkraftfluss in x-Richtung [N/mm]
n_y Normalkraftfluss in y-Richtung [N/mm]
n_{xy} Schubfluss (auch als q bezeichnet) [N/mm]
N Normalkraft [N]
p Druck [N/mm^2]
q Schubfluss (auch als n_{xy} bezeichnet) [N/mm]
q Streckenlast [N/mm]
q_0 konstanter Schubfluss im geschlossenen Profil [N/mm]
q_y, q_z Streckenlast in y- bzw. z-Richtung [N/mm]
q' variabler Schubfluss des geöffneten Profils [N/mm]
$\bar{q}$ mittlerer Schubfluss entlang eines Feldrandes [N/mm]
Q Querkraft [N]
Q_y, Q_z Querkraft in y- bzw. z-Richtung [N]
r Radius [mm]
S Sicherheit (Sicherheitsbeiwert) [-]
S_y Flächenmoment 1. Grades (Statisches Moment) um y-Achse [mm^3]
S_z Flächenmoment 1. Grades (Statisches Moment) um z-Achse [mm^3]
t Dicke (Wandstärke) [mm]
$\boldsymbol{t}$ Spannungsvektor [N/mm^2]
T Torsionsmoment [N mm]
T_{SV} Torsionsmoment nach Saint-Venant [N mm]
T_W Biegetorsionsmoment [N mm]
u Verschiebung in x-Richtung [mm]

U_d	spezifische Formänderungsenergie [kJ/mm^3] oder [N/mm^2]
U_i	Formänderungsenergie [kJ] oder [N mm]
U^a	Grad der äußerlichen statischen Unbestimmtheit [-]
U^i	Grad der innerlichen statischen Unbestimmtheit [-]
u^*	Einheitsverwölbung [mm^2]
v	Verschiebung in y-Richtung [mm]
V	Volumen [mm^3]
w	Verschiebung in z-Richtung [mm]
W	Arbeit oder Endwertarbeit [kJ] oder [N mm]
W_a	äußere Arbeit [kJ] oder [N mm]
W_i	Arbeit der inneren Kraftgrößen [kJ] oder [N mm]
W_T	Torsionswiderstandsmoment [mm^3]
X	statisch Überzählige [-]

Griechische Buchstaben

α	Seitenverhältnis (Druckbeulen) [-], Winkel [-], Verschiebungsbeiwert [mm/N]
β	Seitenverhältnis (Schubbeulen) [-] oder Winkel [-]
γ	Gleitung (Scherung) [-]
ε	Dehnung [-]
ϑ	Verdrehung [-]
ϑ'	Verdrillung (Verwindung) [1/mm]
κ	Krümmung [1/mm]
λ	Schlankheitsgrad [-]
λ_P	Grenzschlankheitsgrad [-]
ν	Querkontraktionszahl [-]
Π	Potential (potentielle Energie) [kJ] oder [N mm]
$\rho, \bar{\rho}$	Krümmungsradius [mm] oder Dichte [kg/mm^3]
σ	Normalspannung [N/mm^2]
$\boldsymbol{\sigma}$	Spannungstensor [N/mm^2]
σ_B	Bruchspannung [N/mm^2]
σ_E	Eulersche Knickspannung [N/mm^2]
σ_F	Fließgrenze [N/mm^2]
σ_P	Proportionalitätsgrenze [N/mm^2]
σ_V	Vergleichsspannung [N/mm^2]
τ	Schubspannung [N/mm^2]
φ	Richtungswinkel [-]
χ	charakteristische Wellenlänge [mm]

Abkürzungen

FSP	Flächenschwerpunkt
SMP	Schubmittelpunkt

1D   eindimensional
2D   zweidimensional
3D   dreidimensional

Indizes

a   außen oder äußeres, Anfang bzw. Anfangswert
B   Beulen oder Bruch
e   Ende bzw. Endwert
erf   erforderlicher Wert
F   Flansch
FSP   Flächenschwerpunkt
g   geschlossen
G   Gurt
h   homogen
H   horizontal
i   innen oder inneres
K   Knicken
krit   kritischer Wert
L   links
m   mittlerer Wert
max   maximaler Wert
min   minimaler Wert
o   obere Grenze bzw. im allgemeinen Sinne oben
p   partikulär
R   rechts
s   Schub
SMP   Schubmittelpunkt
St   Steife
Str   Stringer
u   untere Grenze bzw. im allgemeinen Sinne unten
V   vertikal
vor   vorhandener Wert
zul   zulässiger Wert
$\parallel$ längs bzw. parallel
$\perp$ quer bzw. senkrecht

Kapitel 1
Einleitung

Das Gebiet Leichtbau beschäftigt sich mit der Entwicklung von Strukturen, die ihre Funktion unter vorgegebenen Randbedingungen mit minimalem Materialeinsatz sicher erfüllen. Die Realisierung von Leichtbaustrukturen hoher Güte wird maßgeblich durch Kompetenzen in den Bereichen Werkstoff- und Fertigungstechnik, Konstruktion und Auslegungsmethodik bestimmt. Aufgrund dieser Interdisziplinarität erfordern hervorragende Leichtbaulösungen tief gehende Kenntnisse aller genannten Bereiche. Das vorliegende Buch fokussiert auf die Festigkeitslehre und die daraus ableitbaren Auslegungsmethoden, d. h. auf die Vermittlung der mechanischen Grundlagen, die zum Verständnis der Wirkungsweise und zur Analyse von Leichtbaukonstruktionen unerläßlich sind. Wir wenden die Elastizitätstheorie, bei der die Verformungen und Beanspruchungen von elastischen Körpern untersucht werden, auf leichtbautypische Strukturen wie schlanke Balken, dünne Bleche oder Platten an. Insbesondere analysieren wir statische Versagensarten, die entweder aus dem Überschreiten von materialabhängigen zulässigen Beanspruchungen oder aus Stabilitätsgründen resultieren. Die erstgenannten Versagensphänomene können in vielen Fällen mit einer linearen Theorie ausreichend genau beschrieben werden. Bei Stabilitätsproblemen hingegen, die insbesondere bei dünnwandigen Strukturen des Leichtbaus eine bedeutende Rolle spielen, tritt ein Versagen nicht notwendigerweise infolge von materialspezifischen Kenngrößen ein, sondern weil die Struktur großen Verformungen unterworfen ist. Dies erfordert eine Modellierung am verformten System, d. h. wir werden eine geometrisch nichtlineare Theorie für typische Konstruktionen des Leichtbaus vorstellen.

Das vorliegende Buch stellt ein Lehrbuch dar, dessen Inhalte man sich systematisch erarbeiten sollte. Da das Buch nicht von vorne startend gelesen werden muss, sondern man auch einzelne Kapitel für sich bearbeiten kann, möchten wir an dieser Stelle die Systematik des Buches ausführlicher vorstellen. Da wir in weiten Teilen des Buches lineares Strukturverhalten voraussetzen, können wir den Aufbau des Buches anhand eines beispielhaften Tragwerks erläutern, bei dem die Beanspruchungen einzeln untersucht werden. Hierzu betrachten wir den in Abb. 1.1 dargestellten Tragflügel eines Kleinflugzeugs. Infolge der Umströmung des Flügels möge ein

© Springer-Verlag Berlin Heidelberg 2015

M. Linke, E. Nast, *Festigkeitslehre für den Leichtbau*, DOI 10.1007/978-3-642-53865-0_1

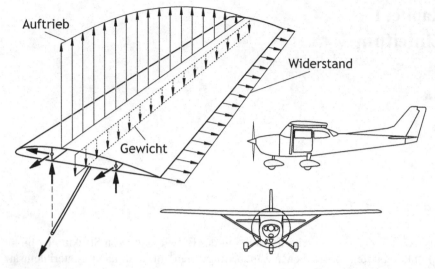

Abb. 1.1 Äußere Belastungen an einem Tragflügel (Auftrieb, Widerstand und Flügelgewicht) eines Kleinflugzeugs mit Reaktionskräften am Rumpf

ausreichend großer Auftrieb entsteht, der das Flugzeug in der Luft trägt. Die am Flügel entstehenden Kraftgrößen sind ebenfalls in Abb. 1.1 skizziert. Aufgrund der am Flügel wirkenden Kräfte werden sich im Tragwerk Beanspruchungen einstellen, die wir in die Grundbeanspruchungen Zug/Druck, Biegung, Torsion und Querkraft gemäß der Abbn. 1.2a) bis d) unterscheiden können. Die Bezeichnungen der Kraftgrößen sind dabei bereits so gewählt, wie wir sie in den nachfolgenden Kapiteln durchgehend verwenden werden, d. h. die Längsachse des jeweils untersuchten Trägers stellt in diesem Buch immer die x-Achse dar. Im vorliegenden Buch behandeln wir diese skizzierten Grundbeanspruchungen kapitelweise. Für den Fall, dass die jeweiligen Inhalte bereits beherrscht werden, kann das entsprechende Kapitel übersprungen werden.

Den Grundbeanspruchungen sind im Kap. 2 die Grundlagen der klassischen Festigkeitslehre vorangestellt. Dieses Kapitel dient zur Darstellung des notwendigen Handwerkzeugs, das sich die Studierenden im Fach Technische Mechanik des Grundstudiums angeeignet haben sollten, um den Ausführungen dieses Lehrbuchs folgen zu können. Wir erhoffen uns durch diese intensive Wiederholung der Grundlagen, dass neben der fachlichen Rekapitulierung die in diesem Buch verwendeten Schreibweisen leichter erkannt werden können und so schneller an das bereits Erlernte angeschlossen werden kann.

Im Kap. 3 beschäftigen wir uns mit Beanspruchungen infolge von Normalspannungen. Da Normalspannungen aus Zug-/Druckbeanspruchungen genauso wie aus Biegemomenten (vgl. beide Beanspruchungen in den Abbn. 1.2a) und b) für den skizzierten Tragflügel) resultieren, behandeln wir beide Grundbeanspruchungen zusammen. Hierbei werden wir auf leichtbautypische Modellierungsstrategien einge-

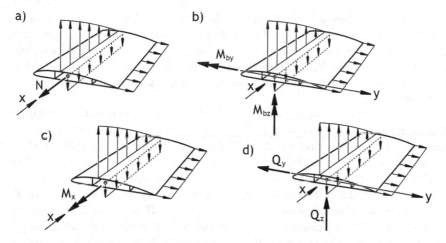

Abb. 1.2 Grundbeanspruchungen beispielhaft an einem Tragflügel skizziert: a) Zug-/Druckkraft N, b) Biegemomente M_{by} sowie M_{bz}, c) Torsion u. a. durch M_x und d) Querkräfte Q_y sowie Q_z

hen, die auf dünnwandige und schlanke Tragwerke angewendet werden können, ohne relevante Genauigkeitseinbußen bei der Analyse hinnehmen zu müssen.

Im 4. Kap. befassen wir uns mit der Torsionsbeanspruchung. Am Tragflügel entsteht i. Allg. diese Beanspruchung, weil die resultierende Luftkraft gewöhnlich nicht in demjenigen Punkt angreift, in dem sie keine Verdrehung um die Längsachse des Flügels produziert (vgl. Abb. 1.2c)). Die in diesem Kapitel diskutierten Torsionsprobleme gehen weit über die üblicherweise in der klassischen Festigkeitslehre behandelten Phänomene hinaus. Insbesondere gehen wir auf die sogenannte Wölbkrafttorsion ein, bei der nicht nur Schubspannungen im Profil, sondern auch Normalspannungen in Trägerlängsrichtung entstehen, denen bei Leichtbaukonstruktionen besondere Beachtung geschenkt werden muss.

Im Kap. 5 werden dünnwandige Strukturen bei Querkrafteinfluss (vgl. Abb. 1.2d)) behandelt. Infolge von Querkräften entstehen Schubbeanspruchungen, deren Berechnung wir für dünnwandige Strukturen u. a. auch für mehrzellige Tragwerke, wie sie häufig in Leichtbaukonstruktionen vorzufinden sind, vorstellen werden.

Nachdem die Grundbeanspruchungen eingeführt sind, wird im Kap. 6 gezeigt werden, wie sie zu einer Gesamtbeanspruchung zusammengefasst werden können. Das Vorgehen werden wir anhand des oben skizzierten Flugzeugflügels demonstrieren. Darüber hinaus werden wir auf der Basis der Gesamtbeanspruchung lernen, wie die Tragsicherheit mit Hilfe von Festigkeitskriterien bewertet werden kann. Da der Fokus des vorliegenden Buches auf der Vermittlung mechanischer Grundlagen zur Analyse von Leichtbaustrukturen und nicht auf der Werkstofftechnik liegt, setzen wir im gesamten Buch homogen isotropes Werkstoffverhalten voraus.

Die Berechnungsansätze des Leichtbaus sind vielfach geprägt durch die Nutzung von Arbeits- und Energieprinzipien, da sie häufig einen einfacheren und schnelleren

Lösungsweg erlauben, als dies mit den in den Kap. 3 bis 6 dargestellten Ansätzen der Fall ist. Um auch einen erleichterten Zugang zu diesen nur bedingt anschaulichen Analysemethoden zu ermöglichen, widmen wir Kap. 7 solchen Arbeits- und Energieprinzipien. Wir beschränken uns dabei auf solche Methoden, mit denen Fragestellungen der Elastizitätstheorie mit geringem Berechnungsaufwand gelöst werden können.

Bei der Analyse des statischen Versagens von Leichtbaukonstruktionen spielen Stabilitätsphänomene eine große Rolle. Dies ist auf die im Leichtbau eingesetzten dünnwandigen Strukturen zurückzuführen. Das Bauteil versagt dann nicht aus Werkstoff-, sondern aus Stabilitätsgründen z. B. durch Knicken oder Beulen. Beispielsweise wird die Flügelhaut des in Abb. 1.1 dargestellten Tragflügels durch Profile versteift, um das Stabilitätsversagen der Haut zu verhindern. Im Flug wird die Flügeloberseite auf Druck beansprucht. Dadurch ist die Haut gefährdet, seitlich auszubeulen und sich der Beanspruchung zu entziehen. Eine geeignet gewählte Versteifung kann die Versagenslasten deutlich erhöhen. Da Stabilitätsprobleme von besonderer Bedeutung für Leichtbaustrukturen sind, befassen wir uns ausführlich mit den zugrunde liegenden Phänomenen im Kap. 8.

Abschließend behandeln wir im Kap. 9 die Schubwand- und Schubfeldträgertheorie. Diese Theorien basieren auf einem vereinfachten Modellierungsansatz, der auf dünnwandige ausgesteifte Strukturen anwendbar ist. Beispielsweise kann die Tragstruktur des bereits oben diskutierten Flügels aufgrund der i. Allg. eingesetzten sehr dünnen Bleche, die durch Profile ausgesteift sind, mit Hilfe dieser Ansätze einer ersten Analyse zugänglich gemacht werden. Da die Bleche hauptsächlich durch Schub- und die Aussteifungen durch Normalspannungen beansprucht werden, können die Tragfunktionen der einzelnen Bauteile getrennt voneinander behandelt werden. Daraus resultieren sehr schnelle und anschauliche Berechnungsmethoden, die zur Abschätzung des strukturmechanischen Verhaltens sehr gut geeignet sind.

Die Kap. 2 bis 9 werden jeweils mit einer formelmäßigen Zusammenfassung und mit Fragen zum relevanten Wissensstand des behandelten Stoffes abgeschlossen. Hinweise zu den Fragen finden sich im Anhang.

Für das Verständnis ist nicht immer eine vollständig hergeleitete Theorie erforderlich. Daher verzichten wir auf eine zu tief gehende Beschreibung der Themen in den Kap. 2 bis 9 und stellen komplexere Ergänzungen sowie weiterführende Theorien im Kap. 10 zusammen. Bei Kap. 10 handelt es sich nicht um ein eigenständiges Kapitel, das für sich alleine durchgearbeitet werden sollte. Vielmehr stellt es vertiefende Inhalte zur Verfügung, die bei Bedarf von den Leserinnen und Lesern zu Rate gezogen werden können. Im laufenden Text dieses Buches wird dabei auf diese Ergänzungen und Theorien Bezug genommen.

Als letztes sei auf die Infoboxen eingegangen, die sich verteilt im Buch finden. Da die Entwicklung der heute gelehrten Mechanik eine Jahrhunderte lange Geschichte aufweist, sind auch eine Vielzahl von unterschiedlichen Persönlichkeiten an ihrer Entstehung beteiligt gewesen. Aus diesem Grunde sind viele wichtige mechanische Zusammenhänge nach ihren Entdeckern benannt. Um eine abwechslungsreichere Erinnerungsstütze zu geben, stellen wir in den Infoboxen unterschiedliche Informationen zu den beteiligten Persönlichkeiten zusammen. Möglicherweise gelingt so ein leichteres Erinnern. Wir wünschen viel Spaß und viel Erfolg beim Lernen.

Kapitel 2
Grundlagen der klassischen Festigkeitslehre

Lernziele

Die Studierenden sollen

- die Modellbildung in der Festigkeitslehre verstehen, typische mechanische Modelle kennen und anwenden sowie
- Schnittreaktionen ermitteln können,
- die grundlegenden Zusammenhänge zwischen Spannungs-, Verzerrungs- und Verschiebungsgrößen kennen,
- Spannungstransformationen bei ebenen Problemen beherrschen,
- statisch bestimmte und statisch unbestimmte Systeme unterscheiden sowie den Grad der statischen Unbestimmtheit ermitteln können.

2.1 Einführung

In der Technischen Mechanik werden physikalische Fragestellungen und ihre Lösungen auf technische Fragestellungen angewendet und übertragen. Kenntnisse der Technischen Mechanik benötigen wir daher in allen Ingenieurdisziplinen.

Ein bedeutendes Teilgebiet der Technischen Mechanik ist die Festkörpermechanik. Sie besteht selbst aus dem Teilgebiet Statik, das auch Stereostatik genannt wird, und dem Teilgebiet Festigkeitslehre sowie der Dynamik als drittem Teilgebiet.

Wir wollen uns in diesem Kapitel mit den Grundlagen der Festigkeitslehre, die z. B. in Fahrzeug- oder Flugzeugbaustudiengängen in den ersten Semestern des Studiums behandelt werden, auseinandersetzen. Damit schaffen wir die erforderliche Basis für das Verständnis der nachfolgenden und vertiefenden Kapitel, die besonders auf Berechnungen im Leichtbau eingehen.

Die Festigkeitslehre untersucht die Materialbeanspruchung infolge innerer Kräfte und Momente sowie die Verformung der Bauteile infolge äußerer Belastungen. Ausgangspunkt der Untersuchungen sind typischerweise die inneren Kräfte und Mo-

© Springer-Verlag Berlin Heidelberg 2015
M. Linke, E. Nast, *Festigkeitslehre für den Leichtbau*, DOI 10.1007/978-3-642-53865-0_2

mente, die wir zusammenfassend als Schnittgrößen bezeichnen, sowie werkstoffab-
hängige Material- bzw. Stoffgesetze, die den Zusammenhang zwischen Beanspruchung und Formänderung beschreiben.

Ausgehend von der mechanischen Modellbildung und den Schnittgrößen am Balken untersuchen wir im Rahmen dieses Kapitels Spannungs- und Verzerrungszu-
stände und klären, wie Spannungen und Verzerrungen durch das Stoffgesetz miteinander in Beziehung gebracht werden. Zudem analysieren wir den Zusammenhang
zwischen den Verformungen eines Bauteils und seinen Verzerrungen.

Am Ende dieses Kapitels werden wir damit alle für Festigkeitsberechnungen be-
nötigten Gleichungen zur Verfügung stellen können. Zu derartigen Berechnungen
gehören u. a. die Dimensionierung bzw. Bemessung von Bauteilen, ein Festigkeits-
nachweis sowie die Untersuchung der Belastbarkeit bzw. Tragfähigkeit von Strukturen.

2.2 Modellbildung und mechanische Modelle

Reale Objekte oder Konstruktionen sind in der Regel derartig komplex, dass ihre
Analyse nicht mit allen Details möglich - und häufig im Ingenieurwesen auch nicht
erforderlich - ist. Vielfach ergibt sich daher die Aufgabe, so zu abstrahieren bzw. zu
modellieren, dass eine mechanische Analyse der Struktur ermöglicht wird. Dabei
müssen wir stets einen Kompromiss zwischen der Genauigkeit in der Widerspiege-
lung der Realität und dem Berechnungsaufwand eingehen. Je genauer wir die reale
Struktur abbilden, desto näher wird die gefundene Lösung des Problems an der Realität liegen. Gleichzeitig steigt die benötigte Zeit für die Lösung an.

Als Abbildungen realer Strukturen verwenden wir mechanische Elemente bzw.
mechanische Modelle. Die wichtigste - und manchmal auch schwierigste - Aufgabe
ist es, zu entscheiden, welche mechanischen Modelle im konkreten Fall anwendbar
sind, welche die Realität hinreichend genau widerspiegeln. Typische Modelle, auf
die wir dabei stoßen, sind z. B. Stäbe, Balken, Scheiben und Schalen.

Mechanische Modelle erfassen wesentliche Merkmale der realen Bauteile, vernachlässigen jedoch nachrangige Details. Betrachtet werden dabei sowohl die Geometrie des Bauteils als auch die anliegenden Lasten und vorhandene Lagerungen.
Eine geometrische Dimension wird vielfach als vernachlässigbar angesehen, wenn
sie maximal ein Zehntel aller anderen Abmessungen erreicht.

Wichtig ist, dass wir uns jederzeit an die Grenzen des gewählten mechanischen
Modells erinnern. So können Fachwerke (die häufig in Kränen oder Brückenkon-
struktionen eingesetzt werden) mit Hilfe von Stäben modelliert werden. Da Stäbe
- gemäß Definition - nur Kräfte in ihrer Längsrichtung und keine Momente übertragen können, werden diese Stäbe im Modell gelenkig miteinander verbunden. Reale
Fachwerke sind aber an ihren Knoten verschweißt oder vernietet. Sie werden also
an diesen Knoten auch Momente übertragen und sich anders verformen, als wir das
in unserem Modell annehmen. Folglich werden wir in unmittelbarer Umgebung der
Fachwerksknoten immer einen Unterschied zwischen dem berechneten Modell und

dem realen Bauteil vorfinden. Die Effekte der Momenteneinleitung klingen allerdings mit zunehmenden Abstand zur Lasteinleitung schnell ab, da der Einfluss der Momente auf das Verformungsverhalten des realen Fachwerks lokal begrenzt ist. Man nennt diesen Effekt auch *Saint-Venantsches Prinzip* (vgl. Infobox 4, S. 94).

Beachten müssen wir außerdem, dass reale Strukturen immer imperfekt sind. So kann es beispielsweise sein, dass ein Stab nicht vollkommen gerade ist oder eine zentrische Last nicht genau auf der Symmetrieachse in die Struktur eingeleitet wird. Fehlstellen oder sonstige Inhomogenitäten im Material sind ebenfalls möglich. Dadurch kommt es zu weiteren Abweichungen zwischen dem realen Bauteil und dem berechneten Modell. Typische mechanische Modelle sind in Tab. 2.1 zusammengestellt. Dabei erfolgt, ausgehend vom realen dreidimensionalen (3D-)Bauteil, zunächst eine modellhafte Vereinfachung anhand der Geometrie. Anschließend werden die zu übertragenden Lasten, resultierenden Schnittgrößen und vorhandenen Lagerungen betrachtet.

Wenn wir z. B. ein sehr langes, schlankes Bauteil untersuchen, können wir dieses vereinfachend mit einem eindimensionalen (1D-)Modell berechnen. Die Bauteillängsachse entspricht dabei mindestens dem zehnfachen Wert der Bauteilbreite und -höhe. Wir können aber noch nicht entscheiden, ob das Modell des Stabes oder des Balkens anzuwenden ist.

Tab. 2.1 Zusammenhang zwischen dreidimensionalem (3D-)Bauteil und mechanischen Modellen; bei den zweidimensionalen (2D-)Modellen sind die Schnittgrößen nur an einem Schnittufer dargestellt; kursiv gekennzeichnete Modelle sind in vielen Fällen im Leichtbau einsetzbar

3D-Bauteil		
Modellbildung mittels Geometrie		
1D-Modell	**2D-Modell (Flächentragwerk)**	
	eben	gekrümmt
Modellbildung mittels Last und Schnittgrößen		
Stab (Seil)	*Scheibe*	*Membranschale*
Balken	Platte	Biegeschale

Zur Vereinfachung wollen wir annehmen, dass die Belastung nur durch das Eigengewicht des Bauteils erfolgt. Wenn dieses Bauteil nun an einem Ende senkrecht hängend gelagert ist, treten im Bauteil nur Belastungen in seiner Längsachse auf. Wir können das Modell des Stabes anwenden. Ist das Bauteil dagegen an jedem Ende waagerecht liegend auf einer Stütze gelagert, treten Querbelastungen als Folge des Eigengewichts auf. Wir müssen das Modell des Balkens verwenden.

Die in Tab. 2.1 kursiv dargestellten mechanischen Modelle sind unter dem Aspekt des Leichtbaus besonders bedeutsam, da nur Lasten in der Bauteillängsachse oder in der Tangentialebene zugelassen werden. Sind reale Strukturen so ausgelegt, dass sie über diese Modelle abgebildet werden können, lassen sie sich in der Regel sehr leicht und schlank gestalten.

2.3 Schnittgrößen am Balken

Um die Materialbeanspruchung und Tragfähigkeit von Leichtbaukonstruktionen beurteilen zu können, ist die Bekanntheit der inneren Kraftgrößen zentral. Da wir in vielen Fällen balkenartige Strukturen untersuchen werden, wiederholen wir an dieser Stelle ausführlich die Bestimmung von Schnittgrößen an Balkenstrukturen.

Schnittgrößen, die wir auch als Schnittreaktionen bezeichnen, fassen die über der Querschnittsfläche verteilten inneren Kraftgrößen statisch äquivalent zu Schnittkräften und Schnittmomenten zusammen. Bei der Ermittlung dieser Größen berücksichtigen wir sowohl das sogenannte *Schnittprinzip* als auch das *Erstarrungsprinzip*.

Grundlage des Schnittprinzips ist die Vorstellung, dass sich ein mechanisches System im Gleichgewicht befindet, wenn sich jedes seiner Teilsysteme im Gleichgewicht befindet. Durch eine gedankliche Schnittführung (vgl. Abb. 2.1a)) trennen wir ein überschaubares Teilsystem aus seiner Gesamtstruktur heraus. Damit legen wir die zunächst inneren Kräfte und Momente frei und können diese wie äußere Kräfte und Momente über Gleichgewichtsbedingungen berechnen. Die Schnittführung muss dabei in sich geschlossen sein. Eine mechanische Wechselwirkung zwischen dem Teilsystem und der Gesamtstruktur wird an der Schnittstelle durch die Schnittgrößen (Schnittkräfte und Schnittmomente) berücksichtigt (vgl. Abb. 2.1b)).

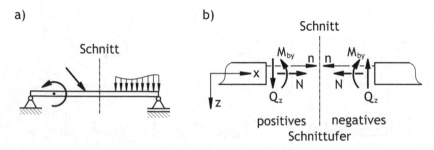

Abb. 2.1 a) Schnittprinzip am Beispiel des ebenen Balkens, b) positives und negatives Schnittufer

Die Normalkraft N weist dabei in Richtung des Normalenvektors n. Querkräfte Q stehen senkrecht auf diesem Vektor und werden mit der Achse indiziert, in die sie weisen. Biegemomente M werden mit einem b sowie der Achse gekennzeichnet, um die sie wirken.

Durch den Schnitt erhalten wir ein positives und ein negatives *Schnittufer*. Für die Schnittgrößen gilt an den jeweils gegenüberliegenden Schnittufern das Wechselwirkungsgesetz, d. h. an jedem Ufer wirken betragsmäßig gleich große Schnittgrößen, jedoch jeweils mit entgegengesetzter Wirkungsrichtung (vgl. Abb. 2.1b)). Das jeweilige Schnittufer charakterisieren wir über das gewählte Koordinatensystem und einen Normalenvektor n auf der Schnittfläche, der jeweils vom Körperinnern nach außen weist. Die x-Achse des Koordinatensystems entspricht entweder der Balkenachse oder sie verläuft parallel zu dieser. Beim positiven (negativen) Schnittufer zeigt der Normalenvektor dann in positive (negative) x-Richtung. Als Vorzeichenkonvention gilt, dass am positiven Schnittufer die Schnittkräfte in positive Koordinatenrichtung verlaufen und dass Schnittmomente einen positiven Drehsinn um positive Koordinatenachsen aufweisen. Folglich wirken am negativen Schnittufer positive Schnittkräfte in negative Koordinatenrichtung und positive Schnittmomente um negative Koordinatenachsen.

Das Erstarrungsprinzip besagt, dass ein frei geschnittenes Teilsystem als erstarrter Körper aufgefasst werden darf, bei dem die Schnittreaktionen mit den eingeprägten Kraftgrößen im Gleichgewicht stehen. In jedem Teilsystem und im zugehörigen Freikörperbild dürfen Kräfte entlang ihrer Wirkungslinie verschoben, zu Resultierenden zusammengefasst oder in Komponenten zerlegt werden.

Beispiel 2.1 Um die in dem vorliegenden Buch verwendeten Vorzeichenkonventionen zur Ermittlung der Schnittreaktionen an balkenartigen Strukturen beispielhaft zu verdeutlichen, untersuchen wir den in Abb. 2.2a) dargestellten Winkelträger. Dieser ist in A mit einem Loslager (einwertig) und in B mit einem Festlager (zweiwertig) gelagert. In A ist der Winkelträger durch eine horizontale Kraft F belastet.

Gegeben Horizontalkraft F; Länge l

Gesucht

a) Bestimmen Sie die Lagerreaktionen in A und B.
b) Welche Normalkräfte, Querkräfte und inneren Momente treten in den beiden Trägerteilen auf?
c) Zeichnen Sie die Schnittgrößenverläufe unter Angabe der wesentlichen Ordinatenwerte.

Lösung a) Zur Bestimmung der Lagerreaktionen müssen wir den Winkelträger zunächst von seinen Bindungen lösen und ihn gemäß Abb. 2.2b) freischneiden. Entsprechend der Wertigkeit der Lager treten dabei die Lagerkräfte A sowie B_V und B_H auf. Sie stellen statisch äquivalent die Beziehung des Winkelträgers zu seiner Umgebung dar. In Abb. 2.2b) sind bereits die Koordinatensysteme für bei-

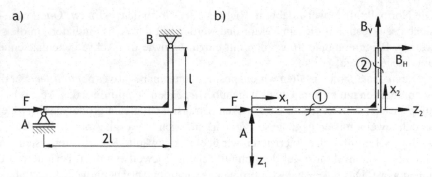

Abb. 2.2 a) Winkelträger belastet durch Einzelkraft und b) Freikörperbild des Winkelträgers

de Trägerbereiche und die Schnittlinien enthalten. Die x_i-Achse verläuft für jeden Bereich entlang der Trägerachse. Die z_i-Achse haben wir jeweils frei gewählt.

Mit Hilfe des Freikörperbildes erhalten wir drei linear unabhängige Gleichgewichtsbeziehungen für die gesuchten Lagerreaktionen

$$\sum_i M_{iB} = 0 \quad \Leftrightarrow \quad 0 = F\,l - 2\,l\,A \quad \Leftrightarrow \quad A = \frac{F}{2} \,,$$

$$\sum_i F_{iH} = 0 \quad \Leftrightarrow \quad 0 = F + B_H \quad \Leftrightarrow \quad B_H = -F \,,$$

$$\sum_i F_{iV} = 0 \quad \Leftrightarrow \quad 0 = A + B_V \quad \Leftrightarrow \quad B_V = -\frac{F}{2} \,.$$

b) Zur Bestimmung der Schnittgrößen führen wir jetzt in den beiden Bereichen des Winkelträgers jeweils einen Schnitt durch. Den Schnittpunkt zwischen der Balkenachse und der Schnittfläche bezeichnen wir mit S. Für den horizontalen Bereich $0 \leq x_1 \leq 2\,l$ verwenden wir das positive Schnittufer (vgl. Abb. 2.3a)). Es folgt

$$\sum_i M_{iS} = 0 \quad \Leftrightarrow \quad 0 = M_{by_1} - A\,x_1 \quad \Leftrightarrow \quad M_{by_1} = x_1\,\frac{F}{2} \,,$$

$$\sum_i F_{ix_1} = 0 \quad \Leftrightarrow \quad 0 = F + N_I \quad \Leftrightarrow \quad N_1 = -F \,,$$

$$\sum_i F_{iz_1} = 0 \quad \Leftrightarrow \quad 0 = -A + Q_{z_1} \quad \Leftrightarrow \quad Q_{z_1} = \frac{F}{2} \,.$$

Im vertikalen Bereich $0 \leq x_2 \leq l$ arbeiten wir mit dem negativen Schnittufer (vgl. Abb. 2.3b))

$$\sum_i M_{iS} = 0 \quad \Leftrightarrow \quad 0 = -M_{by_2} - B_H\,(l - x_2) \quad \Leftrightarrow \quad M_{by_2} = F\,(l - x_2) \,,$$

$$\sum_i F_{ix_2} = 0 \quad \Leftrightarrow \quad 0 = B_V - N_2 \quad \Leftrightarrow \quad N_2 = -\frac{F}{2} \,,$$

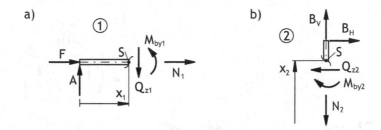

Abb. 2.3 Schnittgrößen im a) horizontalen Bereich und b) vertikalen Bereich

$$\sum_i F_{iz2} = 0 \quad \Leftrightarrow \quad 0 = B_H - Q_{z2} \quad \Leftrightarrow \quad Q_{z2} = -F . \tag{2.1}$$

c) Mit den bereits bestimmten Schnittgrößen sind wir jetzt in der Lage, alle Schnittgrößenverläufe inklusive der wesentlichen Ordinatenwerte in den Abbn. 2.4a) bis c) darzustellen.

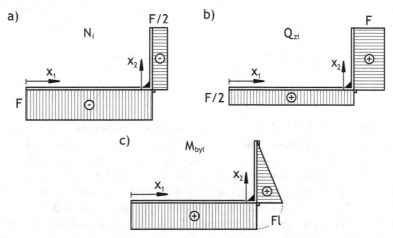

Abb. 2.4 a) Normalkraft N, b) Querkraft Q_z und c) Biegemoment M_{by} im Winkelträger

Für unsere Analysen von Leichtbaukonstruktionen werden wir u. a. auch Schnittreaktionen an dreidimensionalen Balkenstrukturen bestimmen. In räumlichen Fall ergeben sich sechs *Schnittgrößen am geraden Balken*, die in Abb. 2.5a) am positiven Schnittufer dargestellt sind. Im Vergleich zum ebenen Fall tritt jetzt auch ein Moment M_x auf, das den Balken tordiert. Der Allgemeingültigkeit halber haben wir zudem die Streckenlasten q_y und q_z berücksichtigt. Die von uns verwendete Vorzeichenkonvention sowie die genutzten Bezeichnungen für den räumlichen sind identisch mit denen für den ebenen Balken.

Neben der Berechnung von Schnittreaktionen können wir aus dem Schnittprinzip zudem sehr nützliche Beziehungen zwischen den Schnittreaktionen selbst gewinnen. Dafür betrachten wir ein infinitesimales Balkenelement der Länge dx. Der Anschaulichkeit halber analysieren wir die Schnittgrößen in der x-y- und x-z-Ebene.

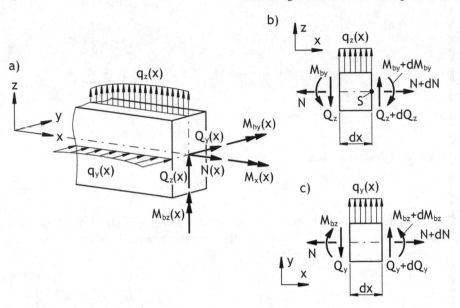

Abb. 2.5 a) Schnittgrößen am geraden räumlichen Balken, infinitesimales Balkenelement in der b) x-z- und c) x-y-Ebene

Am jeweiligen Element erhalten wir ein positives und negatives Schnittufer, an dem wir jeweils die Schnittreaktionen nach den Abbn. 2.5b) und c) berücksichtigen.

Um den Verlauf der Schnittgrößen über die Länge $\mathrm{d}x$ des Balkenelementes zu beschreiben, verwenden wir eine Taylor-Reihenentwicklung, die wir für die Änderung von Größen entlang einer infinitesimalen Strecke nutzen. Da wir Taylor-Reihen häufig zur formelmäßigen Ableitung verwenden, sei an dieser Stelle auf Abschnitt 10.1 verwiesen, in dem wir die Taylor-Reihenentwicklung ausführlicher erläutern. Wir untersuchen die Schnittreaktionen in der x-z-Ebene. Demnach resultieren die Schnittgrößen an der Stelle $x + \mathrm{d}x$ auf der Basis einer Taylor-Reihe, die nach dem linearen Glied abgebrochen ist, zu

$$N\,(x + \mathrm{d}x) \approx N(x) + \frac{\partial N(x)}{\partial x}\,\mathrm{d}x = N + \mathrm{d}N \,, \tag{2.2}$$

$$Q_z\,(x + \mathrm{d}x) \approx Q_z(x) + \frac{\partial Q_z(x)}{\partial x}\,\mathrm{d}x = Q_z + \mathrm{d}Q_z \,, \tag{2.3}$$

$$M_{by}\,(x + \mathrm{d}x) \approx M_{by}(x) + \frac{\partial M_{by}(x)}{\partial x}\,\mathrm{d}x = M_{by} + \mathrm{d}M_{by} \,. \tag{2.4}$$

Die Gleichgewichtsbeziehung in x-Richtung liefert

$$(N + \mathrm{d}N) - N = 0 \quad \Leftrightarrow \quad \mathrm{d}N = 0 \quad \Leftrightarrow \quad N = \text{konst.} \tag{2.5}$$

Die Änderung dN der Normalkraft in Balkenlängsrichtung ist null. Die Normalkraft ändert sich daher nicht und ist konstant.

Aus dem Gleichgewicht in z-Richtung (vgl. Abb. 2.5b)) erhalten wir

$$(Q_z + dQ_z) - Q_z + q_z\, dx = 0 \quad \Leftrightarrow \quad \frac{dQ_z}{dx} = -q_z\ . \qquad (2.6)$$

Mit dem Momentengleichgewicht um den Punkt S resultiert

$$\left(M_{by} + dM_{by}\right) - M_{by} - Q_z\, dx = 0 \quad \Leftrightarrow \quad \frac{dM_{by}}{dx} = Q_z\ . \qquad (2.7)$$

Differenzieren wir diese Beziehung und setzen sie in Gl. (2.6) ein, folgt

$$\frac{d^2 M_{by}}{dx^2} = \frac{dQ_z}{dx} = -q_z\ . \qquad (2.8)$$

Es existiert somit eine differentielle Beziehung zwischen den Schnittreaktionen. Zur Veranschaulichung ihrer Bedeutung betrachten wir den in Abb. 2.6a) dargestellten Balken, der durch eine variable Streckenlast $q_z(x)$ belastet ist. Die Ableitung der Querkraft ergibt die negative Streckenlast. Daher besitzt der Querkraftverlauf dort ein Extremum, wo die Streckenlast null ist (vgl. die Abbn. 2.6a) und b)). Analog erhalten wir wegen Gl. (2.7) an der Stelle einer verschwindenden Querkraft ein Extremum für das Biegemoment (vgl. die Abbn. 2.6b) und c)).

Die Integration der Gln. (2.6) und (2.7) ermöglicht die Bestimmung der Schnittreaktionsverläufe

$$Q_z(x) = -\int q_z(x)\, dx + C_1\ , \quad (2.9) \qquad M_{by}(x) = \int Q_z(x)\, dx + C_2\ . \quad (2.10)$$

Die Integrationskonstanten C_1 und C_2 müssen wir aus den Randbedingungen ermitteln.

Wenn wir das Schnittelement in der x-y-Ebene nach Abb. 2.5c) untersuchen, können wir vergleichbare differentielle Beziehungen für die Schnittreaktionen Q_y und M_{bz} formulieren. Sie lauten

$$\frac{dQ_y}{dx} = -q_y\ , \qquad (2.11) \qquad\qquad \frac{dM_{bz}}{dx} = -Q_y\ , \qquad (2.12)$$

$$\frac{d^2 M_{bz}}{dx^2} = -\frac{dQ_y}{dx} = q_y\ . \qquad (2.13)$$

Angemerkt sei, dass die Beziehungen nach den Gln. (2.8) und (2.13) als *Differentialgleichungen des Gleichgewichts am Balken* bezeichnet werden.

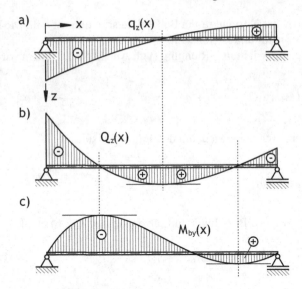

Abb. 2.6 a) Gelenkig gelagerter Balken unter Streckenlast $q_z(x)$, b) resultierender Querkraftverlauf Q_z und c) resultierender Biegemomentenverlauf M_{by}

Die oben diskutierten Schnittgrößen am Balken stellen die Resultierenden einer sogenannten Spannungsverteilung dar, zu deren Verständnis wir uns zunächst mit Spannungszuständen im nachfolgenden Abschnitt beschäftigen werden.

2.4 Spannungszustände und Gleichgewichtsbeziehungen

Als Einstieg in die Thematik Spannungszustände wollen wir uns mit den Spannungen, die sich in einem Zugstab ausbilden, beschäftigen. Da Stäbe definitionsgemäß nur Lasten entlang ihrer Bauteillängsachse übertragen können, sind die auftretenden Spannungen besonders anschaulich und nachvollziehbar.

Ausgangspunkt unserer Überlegungen ist die Hypothese, dass sich bei konstantem oder wenig veränderlichem Stabquerschnitt $A(x)$ die innere Kraftgröße Normalkraft $N(x)$ infolge einer äußeren Last F gleichmäßig über den Querschnitt verteilt. Die aus dieser Hypothese folgende konstante Größe nennen wir *Normalspannung* $\sigma(x)$. Die Zusammenhänge zwischen der äußeren Last, der Normalkraft und der Normalspannung sind in Abb. 2.7 zusammengefasst. Üblich ist auch, die Normalkraft als Längskraft zu bezeichnen.

Ausgehend von unserer Hypothese bzgl. der gleichmäßigen Verteilung der Normalkraft ergibt sich im betrachteten Querschnitt eine konstante Normalspannung. Dabei setzen wir voraus, dass sich alle Lasten nur sehr langsam (*quasi-statisch*) verändern und nur kontinuierliche Querschnittsänderungen auftreten.

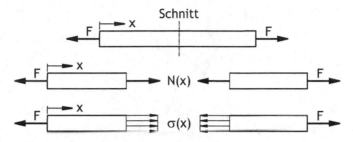

Abb. 2.7 Zusammenhänge zwischen äußerer Last F, Normalkraft $N(x)$ und Normalspannung $\sigma(x)$ am Beispiel des einachsigen Spannungszustandes

$$\sigma(x) = \frac{N(x)}{A(x)} \qquad (2.14)$$

Für die Normalspannung verwenden wir die *Vorzeichenkonvention*, dass Zugspannungen immer positiv sind. Es muss also $\sigma(x) > 0$ sein. Bei Druckspannungen ist folglich $\sigma(x) < 0$.

Druckspannungen sind bei Leichtbaustrukturen besonders gefährlich, da ein Bauteilversagen vielfach bereits unterhalb von materialtypischen Festigkeitskennwerten erfolgen kann. Erhalten wir ein negatives Vorzeichen in unseren Berechnungsergebnissen, sollten wir immer etwas alarmiert sein und das betrachtete Bauteil bezüglich seines Stabilitätsverhaltens beurteilen. Mit dem Stabilitätsverhalten dünnwandiger Strukturen werden wir uns deshalb ausführlich in Kap. 8 beschäftigen.

Wollen wir Spannungen nicht nur in Stäben bestimmen, müssen wir unsere bisherigen Überlegungen ausweiten. So kann ein beliebiger Körper auch beliebig belastet sein. Die äußeren Belastungen verursachen dabei innere Kräfte bzw. Spannungen. Bei einem beliebigen Schnitt durch den Körper sind diese Spannungen über die gesamte Schnittfläche A verteilt und in der Regel veränderlich. Wir definieren deshalb die Spannung in einem einzelnen, beliebigen Punkt auf der Schnittfläche. Auf ein Flächenelement ΔA der Schnittfläche, auf dem sich der betrachtete Punkt befindet, wirkt eine Schnittkraft $\Delta \boldsymbol{F}$ (vgl. Abb. 2.8). Diese besteht aus Komponenten in verschiedenen Koordinatenrichtungen. Mit dem Quotienten $\frac{\Delta \boldsymbol{F}}{\Delta A}$ können wir eine mittlere Spannung für das Flächenelement definieren. Setzen wir jetzt voraus, dass diese mittlere Spannung für den Grenzübergang für eine verschwindend kleine Fläche ΔA gegen einen endlichen Wert strebt, erhalten wir als Grenzwert den sogenannten *Spannungsvektor*

$$\boldsymbol{t} = \lim_{\Delta A \to 0} \frac{\Delta \boldsymbol{F}}{\Delta A} = \frac{\mathrm{d}\boldsymbol{F}}{\mathrm{d}A} . \qquad (2.15)$$

Diesen Spannungsvektor können wir in Komponenten normal und tangential zur Schnittfläche zerlegen. Die normalen Komponenten haben wir bereits als Normal-

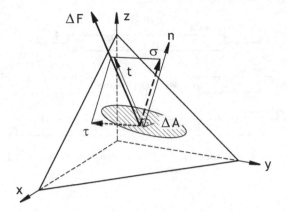

Abb. 2.8 Schnittfläche im Raum mit Spannungsvektor *t* und Normalenvektor *n*

spannungen σ bezeichnet. Tangentiale Komponenten heißen *Schubspannungen* τ. Normal- und Schubspannung werden üblicherweise in MPa = N/mm^2 angegeben.

Wollen wir nun ein Bauteil dimensionieren, müssen wir eine Spannungsverteilung erreichen, die bei üblichen Gebrauchszuständen nicht zu bleibenden Verformungen oder zum Bruch führt. Die vorhandene Spannung darf also die zulässige Spannung nicht überschreiten. Als zulässige Grenzwerte können z. B. Materialfestigkeiten oder kritische Spannungen, die aus Stabilitätsbetrachtungen folgen, verwendet werden. Dies hängt von der konkreten Problemstellung ab.

Beachten müssen wir weiterhin, dass bei großen Querschnittsänderungen (z. B. durch Kerben oder Absätze) und Bohrungen in deren unmittelbarer Umgebung Spannungskonzentrationen - sogenannte *Kerbspannungen* - auftreten. Hier liegt eine Störung des Spannungszustandes vor. Unsere modellhafte Vorstellung, dass jedes Element der Querschnittsfläche gleich stark an der Kraftübertragung beteiligt ist, kann nicht aufrecht erhalten werden. Obwohl derartige Störungen gemäß dem Prinzip von Saint-Venant mit zunehmender Entfernung vom Ort der Störung abklingen, können sie besonders bei schwingender Beanspruchung des Bauteils gefährlich sein und zum frühzeitigen Versagen führen.

In der unmittelbaren Nähe von Krafteinleitungen treten gleichfalls Spannungsüberhöhungen auf. Das gilt besonders, wenn die Kräfte als Einzellasten aufgebracht werden, da dann die Last über eine sehr kleine Fläche in das Bauteil eingeleitet wird.

2.4.1 Räumlicher Spannungszustand

Der Spannungsvektor gemäß Gl. (2.15) gilt üblicherweise nur für einen bestimmten Punkt auf der Schnittfläche. Die Spannungsverteilung in der Schnittfläche kennen wir also dann, wenn wir den Spannungsvektor für alle Punkte auf der Schnittfläche angeben können.

Den Spannungszustand in einem einzelnen Punkt auf der Schnittfläche können wir aber noch nicht hinreichend beschreiben, da die Spannungen von der Schnittrichtung abhängig sind. Durch den Normalenvektor (vgl. Abb. 2.8)

$$n = \begin{pmatrix} n_x \\ n_y \\ n_z \end{pmatrix} \tag{2.16}$$

auf der Schnittfläche definieren wir diese Schnittrichtung.

Mit drei senkrecht aufeinander stehenden Schnittflächen können wir den Spannungszustand in einem beliebigen Punkt durch die drei Spannungsvektoren eindeutig beschreiben. Lassen wir die Schnittflächen mit den Koordinatenebenen eines kartesischen Koordinatensystems zusammenfallen, können wir sie anschaulich als Quader bzw. *infinitesimales Volumenelement* mit den Kantenlängen dx, dy und dz (vgl. Abb. 2.9) darstellen. Die Schnittflächen nennen wir auch Schnittufer (vgl. Abschnitt 2.3).

An einem positiven Schnittufer weist der Normalenvektor auf der Schnittfläche in die gleiche Richtung wie der zugehörige Koordinateneinheitsvektor e_i. Positive Spannungen weisen daher an positiven Schnittufern in positive Koordinatenrichtungen bzw. an negativen Schnittufern in negative Koordinatenrichtungen.

Zu jeder der sechs Flächen des infinitesimalen Volumenelements gehört ein Spannungsvektor, den wir in Komponenten normal (Normalspannungen) und tangential (Schubspannungen) zur Schnittfläche zerlegen können. Die Schubspannung können wir weiterhin in Komponenten entsprechend der Koordinatenrichtungen zerlegen.

Zur eindeutigen Zuordnung der Spannungen zu den Schnittflächen und Koordinatenrichtungen führen wir Indizes ein. Dabei gibt der erste Index immer die Richtung des zugehörigen Normalenvektors auf der Schnittfläche, in der die Spannung wirkt, an. Der zweite Index bezeichnet die Wirkungsrichtung der Spannung.

Obwohl wir in der Literatur für die Normalspannungen teilweise σ_{xx} etc. finden, ist die sogenannte *Ingenieurschreibweise* üblicher. Dabei erhalten Normalspannungen nur einen Index (σ_x, σ_y und σ_z), da die Richtung des Normalenvektors und der Spannung immer identisch ist. Die Schubspannungen τ_{xy}, τ_{yz}, τ_{zx}, τ_{yx}, τ_{zy} und τ_{xz} werden jedoch mit zwei Indizes gekennzeichnet.

Den Spannungsvektor, der zur Schnittfläche mit der Normale in x-Richtung gehört, erhalten wir bei Verwendung dieser Indizes beispielsweise zu

$$t = \sigma_x \, e_x + \tau_{xy} \, e_y + \tau_{xz} \, e_z \, . \tag{2.17}$$

Summieren wir am infinitesimalen Volumenelement nach Abb. 2.9 die Kräfte in Richtung der positiven x-Achse auf, erhalten wir die Gleichgewichtsbeziehung

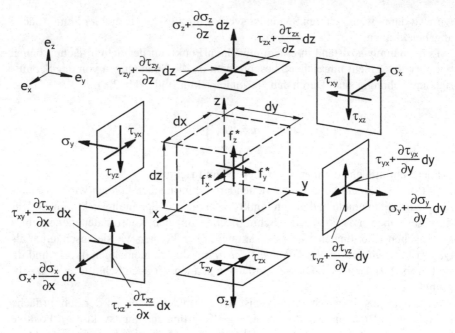

Abb. 2.9 Spannungen und Volumenlast f^* am infinitesimalen Volumenelement

$$\sum_i F_{ix} = 0 \quad \Leftrightarrow \quad 0 = -\sigma_x \, \mathrm{d}y \, \mathrm{d}z + \left(\sigma_x + \frac{\partial \sigma_x}{\partial x} \, \mathrm{d}x\right) \mathrm{d}y \, \mathrm{d}z$$

$$-\tau_{yx} \, \mathrm{d}x \, \mathrm{d}z + \left(\tau_{yx} + \frac{\partial \tau_{yx}}{\partial y} \, \mathrm{d}y\right) \mathrm{d}x \, \mathrm{d}z \qquad (2.18)$$

$$-\tau_{zx} \, \mathrm{d}x \, \mathrm{d}y + \left(\tau_{zx} + \frac{\partial \tau_{zx}}{\partial z} \, \mathrm{d}z\right) \mathrm{d}x \, \mathrm{d}y + f_x^* \, \mathrm{d}x \, \mathrm{d}y \, \mathrm{d}z \, .$$

Da Gleichgewichtsaussagen nur für Kräfte gelten, müssen die Spannungen mit den zugeordneten Flächenelementen multipliziert werden.

Zwei weitere Gleichgewichtsbeziehungen ergeben sich durch Kräftegleichgewichte in Richtung der y- und z-Achse

$$\sum_i F_{iy} = 0 \quad \Leftrightarrow \quad 0 = -\sigma_y \, \mathrm{d}x \, \mathrm{d}z + \left(\sigma_y + \frac{\partial \sigma_y}{\partial y} \, \mathrm{d}y\right) \mathrm{d}x \, \mathrm{d}z$$

$$-\tau_{zy} \, \mathrm{d}x \, \mathrm{d}y + \left(\tau_{zy} + \frac{\partial \tau_{zy}}{\partial z} \, \mathrm{d}z\right) \mathrm{d}x \, \mathrm{d}y \qquad (2.19)$$

$$-\tau_{xy} \, \mathrm{d}y \, \mathrm{d}z + \left(\tau_{xy} + \frac{\partial \tau_{xy}}{\partial x} \, \mathrm{d}x\right) \mathrm{d}y \, \mathrm{d}z + f_y^* \, \mathrm{d}x \, \mathrm{d}y \, \mathrm{d}z$$

sowie

$$\sum_i F_{iz} = 0 \quad \Leftrightarrow \quad 0 = -\sigma_z\, dx\, dy + \left(\sigma_z + \frac{\partial \sigma_z}{\partial z}\, dz\right) dx\, dy$$

$$-\tau_{yz}\, dx\, dz + \left(\tau_{yz} + \frac{\partial \tau_{yz}}{\partial y}\, dy\right) dx\, dz \tag{2.20}$$

$$-\tau_{xz}\, dy\, dz + \left(\tau_{xz} + \frac{\partial \tau_{xz}}{\partial x}\, dx\right) dy\, dz + f_z^*\, dx\, dy\, dz \;.$$

Die Größen f_i^* mit $i = x,\, y,\, z$ stellen dabei allgemeine Volumenlasten wie Trägheits- oder Gravitationskräfte dar.

Wenn wir die Gln. (2.18) bis (2.20) näher betrachten, stellen wir zunächst fest, dass nur die differentiellen Zuwächse in den Gleichungen verbleiben. Alle anderen Summanden heben sich gegenseitig auf. Daraus ergeben sich als Zwischenschritt Ausdrücke, in denen das infinitesimale Volumen $dV = dx\, dy\, dz$ kürzbar ist, da die Kantenlängen des Volumenelementes beliebig klein - aber nicht null - werden.

Zusätzlich können wir drei Momentengleichgewichte am Volumenelement aus Abb. 2.9 bilden. Die Bezugsachsen für die Momentengleichgewichte lassen wir dabei jeweils durch den Mittelpunkt des Volumenelementes verlaufen und parallel zu den drei Koordinatenachsen liegen. Daraus folgen weitere drei Gleichungen

$$\sum_i M_{ix} = 0 \quad \Leftrightarrow \quad 0 = \left(2\,\tau_{yz} + \frac{\partial \tau_{yz}}{\partial y}\, dy\right) dx\, dz\, \frac{dy}{2}$$

$$-\left(2\,\tau_{zy} + \frac{\partial \tau_{zy}}{\partial z}\, dz\right) dx\, dy\, \frac{dz}{2}\;, \tag{2.21}$$

$$\sum_i M_{iy} = 0 \quad \Leftrightarrow \quad 0 = \left(2\,\tau_{zx} + \frac{\partial \tau_{zx}}{\partial z}\, dz\right) dx\, dy\, \frac{dz}{2}$$

$$-\left(2\,\tau_{xz} + \frac{\partial \tau_{xz}}{\partial x}\, dx\right) dy\, dz\, \frac{dx}{2} \tag{2.22}$$

und

$$\sum_i M_{iz} = 0 \quad \Leftrightarrow \quad 0 = \left(2\,\tau_{xy} + \frac{\partial \tau_{xy}}{\partial x}\, dx\right) dy\, dz\, \frac{dx}{2}$$

$$-\left(2\,\tau_{yx} + \frac{\partial \tau_{yx}}{\partial y}\, dy\right) dx\, dz\, \frac{dy}{2}\;. \tag{2.23}$$

In den Gln. (2.21) bis (2.23) muss jeweils die Differenz der Klammerausdrücke zu null werden. Die Terme mit den partiellen Ableitungen sind von höherer Ordnung klein und werden daher vernachlässigt. Damit erhalten wir das *Gesetz von der Gleichheit zugeordneter Schubspannungen*. Dieses besagt, dass in je zwei zueinander senkrechten Schnittebenen die zur Schnittkante senkrechten Schubspannungen in den aneinander anschließenden Flächen gleich sind. Die Anzahl der Spannungskomponenten reduziert sich dadurch von neun auf sechs.

Die Gln. (2.18) bis (2.23) können wir jetzt zu den *3D-Gleichgewichtsbeziehungen*

$$\frac{\partial \sigma_x}{\partial x} + \frac{\partial \tau_{yx}}{\partial y} + \frac{\partial \tau_{zx}}{\partial z} = -f_x^* \,, \quad (2.24) \qquad \frac{\partial \tau_{xy}}{\partial x} + \frac{\partial \sigma_y}{\partial y} + \frac{\partial \tau_{zy}}{\partial z} = -f_y^* \,, \quad (2.25)$$

$$\frac{\partial \tau_{xz}}{\partial x} + \frac{\partial \tau_{yz}}{\partial y} + \frac{\partial \sigma_z}{\partial z} = -f_z^* \qquad (2.26)$$

sowie

$$\tau_{xy} = \tau_{yx} \,, \qquad (2.27) \qquad \tau_{yz} = \tau_{zy} \,, \qquad (2.28) \qquad \tau_{zx} = \tau_{xz} \qquad (2.29)$$

zusammenfassen. Allerdings erhalten wir mit den Gln. (2.24) bis (2.29) nur sechs Gleichungen für neun unbekannte Spannungskomponenten. Wir werden also weitere Gleichungen zur Verfügung stellen müssen, um den Spannungszustand eindeutig beschreiben zu können.

Analog zu Gl. (2.17) können wir die Spannungsvektoren aufstellen, die zu Schnittflächen mit den Normalen in y- bzw. z-Richtung gehören. Die Komponenten der einzelnen Spannungsvektoren werden üblicherweise in einer Matrix mit neun Komponenten zusammengefasst. Wir nennen diese Matrix *Spannungstensor* σ. Mit dem Spannungstensor ist der Spannungszustand in einem beliebigen Punkt eindeutig beschrieben. Aufgrund der Gleichheit zugeordneter Schubspannungen ist der Spannungstensor symmetrisch. Die Elemente der Hauptdiagonale werden durch die drei Normalspannungen gebildet, die Elemente der Nebendiagonalen durch die Schubspannungen

$$\sigma = \begin{bmatrix} \sigma_x & \tau_{xy} & \tau_{xz} \\ \tau_{yx} & \sigma_y & \tau_{yz} \\ \tau_{zx} & \tau_{zy} & \sigma_z \end{bmatrix} = \begin{bmatrix} \sigma_x & \tau_{xy} & \tau_{xz} \\ \tau_{xy} & \sigma_y & \tau_{yz} \\ \tau_{xz} & \tau_{yz} & \sigma_z \end{bmatrix} \,. \qquad (2.30)$$

Multiplizieren wir den Spannungstensor σ mit dem Normalenvektor n der betrachteten Schnittfläche, erhalten wir den zu der Schnittfläche gehörenden Spannungsvektor t

$$t = \sigma\, n = \begin{pmatrix} \sigma_x \\ \tau_{xy} \\ \tau_{xz} \end{pmatrix} n_x + \begin{pmatrix} \tau_{xy} \\ \sigma_y \\ \tau_{yz} \end{pmatrix} n_y + \begin{pmatrix} \tau_{xz} \\ \tau_{yz} \\ \sigma_z \end{pmatrix} n_z \,. \qquad (2.31)$$

2.4.2 Ebener Spannungszustand

Einen Sonderfall des räumlichen Spannungszustandes stellt der Ebene Spannungszustand dar. Er liegt vor, wenn in einem Bauteil nur Spannungen auftreten, die in der Bauteilebene (z. B. in der x-y-Ebene) liegen bzw. alle Spannungen, die nicht in

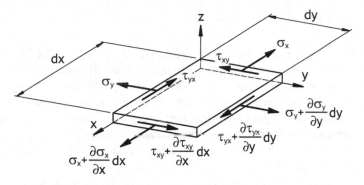

Abb. 2.10 Spannungen am infinitesimalen Scheibenelement beim Ebenen Spannungszustand unter Vernachlässigung von Volumenlasten

Bauteilebene sind, als vernachlässigbar klein betrachtet werden können. Näherungs-weise ist das z. B. in dünnen Hautfeldern konstanter Dicke, wobei die Dicke sehr viel kleiner als alle übrigen Abmessungen ist, der Fall. *Hautfeld* ist eine besonders im Flugzeugbau übliche Bezeichnung für ebene oder leicht gekrümmte Flächen-tragwerke.

Wenn wir erneut auf die mechanischen Modelle aus Tab. 2.1 blicken, können wir ebene Zustände den Modellen Scheibe und Membranschale zuordnen. Ein ebener Spannungszustand herrscht außerdem in lastfreien Oberflächen beliebiger Bauteile.

Im Modell des *Ebenen Spannungszustandes* betrachten wir alle Spannungen, die in Richtung der Bauteildicke (typischerweise mit der Koordinate z gekennzeichnet) verlaufen, als vernachlässigbar klein und setzen sie zu null

$$\sigma_z = \tau_{xz} = \tau_{yz} = 0 \, . \tag{2.32}$$

Die verbliebenen Normalspannungen σ_x und σ_y sowie die Schubspannung τ_{xy} (vgl. Abb. 2.10) nehmen wir als konstante Mittelwerte über die Bauteildicke an.

Wie beim infinitesimalen Volumenelement führen ebenfalls beim *infinitesima-len Scheibenelement* nach Abb. 2.10 die Kräfte- und Momentengleichgewichte auf entsprechende Gleichgewichtsbeziehungen. Die *2D-Gleichgewichtsbeziehungen* er-geben sich bei Vernachlässigung der Volumenlasten zu

$$\frac{\partial \sigma_x}{\partial x} + \frac{\partial \tau_{yx}}{\partial y} = 0 \, , \tag{2.33} \qquad\qquad \frac{\partial \tau_{xy}}{\partial x} + \frac{\partial \sigma_y}{\partial y} = 0 \tag{2.34}$$

sowie

$$\tau_{xy} = \tau_{yx} \, . \tag{2.35}$$

Erneut stehen uns mit diesen drei Gleichungen nicht genügend Beziehungen für die Ermittlung von vier unbekannten Spannungskomponenten zur Verfügung.

Da beim Ebenen Spannungszustand nur eine Schubspannung verschieden von null existiert, wird auf den Index vielfach verzichtet und τ statt τ_{xy} geschrieben.

2.4.3 Spannungstransformation

In den bisherigen Überlegungen sind wir davon ausgegangen, dass die Spannungen in Schnittebenen gesucht sind, deren Normalenvektor parallel zum x-y-z-Koordinatensystem liegt. Vielfach ist es jedoch erforderlich, Spannungen auch in anderen Schnittebenen zu ermitteln. Wir wollen uns an dieser Stelle auf ebene Probleme beschränken, da leichtbaugerechte Strukturen in der Regel dünnwandig ausgeführt und Spannungen in Dickenrichtung vielfach vernachlässigbar sind.

Zunächst nehmen wir an, dass die Spannungen im x-y-Koordinatensystem, das wir üblicherweise als globales Koordinatensystem einer Problemstellung verwenden, bekannt sind. Daraus wollen wir jetzt die Spannungen in einem rechtwinkligen ξ-η-Koordinatensystem, das durch Drehung um die z-Achse mit dem Winkel φ entsteht, ermitteln.

Die *Spannungs-Transformationsbeziehungen* zur Ermittlung von Spannungen für gedrehte Schnittflächen erhalten wir aus Gleichgewichtsbetrachtungen mit einem Schnitt unter dem Winkel φ am Scheibenelement nach den Abbn. 2.11a) und b).

Betrachten wir z. B. Kräftegleichgewichte in ξ- und η-Richtung sowie ein Momentengleichgewicht um die z-Achse, folgt

$$\sigma_\xi = \frac{\sigma_x + \sigma_y}{2} + \frac{\sigma_x - \sigma_y}{2}\cos 2\varphi + \tau_{xy}\sin 2\varphi\,, \tag{2.36}$$

$$\sigma_\eta = \frac{\sigma_x + \sigma_y}{2} - \frac{\sigma_x - \sigma_y}{2}\cos 2\varphi - \tau_{xy}\sin 2\varphi\,, \tag{2.37}$$

$$\tau_{\xi\eta} = \tau_{\eta\xi} = -\frac{\sigma_x - \sigma_y}{2}\sin 2\varphi + \tau_{xy}\cos 2\varphi\,. \tag{2.38}$$

Zu beachten ist, dass φ positiv bei positivem Drehsinn um die z-Achse ist.

Lassen wir den Winkel φ von null bis π variieren, werden wir einen Winkel finden, unter dem die Normalspannungen im zugehörigen Koordinatensystem extremale Werte annehmen. Wir sprechen dann vom sogenannten *Hauptachsensystem*, bei dem wir die Achsen mit 1 und 2 kennzeichnen. Die zugehörigen Normalspannungen σ_1 und σ_2 nennen wir *Hauptspannungen*. Üblicherweise wird mit σ_1 die größere der beiden Hauptspannungen bezeichnet. Sie ergeben sich aus Extremwertbetrachtung der Gln. (2.36) und (2.37), also aus $\mathrm{d}\sigma_\xi/\mathrm{d}\varphi = 0$ bzw. $\mathrm{d}\sigma_\eta/\mathrm{d}\varphi = 0$

$$\sigma_{1,2} = \frac{1}{2}\left(\sigma_x + \sigma_y\right) \pm \frac{1}{2}\sqrt{\left(\sigma_x - \sigma_y\right)^2 + 4\,\tau_{xy}^2} \qquad \text{mit} \qquad \sigma_1 > \sigma_2\,. \tag{2.39}$$

Eine zugehörige Hauptachse erhalten wir für einen Winkel $\varphi = \varphi^*$ mit

$$\tan 2\varphi^* = \frac{2\tau_{xy}}{\sigma_x - \sigma_y}\,. \tag{2.40}$$

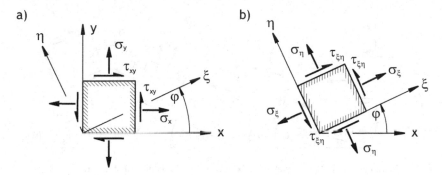

Abb. 2.11 Spannungen am Scheibenelement im a) globalen und b) gedrehten Koordinatensystem

Die Tangensfunktion ist mit dem Winkel π periodisch. Deshalb erhalten wir mit $\tan 2\varphi^* = \tan 2\left(\varphi^* + \frac{\pi}{2}\right)$ zwei senkrecht aufeinander stehende Hauptachsen. Für eine eindeutige Zuordnung der Hauptachsen zu den Hauptspannungen durch $\varphi^* = \varphi_1$ bzw. $\varphi^* = \varphi_2$ müssen wir Gl. (2.40) in Gl. (2.36) oder (2.37) einsetzen.

Setzen wir jetzt Gl. (2.40) in Gl. (2.38) ein, stellen wir fest, dass $\tau_{12} = 0$ ist. Dies können wir als Bedingung dafür betrachten, dass das 1-2-Koordinatensystem ein sogenanntes *Hauptspannungssystem* ist. Folglich stellt jedes Koordinatensystem, in dem die Schubspannungen verschwinden, ein Hauptspannungssystem bzw. einen Hauptspannungszustand dar.

Führen wir die Extremwertbetrachtung mit $\mathrm{d}\tau_{\xi\eta}/\mathrm{d}\varphi = 0$ für Gl. (2.38) durch, folgt die *Hauptschubspannung*

$$\tau_{\max} = \pm\frac{1}{2}\left(\sigma_1 - \sigma_2\right) = \pm\frac{1}{2}\sqrt{\left(\sigma_x - \sigma_y\right)^2 + 4\,\tau_{xy}^2}\ . \tag{2.41}$$

Den zugehörigen Schubspannungswinkel finden wir mit

$$\varphi_s = \varphi^* \pm \frac{\pi}{4}\ . \tag{2.42}$$

Das Koordinatensystem, in dem Hauptschubspannungen auftreten, ist also immer um $\frac{\pi}{4}$ bzw. 45° gegenüber dem Hauptspannungssystem gedreht. Setzen wir Gl. (2.42) in Gl. (2.38) ein, erhalten wir mit dem Vorzeichen der Schubspannung auch ihren Richtungssinn. Für die zugehörigen Normalspannungen (vgl. Abb. 2.12) in diesem Koordinatensystem gilt

$$\sigma_s = \frac{\sigma_x + \sigma_y}{2}\ . \tag{2.43}$$

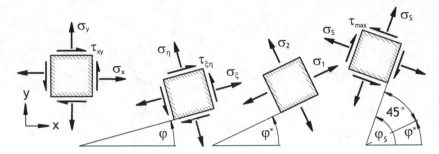

Abb. 2.12 Spannungen am Scheibenelement bei unterschiedlichem Transformationswinkel

2.5 Verzerrungen und Verformungen

Nachdem wir uns bereits mit Schnittgrößen und Spannungen beschäftigt haben,
wollen wir uns nun zunächst an einem einfachen Beispiel mit den Verzerrungen
und den Verformungen von Bauteilen auseinandersetzen. Dazu betrachten wir wieder einen Zugstab mit konstantem Querschnitt. Wird ein Stab der Ausgangslänge l_0
durch eine Zugkraft F belastet (vgl. Abb. 2.13a)), erfährt er eine Verlängerung Δl.

Mit Hilfe der Ausgangslänge und der Verlängerung können wir die dimensions-
lose Größe *Längsdehnung* $\varepsilon_{||}$ über das konstante sogenannte *Ingenieur-Dehnmaß*

$$\varepsilon_{||} = \frac{l - l_0}{l_0} \qquad \Leftrightarrow \qquad \varepsilon_{||} = \frac{\Delta l}{l_0} \qquad\qquad (2.44)$$

definieren. Der Index $||$ kennzeichnet dabei, dass die Dehnung in Richtung der auf-
gebrachten Last entsteht.

Bezeichnen wir gemäß Abb. 2.13b) mit u die Verschiebung eines Punktes entlang
der x-Achse des Stabes, kann diese Verschiebung Anteile aus der Starrkörperverschiebung $u(0)$ und der Längsdehnung enthalten. Erfährt ein Punkt des Stabes mit
dem Abstand x vom linken Stabende die gleiche Verschiebung u wie ein Punkt mit
dem Abstand $x + \Delta x$, liegt im Bauteil eine reine Starrkörperverschiebung vor. Der
Stab wird also nicht gedehnt. Unterscheiden sich beide Verschiebungen, liegt eine
Dehnung bzw. Verformung vor. Wir beschreiben den Verformungszustand mittels
lokaler Dehnung ε_x

$$\varepsilon_x(x) = \lim_{\Delta x \to 0} \frac{u(x + \Delta x) - u(x)}{\Delta x} \qquad \Rightarrow \qquad \varepsilon_x = \frac{du(x)}{dx}. \qquad (2.45)$$

Diese *Dehnung* ist eine vorzeichenbehaftete, dimensionslose Größe. Positive Dehnungen kennzeichnen Verlängerungen, negative Dehnungen kennzeichnen Verkürzungen einer Struktur.

Der große Vorteil beim Rechnen mit Dehnungen liegt darin, dass sie immer auf
die Ausgangslänge bezogen sind. Wir benötigen daher keine genaue Kenntnis der
Bauteilgeometrie, um ermittelte Größen bewerten zu können.

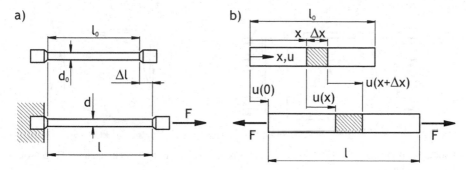

Abb. 2.13 a) Änderung der Länge und des Durchmessers eines Stabes als Folge einer Zugbelastung, b) Starrkörperverschiebung u (0) und überlagerte Dehnung beim Stab

Gl. (2.45) ist eine sogenannte *kinematische Beziehung*, da ein Zusammenhang zwischen den kinematischen Größen Verschiebung und Dehnung hergestellt wird.

Betrachten wir nochmals den Zugstab aus Abb. 2.13a), stellen wir fest, dass sich infolge der Zugbelastung der Stab in Querrichtung zusammenzieht. Die damit verbundene Dehnung bezeichnen wir als *Querdehnung* und kennzeichnen sie mit dem Index ⊥

$$\varepsilon_\perp = \frac{d - d_0}{d_0} = \frac{\Delta d}{d_0} . \qquad (2.46)$$

Längenänderungen können außer durch Kräfte auch durch Temperatur- oder Feuchteänderungen hervorgerufen werden, die wir in diesem Lehrbuch allerdings nicht untersuchen.

2.5.1 Räumlicher Verzerrungszustand

Wie beim 1D-Modell des Stabes führen Kräfte und Momente an 3D-Strukturen zu Verschiebungen und Verformungen, die wir über Abstandsänderungen definieren. Mit den Koordinaten x, y und z ergeben sich dabei die Verschiebungen u, v und w in den drei Koordinatenrichtungen.

In der von uns weitestgehend verwendeten linearen Theorie sind alle Verschiebungen klein gegenüber den Abständen bzw. Dimensionen selbst. Als Maß der Verformung benutzen wir die *Verzerrungen*. Dabei handelt es sich um den Oberbegriff für *Dehnungen* ε und *Gleitungen* γ, die auch Scherungen oder Schiebungen genannt werden.

Dehnungen sind die Folge von Normalspannungen und führen zu Längenänderungen. Gleitungen sind die Folge von Schubspannungen und führen ausschließlich zu Winkeländerungen. Diese unterschiedlichen Verformungen sind in den Abbn. 2.14a) und b) dargestellt.

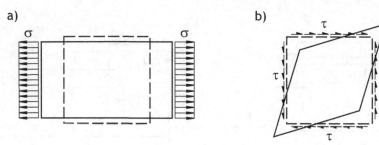

Abb. 2.14 a) Dehnungen als Folge von Normalspannungen σ und b) Gleitungen als Folge von Schubspannungen τ

Die gesamte Gestaltänderung bzw. Verzerrung eines Bauteils setzt sich folglich aus Dehnungen und Gleitungen zusammen. Überlagert kann zusätzlich eine Starrkörperverschiebung auftreten. Entsprechende Zusammenhänge können wir in Abb. 2.15 erkennen. Der Übersichtlichkeit halber ist dabei ein Scheibenelement in der x-y-Ebene dargestellt. Auf eine 3D-Struktur wird verzichtet.

Verfolgen wir in Abb. 2.15 beispielsweise die Verschiebung der Punkte A und D aus der Ausgangskonfiguration zu den neuen Positionen A' bzw. D' in der Endkonfiguration, stellen wir fest, dass A lediglich einer Starrkörperverschiebung der Werte u in die x-Richtung und v in die y-Richtung unterliegt. Um von D nach D' zu gelangen, muss das Rechteck zusätzlich eine Längenänderung entlang der x- und der y-Achse sowie eine anschließende Scherung bzw. Gleitung erfahren, wodurch es die Form eines Parallelogramms annimmt. Diese Verschiebungen können wir basierend auf einer Taylor-Reihenentwicklung mit zwei Variablen x und y beschreiben (vgl. Abschnitt 10.1 zu eindimensionaler Taylor-Reihe). Für die gesamte horizontale Lageänderung des Punktes D nach D' erhalten wir beispielhaft in x-Richtung

$$\mathrm{d}u = u(x + \mathrm{d}x, y + \mathrm{d}y) - u(x, y)$$

$$= \frac{\partial u}{\partial x} \, \mathrm{d}x + \frac{\partial u}{\partial y} \, \mathrm{d}y + \frac{1}{2} \left(\frac{\partial^2 u}{\partial x^2} \, \mathrm{d}x^2 + 2 \frac{\partial^2 u}{\partial x \, \partial y} \, \mathrm{d}x \, \mathrm{d}y + \frac{\partial^2 u}{\partial y^2} \, \mathrm{d}y^2 \right) + \ldots . \qquad (2.47)$$

Beschränken wir uns auf die linearen Glieder in den Taylor-Reihen sowie auf kleine Winkel, so resultiert für die horizontale Lageänderung des Punktes D

$$\mathrm{d}u = \frac{\partial u}{\partial x} \, \mathrm{d}x + \frac{\partial u}{\partial y} \, \mathrm{d}y , \qquad (2.48)$$

die in Abb. 2.15 mit Hilfe des Punktes D'' verdeutlicht werden kann. Ein analoger Ausdruck beschreibt die vertikale Lageänderung $\mathrm{d}v$ des Punktes D.

Vergleichen wir alle Abstände und Winkel mit den zugehörigen Verschiebungen, folgen bei Beschränkung auf kleine Winkel die 3D-*Verzerrungs-Verschiebungs-Beziehungen*, die auch *kinematische Gleichungen* genannt werden. Für die Dehnungen ergibt sich dabei

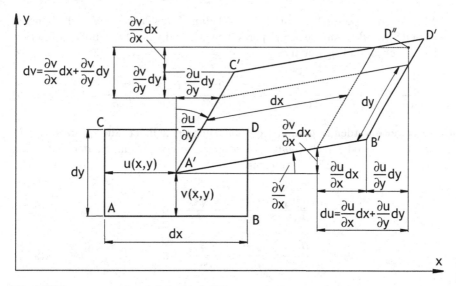

Abb. 2.15 Verzerrungen eines infinitesimalen Elementes in der x-y-Ebene

$$\varepsilon_x = \frac{\partial u}{\partial x}, \quad (2.49) \qquad \varepsilon_y = \frac{\partial v}{\partial y}, \quad (2.50) \qquad \varepsilon_z = \frac{\partial w}{\partial z}. \quad (2.51)$$

Auch für die Gleitungen ergeben sich drei Beziehungen

$$\gamma_{xy} = \frac{\partial u}{\partial y} + \frac{\partial v}{\partial x}, \quad (2.52) \qquad \gamma_{yz} = \frac{\partial v}{\partial z} + \frac{\partial w}{\partial y}, \quad (2.53) \qquad \gamma_{xz} = \frac{\partial u}{\partial z} + \frac{\partial w}{\partial x}. \quad (2.54)$$

Zusätzlich zu den bereits in Unterabschnitt 2.4.1 betrachteten neun Spannungen haben wir jetzt im Raum weitere neun Größen (drei Verschiebungen und sechs Verzerrungen) zu ermitteln.

2.5.2 Kompatibilitätsbeziehungen

Da wir die sechs Verzerrungen aus drei Verschiebungen u, v und w bestimmen können, müssen Beziehungen bzw. Zwangsbedingungen zwischen den Verzerrungen existieren. Aufgrund dieser Zwangsbedingungen bleibt bei Verformungen einer Struktur der Materialzusammenhalt gewahrt. Es entstehen keine Klaffungen oder Durchdringungen. Mathematisch betrachtet muss die Verschiebungsfunktion eine eindeutige und stetige Funktion des Ortes sein.

Wir betrachten beispielhaft Gl. (2.52) und eliminieren darin die Verschiebungen. Dafür leiten wir den Ausdruck γ_{xy} partiell nach x und y ab. Anschließend ersetzen wir $\frac{\partial u}{\partial x}$ durch ε_x und $\frac{\partial v}{\partial y}$ durch ε_y

$$\frac{\partial^2 \gamma_{xy}}{\partial x \partial y} = \frac{\partial^3 u}{\partial x \partial y^2} + \frac{\partial^3 v}{\partial x^2 \partial y} \quad \Leftrightarrow \quad \frac{\partial^2 \varepsilon_x}{\partial y^2} + \frac{\partial^2 \varepsilon_y}{\partial x^2} - \frac{\partial^2 \gamma_{xy}}{\partial x \partial y} = 0 \,. \qquad (2.55)$$

Üblicherweise werden insgesamt sechs Gleichungen definiert, die 3D-*Verträglichkeitsbeziehungen* oder auch *Kompatibilitätsbeziehungen* genannt werden. Sie gelten allerdings nur für kleine Verformungen

$$\frac{\partial^2 \varepsilon_x}{\partial y^2} + \frac{\partial^2 \varepsilon_y}{\partial x^2} - \frac{\partial^2 \gamma_{xy}}{\partial x \partial y} = 0 \,, \qquad (2.56)$$

$$\frac{\partial^2 \varepsilon_x}{\partial z^2} + \frac{\partial^2 \varepsilon_z}{\partial x^2} - \frac{\partial^2 \gamma_{xz}}{\partial x \partial z} = 0 \,, \qquad (2.57)$$

$$\frac{\partial^2 \varepsilon_y}{\partial z^2} + \frac{\partial^2 \varepsilon_z}{\partial y^2} - \frac{\partial^2 \gamma_{yz}}{\partial y \partial z} = 0 \,, \qquad (2.58)$$

$$2 \frac{\partial^2 \varepsilon_x}{\partial y \partial z} + \frac{\partial^2 \gamma_{yz}}{\partial x^2} - \frac{\partial^2 \gamma_{xz}}{\partial y \partial x} - \frac{\partial^2 \gamma_{xy}}{\partial z \partial x} = 0 \,, \qquad (2.59)$$

$$2 \frac{\partial^2 \varepsilon_y}{\partial z \partial x} + \frac{\partial^2 \gamma_{xz}}{\partial y^2} - \frac{\partial^2 \gamma_{xy}}{\partial z \partial y} - \frac{\partial^2 \gamma_{yz}}{\partial x \partial y} = 0 \,, \qquad (2.60)$$

$$2 \frac{\partial^2 \varepsilon_z}{\partial x \partial y} + \frac{\partial^2 \gamma_{xy}}{\partial z^2} - \frac{\partial^2 \gamma_{yz}}{\partial x \partial z} - \frac{\partial^2 \gamma_{xz}}{\partial y \partial z} = 0 \,. \qquad (2.61)$$

Diese Kompatibilitätsbeziehungen werden beispielsweise eingesetzt, wenn Verschiebungsfunktionen aus Messdaten ermittelt werden und auf ihre logischen Zusammenhänge hin betrachtet werden sollen. Auch bei der Überprüfung von Ansatzfunktionen für Näherungslösungen sind sie eine wesentliche Hilfe.

2.6 Stoffgesetz

Stoffgesetze liefern den Zusammenhang zwischen dem Spannungs- und dem Verzerrungszustand (bzw. dem Verformungszustand).

Das Spannungs-Dehnungs-Verhalten von Werkstoffen bei einachsiger Beanspruchung wird üblicherweise aus Zugversuchen gewonnen, wobei die Kraft so langsam gesteigert wird, dass keine dynamischen Effekte relevant sind. Der Dehnungszustand in der Probe steht dann immer in direktem Zusammenhang zu der aktuellen Normalspannung in der Probe. Man nennt das auch *quasi-statische Lastaufbringung*.

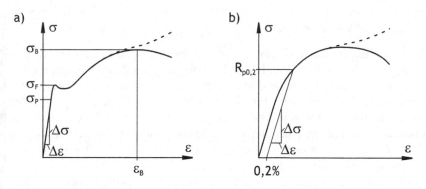

Abb. 2.16 Spannungs-Dehnungs-Verhalten von a) einem Stahl mit geringem Kohlenstoffgehalt und b) einer Aluminiumlegierung

Zwei typische Spannungs-Dehnungs-Kurven können wir den Abbn. 2.16a) und 2.16b) entnehmen. Sie gelten für Stähle mit geringem Kohlenstoffgehalt bzw. für Aluminiumlegierungen, die im Leichtbau vielfach verwendet werden. Wir beschränken uns hier auf Werkstoffe, die ein solches Verhalten zeigen.

Sowohl Stähle als auch Aluminiumlegierungen dehnen sich zu Beginn der Verformung elastisch. Nach Entlastung erreicht die Probe wieder ihre Ausgangslänge. Den höchsten Spannungswert, bei dem eine entlastete Probe keine bleibende Dehnung aufweist, nennen wir *Proportionalitätsgrenze* σ_P. Sie wird in der Literatur auch Elastizitätsgrenze genannt. Nach dem Überschreiten der Proportionalitätsgrenze setzt im mikroskopischen Bereich ein Plastifizieren des Werkstoffs ein. Wir erkennen das an der leicht verringerten Steigung der Spannungs-Dehnungs-Kurven. Eine weitere Lasterhöhung führt schließlich zu makroskopischem Fließen. Bei Entlastung der Probe verbleibt eine plastische Dehnung. Als Kenngröße für den Übergang von der Mikroplastizität zum makroskopischen Fließen verwenden wir die *Fließgrenze* σ_F. Bei Stählen mit geringem Kohlenstoffgehalt ist die Ausbildung der plastischen Verformung über die gesamte Probe mit einer ausgeprägten Unstetigkeit im Spannungs-Dehnungs-Verlauf verbunden. Das lokale Spannungsmaximum ist dabei die Fließgrenze, die auch als *Streckgrenze* bezeichnet wird. Mit Erreichen der Streckgrenze wächst die Verformung sehr schnell an. Bei weiterer Lasterhöhung erreichen wir die *Bruchspannung* σ_B. Dann beginnt das Einschnüren der Probe, wobei sich der Probenquerschnitt verringert.

An dieser Stelle der Kurve können zwei unterschiedliche Äste durchfahren werden. Wird die aufgebrachte Zugkraft jeweils auf den aktuellen Probenquerschnitt bezogen, ergibt sich die sogenannte *wahre Spannung*. Die Kurve steigt weiter an. Das ist in den Abbn. 2.16a) und 2.16b) gestrichelt dargestellt. Allerdings ist es sehr aufwändig, zu jeder Zeit einen aktuellen Probenquerschnitt zu bestimmen. Aus diesem Grund wird die Kraft oftmals weiterhin auf den Ausgangsquerschnitt bezogen. Bei Darstellung dieser *technischen Spannung* fällt die Kurve nach Erreichen von σ_B wieder ab.

Infobox 1 zu Robert HOOKE (1635-1702, englischer Physiker) [1, 2]

Hooke war ein kränkliches Kind, weshalb seine Eltern aufgrund der im 17. Jahrhundert sehr hohen Kindersterblichkeit keine große Hoffnung hegten, dass er seine ersten Kindheitsjahre überleben werde. Er überstand jedoch diese kritische Zeit, und so sahen seine Eltern für ihn vor, seinem Vater in das Amt des Gemeindepfarrers zu folgen. Allerdings ließ sein Vater aufgrund der anhaltend problematischen körperlichen Befindlichkeit seines Sohnes von diesem Wunsch ab. Hooke durfte fortan seinen Neigungen nachgehen, die sich zeit seines Lebens auf das Verstehen und Konstruieren von mechanischen Geräten fokussierten.

Aufgrund seines besonderen Talents als Mechaniker wurde Hooke 1662 Kurator für die Experimente der Royal Society in London (britische Einrichtung zur Förderung der naturwissenschaftlichen Forschung). Dort kam er mit allen wissenschaftlichen Fragestellungen der damaligen Zeit in Berührung, die er in der Mehrzahl befeuert durch seinen Ehrgeiz und enormen Arbeitseifer aufgriff. Auch wenn er in vielen Fällen neue Ideen entwickelte, vermochte er es gewöhnlich nicht, seine Arbeiten in eine wissenschaftlich anerkannte Form zu bringen. Verstärkt durch seinen streitsüchtigen Charakter geriet er daher mit manchem Gelehrten seiner Zeit in erbitterten Urheberrechtsstreit.

1678 veröffentlichte Hooke ein Werk, in dem er die Proportionalität zwischen Kraft und Auslenkung einer Feder formuliert. Er prägte damit als erster den Begriff des elastischen Körpers und legte durch sein lineares Federgesetz die Grundlagen zur Entwicklung der Elastizitätstheorie. Aus diesem Grunde werden heute lineare Stoffgesetze nach ihm benannt.

---

[1] Szábo I.: Geschichte der mechanischen Prinzipien und ihrer wichtigsten Anwendungen, 2. Aufl., Birkhäuser, 1979, S. 355-359.

[2] Westfall R. S.: Hooke, Robert. In: Gillispie C. C. (Hrsg.): Dictionary of Scientific Biography, Bd. VI, Scribner-Verlag, 1972, S. 481-488.

Bei Aluminiumlegierungen existiert keine Streckgrenze. Deshalb betrachten wir eine bleibende Dehnung von $0,2\,\%$ ($\varepsilon = 0,002$) nach Entlastung der Probe als zulässig. Der zugehörige Spannungswert ist dann $R_{p0,2}$ und wird ersatzweise als Fließgrenze verwendet.

Das Werkstoffverhalten bei Druckspannung können wir aus einem analogen Druckversuch ableiten. Dabei ist der lineare Bereich des Spannungs-Dehnungs-Diagramms in negativer Richtung mindestens so ausgeprägt wie der mit dem Zugversuch ermittelte lineare Bereich in positiver Richtung. Für den linearen Bereich des Spannungs-Dehnungs-Diagramms gilt

$$m = \frac{\Delta\sigma}{\Delta\varepsilon}\ .\tag{2.62}$$

Dabei ist m der Anstieg der Geraden im linear-elastischen Bereich gemäß den Abbn. 2.16a) bzw. 2.16b). Wir bezeichnen ihn üblicherweise mit E und nennen diese Größe *Elastizitätsmodul* bzw. E-Modul, der die Einheit MPa = N/mm² besitzt. Es folgt das *Hookesche Gesetz für Zug* bzw. *Druck* (vgl. Infobox 1, S. 30)

$$E = \frac{\sigma}{\varepsilon} \, . \tag{2.63}$$

Aus dem Zugversuch können wir gleichzeitig das Verhältnis der Querdehnung nach Gl. (2.46) zur Längsdehnung nach Gl. (2.44) ermitteln. Damit wird dann die *Querkontraktionszahl ν*, die auch *Poissonkonstante* genannt wird und eine weitere werkstofftypische Größe ist, bestimmbar

$$\nu = -\frac{\varepsilon_\perp}{\varepsilon_{||}} \, . \tag{2.64}$$

Die Querkontraktionszahl ist dimensionslos, wobei sie sich bei isotropen Werkstoffen in einem Wertebereich von $0 \leq \nu < 0,5$ bewegt.

Analog zum Hookeschen Gesetz für Zug bzw. Druck können wir mittels eines Schubversuches auch ein *Hookesches Gesetz für Schub* bestimmen. Damit wird der Zusammenhang zwischen der Schubspannung und der Gleitung hergestellt

$$G = \frac{\tau}{\gamma} \, . \tag{2.65}$$

Der damit definierte *Schubmodul G* (auch *Gleitmodul* genannt) ist ebenfalls werkstoffabhängig und hat die Einheit MPa.

Für die eindeutige Beschreibung isotropen Materialverhaltens werden lediglich zwei Materialparameter benötigt. Mit den Gln. (2.63) bis (2.65) stehen uns jedoch drei Parameter zur Verfügung. Folglich existieren diese Parameter nicht unabhängig voneinander. Sie sind vielmehr gekoppelt durch

$$G = \frac{E}{2\,(1 + \nu)} \, . \tag{2.66}$$

2.6.1 Verallgemeinertes Hookesches Gesetz

Übertragen wir die am Zugstab gewonnenen Erkenntnisse auf die 3D-Elastizitätstheorie, so gelangen wir zum *verallgemeinerten Hookeschen Gesetz*. Dieses stellt das Elastizitäts- bzw. Stoffgesetz für den räumlichen Spannungszustand - also den Zusammenhang zwischen den Dehnungen nach den Gln. (2.49) bis (2.51) bzw. den Gleitungen nach den Gln. (2.52) bis (2.54) und den Komponenten des Spannungstensors σ nach Gl. (2.30) dar.

Wie wir in Gl. (2.67) sehen können, sind z. B. die Dehnungen in x-Richtung mit Normalspannungen in x-, y- und z-Richtung verknüpft. Die Verknüpfungen mit der y- und der z-Richtung sind eine Folge der Querkontraktion, die wir beim 1D-Modell des Stabes nicht betrachtet haben. Auf den Zusammenhang zwischen Gleitungen und Schubspannungen hat die Querkontraktion hingegen keinen Einfluss, da sie lediglich mit Längenänderungen verbunden ist.

Bei Berücksichtigung aller Spannungen und Verzerrungen im Raum ergeben sich sechs Gleichungen

$$\varepsilon_x = \frac{1}{E}\left[\sigma_x - \nu\left(\sigma_y + \sigma_z\right)\right], \quad (2.67) \qquad \varepsilon_y = \frac{1}{E}\left[\sigma_y - \nu\left(\sigma_z + \sigma_x\right)\right], \quad (2.68)$$

$$\varepsilon_z = \frac{1}{E}\left[\sigma_z - \nu\left(\sigma_x + \sigma_y\right)\right], \qquad (2.69)$$

$$\gamma_{xy} = \frac{\tau_{xy}}{G}, \quad (2.70) \qquad \gamma_{yz} = \frac{\tau_{yz}}{G}, \quad (2.71) \qquad \gamma_{xz} = \frac{\tau_{xz}}{G}. \quad (2.72)$$

Die Auflösung der Gln. (2.67) bis (2.72) nach den Spannungen ergibt

$$\sigma_x = \frac{E}{(1+\nu)(1-2\nu)}\left[(1-\nu)\,\varepsilon_x + \nu\left(\varepsilon_y + \varepsilon_z\right)\right], \qquad (2.73)$$

$$\sigma_y = \frac{E}{(1+\nu)(1-2\nu)}\left[(1-\nu)\,\varepsilon_y + \nu\left(\varepsilon_x + \varepsilon_z\right)\right], \qquad (2.74)$$

$$\sigma_z = \frac{E}{(1+\nu)(1-2\nu)}\left[(1-\nu)\,\varepsilon_z + \nu\left(\varepsilon_x + \varepsilon_y\right)\right], \qquad (2.75)$$

$$\tau_{xy} = G\,\gamma_{xy}, \quad (2.76) \qquad \tau_{yz} = G\,\gamma_{yz}, \quad (2.77) \qquad \tau_{xz} = G\,\gamma_{xz}. \quad (2.78)$$

Mit den sechs Gln. (2.67) bis (2.72) sind die linear-elastischen Grundgleichungen im Raum nun vollständig.

2.6.2 Hookesches Gesetz für den Ebenen Spannungszustand

Im Modell des Ebenen Spannungszustandes (vgl. Unterabschnitt 2.4.2) gehen wir davon aus, dass alle Spannungen in Dickenrichtung (σ_z, τ_{xz} und τ_{yz}) vernachlässigbar klein sind. Damit vereinfachen sich die Beziehungen des verallgemeinerten Hookeschen Gesetzes zu

$$\varepsilon_x = \frac{1}{E}\left(\sigma_x - \nu\,\sigma_y\right), \qquad (2.79) \qquad \varepsilon_y = \frac{1}{E}\left(\sigma_y - \nu\,\sigma_x\right), \qquad (2.80)$$

$$\varepsilon_z = -\frac{\nu}{E}\left(\sigma_x + \sigma_y\right) , \qquad (2.81) \qquad\qquad \gamma_{xy} = \frac{\tau_{xy}}{G} . \qquad (2.82)$$

Die Auflösung nach den Spannungen liefert uns jetzt

$$\sigma_x = \frac{E}{1-\nu^2}\left(\varepsilon_x + \nu\,\varepsilon_y\right) , \qquad (2.83) \qquad \sigma_y = \frac{E}{1-\nu^2}\left(\varepsilon_y + \nu\,\varepsilon_x\right) , \qquad (2.84)$$

$$\tau_{xy} = G\,\gamma_{xy} . \qquad (2.85)$$

An dieser Stelle wird eine Problematik des Ebenen Spannungszustandes deutlich. Da wir eine konstante Verteilung der Spannungen σ_x, σ_y und τ_{xy} über die Bauteildicke angenommen haben, müssen gemäß den Gln. (2.79) bis (2.82) auch die Verzerrungen unveränderlich über die Bauteildicke sein. Das steht i. Allg. im Widerspruch zu $\sigma_z = \tau_{xz} = \tau_{yz} = 0$. Dieser Widerspruch äußert sich darin, dass die Kompatibilitätsbeziehungen der Gln. (2.57) und (2.58) nicht erfüllt werden. Aufgrund des Zusammenhangs zwischen Schubspannungen und Gleitungen folgt, dass die Gleitungen γ_{xz} und γ_{yz} immer null werden. Eine Erfüllung der zwei Kompatibilitätsbeziehungen aus den Gln. (2.57) und (2.58) ist daher nur möglich, wenn

$$\frac{\partial^2 \varepsilon_z}{\partial x^2} \neq 0 \quad \text{und} \quad \frac{\partial^2 \varepsilon_z}{\partial y^2} \neq 0$$

gilt. Das können wir aber nicht sicherstellen und sprechen deshalb von einem *inkompatiblen Spannungszustand*. Lösungen des Ebenen Spannungszustandes sind deshalb im Sinne der Elastizitätstheorie i. Allg. Näherungslösungen.

2.7 Statische Unbestimmtheit

Bei den mechanischen Systemen, die wir hier betrachten, gehen wir davon aus, dass sie durch geeignete Konstruktionen gegen ihre Umgebung abgestützt bzw. gelagert sind. Dies bedeutet, dass die Bewegungsmöglichkeiten (auch als Freiheitsgrade bezeichnet) des Systems unterbunden sind. Im Raum sind dies drei translatorische und drei rotatorische Bewegungen. In der Ebene sind zwei Translationen und eine Rotation möglich.

Da die Anzahl der zur Verfügung stehenden Gleichgewichtsbedingungen der Anzahl der Bewegungsmöglichkeiten des Systems entspricht, wird der Begriff der *statischen Unbestimmtheit* als zentrales Unterscheidungsmerkmal bei der Berechnung von mechanischen Systemen eingeführt. Wenn eine Struktur *statisch bestimmt* gelagert ist, dann sind also die Lagerreaktionen, die die möglichen Bewegungen unterbinden, mit Hilfe der Gleichgewichtsbeziehungen berechenbar. Wir müssen allerdings beachten, dass die reine Übereinstimmung der Anzahl der Gleichgewichtsbeziehungen mit der Anzahl der Lagerreaktionen nur eine notwendige Bedingung darstellt. Dies liegt daran, dass Lagerungen so positioniert werden können, dass gewisse Bewegungen nicht unterbunden werden, obwohl die Anzahl der Lagerreaktionen dafür ausreichen müsste. Das Tragwerk ist dann beweglich bzw. verschieblich und wird als *kinematisch unbestimmt* bezeichnet.

Wir nehmen hier an, dass jede Lagerreaktion in geeigneter Weise einen Freiheitsgrad unterbindet. Als Folge kann die statische Bestimmtheit durch Abzählen der Lagerreaktionen und der Gleichgewichtsbedingungen ermittelt werden.

Wir beginnen mit dem einfachsten Beispiel eines starren Körpers. Der Grad der statischen Unbestimmtheit U^a kann bestimmt werden, indem wir die Anzahl der unbekannten Lagerreaktionen von den zur Verfügung stehenden Gleichgewichtsbedingungen abziehen. Es gilt dann in der Ebene

$$U^a = r - 3 \quad \text{und} \qquad (2.86) \qquad \text{im Raum} \quad U^a = r - 6 \,, \qquad (2.87)$$

wobei r die Anzahl der Lagerreaktionen ist. Da wir den Körper als starr annehmen und uns nicht dafür interessieren, wie das Verhalten im Innern der Struktur aussieht, verwenden wir den hochgestellten Index a und bezeichnen U^a auch als Grad der *äußerlichen statischen Unbestimmtheit*. Dann können wir 3 Fälle unterscheiden

$U^a = 0 \quad \Rightarrow \quad$ äußerlich statisch bestimmt,

$U^a > 0 \quad \Rightarrow \quad U^a$-fach äußerlich statisch unbestimmt bzw. überbestimmt,

$U^a < 0 \quad \Rightarrow \quad$ verschieblich bzw. äußerlich statisch unterbestimmt.

In einem statisch unbestimmten System gibt es mehr Lagerreaktionen als erforderlich, um den Körper festzuhalten, und zwar genau die Anzahl U^a von Reaktionen. Aus diesem Grunde ist das Problem *statisch überbestimmt*. Die nicht aus den Gleichgewichtsbedingungen berechenbaren Lagerreaktionen bezeichnen wir der Anschaulichkeit halber als *statisch Überzählige*. Gleichzeitig wissen wir damit, wie viele Nebenbedingungen bzw. zusätzliche Gleichungen wir bei dem zu betrachtenden System benötigen, um es berechnen zu können. Üblicherweise verwenden wir Verformungen oder geometrische Zwangsbedingungen dazu. Weist das System zu wenig Lagerreaktionen auf, dann bezeichnen wir es alternativ zu kinematisch unbestimmt bzw. verschieblich auch als *statisch unterbestimmt*.

Den Begriff der äußerlichen statischen Bestimmtheit haben wir am starren Körper abgeleitet. Wir haben also nicht den Aufbau des Körpers in unsere Betrachtungen mit einbezogen. Da wir elastische Systeme untersuchen und wir daher das Verhalten der Elemente im Innern des Körpers analysieren wollen (z. B. um Festigkeitsaussagen machen zu können), definieren wir hier ebenfalls die *innerliche statische Unbestimmtheit* U^i. Hiermit klären wir die Frage, ob das statische Verhalten der Teilsysteme des betrachteten Körpers mit Hilfe der Gleichgewichtsbeziehungen ermittelt werden kann.

Wir untersuchen zunächst Balkentragwerke, die vielfach als Gelenkträger - sogenannte Gerberträger - oder als Rahmenstrukturen ausgeführt und deren Subsysteme durch sogenannte Koppelglieder zusammengefügt sind. Als Koppelglieder betrachten wir hier ausschließlich Gelenke (für weitere siehe z. B. [3, S. 128 ff.]), die in der Ebene zwei Kräfte übertragen. Dadurch erhöht sich die Anzahl der Größen, die mit

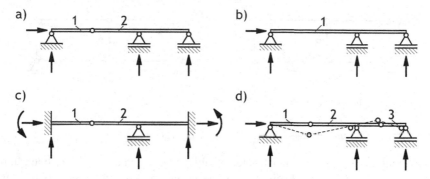

Abb. 2.17 Balkentragwerk a) statisch bestimmt, b) einfach statisch überbestimmt, c) dreifach statisch überbestimmt und d) statisch unterbestimmt; Teilsysteme sind mit Zahlen gekennzeichnet

Hilfe der Gleichgewichtsbeziehungen ermittelt werden können, um jeweils eins pro geschnittenem Gelenk im ebenen Fall; denn mit jedem geschnittenem Gelenk entsteht ein zusätzliches Teilsystem, für das drei weitere Gleichgewichtsbeziehungen gelten müssen. Es sind aber nur zwei unbekannte Gelenkkräfte hinzugekommen. Auf dieser Logik aufbauend können wir den Grad der innerlichen statischen Bestimmtheit nach Gl. (2.88) in der Ebene und Gl. (2.89) im Raum ermitteln. Es gilt

$$U^i = r + g - 3\,k\,, \qquad (2.88) \qquad U^i = r + g - 6\,k\,, \qquad (2.89)$$

wobei k die Anzahl der Körper bzw. Subsysteme, r die Anzahl der Lagerreaktionen und g die Anzahl der Gelenkkräfte ist. Wir können damit insgesamt drei Fälle unterscheiden

$$U^i = 0 \qquad \Rightarrow \qquad \text{innerlich statisch bestimmt,}$$

$$U^i > 0 \qquad \Rightarrow \qquad U^i\text{-fach innerlich statisch unbestimmt bzw. überbestimmt,}$$

$$U^i < 0 \qquad \Rightarrow \qquad \text{verschieblich bzw. innerlich statisch unterbestimmt.}$$

Ist ein System innerlich statisch bestimmt, so können die Kraftgrößen der Teilsysteme sowie die Lagerreaktionen berechnet werden. Da folglich das Gesamtsystem mit den Gleichgewichtsbeziehungen berechnet werden kann, ist ein innerlich statisch bestimmtes System zugleich auch statisch bestimmt. Beachten müssen wir bei den Abzählbedingungen nach den Gln. (2.88) und (2.89) allerdings, dass $U^i = 0$ nur eine notwendige, aber keine hinreichende Bedingung darstellt. Folglich müssen wir immer eine Verschieblichkeitsprüfung wie bei der äußerlichen statischen Bestimmtheit durchführen. Einige Beispiele zum Grad der statischen Bestimmtheit von Balkentragwerken sind in den Abb. 2.17a) bis d) dargestellt. In Abb. 2.17d) ist die Bewegungsmöglichkeit mit der gestrichelten Linie angedeutet.

Neben den Balkentragwerken sind für den Leichtbau auch Fachwerke von besonderer Bedeutung. Fachwerke bestehen aus Stäben, die über Gelenke miteinander verbunden sind. Im ebenen bzw. räumlichen Fall erhalten wir bei einem Fachwerk aus k Knoten, s Stäben und r Lagerreaktionen $2\,k$ bzw. $3\,k$ Gleichungen für $r + s$

a) 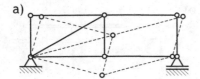   b)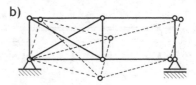

Abb. 2.18 Bewegliches Fachwerk a) für $U^i = -1$ und b) für $U^i = 0$

Unbekannte. Der Faktor vor der Knotenanzahl k ergibt sich aus der Zahl linear unabhängiger Gleichgewichtsbedingungen, die an einem Knoten formuliert werden können. Den Grad der inneren statischen Unbestimmtheit ermitteln wir daher mit Gl. (2.90) für ebene und mit Gl. (2.91) für räumliche Fachwerke zu

$$U^i = r + s - 2\,k\,, \qquad (2.90) \qquad\qquad U^i = r + s - 3\,k\,. \qquad (2.91)$$

Die für U^i resultierenden Fälle stimmen mit denen für Balkentragwerke überein. Zu beachten ist dabei wieder, dass $U^i = 0$ nur eine notwendige Bedingung für statische Bestimmtheit ist. Zur Verdeutlichung sind in den Abbn. 2.18a) und b) zwei Fachwerke dargestellt, die beide beweglich sind. Für das Fachwerk nach Abb. 2.18a) ermitteln wir $U^i = -1$ wegen $r = 3$, $s = 8$ und $k = 6$. Das Fachwerk ist also beweglich, wie mit der gestrichelten Linie angedeutet. Im Fachwerk nach Abb. 2.18b) haben wir einen zusätzlich Stab im Vergleich zum vorherigen Fachwerk eingeführt, weshalb rein rechnerisch $U^i = 0$ folgt. Dieser Stab unterbindet allerdings nicht die noch mögliche Bewegung im System. Das Fachwerk können wir also nicht mit den Gleichgewichtsbedingungen berechnen.

Auch bei Rahmentragwerken kann eine innerliche statische Unbestimmtheit vorliegen. So ist im Inneren eines äußerlich statisch bestimmt gelagerten Rahmens der Schnittgrößenverlauf aus Gleichgewichtsbedingungen nur eindeutig bestimmbar, wenn der Rahmen nicht geschlossen ist. Sonst werden beim Schneiden des Rahmens an beliebiger Stelle, wie in Abb. 2.19 verdeutlicht, drei voneinander unabhängige Schnittgrößen frei, die nicht direkt aus den äußeren Lasten bestimmbar

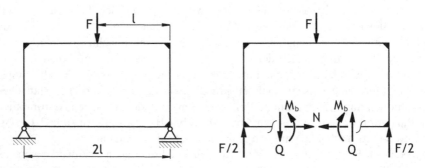

Abb. 2.19 Dreifach innerlich statisch unbestimmter Rahmen

sind. Dies gilt auch, wenn wir einen vollständigen Schnitt führen, so dass wir zwei Teilsysteme bekommen. Im ebenen Fall entstehen somit je weiterem Teilsystem sechs zusätzliche Unbekannte. Besteht ein ebenes Rahmentragwerk aus n geschlossenen Rahmen, ist der Grad der innerlichen Unbestimmtheit folglich $3\,n$.

2.8 Zusammenfassung

Allgemeines

- Mechanische Modelle sind vereinfachte Idealisierungen realer Strukturen und stellen einen Kompromiss zwischen Genauigkeitsanspruch und Berechnungsaufwand dar.

- Strukturen, die nur Lasten in der Bauteillängsachse oder der Tangentialebene übertragen, sind besonders leichtbaugerecht.

- Positive Spannungen zeigen am positiven Schnittufer in positive Koordinatenrichtung und am negativen Schnittufer in negative Koordinatenrichtung.

- Positive Schnittgrößen am Balken weisen am positiven Schnittufer in positive Koordinatenrichtung und am negativen Schnittufer in negative Koordinatenrichtung. Die x-Achse bezeichnet die Balkenlängsrichtung.

- Die beherrschenden Gleichungen von mechanischen Modellen resultierenden aus den Gleichgewichtsbeziehungen, den Verschiebungs-Verzerrungs-Beziehungen und dem Stoffgesetz.

- Für isotrope Werkstoffe gilt $E = 2\,G\,(1 + \nu)$.

Beherrschende Gleichungen für den Stab

$$\sigma = \frac{N}{A}\,, \qquad \varepsilon = \frac{\mathrm{d}u}{\mathrm{d}x} = \frac{l - l_0}{l_0}\,, \qquad \sigma = E\,\varepsilon$$

Beherrschende Gleichungen für die Scheibe im Ebenen Spannungszustand

- Spannungen in Dickenrichtung sind vernachlässigbar, d. h. $\sigma_z = \tau_{xz} = \tau_{yz} = 0$.

- Spannungen σ_x, σ_y und τ_{xy} sind über die Bauteildicke konstante Mittelwerte.

- Gleichgewichtsbeziehungen

$$\frac{\partial \sigma_x}{\partial x} + \frac{\partial \tau_{yx}}{\partial y} = 0\,, \qquad \frac{\partial \sigma_y}{\partial y} + \frac{\partial \tau_{xy}}{\partial x} = 0\,, \qquad \tau_{xy} = \tau_{yx}$$

- Verschiebungs-Verzerrungs-Beziehungen

$$\varepsilon_x = \frac{\partial u}{\partial x}\,, \qquad \varepsilon_y = \frac{\partial v}{\partial y}\,, \qquad \gamma_{xy} = \frac{\partial u}{\partial y} + \frac{\partial v}{\partial x}$$

- Stoffgesetz

$$\varepsilon_x = \frac{1}{E}\left(\sigma_x - \nu\,\sigma_y\right)\,, \qquad \varepsilon_y = \frac{1}{E}\left(\sigma_y - \nu\,\sigma_x\right)\,, \qquad \gamma_{xy} = \frac{\tau_{xy}}{G}$$

Hauptspannungen

- Hauptspannungen sind extremale Normalspannungen. Sie gehen mit dem Verschwinden der Schubspannungen einher

$$\sigma_{1,2} = \frac{1}{2}\left(\sigma_x + \sigma_y\right) \pm \frac{1}{2}\sqrt{\left(\sigma_x - \sigma_y\right)^2 + 4\,\tau_{xy}^2} \qquad \text{mit} \quad \sigma_1 > \sigma_2\,.$$

- Die Hauptspannungsrichtung ergibt sich aus

$$\tan 2\varphi^* = \frac{2\tau_{xy}}{\sigma_x - \sigma_y} = \frac{\gamma_{xy}}{\varepsilon_x - \varepsilon_y}\,.$$

2.9 Verständnisfragen

1. Warum können leichtbaugerechte Bauteile häufig durch die mechanischen Modelle Stab, Scheibe oder Membranschale beschrieben werden?

2. Welche Schnittgrößen existieren beim mechanischen Modell des Balkens? Welche Zusammenhänge bestehen zwischen den Schnittgrößen?

3. Was kennzeichnet einen Hauptspannungszustand?

4. Wie erfolgt die Indexbildung bei Spannungen?

5. Wie ist der Zusammenhang zwischen den Verzerrungen und den Verschiebungen? Was versteht man unter dem konstanten Ingenieur-Dehnmaß?

6. Worin unterscheiden sich Dehnungen und Gleitungen?

7. Was stellen die Kompatibilitätsbeziehungen dar?

8. Wie ist der Ebene Spannungszustand definiert?

9. Was versteht man unter einem Stoffgesetz? Welche Zusammenhänge gelten für isotrope Werkstoffe?

10. Was versteht man unter statischer Bestimmtheit? Welche Möglichkeiten der statischen Unbestimmtheit gibt es?

Kapitel 3
Biegebalken bei linearer Längsspannungsverteilung

Lernziele

Die Studierenden sollen

- Flächenmomente und Biegesteifigkeiten in unterschiedlichen Koordinatensystemen sowie unter leichtbaugerechten Vereinfachungen berechnen,
- Normalspannungen in Balkenlängsrichtung ermitteln,
- Biegelinien bei gerader wie schiefer Biegung bestimmen und
- Ersatzmodelle für Biegebeanspruchungen erstellen können.

3.1 Einführung

Eines der wichtigsten Konstruktionselemente im Ingenieurwesen stellt der Balken dar. Es handelt sich um ein linienförmiges Tragwerk, bei dem die Querschnittsabmessungen sehr viel kleiner sind als die Balkenlänge (vgl. Abb. 3.1a)). Balken können neben Längskräften auch Querkräfte sowie Biege- und Torsionsmomente aufnehmen (vgl. Schnittreaktionen des Balkens nach Abb. 3.1b)). Diese Schnittkraftgrößen sind Resultierende einer am Querschnitt des Balkens auftretenden Spannungsverteilung. Die Normalkraft N und die Biegemomente M_{by} sowie M_{bz} resultieren aus einer Normalspannungsverteilung $\sigma_x(y,z)$, wie sie in Abb. 3.1c) dargestellt ist. Diese Normalspannungsverteilung ist Gegenstand dieses Kapitels, insbesondere um das Biegeverhalten von Balkenstrukturen beschreiben zu können. Die Querkräfte Q_y, Q_z und das Torsionsmoment M_x können von diesem Verhalten getrennt untersucht werden. Dies liegt zum einen daran, dass der Einfluss von Querkräften auf das Deformationsverhalten eines Balkens solange vernachlässigt werden kann, wie die Voraussetzung von kleinen Querschnittsabmessungen im Vergleich zur Balkenlänge erfüllt ist. Zum anderen besitzt die Torsion des Balkens nur unter bestimmten Umständen einen Einfluss auf die Balkenbiegung, die wir hier der Einfachheit halber zunächst außer Acht lassen. Aus diesen Gründen werden die Quer-

© Springer-Verlag Berlin Heidelberg 2015
M. Linke, E. Nast, *Festigkeitslehre für den Leichtbau*, DOI 10.1007/978-3-642-53865-0_3

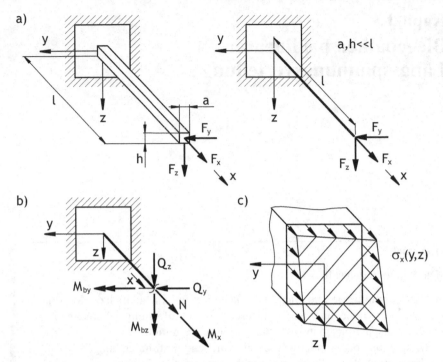

Abb. 3.1 a) Balken als linienförmiges Tragwerk, b) Reaktionen in einem Schnitt des Balkens an der Stelle x, c) Normalspannungsverteilung $\sigma_x(y, z)$, aus der die Normalkraft N und die Biegemomente M_{by} sowie M_{bz} resultieren

kräfte Q_y, Q_z und das Torsionsmoment M_x an anderer Stelle behandelt; sie sind Gegenstand der Kap. 4 und 5.

Um das Verhalten des Biegebalkens besser verstehen zu können, betrachten wir zunächst den einseitig eingespannten Balken mit Rechteckprofil und gerader Balkenachse nach Abb. 3.2a), der einzig durch ein Biegemoment M_{bz} beansprucht wird. Wir verwenden das dargestellte Koordinatensystem für unsere Überlegungen. Zu beachten ist, dass die x-Achse dabei stets senkrecht auf dem Balkenquerschnitt steht.

Ist der Balken einzig durch das Biegemoment beansprucht, so ist entlang der Balkenachse dieses Schnittmoment konstant. Deshalb muss an jeder Stelle die Verbiegung der Balkenachse gleich sein, und folglich muss auch die Krümmung überall den gleichen Wert besitzen. Die verformte Balkenachse, die wir auch als *Biegelinie* bezeichnen, beschreibt dann einen Kreisbogen und die Balkenquerschnitte bleiben eben und stehen weiterhin senkrecht auf der nun verformten Balkenachse. Diese Zusammenhänge stellen die zentrale Verformungsannahme der klassischen Balkentheorie dar, die auch als *Bernoulli-Hypothese* (vgl. Infobox 2, S. 42) bezeichnet wird. Aus ihr resultiert die *Schubstarrheit des Balkens*, bei der nur Verformungen infolge Biegung verursacht werden. Schubverformungen durch Querkräfte, die

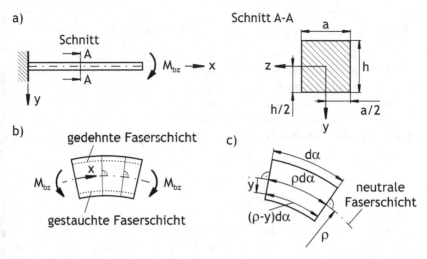

Abb. 3.2 a) Einseitig eingespannter Balken unter Biegebeanspruchung, b) Balkenelement unter konstantem Biegemoment und c) geometrische Verhältnisse am infinitesimalen Kreisbogenelement

gewöhnlich zusammen mit Biegemomenten auftreten, werden nicht berücksichtigt bzw. werden vernachlässigt.

Fordern wir neben der Bernoulli-Hypothese, dass die Querschnittsform erhalten bleibt, ergeben sich die in Abb. 3.2b) dargestellten Verhältnisse am Balken. Wir erkennen einzelne Schichten, die während der Deformation parallel zur Balkenachse bleiben. Infolge der Biegebeanspruchung wird die Oberseite gedehnt, und die Unterseite erfährt eine Stauchung. Dabei ist in jeder einzelnen Schicht die Dehnung konstant. Zwischen Ober- und Unterseite muss es somit eine Schicht geben, die weder gestaucht noch gedehnt wird. Diese Schicht wird daher als *neutrale Faserschicht* bezeichnet. Ihr Schnitt mit dem Balkenquerschnitt stellt die sogenannte *Nulllinie* oder auch *Spannungsnulllinie* dar.

Ausgehend von diesen Zusammenhängen leiten wir nun die resultierenden Spannungen im Balkenquerschnitt her. In Abb. 3.2c) betrachten wir hierzu einen infinitesimalen Kreisbogen der Länge $\rho d\alpha$ in der verformten Lage auf der neutralen bzw. ungedehnten Faserschicht. Eine Schicht im Abstand y zur neutralen Faser erfährt dagegen eine Stauchung, die wir über die Kreisbogenlänge $(\rho - y)d\alpha$ bestimmen. Für die Dehnung ε_x dieser Schicht erhalten wir

$$\varepsilon_x = \frac{(\rho - y)\,d\alpha - \rho d\alpha}{\rho d\alpha} = -\frac{y}{\rho}\,. \tag{3.1}$$

Folglich erfährt der Balken wegen $\rho = $ konst. eine linear veränderliche Dehnung ε_x über dem Querschnitt in y-Richtung.

Wenn wir schließlich ein Material- bzw. Stoffgesetz berücksichtigen, ist der Verlauf der Normalspannungen über dem Querschnitt bekannt. Da die Querschnittsabmessungen a, h sehr viel kleiner sind als die Balkenlänge l (d. h. $a, h \ll l$) und wir

Infobox 2 zu Jakob BERNOULLI (1654-1705, Schweizer Mathematiker) [1,2]

Bernoulli ist der Sohn eines Gewürz- und Arzneimittelhändlers, dessen Familie aufgrund religiöser Verfolgung die Heimat Antwerpen verlassen musste und sich 1622 in Basel (Schweiz) niederließ. Dem Wunsch des Vaters folgend studierte Bernoulli Philosophie und Theologie. 1671 machte er den Abschluss Magister artium im Fach Philosophie. 1676 erhielt er das theologische Lizenziat. Entgegen dem Willen seines Vaters beschäftigte er sich jedoch zeitgleich intensiv mit Mathematik und Astronomie, was seinem wahren Interesse entsprach. Seine naturwissenschaftlichen Tätigkeiten wurden durch mehrere europäische Reisen und Studienaufenthalte entscheidend beeinflusst. 1687 wurde er Mathematikprofessor an der Universität Basel.

Bernoulli hat signifikante Beiträge zum Ausbau der Ende des 17. Jahrhunderts entwickelten Integralrechnung geliefert, die er auch zur Formulierung seines Balkentheorems nutzte. Sein Theorem stellt einen von vielen Schritten dar, die in ihrer Gesamtheit zur Formulierung der heute verwendeten Balkentheorie geführt haben. Ihrer Entwicklung bedurfte es mehrerer Generationen von namhaften Mathematikern und Physikern. Die herausragende Leistung an seinen Arbeiten zur Balkentheorie besteht darin, dass die Proportionalität zwischen Krümmung und Biegemoment sowie das Ebenbleiben der Querschnitte bei der Verformung geschlussfolgert werden kann.

---

[1] Hofmann J. E.: Bernoulli, Jakob (Jacques) I. In: Gillispie C. C. (Hrsg.): Dictionary of Scientific Biography, Bd. II, Scribner-Verlag, 1970, S. 46-51.

[2] Szábo I.: Geschichte der mechanischen Prinzipien und ihrer wichtigsten Anwendungen, 2. Aufl., Birkhäuser, 1979, S. 351-402.

zudem die freie Querkontraktion des Balkens fordern, sind die Normalspannungen σ_y, σ_z in y- und z-Richtung vernachlässigbar. Unter Beachtung des Hookeschen Gesetzes nach Gl. (2.67) gilt mit $\sigma_y = \sigma_z = 0$

$$\sigma_x = E\,\varepsilon_x = -E\frac{y}{\rho}\ . \tag{3.2}$$

Für den in Abb. 3.2a) dargestellten Balken resultiert somit ein in y-Richtung linearer Verlauf der Längsspannungen, wenn ein Biegemoment M_{bz} um die z-Achse wirkt. Hinsichtlich des Begriffs Längsspannungen ist dabei anzumerken, dass wir beim Biegebalken diesen Begriff synonym für die Normalspannungen in Längs- bzw. Balkenachsrichtung verwenden.

Erweitern wir nun unsere Überlegungen analog auf ein alleine wirkendes Biegemoment M_{by} um die y-Achse, so wird eine in z-Richtung linear veränderliche Längsspannungsverteilung resultieren. Beachten wir darüber hinaus, dass eine Normalkraft N einen konstanten Spannungsanteil liefert, so wird sich unter der Gesamtheit der Schnittgrößen N, M_{by} und M_{bz} eine linear veränderliche Längsspannungsverteilung im Balkenquerschnitt einstellen. Diese kann wie folgt beschrieben werden

$$\sigma_x(x,y,z) = a_{00}(x) + a_{10}(x)\,y + a_{01}(x)\,z \ . \tag{3.3}$$

Dieser Ansatz gilt dabei für ein beliebiges Koordinatensystem, dessen x-Koordinate senkrecht auf dem Balkenquerschnitt steht. Da die Koeffizienten a_{00}, a_{10} und a_{01} eine Abhängigkeit von den Schnittreaktionen und damit von der x-Koordinate aufweisen, sind sie in der obigen Gleichung jeweils als Funktion der Variable x gekennzeichnet. Einer besseren Übersicht halber wird im weiteren Verlauf dieses Kapitels diese Abhängigkeit stets vorausgesetzt und daher nicht weiter angezeigt.

Da die Schnittreaktionen N, M_{by} und M_{bz} Resultierende des oben gewählten Spannungsansatzes sind, werden wir zunächst die Beziehungen zwischen diesen Schnittkraftgrößen und den Normalspannungen herstellen, um dann die Verformung von Balkenstrukturen näher untersuchen zu können.

3.2 Linearer Längsspannungsansatz

Mit Hilfe des Längsspannungsansatzes nach Gl. (3.3) können die Normalkraft N sowie die Biegemomente M_{by} und M_{bz} im Querschnitt ermittelt werden. Wir gewinnen die resultierende Normalkraft N durch Integration der Normalspannung σ_x über der Querschnittsfläche A

$$N = \int_A \sigma_x \, \mathrm{d}A \ . \tag{3.4}$$

Die Biegemomente M_{by} und M_{bz} resultieren aus der Integration der infinitesimalen Momente $\mathrm{d}M_{by} = z\,\mathrm{d}F$ sowie $\mathrm{d}M_{bz} = -y\,\mathrm{d}F$ über der Fläche A, die durch die infinitesimale Kraft $\mathrm{d}F = \sigma_x\,\mathrm{d}A$ infolge der Hebelarme y und z um die x-Achse erzeugt werden (vgl. Abb. 3.3)

$$M_{by} = \int_A z\,\sigma_x \, \mathrm{d}A \ , \tag{3.5} \qquad M_{bz} = -\int_A y\,\sigma_x \, \mathrm{d}A \ . \tag{3.6}$$

Die Vorzeichen für die Momente sind so gewählt, dass die Drehrichtung des Momentes, das aus der Spannungsverteilung resultiert, der angenommenen Drehrichtung der Schnittmomente M_{by} sowie M_{bz} entspricht. Ein positives Moment M_{by} ergibt sich daher im Bereich $z > 0$ für eine Zugspannung (d. h. $\sigma_x > 0$), wohingegen eine Zugspannung für $y > 0$ ein negatives Moment M_{bz} liefert und wir somit ein Minuszeichen vor das Integral schreiben.

In die Gln. (3.4) bis (3.6) führen wir nun den Spannungsansatz nach Gl. (3.3) ein. Da die Koeffizienten a_{00}, a_{10} und a_{01} unabhängig von der Querschnittsfläche A sind, dürfen wir die Koeffizienten vor das jeweilige Integral ziehen und erhalten

$$N = a_{00} \int_A \mathrm{d}A + a_{10} \int_A y\,\mathrm{d}A + a_{01} \int_A z\,\mathrm{d}A \ , \tag{3.7}$$

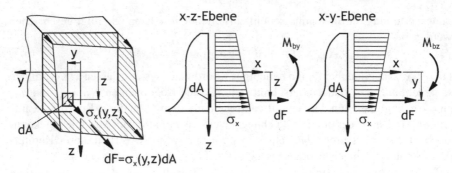

Abb. 3.3 Biegemomente M_{by} und M_{bz} als Resultierende einer Längsspannungsverteilung σ_x

$$M_{by} = a_{00} \int_A z \, \mathrm{d}A + a_{10} \int_A y \, z \, \mathrm{d}A + a_{01} \int_A z^2 \, \mathrm{d}A \tag{3.8}$$

sowie

$$M_{bz} = -a_{00} \int_A y \, \mathrm{d}A - a_{10} \int_A y^2 \, \mathrm{d}A - a_{01} \int_A y \, z \, \mathrm{d}A \, . \tag{3.9}$$

Die auftretenden Integrale werden allgemein als *Flächenmomente* bezeichnet. Die Querschnittsfläche A bzw. das Integral über die Querschnittsfläche

$$A = \int_A \mathrm{d}A \tag{3.10}$$

stellt das *Flächenmoment nullten Grades* dar, da die Koordinaten nicht bzw. nur in der nullten Potenz (d. h. wegen $y^0 = z^0 = 1$) auftreten. Dieser Logik folgend sind die *Flächenmomente ersten Grades* definiert mit

$$S_y = \int_A z \, \mathrm{d}A \tag{3.11} \qquad \text{und} \qquad S_z = \int_A y \, \mathrm{d}A \, . \tag{3.12}$$

Diese werden auch als *Statische Momente* bezeichnet. Ferner führen wir die *axialen Flächenmomente zweiten Grades*

$$I_y = \int_A z^2 \, \mathrm{d}A \tag{3.13} \qquad \text{und} \qquad I_z = \int_A y^2 \, \mathrm{d}A \tag{3.14}$$

ein, für die auch die Bezeichnung *Flächenträgheitsmomente* gebräuchlich ist. Aus diesem Grunde verwenden wir beide Begriffe synonym. Darüber hinaus definieren wir das *biaxiale Flächenmoment zweiten Grades* bzw. das *Deviationsmoment*

$$I_{yz} = -\int_A y \, z \, \mathrm{d}A = -\int_A z \, y \, \mathrm{d}A = I_{zy} \, . \tag{3.15}$$

Da kein Unterschied zwischen den Deviationsmomenten I_{yz} und I_{zy} besteht, werden wir im weiteren Verlauf nur noch die Bezeichnung I_{yz} verwenden.

Liegen die Profilform sowie die Lage des Koordinatensystems fest, können die Flächenmomente berechnet werden. Deshalb nehmen wir der Einfachheit halber zunächst an, dass sie bekannt sind. Wir können somit den Normalspannungsansatz hier weiter untersuchen. Im Abschnitt 3.3 beschäftigen wir uns dann ausführlich mit der Berechnung von Flächenmomenten.

Beachten wir nun die Bezeichnungen für Flächenmomente in den Gln. (3.7) bis (3.9), so erhalten wir ein Gleichungssystem zur Ermittlung der unbekannten Koeffizienten a_{00}, a_{10} und a_{01} im Normalspannungsansatz mit

$$N = a_{00} A + a_{10} S_z + a_{01} S_y \, , \tag{3.16}$$

$$M_{by} = a_{00} S_y - a_{10} I_{yz} + a_{01} I_y \tag{3.17}$$

und

$$M_{bz} = -a_{00} S_z - a_{10} I_z + a_{01} I_{yz} \, . \tag{3.18}$$

Für den Spannungsansatz resultieren nach einigen Umformungen die Koeffizienten

$$a_{00} = \frac{N \left(I_{yz}^2 - I_y I_z\right) + M_{by} \left(S_y I_z + S_z I_{yz}\right) - M_{bz} \left(S_z I_y + S_y I_{yz}\right)}{A \left(I_{yz}^2 - I_y I_z\right) + S_z^2 I_y + S_y^2 I_z + 2 S_y S_z I_{yz}} \, , \tag{3.19}$$

$$a_{10} = \frac{N \left(S_z I_y + S_y I_{yz}\right) - M_{by} \left(S_y S_z + A I_{yz}\right) - M_{bz} \left(S_y^2 - A I_y\right)}{A \left(I_{yz}^2 - I_y I_z\right) + S_z^2 I_y + S_y^2 I_z + 2 S_y S_z I_{yz}} \, , \tag{3.20}$$

$$a_{01} = \frac{N \left(S_y I_z + S_z I_{yz}\right) + M_{by} \left(S_z^2 - A I_z\right) + M_{bz} \left(S_y S_z + A I_{yz}\right)}{A \left(I_{yz}^2 - I_y I_z\right) + S_z^2 I_y + S_y^2 I_z + 2 S_y S_z I_{yz}} \, . \tag{3.21}$$

Wie wir erkennen können, hängen diese Koeffizienten und somit die Normalspannungen zum einen von verschiedenen Querschnittsgrößen (A, S_y, S_z, I_y, I_z und I_{yz}) ab. Zum anderen wird der Längsspannungszustand über die Schnittreaktionen N, M_{by} und M_{bz} festgelegt.

Diese Darstellungsform für die Koeffizienten des Spannungsansatzes stellt eine sehr allgemeine Beschreibung des Zusammenhangs zwischen den Schnittreaktionen und den Spannungen dar; denn wir haben bei der Wahl der Lage des Koordinatenursprungs einzig vorausgesetzt, dass die x-Achse senkrecht auf der Querschnittsfläche steht. Durch eine geschickte Positionierung des Koordinatensystems können wir jedoch diese Beziehung deutlich vereinfachen.

Wenn wir den Koordinatenursprung in den Flächenschwerpunkt legen, gilt für die y-Koordinate des Flächenschwerpunkts

$$y_S = \frac{\int_A y \, dA}{A} = \frac{S_z}{A} = 0 \quad \text{und somit} \quad S_z = 0 \, . \tag{3.22}$$

Das Statische Moment S_z wird in diesem Fall null. Analog erhalten wir das gleiche Ergebnis für die z-Koordinate des Flächenschwerpunkts bzw. für das Statische Moment S_y. Die Koeffizienten in den Gln. (3.19) bis (3.21) sind somit

$$a_{00} = \frac{N}{A}, \qquad a_{10} = -\frac{M_{bz} I_y - M_{by} I_{yz}}{I_y I_z - I_{yz}^2} \quad \text{und} \quad a_{01} = \frac{M_{by} I_z - M_{bz} I_{yz}}{I_y I_z - I_{yz}^2},$$

und wir erhalten für die Längsspannungen

$$\sigma_x = \frac{N}{A} - \frac{M_{bz} I_y - M_{by} I_{yz}}{I_y I_z - I_{yz}^2} \, y + \frac{M_{by} I_z - M_{bz} I_{yz}}{I_y I_z - I_{yz}^2} \, z, \qquad (3.23)$$

wenn sich der Koordinatenursprung im Flächenschwerpunkt befindet.

Eine weitere Vereinfachung im Spannungsansatz kann für beliebige Querschnitts-formen erzielt werden, wenn das Deviationsmoment I_{yz} verschwindet. Dies ist der Fall, wenn das gewählte Koordinatensystem mit dem Hauptachsensystem des Profils übereinstimmt. Da wir uns im Unterabschnitt 3.3.3 mit der Ermittlung des Haupt-achsensystems beschäftigen, setzen wir hier seine Bekanntheit voraus. Wir erhalten für den Spannungsansatz wegen $I_{yz} = 0$

$$\sigma_x = \frac{N}{A} - \frac{M_{bz}}{I_z} \, y + \frac{M_{by}}{I_y} \, z. \qquad (3.24)$$

Damit stehen die Beziehungen zur Berechnung von Längsspannungsverteilungen in Balken zur Verfügung.

Beispiel 3.1 Der in Abb. 3.4a) einseitig eingespannte Träger ist an seinem freien Ende durch eine Kraft F belastet. Der Träger besitzt ein dünnwandiges T-Profil. Das gegebene Koordinatensystem hat seinen Ursprung im Flächenschwerpunkt (FSP) des Profils.

Gegeben Kraft F; Trägerlänge l; Querschnittsabmessungen a, $h = 2a$; Wand-dicke t mit $t \ll a$; Lage des FSP $e_z = \frac{h}{4}$; Flächenmomente 2. Grades $I_y = \frac{5}{3} a^3 t$, $I_z = \frac{2}{3} a^3 t$, $I_{yz} = 0$

Gesucht Wert und Ort der betragsmäßig größten Normalspannung σ_x, wenn die Kraft F

a) einzig in globale z-Richtung weist, d. h. es gilt $F_z = F$,
b) sowohl eine Komponente in globale z- als auch y-Richtung mit $F_y = \frac{1}{2} F$ und
   $F_z = \frac{\sqrt{3}}{2} F$ besitzt.

Lösung Da das T-Profil ein verschwindendes Deviationsmoment I_{yz} in Bezug zum gewählten Koordinatensystem hat, verwenden wir Gl. (3.24) zur Lösung der beiden Aufgabenteile a) und b). In dieser Gleichung treten neben den Varia-blen y, z und den Profilgrößen A, I_y sowie I_z noch die unbekannten Schnittre-aktionen N, M_{by} sowie M_{bz} auf. Da der Träger statisch bestimmt gelagert ist, können wir diese Größen direkt aus den Gleichgewichtsbeziehungen ermitteln. Hierzu machen wir einen Schnitt an einer beliebigen Stelle x und erstellen ein Freikörperbild gemäß Abb. 3.4b). Das Kräftegleichgewicht in x-Richtung liefert eine verschwindende Normalkraft

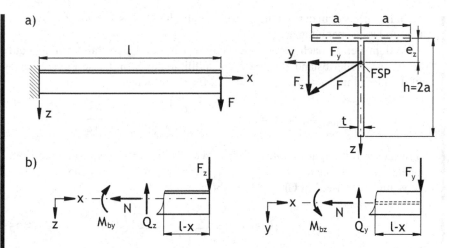

Abb. 3.4 a) Einseitg eingespannter Balken mit T-Profil konstanter Wandstärke t belastet durch diskrete Kraft F am freien Ende, b) Schnittreaktionen in der x-z- und x-y-Ebene

$$N = 0 \, .$$

Die Momentengleichgewichte im Schnitt um die y- und z-Achse liefern

$$M_{by} = -F_z \, (l - x) \quad \text{und} \quad M_{bz} = F_y \, (l - x) \, ,$$

die zur Bestimmung der Normalspannungsverteilung benötigt werden. Beide Momente sind linear von der Laufkoordinate x abhängig. Sie werden maximal in der Einspannung bei $x = 0$, weshalb dort ebenfalls die größten Normalspannungen auftreten werden. Daher untersuchen wir in den Aufgabenteilen a) und b) den Einspannquerschnitt für die jeweils gegebene Kraft F näher. Da Querkräfte in Gl. (3.24) nicht auftreten, betrachten wir die Kräftegleichgewichte in y- und z-Richtung nicht. Für den Einspannquerschnitt erhalten wir somit die Schnittreaktionen

$$N = 0, \quad M_{by} = -F_z \, l \quad \text{und} \quad M_{bz} = F_y \, l \, .$$

a) In dieser Teilaufgabe ist die y-Komponente der Kraft F null. Wir erhalten für die Normalspannungen im Einspannquerschnitt

$$\sigma_x = \sigma_x \, (z) = \frac{M_{by}}{I_y} \, z = \frac{-F \, l}{\frac{5}{3} \, a^3 \, t} \, z \, .$$

Es besteht nur eine funktionale Abhängigkeit von der Koordinate z (und nicht noch zusätzlich von y).

Gemäß der vorherigen Beziehung steigt die Spannung mit zunehmendem Abstand z zum Flächenschwerpunkt, in dem die Spannungen wegen $z = 0$ verschwinden. Die Gerade mit $z = 0$ durch den Flächenschwerpunkt wird daher auch als Spannungsnulllinie bezeichnet. In Abb. 3.5a) sind die resultierenden Normalspannungen entlang der Profilmittellinie dargestellt. Weisen die Normalspannungen aus dem dargestellten Profil heraus, handelt es sich um Zug-, ansonsten um Druckspannungen.

Die dem Betrag nach größte Spannung tritt in den Querschnittspunkten auf, die den größten Abstand zur Spannungsnulllinie besitzen. Diese Punkte liegen auf dem Rand mit $z = z_{\max} = \frac{3}{4} h = \frac{3}{2} a$. Es ergibt sich

$$|\sigma_x|_{\max} = |\sigma_x (z = z_{\max})| = \frac{|M_{by}|}{I_y} |z|_{\max} = \frac{9 F l}{10 a^2 t} \; .$$

b) In dieser Teilaufgabe berücksichtigen wir für die Kraft F sowohl eine Komponente in y- als auch in z-Richtung. Wir erhalten folglich Biegemomente um die y- und z-Achse. Mit Gl. (3.24) ergibt sich

$$\sigma_x = \sigma_x(y,z) = -\frac{3 F l}{2 a^3 t} \left(\frac{1}{2} y + \frac{\sqrt{3}}{5} z \right) . \tag{3.25}$$

Im Vergleich zur vorherigen Teilaufgabe a) können wir jetzt nicht mehr so einfach angeben, an welcher Stelle des Profils die betragsmäßig größte Normalspannung auftritt. Die Normalspannung hängt jetzt von der y- und der z-Koordinate ab. Da es sich um eine lineare Normalspannungsverteilung handelt, muss die größte Spannung jedoch in denjenigen Punkten des Querschnitts auftreten, die am weitesten von der Spannungsnulllinie entfernt sind. Die Spannungsnulllinie und ihre Lage in Bezug zum verwendeten Koordinatensystem können wir berechnen. Somit lassen sich die Querschnittspunkte mit dem größten Abstand zur Spannungsnulllinie abschätzen. Wir bestimmen die Spannungsnulllinie, indem wir in Gl. (3.25) die Spannungen σ_x zu null setzen. Es resultiert

$$0 = -\frac{3 F l}{2 a^3 t} \left(\frac{1}{2} y + \frac{\sqrt{3}}{5} z \right) \quad \Leftrightarrow \quad z = -\frac{5}{2\sqrt{3}} y \; .$$

In Abb. 3.5b) ist die Lage der Nulllinie dargestellt. Es ist zu erkennen, dass als Querschnittspunkte mit dem größten Abstand zur Nulllinie nur die Profilenden

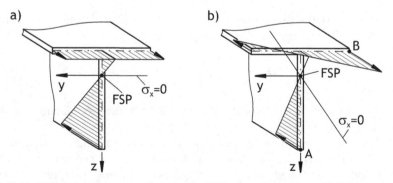

Abb. 3.5 a) Normalspannungsverteilung im Profil für $F_y = 0$ und $F_z = F$, b) Normalspannungsverteilung im Profil für $F_y = \frac{1}{2} F$ und $F_z = \frac{1}{2} \sqrt{3} F$

A und B in Frage kommen. Da es sich um ein dünnwandiges Profil handelt, brauchen wir nur für die Profilmittellinie die Normalspannungen zu ermitteln, d. h. für die Punkte A und B. Unter Beachtung der Koordinaten von Punkt A ($y_A = 0$, $z_A = \frac{3h}{4} = \frac{3a}{2}$) und Punkt B ($y_B = -a$, $z_B = -\frac{h}{4} = -\frac{a}{2}$) resultiert

$$\sigma_{x_A} = \sigma_x(y_A, z_A) = -\frac{9\sqrt{3}\,F\,l}{20\,a^2\,t} \quad \text{und} \quad \sigma_{x_B} = \sigma_x(y_B, z_B) = \frac{3\left(5 + \sqrt{3}\right)\,F\,l}{20\,a^2\,t} .$$

Wegen $|\sigma_{x_B}| / |\sigma_{x_A}| = \left(5 + \sqrt{3}\right) / \left(3\sqrt{3}\right) \approx 1{,}30$ tritt die dem Betrag nach größte Spannung im Punkt B auf. Es handelt sich um eine Zugspannung und wir erhalten für die maximale Normalspannung im Profil

$$|\sigma_x|_{\max} = \frac{3\left(5 + \sqrt{3}\right)\,F\,l}{20\,a^2\,t} .$$

Als Alternative zum zuvor verfolgten Vorgehen basierend auf der Spannungs-nulllinie hätten wir auch direkt die Spannungen in allen Profilenden berechnen und vergleichen können. Da die Spannungen linear veränderlich in y sowie z sind und weil das Profil aus geraden Abschnitten zusammengesetzt ist, muss unter diesen Spannungen auch die Spannung $|\sigma_x|_{\max}$ sein. Welches Vorgehen vorteilhafter ist, hängt von der Gestalt des Profils ab und sollte daher fallbezogen entschieden werden.

Im vorherigen Bsp. 3.1, Teilaufgabe a), haben wir eine Beziehung gefunden, mit der wir bei Kenntnis des maximalen Randfaserabstands im Profil die maximale Spannung berechnen können. Voraussetzung hierfür ist, dass nur ein Biegemoment um eine Hauptachse anliegt, d. h. im gewählten Koordinatensystem ist das Deviationsmoment null. Dieser Zusammenhang gilt für die Biegung um die y- und z-Achse. Wenn in Gl. (3.23) alle Schnittreaktionen bis auf ein Biegemoment null sind, erhalten wir

$$|\sigma_x|_{\max} = \frac{|M_{by}|}{W_y} \qquad (3.26) \qquad \text{mit} \quad W_y = \frac{I_y}{|z|_{\max}} \qquad (3.27)$$

bzw.

$$|\sigma_x|_{\max} = \frac{|M_{bz}|}{W_z} \qquad (3.28) \qquad \text{mit} \quad W_z = \frac{I_z}{|y|_{\max}} . \qquad (3.29)$$

W_y und W_z werden als *Widerstandsmomente* um die y- bzw. z-Achse bezeichnet. Zu beachten ist bei der Nutzung dieser Beziehungen allerdings, dass sie nur dann zur Bestimmung der Maximalspannung geeignet sind, wenn sowohl das Deviationsmoment I_{yz} bzgl. der gegebenen Achsen verschwindet als auch das betrachtete Biegemoment alleine anliegt.

Beispiel 3.2 Wir untersuchen in diesem Beispiel einen Träger mit L-Profil, der wie im vorherigen Beispiel einseitig eingespannt ist und der an seinem freien Ende durch eine Kraft F belastet ist. Die Kraft F weist in globale z-Richtung (vgl. Abb. 3.6a)). Im Vergleich zu Bsp. 3.1 resultiert für das Profil ein Deviationsmoment I_{yz}. Es gilt $I_{yz} \neq 0$.

Gegeben Kraft $F = 1$ kN; Länge $l = 1000$ mm; Profilabmessungen $a = 110$ mm, $b = 70$ mm, $t = 8$ mm, $e_y = 13{,}57$ mm, $e_z = 33{,}57$ mm; Flächenmomente 2. Grades $I_y = 1{,}9298 \cdot 10^6$ mm^4, $I_z = 6{,}5432 \cdot 10^5$ mm^4, $I_{yz} = 6{,}5576 \cdot 10^5$ mm^4

Gesucht

a) Ermitteln Sie die betragsmäßig größte Normalspannung infolge Biegung.
b) Bestimmen Sie die Lage der Spannungsnulllinie und den Verlauf der Normalspannungen entlang der Profilmittellinie und skizzieren Sie diese.

Lösung a) Es handelt sich um die gleiche Belastung wie in Bsp. 3.1 Teilaufgabe a). Die Ermittlung der Schnittlasten ist also analog durchzuführen. Wir erhalten für die relevanten Schnittreaktionen im Einspannquerschnitt

$$N = 0, \qquad M_{by} = -F\,l = -1 \text{ kN m} \quad \text{und} \quad M_{bz} = 0\,.$$

Zur Berechnung der Maximalspannung dürfen wir weder Gl. (3.24) noch Gl. (3.26) nutzen. Beide Beziehungen dürfen nur dann verwendet werden, wenn das Deviationsmoment des Profils null ist. Dies ist hier nicht der Fall. Wir müssen daher Gl. (3.23) verwenden. Setzen wir die gegebenen Größen ein, resultiert für die Normalspannungsverteilung

$$\sigma_x\,(y,z) = -\frac{-M_{by}\,I_{yz}}{I_y\,I_z - I_{yz}^2}\,y + \frac{M_{by}\,I_z}{I_y\,I_z - I_{yz}^2}\,z = (7{,}8749\,y + 7{,}8577\,z) \cdot 10^{-1}\,\frac{\text{N}}{\text{mm}^3}\,.$$

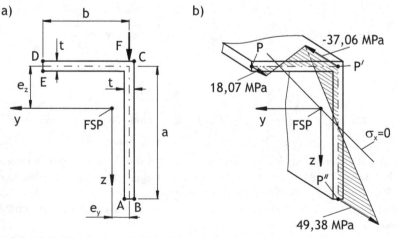

Abb. 3.6 a) L-Profil unter Last F, b) resultierende Längsspannungsverteilung

Die Spannungsnulllinie fällt folglich nicht mit einer der Koordinatenachsen zusammen. Da die Spannungsverteilung im Querschnitt linear variiert und weil zudem das Profil aus geraden Abschnitten, die nicht dünnwandig sind, zusammengesetzt ist, kommen als Punkte für die Maximalspannung die Ecken A bis E des Profils nach Abb. 3.6a) in Frage. Wir setzen für den jeweiligen Punkt die Koordinaten in die Normalspannungsbeziehung ein, und es folgt

$$\sigma_{x_A} = \sigma_x \left(y = \frac{t}{2} \quad e_y, z = a - e_z \right) - 52,53 \, \text{MPa},$$

$$\sigma_{x_B} = \sigma_x \left(y = -\frac{t}{2} - e_y, z = a - e_z \right) = 46,23 \, \text{MPa},$$

$$\sigma_{x_C} = \sigma_x \left(y = -\frac{t}{2} - e_y, z = -\frac{t}{2} - e_z \right) = -43,35 \, \text{MPa},$$

$$\sigma_{x_D} = \sigma_x \left(y = b - e_y, z = -\frac{t}{2} - e_z \right) = 14,92 \, \text{MPa}$$

sowie

$$\sigma_{x_E} = \sigma_x \left(y = b - e_y, z = \frac{t}{2} - e_z \right) = 21,21 \, \text{MPa}.$$

Die dem Betrag nach größte Normalspannung tritt in der Ecke A auf. Es handelt sich um eine Zugspannung.

b) Die Spannungsnulllinie können wir unter Verwendung der in Aufgabenteil a) ermittelten Spannungsverteilung gewinnen. Wir setzen die Spannungsverteilung gleich null. Es resultiert

$$\sigma_x (y, z) = 0 \quad \Leftrightarrow \quad z = -1,0022 \, y \, .$$

Die Spannungsnulllinie besitzt demnach die in Abb. 3.6b) skizzierte Lage.

Um die Spannungsverteilung entlang der Profilmittellinie zu ermitteln, berechnen wir die Spannungen in den Eckpunkten der Profilmittellinie und interpolieren dazwischen die Spannungen linear. Für die Punkte P, P′ und P″ nach Abb. 3.6b) erhalten wir

$$\sigma_{x_P} = \sigma_x \left(y = b - e_y, z = -e_z \right) = 18,07 \, \text{MPa} \, ,$$

$$\sigma_{x_{P'}} = \sigma_x \left(y = -e_y, z = -e_z \right) = -37,06 \, \text{MPa} \, ,$$

$$\sigma_{x_{P''}} = \sigma_x \left(y = -e_y, z = a - e_z \right) = 49,38 \, \text{MPa} \, .$$

Die resultierende Verteilung ist ebenfalls in Abb. 3.6b) skizziert.

3.3 Flächenmomente

Bei der Ermittlung der Normalspannungen im Balken haben wir bisher die Flächenmomente als bekannt vorausgesetzt. Um die Spannungsverteilung im Querschnitt
vollständig analysieren zu können, werden wir uns nun intensiver mit deren Berechnung beschäftigen.

Neben den Schnittreaktionen hängt die Spannungsverteilung bei einem beliebigen y-z-Koordinatensystem gemäß den Gln. (3.3) und (3.19) bis (3.21) von der
Querschnittsfläche A (dem Flächenmoment nullten Grades)

$$A = \int_A dA\,, \tag{3.30}$$

den Statischen Momenten (den Flächenmomenten ersten Grades)

$$S_y = \int_A z\,dA\,, \tag{3.31} \qquad\qquad S_z = \int_A y\,dA \tag{3.32}$$

und den Flächenträgheitsmomenten (den Flächenmomenten zweiten Grades)

$$I_y = \int_A z^2\,dA\,, \tag{3.33} \qquad\qquad I_z = \int_A y^2\,dA\,, \tag{3.34}$$

sowie dem Deviationsmoment

$$I_{yz} = I_{zy} = -\int_A y\,z\,dA \tag{3.35}$$

ab.

Ein Maß zur Abschätzung von Verformungsanteilen (infolge von Biege- und
Schubbeanspruchungen) bei Balkenstrukturen, die wir in späteren Kapiteln untersuchen werden, stellt der Schlankheitsgrad λ dar. Er ist u. a. über *Trägheitsradien*
definiert, die den Flächenträgheitsmomenten zugeordnet sind. Sie haben die Dimension einer Länge. Daher definieren wir diese hier auch. Sie lauten

$$i_y = \sqrt{\frac{I_y}{A}}\,, \tag{3.36} \qquad\qquad i_z = \sqrt{\frac{I_z}{A}}\,. \tag{3.37}$$

Nachfolgend werden wir uns darauf konzentrieren, wie die oben definierten Größen in möglichst effektiver Weise berechnet werden können. Hierzu beginnen wir
mit Rechtecken und erweitern unsere Kenntnisse dann auf Profile mit zunehmend
komplexer Gestalt.

3.3.1 Grundlegende Profilformen

Die im vorherigen Abschnitt hergeleiteten Beziehungen zur Normalspannungser-
mittlung basieren auf der Annahme, dass sich das Koordinatensystem im Flächenschwerpunkt befindet. Aus diesem Grunde müssen wir in der Lage sein, den Flächenschwerpunkt beliebiger Profile berechnen zu können. Hierzu betrachten wir
die in Abb. 3.7a) dargestellte Querschnittsfläche eines beliebigen Profils. Der Koordinatenursprung liege zunächst an einer beliebigen Stelle. Um dieses Koordinatensystem vom y-z-Koordinatensystem unterscheiden zu können, das sich im Flächenschwerpunkt befindet, bezeichnen wir die Abszisse mit $\bar{y}$ und die Ordinate mit
$\bar{z}$. In diesem $\bar{y}$-$\bar{z}$-Koordinatensystem können wir den Flächenschwerpunkt bzw. die
Flächenschwerpunktskoordinaten bestimmen mit

$$\bar{y}_s = \frac{1}{A} \int_A \bar{y}\, dA = \frac{S_{\bar{z}}}{A}\,, \qquad (3.38) \qquad \bar{z}_s = \frac{1}{A} \int_A \bar{z}\, dA = \frac{S_{\bar{y}}}{A}\,. \qquad (3.39)$$

Hierbei treten in den Integralen der Statischen Momente $S_{\bar{y}}$ und $S_{\bar{z}}$ die Abstände $\bar{z}$
und $\bar{y}$ des Flächenelementes dA zum gewählten Koordinatensystem auf.

Wenden wir diese Beziehungen auf ein rechteckiges Profil an, bei dem das Koordinatensystem in die obere rechte Ecke gelegt ist (vgl. Abb. 3.7b)), so resultiert mit
der infinitesimalen Fläche $dA = d\bar{y}\, d\bar{z}$ für das Statische Moment bzgl. der $\bar{z}$-Achse

$$S_{\bar{z}} = \int_A \bar{y}\, dA = \int_{\bar{z}=0}^h \int_{\bar{y}=0}^b \bar{y}\, d\bar{y}\, d\bar{z} = \frac{1}{2} \left[\bar{y}^2\right]_0^b \left[\bar{z}\right]_0^h = \frac{b^2\, h}{2}\,. \qquad (3.40)$$

Das gleiche Vorgehen angewendet auf das Statische Moment $S_{\bar{y}}$ ergibt

$$S_{\bar{y}} = \int_A \bar{z}\, dA = \frac{b\, h^2}{2}\,. \qquad (3.41)$$

Mit der Rechteckfläche $A = b\, h$ resultieren somit die gesuchten Schwerpunktskoor-
dinaten zu

$$\bar{y}_s = \frac{1}{b\, h} \frac{b^2\, h}{2} = \frac{b}{2} \quad \text{und} \quad \bar{z}_s = \frac{1}{b\, h} \frac{b\, h^2}{2} = \frac{h}{2}\,.$$

Wir können also unser y-z-Koordinatensystem jetzt in den Flächenschwerpunkt legen. Dadurch verschwinden die Statischen Momente und wir dürfen die Normalspannungsbeziehung nach Gl. (3.23) verwenden. Folglich fehlen nur noch die Flächenmomente 2. Grades bzw. die Flächenträgheitsmomente für die vollständige Beschreibung der Normalspannungsverteilung im Balken.

Die Flächenträgheitsmomente I_y und I_z sind aufgrund der Quadrierung der Koordinate (vgl. die Gln. (3.33) und (3.34)) stets positiv. Das Deviationsmoment I_{yz}
hingegen kann positiv, negativ wie auch null sein. Das Deviationsmoment wird null,
wenn die Fläche des Profils bzgl. einer Achse des verwendeten Koordinatensystems
symmetrisch ist. Die y- und z-Achse des in Abb. 3.7c) dargestellten Koordinatensystems beschreiben die Symmetrielinien des zuvor untersuchten Rechteckprofils.

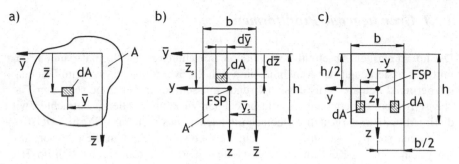

Abb. 3.7 Querschnittsfläche A für a) ein beliebiges und b) ein rechteckiges Profil bei freier Wahl des Koordinatensystems, c) verschwindendes Deviationsmoment bei symmetrischen Profilen

Folglich existiert zu einem Flächenelement dA mit einem positiven Abstand y zur z-Achse immer ein Flächenelement mit betragsmäßig gleich großem Abstand, aber negativem Vorzeichen. Da die Summe aus beiden Anteilen immer null ist, muss daher auch das Integral zur Ermittlung des Deviationsmomentes bei Symmetrie verschwinden. Unabhängig von diesen Betrachtungen muss bei rein mathematischer Lösung der Integrale das gleiche Resultat folgen. Für das Flächenträgheitsmoment I_y resultiert mit dem infinitesimalen Flächenelement $dA = dy\,dz$ für das Rechteckprofil

$$I_y = \int_A z^2\,dA = \int_{z=-\frac{h}{2}}^{\frac{h}{2}} \int_{y=-\frac{b}{2}}^{\frac{b}{2}} z^2\,dy\,dz = b\int_{-\frac{h}{2}}^{\frac{h}{2}} z^2\,dz = \frac{b\,h^3}{12}\ . \tag{3.42}$$

Wenn wir das gleiche Vorgehen anwenden auf das Flächenträgheitsmoment I_z, erhalten wir

$$I_z = \int_A y^2\,dA = \int_{z=-\frac{h}{2}}^{\frac{h}{2}} \int_{y=-\frac{b}{2}}^{\frac{b}{2}} y^2\,dy\,dz = \frac{b^3}{12}\int_{-\frac{h}{2}}^{\frac{h}{2}} dz = \frac{h\,b^3}{12}\ . \tag{3.43}$$

Da das Profil symmetrisch zu den gewählten Koordinatenachsen ist, muss das Deviationsmoment I_{yz} des Rechteckquerschnitts null sein. Das überprüfen wir mittels Integralrechnung wie folgt

$$I_{yz} = -\int_A yz\,dA = \int_{z=-\frac{h}{2}}^{\frac{h}{2}} \int_{y=-\frac{b}{2}}^{\frac{b}{2}} yz\,dy\,dz = \int_{z=-\frac{h}{2}}^{\frac{h}{2}} z\underbrace{\left(\int_{y=-\frac{b}{2}}^{\frac{b}{2}} y\,dy\right)}_{=0}dz = 0\ . \tag{3.44}$$

Damit stehen die für die Längsspannungsberechnung erforderlichen Flächenmomente zur Verfügung. Die Flächenträgheitsmomente weiterer geometrisch grundlegender Profile sind in Tab. 3.1 angegeben. Der Ursprung der skizzierten Koordinatensysteme befindet sich jeweils im Flächenschwerpunkt des Querschnitts.

Tab. 3.1 Flächenträgheitsmomente grundlegender Querschnittsformen mit Koordinatensystem im Flächenschwerpunkt (FSP)

Querschnittsform	I_y	I_z	I_{yz}
Rechteck	$\dfrac{b\,h^3}{12}$	$\dfrac{b^3\,h}{12}$	0
Rechtwinkliges Dreieck	$\dfrac{b\,h^3}{36}$	$\dfrac{b^3\,h}{36}$	$\dfrac{b^2\,h^2}{72}$
Kreis	$\dfrac{\pi\,r^4}{4}$	$\dfrac{\pi\,r^4}{4}$	0
Dünner Kreisring ($t \ll r_m$)	$\pi\,r_m^3\,t$	$\pi\,r_m^3\,t$	0

3.3.2 Translation der Bezugsachsen und zusammengesetzte Profile

Viele technisch relevante Querschnittsformen bestehen nicht aus geometrisch einfachen Profilen, sondern sie sind gewöhnlich aus verschiedenen Teilflächen, die selbst wieder einfach geformt sein können, aufgebaut. Eine Berechnung der Flächenträgheitsmomente mittels Integralrechnung, wie es im vorherigen Unterabschnitt beschrieben ist, würde aufgrund der Vielzahl von zu berücksichtigenden Teilflächen und den damit verbundenen Rändern zu einer aufwendigen Integration führen. Aus diesem Grunde ist es üblich, ein Berechnungsvorgehen zu verwenden, bei dem die

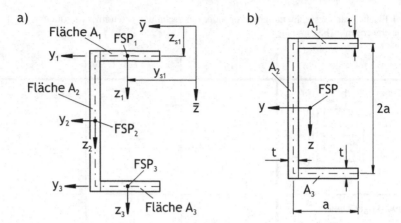

Abb. 3.8 U-Profil zusammengesetzt aus drei rechteckigen Teilflächen mit a) beliebigem globalen Koordinatensystem und b) Achsenursprung im Flächenschwerpunkt (FSP) des Profils

Ermittlung der Flächenträgheitsmomente des Gesamtprofils auf der Umrechung der Flächenträgheitsmomente der einzelnen Teilflächen basiert, aus denen das Profil zusammengesetzt ist.

Untersuchen wir zunächst das in Abb. 3.8a) dargestellte dünnwandige U-Profil, um das angedeutete Vorgehen näher kennen zu lernen. Das U-Profil können wir uns aus drei Teilflächen aufgebaut vorstellen. Das globale $\bar{y}$-$\bar{z}$-Koordinatensystem befindet sich nicht notwendigerweise im Flächenschwerpunkt des U-Profils. Hinsichtlich dieses Systems möchten wir die Flächenträgheitsmomente berechnen. Wir betrachten das Flächenträgheitsmoment $I_{\bar{y}}$ um die $\bar{y}$-Achse und formulieren das zugrunde liegende Integral über die Gesamtfläche A so um, dass wir Integrale über die drei Teilflächen A_1, A_2 und A_3 erhalten

$$I_{\bar{y}} = \int_A \bar{z}^2 \, \mathrm{d}A = \int_{A_1} \bar{z}^2 \, \mathrm{d}A + \int_{A_2} \bar{z}^2 \, \mathrm{d}A + \int_{A_3} \bar{z}^2 \, \mathrm{d}A \,. \tag{3.45}$$

Analog erhalten wir

$$I_{\bar{z}} = \int_A \bar{y}^2 \, \mathrm{d}A = \int_{A_1} \bar{y}^2 \, \mathrm{d}A + \int_{A_2} \bar{y}^2 \, \mathrm{d}A + \int_{A_3} \bar{y}^2 \, \mathrm{d}A \tag{3.46}$$

und

$$I_{\bar{y}\bar{z}} = -\int_A \bar{y}\,\bar{z}\, \mathrm{d}A = -\int_{A_1} \bar{y}\,\bar{z}\, \mathrm{d}A - \int_{A_2} \bar{y}\,\bar{z}\, \mathrm{d}A - \int_{A_3} \bar{y}\,\bar{z}\, \mathrm{d}A \,. \tag{3.47}$$

Da wir die Flächenträgheitsmomente für eine *Schwerachse*, d. h. für ein Koordinatensystem mit dem Ursprung im lokalen Flächenschwerpunkt der rechteckigen Teilfläche bereits kennen, können wir bei der Koordinatentransformation diese Flächenträgheitsmomente nutzen. Beispielhaft untersuchen wir hierfür Teilfläche A_1.

Die Koordinatentransformation zwischen dem lokalen und dem globalen System lautet

$$\bar{y} = y_1 + y_{s1} , \qquad (3.48) \qquad\qquad \bar{z} = z_1 + z_{s1} . \qquad (3.49)$$

Die Größen mit dem Index $s1$ kennzeichnen dabei die konstanten Abstände zwischen den beiden Koordinatensystemen, wobei wir für das y_1-z_1-System voraussetzen, dass es sich um eine lokale Schwerachse handelt.

Wenn wir die Transformation in den Gln. (3.45) bis (3.47) für das Integral über die Fläche A_1 einsetzen, resultiert

$$I_{\bar{y}1} = \int_{A_1} (z_1 + z_{s1})^2 \, \mathrm{d}A = \int_{A_1} z_1^2 \, \mathrm{d}A + 2\, z_{s1} \int_{A_1} z_1 \, \mathrm{d}A + z_{s1}^2 \int_{A_1} \mathrm{d}A , \quad (3.50)$$

$$I_{\bar{z}1} = \int_{A_1} (y_1 + y_{s1})^2 \, \mathrm{d}A = \int_{A_1} y_1^2 \, \mathrm{d}A + 2\, y_{s1} \int_{A_1} y_1 \, \mathrm{d}A + y_{s1}^2 \int_{A_1} \mathrm{d}A \quad (3.51)$$

und

$$\begin{aligned}
I_{\bar{y}\bar{z}1} = -\int_{A_1} (y_1 + y_{s1})\,(z_1 + z_{s1}) \, \mathrm{d}A = -\int_{A_1} y_1 z_1 \, \mathrm{d}A - z_{s1} \int_{A_1} y_1 \, \mathrm{d}A \\
-y_{s1} \int_{A_1} z_1 \, \mathrm{d}A - y_{s1} z_{s1} \int_{A_1} \mathrm{d}A .
\end{aligned} \qquad (3.52)$$

Dabei haben wir die konstanten Größen jeweils vor das Integral gezogen.

Berücksichtigen wir nun, dass die Statischen Momente $\int_{A_1} z_1 \, \mathrm{d}A$ und $\int_{A_1} y_1 \, \mathrm{d}A$ bzgl. des lokalen Flächenschwerpunktskoordinatensystems verschwinden, so resultiert mit den Flächenträgheitsmomenten im lokalen Flächenschwerpunktssystem $I_{y s1} = \int_{A_1} z_1^2 \, \mathrm{d}A$, $I_{z s1} = \int_{A_1} y_1^2 \, \mathrm{d}A$ und $I_{y z s1} = -\int_{A_1} y_1 z_1 \, \mathrm{d}A$ mit der Fläche $A_1 = \int_{A_1} \mathrm{d}A$

$$I_{\bar{y}1} = I_{y s1} + z_{s1}^2 A_1 , \qquad I_{\bar{z}1} = I_{z s1} + y_{s1}^2 A_1 \quad \text{und} \quad I_{\bar{y}\bar{z}1} = I_{y z s1} - y_{s1} z_{s1} A_1 .$$

Diese Beziehungen zwischen den Flächenträgheitsmomenten bzgl. der Flächenschwerpunktsachsen und denen hinsichtlich dazu paralleler Achsen wird nach Jakob Steiner (vgl. Infobox 3, S. 60) als *Steinerscher Satz* bezeichnet. Die sogenannten *Steinerschen Anteile* $y_{s1}^2 A_1$ sowie $z_{s1}^2 A_1$ sind immer positiv, weshalb bei einer reinen Parallelverschiebung die axialen Flächenmomente 2. Grades I_y und I_z immer im Flächenschwerpunktsystem am kleinsten sind. Diese Anteile bezeichnen wir deshalb auch als als *Eigenträgheitsmomente*. Das Vorzeichen und die Größe des Steinerschen Anteils vom Deviationsmoment I_{yz} ist hingegen nicht festgelegt. Betont sei, dass der Steinersche Satz nur für Schwerachsen gilt, d. h. dass die mit dem Index s gekennzeichneten Achssysteme durch den Flächenschwerpunkt laufen.

Die Betrachtungen an der Einzelfläche A_1 können auf beliebig viele Teilflächen übertragen werden. Mit den Gln. (3.45) bis (3.47) erhalten wir für ein Profil, das aus i Teilflächen zusammengesetzt ist, unter Beachtung des Steinerschen Satzes

$$I_y = \sum_i I_{ysi} + \sum_i z_{si}^2 A_i , \quad (3.53) \qquad I_z = \sum_i I_{zsi} + \sum_i y_{si}^2 A_i , \quad (3.54)$$

$$I_{yz} = \sum_i I_{yzsi} - \sum_i y_{si} z_{si} A_i . \tag{3.55}$$

Da wir annehmen, dass das globale Koordinatensystem sich im Flächenschwerpunkt befindet, verwenden wir keine überstrichenen Größen mehr.

Die Beziehungen nach den Gln. (3.53) bis (3.55) wenden wir nun beispielhaft auf das U-Profil in Abb. 3.8b) an. Das globale Koordinatensystem im Flächenschwerpunkt benutzen wir zur Bestimmung der Flächenträgheitsmomente. Wir wählen ein systematisches Berechnungsvorgehen, bei dem alle relevanten Größen in einer Tabelle übersichtlich aufgeführt werden. Die Eigendeviationsmomente sind null, da das U-Profil symmetrisch ist. Es resultieren die in Tab. 3.2 dargestellten Größen.

Nach den Gln. (3.53) bis (3.55) erhalten wir mit den Größen aus Tab. 3.2

$$I_y = \frac{2}{3} a^3 t \left[4 + \left(\frac{t}{a} \right)^2 \right] \quad \text{und} \quad I_z = \frac{1}{192} a^3 t \left[80 + 56 \left(\frac{t}{a} \right)^2 - 3 \left(\frac{t}{a} \right)^4 \right] .$$

Wegen der Symmetrie des Profils im y-z-System ist das Deviationsmoment null.

Tab. 3.2 Querschnittsgrößen der jeweiligen Teilfläche i für das U-Profil nach Abb. 3.8b) zur Ermittlung der Flächenträgheitsmomente

i	1	2	3
y_{si}	$-\frac{1}{4}\left(a + t + \frac{t^2}{4a}\right)$	$\frac{1}{4}\left(a - \frac{t^2}{4a}\right)$	$-\frac{1}{4}\left(a + t + \frac{t^2}{4a}\right)$
z_{si}	$-a$	0	a
A_i	$\left(a - \frac{t}{2}\right) t = \bar{a}\, t$	$(2a + t)\, t = \tilde{a}\, t$	$\left(a - \frac{t}{2}\right) t = \bar{a}\, t$
I_{ysi}	$\frac{t^3}{12}\left(a - \frac{t}{2}\right)$	$\frac{t}{12}(2a + t)^3$	$\frac{t^3}{12}\left(a - \frac{t}{2}\right)$
I_{zsi}	$\frac{t}{12}\left(a - \frac{t}{2}\right)^3$	$\frac{t^3}{12}(2a + t)$	$\frac{t}{12}\left(a - \frac{t}{2}\right)^3$
$y_{si}^2 A_i$	$\frac{\bar{a}\, t}{16}\left(a + t + \frac{t^2}{4a}\right)^2$	$\frac{\tilde{a}\, t}{16}\left(a - \frac{t^2}{4a}\right)^2$	$\frac{\bar{a}\, t}{16}\left(a + t + \frac{t^2}{4a}\right)^2$
$z_{si}^2 A_i$	$a^2\left(a - \frac{t}{2}\right) t$	0	$a^2\left(a - \frac{t}{2}\right) t$

Beispiel 3.3 Im Bsp. 3.2 haben wir die Längsspannungen im L-Profil nach Abb. 3.6a) ermittelt. Die Flächenträgheitsmomente sind dabei angegeben. Wir werden diese Flächenträgheitsmomente mit dem zuvor Gelernten nachrechnen.

Gegeben Profilabmessungen $a = 110$ mm, $b = 70$ mm, $t = 8$ mm; Position des Flächenschwerpunkts (FSP) $e_y = \frac{4b^2 - t^2}{8(a+b)} = 13,57$ mm, $e_z = \frac{4a^2 - t^2}{8(a+b)} = 33,57$ mm

Gesucht Flächenträgheitsmomente I_y, I_z und I_{yz} im y-z-Koordinatensystem des Flächenschwerpunkts nach Abb. 3.6a)

Lösung Wir verwenden wieder eine übersichtliche Tabelle, um die Größen zur Berechnung der Flächenträgheitsmomente zusammenzustellen. Da das Profil bzgl. der gegebenen Achsen unsymmetrisch ist, werden wir auch ein Deviationsmoment I_{yz} erhalten. Daher führen wir auch die Steinerschen Anteile des Deviationsmomentes für jede Teilfläche auf. Wenn wir das L-Profil nach Abb. 3.6a) in eine vertikale Rechteckfläche mit der Länge $a + \frac{t}{2}$ und eine waagerechte Fläche mit der Länge $b - \frac{t}{2}$ zerlegen, resultieren die in Tab. 3.3 aufgeführten Werte (waagerechte Fläche mit 1 bezeichnet). Damit erhalten wir für die Flächenträgheitsmomente

$$I_y = \frac{1}{24} \frac{a^4 t}{a + b} \left[2 + 8\frac{b}{a} + \left(\frac{t}{a}\right)^2 \left(3 + 2\frac{b}{a} + 2\left(\frac{b}{a}\right)^2\right) - \frac{3}{8}\left(\frac{t}{a}\right)^4 \right]$$
$$= 1,9298 \cdot 10^6 \text{ mm}^4,$$

Tab. 3.3 Querschnittsgrößen der jeweiligen Teilfläche i für das L-Profil nach Abb. 3.6a) zur Flächenträgheitsmomentermittlung (waagerechte Fläche mit 1, vertikale mit 2 bezeichnet)

i	1	2
y_{si}	$\frac{b}{2} + \frac{t}{4} - e_y$	$-e_y$
z_{si}	$-e_z$	$\frac{a}{2} - \frac{t}{4} - e_z$
A_i	$t\left(b - \frac{t}{2}\right)$	$t\left(a + \frac{t}{2}\right)$
$I_{y_{si}}$	$\frac{t^3}{12}\left(b - \frac{t}{2}\right)$	$\frac{t}{12}\left(a + \frac{t}{2}\right)^3$
$I_{z_{si}}$	$\frac{t}{12}\left(b - \frac{t}{2}\right)^3$	$\frac{t^3}{12}\left(a + \frac{t}{2}\right)$
$y_{si}^2 A_i$	$\left(\frac{b}{2} + \frac{t}{4} - e_y\right)^2 t\left(b - \frac{t}{2}\right)$	$e_y^2 t\left(a + \frac{t}{2}\right)$
$z_{si}^2 A_i$	$e_z^2 t\left(b - \frac{t}{2}\right)$	$\left(\frac{a}{2} - \frac{t}{4} - e_z\right)^2 t\left(a + \frac{t}{2}\right)$
$-y_{si} z_{si} A_i$	$e_z\left(\frac{b}{2} + \frac{t}{4} - e_y\right) t\left(b - \frac{t}{2}\right)$	$e_y\left(\frac{a}{2} - \frac{t}{4} - e_z\right) t\left(a + \frac{t}{2}\right)$

$$I_z = \frac{1}{24} \frac{b^4 t}{a+b} \left[2 + 8\frac{a}{b} + \left(\frac{t}{b}\right)^2 \left(3 + 2\frac{a}{b} + 2\left(\frac{a}{b}\right)^2\right) - \frac{3}{8}\left(\frac{t}{b}\right)^4 \right]$$

$$= 6{,}5432 \cdot 10^5 \text{ mm}^4 \, ,$$

$$I_{yz} = \frac{t}{64} \frac{a^2 b^2}{a+b} \left[16 - 4\left(\frac{t}{a}\right)\left(\frac{t}{b}\right)\frac{a^2+b^2}{a\,b} + \left(\frac{t}{a}\right)^2\left(\frac{t}{b}\right)^2 \right] = 6{,}5576 \cdot 10^5 \text{ mm}^4 \, .$$

Infobox 3   zu Jakob STEINER (1796-1863, Schweizer Mathematiker) [1, 2]

Steiner wurde als Sohn eines Kleinbauern geboren. Aufgrund seiner Herkunft besaß er nur eine geringe Schulbildung. Jedoch zeigte sich bereits früh sein mathematisches Talent sowie seine damit einhergehende Wissbegier. Diese führte ihn als 18jährigen an das Institut von Pestalozzi, einem bekannten Schweizer Pädagogen, in das er unentgeltlich aufgenommen wurde. Seine mathematische Begabung wurde auch dort sehr schnell offenbar, weshalb er nach anderthalb Jahren Unterricht selbst als Mathematiklehrer tätig werden durfte.

Als das Institut geschlossen wurde, begann Steiner 1818 ein Mathematikstudium in Heidelberg. Dieses brach er 1821 ab und zog nach Berlin, wo er sich seinen Lebensunterhalt hauptsächlich durch Privatunterricht verdiente. Durch seinen Unterricht erhielt er Zugang zu gesellschaftlich angesehenen Familien, die ebenfalls seine außergewöhnliche mathematische Begabung erkannten und ihn unterstützten. Als Folge erhielt er eine bessergestellte Stelle als Lehrer an einer Gewerbeschule. Gleichzeitig wurde ihm eine finanzielle Unterstützung der Berliner Akademie der Wissenschaften zugesprochen. Beides erlaubte ihm eine stärkere wissenschaftliche Tätigkeit, aus der eine Reihe beachteter Werke auf dem Gebiet der Geometrie hervorgingen, die in der Folge wissenschaftliche Würdigung erfuhr (u. a. 1832 Ehrendoktor, 1833 Königlicher Professor, 1834 Mitglied der Akademie der Wissenschaften). 1834 wurde für ihn an der Universität Berlin eine Professur eingerichtet, wodurch sich Steiner zeit seines Lebens intensiv seiner Vorliebe für geometrische Beziehungen widmen konnte.

---

[1] Burckhardt J. J.: Steiner, Jakob. In: Gillispie C. C. (Hrsg.): Dictionary of Scientific Biography, Bd. XIII, Scribner-Verlag, 1976, S. 12-22.

[2] Cantor M.: Steiner. In: Allgemeine Deutsche Biographie 35 (1893), S. 700-703.

3.3.3 Rotation des Koordinatensystems - Hauptachsensystem

Wir haben in den beiden vorherigen Unterabschnitten gesehen, dass das Deviationsmoment I_{yz} verschwindet, wenn das Profil eine Symmetrielinie aufweist, die mit dem gewählten Bezugsachsensystem zusammenfällt. Nachfolgend werden wir untersuchen, unter welchen Bedingungen das Deviationsmoment noch verschwinden

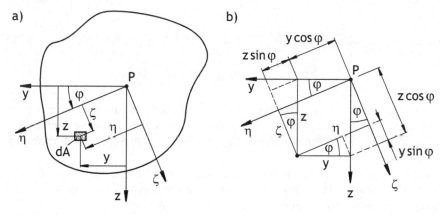

Abb. 3.9 a) Drehung eines Achssystems um den Punkt P mit dem Winkel φ und b) geometrische Verhältnisse infolge der Drehung

kann. Hierzu betrachten wir eine Drehung unseres Koordinatensystems, das sich im Flächenschwerpunkt des Profils befindet.

In Abb. 3.9a) ist für ein beliebiges Profil eine Drehung des Koordinatensystems um den Punkt P mit dem Winkel φ dargestellt. Die Verhältnisse zwischen dem gedrehten und dem ursprünglichen System sind in Abb. 3.9b) verdeutlicht. Für die Koordinatentransformation gilt demnach

$$\eta = y \cos\varphi + z \sin\varphi \, , \qquad (3.56) \qquad \zeta = -y \sin\varphi + z \cos\varphi \, . \qquad (3.57)$$

Bei Beachtung der Gln. (3.33) bis (3.35) erhalten wir im η-ζ-Koordinatensystem

$$I_\eta = \int_A \zeta^2 \, \mathrm{d}A = \sin^2\varphi \underbrace{\int_A y^2 \, \mathrm{d}A}_{=I_z} + \cos^2\varphi \underbrace{\int_A z^2 \, \mathrm{d}A}_{=I_y} - 2\sin\varphi\cos\varphi \underbrace{\int_A yz \, \mathrm{d}A}_{=-I_{yz}} \qquad (3.58)$$

$$= I_y \cos^2\varphi + I_z \sin^2\varphi + 2 I_{yz} \sin\varphi \cos\varphi \, ,$$

$$I_\zeta = \int_A \eta^2 \, \mathrm{d}A = I_y \sin^2\varphi + I_z \cos^2\varphi - 2 I_{yz} \sin\varphi \cos\varphi \, , \qquad (3.59)$$

$$I_{\eta\zeta} = -\int_A \eta\zeta \, \mathrm{d}A = \sin\varphi\cos\varphi \left(I_z - I_y \right) - I_{yz} \left(\sin^2\varphi - \cos^2\varphi \right) \, . \qquad (3.60)$$

Unter Beachtung der trigonometrischen Additionstheoreme $\sin^2\varphi = \frac{1}{2}(1 - \cos 2\varphi)$, $\cos^2\varphi = \frac{1}{2}(1 + \cos 2\varphi)$ und $2\sin\varphi\cos\varphi = \sin 2\varphi$ folgen die Transformationsbeziehungen für die Flächenträgheitsmomente

$$I_\eta(\varphi) = \frac{1}{2}\left(I_y + I_z\right) + \frac{1}{2}\left(I_y - I_z\right)\cos 2\varphi + I_{yz}\sin 2\varphi \, , \qquad (3.61)$$

$$I_\zeta(\varphi) = \frac{1}{2}\left(I_y + I_z\right) - \frac{1}{2}\left(I_y - I_z\right)\cos 2\varphi - I_{yz}\sin 2\varphi \,, \qquad (3.62)$$

$$I_{\eta\zeta}(\varphi) = -\frac{1}{2}\left(I_y - I_z\right)\sin 2\varphi + I_{yz}\cos 2\varphi \,. \qquad (3.63)$$

Angemerkt sei, dass diese Transformationsbeziehungen nicht nur ausschließlich für Flächenträgheitsmomente gelten, sondern wir finden sie beispielsweise auch für die Transformation von Spannungen und Verzerrungen (vgl. zu Spannungstransformation Unterabschnitt 2.4.3).

Wir untersuchen nun, unter welcher Bedingung das Deviationsmoment $I_{\eta\zeta}$ aus Gl. (3.63) zu null wird. Kennzeichnen wir den Richtungswinkel φ, unter dem das Deviationsmoment verschwindet, mit dem Index *, folgt

$$I_{\eta\zeta} = 0 \quad \Leftrightarrow \quad \tan 2\varphi^* = \frac{2\,I_{yz}}{I_y - I_z}\,. \qquad (3.64)$$

Da die Tangens-Funktion eine Periodenlänge von π bzw. $180°$ besitzt, wird wegen $\tan 2\varphi^* = \tan(2\varphi^* + \pi)$ ausgehend von $\varphi = \varphi^*$ alle $90°$ das Deviationsmoment null. Es existieren somit für jedes Profil ausgezeichnete Richtungen, unter denen das Deviationsmoment verschwindet. Zu beachten ist, dass unter diesen Richtungen auch die Flächenträgheitsmomente ihre Extremwerte annehmen. Diese extremalen Flächenträgheitsmomente können mit der Bedingung

$$\frac{\mathrm{d}I_\eta}{\mathrm{d}\varphi} = 0 \quad \text{oder} \quad \frac{\mathrm{d}I_\zeta}{\mathrm{d}\varphi} = 0$$

ermittelt werden. Beide Extremalbedingungen führen dabei auf den Richtungswinkel φ^* nach Gl. (3.64). Die Achsen des resultierenden Koordinatensystems unter dem Winkel φ^* werden als *Hauptachsen* und die korrespondierenden Flächenträgheitsmomente als *Hauptträgheitsmomente* bezeichnet. Werden die trigonometrischen Beziehungen

$$\cos 2\varphi^* = \frac{1}{\sqrt{1 + \tan^2 2\varphi^*}} = \frac{I_y - I_z}{\sqrt{\left(I_y - I_z\right)^2 + 4\,I_{yz}^2}} \qquad (3.65)$$

und

$$\sin 2\varphi^* = \frac{\tan 2\varphi^*}{\sqrt{1 + \tan^2 2\varphi^*}} = \frac{2\,I_{yz}}{\sqrt{\left(I_y - I_z\right)^2 + 4\,I_{yz}^2}} \qquad (3.66)$$

mit $-\frac{\pi}{2} \leq 2\varphi^* \leq \frac{\pi}{2}$ in Gl. (3.64) für die Beziehungen der Flächenträgheitsmomente eingesetzt, resultieren die Hauptträgheitsmomente zu

$$I_{1,2} = \frac{1}{2}\left(I_y + I_z \pm \sqrt{\left(I_y - I_z\right)^2 + 4\,I_{yz}^2}\right). \qquad (3.67)$$

Das größte Hauptträgheitsmoment bezeichnen wir mit I_1 (d. h. es gilt $I_1 > I_2$). Die Zuordnung der Hauptträgheitsmomente zu den Achsen erhalten wir, wenn der Winkel φ^* in eine der transformierten axialen Flächenträgheitsmomente nach den Gln. (3.61) oder (3.62) eingesetzt wird. Die Hauptachsen bezeichnen wir dann mit x_1 und x_2, zu denen die Hauptträgheitsmomente I_1 bzw. I_2 korrespondierenden. Zu beachten ist dabei, dass das Hauptachsensystem weiterhin als ein rechtsdrehendes Koordinatensystem erhalten bleibt.

Alternativ können die Hauptträgheitsmomente zu den Achsen über die Gleichung

$$\tan \varphi_1 = \frac{I_{yz}}{I_y - I_2} \tag{3.68}$$

zugeordnet werden. Im Vergleich zu Gl. (3.64), die den Winkel zwischen der y-Achse und der benachbarten Hauptachse ergibt, liefert diese Beziehung immer den Winkel φ_1 zwischen der y- und der x_1-Achse, der das Hauptträgheitsmoment I_1 zugeordnet ist. Daher erhält dieser Winkel den Index 1. Da die Ableitung dieser Beziehung aufwendiger ist, sei an dieser Stelle auf [1, S. 145 ff.] verwiesen, wo diese Beziehung ausführlich hergeleitet wird.

Beispiel 3.4 In Bsp. 3.2 wird ein L-Profil bzgl. der Normalspannungsverteilung im Querschnitt untersucht. Für dieses L-Profil verschwindet das Deviationsmoment im gegebenen Koordinatensystem nach Abb. 3.6a) nicht. Wir bestimmen hier für dieses Profil die Lage des Hauptachsensystems und die Hauptträgheitsmomente. Die Struktur ist in Abb. 3.10 skizziert. Im y-z-Koordinatensystem mit Ursprung im Flächenschwerpunkt sind die Flächenträgheitsmomente bekannt.

Gegeben Flächenmomente 2. Grades $I_y = 1{,}9298 \cdot 10^6$ mm^4, $I_z = 6{,}5432 \cdot 10^5$ mm^4, $I_{yz} = 6{,}5576 \cdot 10^5$ mm^4

Gesucht Bestimmen Sie die Lage des Hauptachsensystems und die Hauptträgheitsmomente. Skizzieren Sie das Hauptachsensystem.

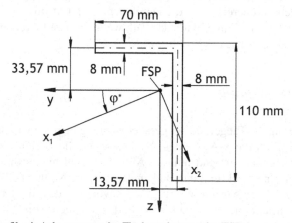

Abb. 3.10 L-Profil mit Achssystemen im Flächenschwerpunkt (FSP)

Lösung Aus Gl. (3.64) können wir den Drehwinkel

$$\tan 2\varphi^* = \frac{2\,I_{yz}}{I_y - I_z} \quad \Leftrightarrow \quad \varphi^* = 22,90°$$

ermitteln, unter dem das Hauptachsensystem vorliegt.

Mit Gl. (3.67) erzielen wir die Hauptträgheitsmomente

$$I_1 = 2,2068 \cdot 10^6 \text{ mm}^4 \quad \text{und} \quad I_2 = 3,7734 \cdot 10^5 \text{ mm}^4 \ .$$

Um die Hauptachsen zu den ursprünglichen Achsen zuordnen zu können, setzen wir den Drehwinkel φ^* in I_η nach Gl. (3.61) ein. Es folgt

$$I_\eta(\varphi = \varphi^*) = \frac{1}{2}(I_y + I_z) + \frac{1}{2}(I_y - I_z)\cos 2\varphi^* + I_{yz}\sin 2\varphi^* = 2,2068 \cdot 10^6 \text{ mm}^4 \ .$$

Folglich geht die Hauptachse x_1 durch die Drehung der y-Achse um den Winkel φ^* hervor. Die Verhältnisse sind in Abb. 3.10 dargestellt.

3.4 Biegelinie des schubstarren Balkens

In den vorherigen Abschnitten wird die Spannungsberechnung im Balken unter der Voraussetzung bekannter Schnittreaktionen beschrieben. Wir wollen uns in diesem Abschnitt mit der Verformung infolge Biegung beschäftigen. Insbesondere werden wir die Durchbiegung der Balkenachse ermitteln, die wir als *Biegelinie* bezeichnen. Ihre Berechnung unterscheiden wir in die Fälle gerade und schiefe Biegung.

Bei der *geraden Biegung* fällt die Last- mit der Biegeebene zusammen, d. h. ein anliegendes Biegemoment wirkt um eine Hauptachse des Profils und erzeugt nur in der Lastebene eine Durchbiegung des Balkens (vgl. Durchbiegung f in Abb. 3.11a)). Im Gegensatz dazu stimmt bei der *schiefen Biegung* die Last- nicht mit der Biegeebene überein, d. h. die Durchbiegung f in Abb. 3.11b) liegt nicht in der Lastebene. Dies ist immer dann der Fall, wenn das resultierende Biegemoment nicht um eine Hauptachse des Profils wirkt.

3.4.1 Gerade Biegung

Für die Ableitung der Biegelinie bei gerader Biegung nehmen wir an, dass ein Biegemoment M_{by} um die y-Achse des Balkens wirkt, die zugleich Hauptachse ist. Weitere Schnittreaktionen sind null. In Abb. 3.12 sind hierzu die geometrischen Verhältnisse an einem gekrümmten Balkenelement dargestellt. Die Biegelinie in der x-z-Ebene bezeichnen wir mit w. Wir gehen davon aus, dass die Durchbiegung im Querschnitt konstant mit $w = w(x)$ ist, d. h. dass sie nicht von den Koordinaten y

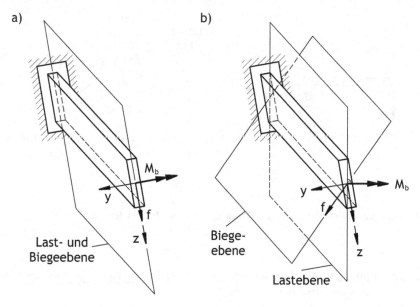

Abb. 3.11 a) Gerade Biegung, b) schiefe Biegung eines Kragarms

und z abhängt. Zu beachten ist zudem, dass die Durchbiegung w positiv in positive z-Richtung ist und dass sie durch ein negatives Moment M_{by} hervorgerufen wird.

Mit dem Krümmungsradius $\bar{\rho}$ der verformten neutralen Faser in der x-z-Ebene ergibt sich die Dehnung in einem Abstand z zur neutralen Faser zu

$$\varepsilon_x = \frac{(\bar{\rho} - z)\,\mathrm{d}\alpha - \bar{\rho}\mathrm{d}\alpha}{\bar{\rho}\mathrm{d}\alpha} \quad \Leftrightarrow \quad \varepsilon_x = -\frac{z}{\bar{\rho}}\,. \tag{3.69}$$

Zur Abgrenzung vom Krümmungsradius in der x-y-Ebene ist der Krümmungsradius hier mit einem Querstrich versehen.

Wir setzen Gl. (3.69) in Gl. (3.5) ein und erhalten mit dem Hookeschen Gesetz $\sigma_x = E\varepsilon_x$ eine Beziehung zwischen dem Biegemoment und dem verursachten Krümmungsradius $\bar{\rho}$

$$M_{by} = \int_A z\,\sigma_x\,\mathrm{d}A = E\int_A z\,\varepsilon_x\,\mathrm{d}A = -\frac{E}{\bar{\rho}}\underbrace{\int_A z^2\,\mathrm{d}A}_{=I_y} \quad \Leftrightarrow \quad \frac{1}{\bar{\rho}} = -\frac{M_{by}}{E\,I_y}\,. \tag{3.70}$$

Das Produkt aus dem Elastizitätsmodul E und dem axialen Flächenmoment I_y oder I_z bezeichnen wir als *Biegesteifigkeit* bzgl. der jeweiligen Achse.

Wenn wir nun in der Lage sind, den Krümmungsradius $\bar{\rho}$ in Beziehung zur Biegelinie $w(x)$ zu setzen, haben wir den gesuchten Zusammenhang gefunden, mit dem die Verformung des Balkens beschrieben werden kann.

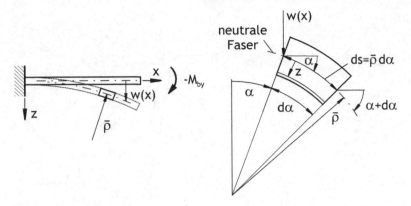

Abb. 3.12 Geometrische Verhältnisse an einem gekrümmten Balkenelement

Die Krümmung κ_y der Balkenachse, die sich wiederum aus $w(x)$ ergibt, lässt sich aus dem Krümmungsradius $\bar{\rho}$ ermitteln mit

$$\bar{\rho} = \frac{1}{\kappa_y} \, . \tag{3.71}$$

Die positive Krümmung ist dabei in Übereinstimmung mit der geometrischen Darstellung in Abb. 3.12 gewählt.

Gleichzeitig können wir die Krümmung κ_y aus der Winkeländerung $d\alpha$ entlang eines infinitesimalen, gekrümmten Balkenelements mit der Bogenlänge $ds = \bar{\rho}\, d\alpha$ (vgl. Abb. 3.12) ermitteln aus

$$\kappa_y = \frac{d\alpha}{ds} = \frac{d\alpha}{dx}\frac{dx}{ds} \, . \tag{3.72}$$

Den Winkel α setzen wir mit der Änderung der Biegelinie über $\tan\alpha = \frac{dw}{dx} = w'$ in Beziehung. Daraus resultiert $\alpha = \arctan w'$ und mit $\frac{d\alpha}{dw'} = \frac{1}{1+w'^2}$ erhalten wir

$$\frac{d\alpha}{dx} = \frac{d\alpha}{dw'}\underbrace{\frac{dw'}{dx}}_{=w''} = \frac{w''}{1+w'^2} \, . \tag{3.73}$$

Die Bogenlänge ds bzw. ihre Änderung in x-Richtung $\frac{ds}{dx}$ bestimmen wir mit Hilfe des Satzes von Pythagoras

$$ds^2 = dx^2 + dw^2 \;\Leftrightarrow\; \left(\frac{ds}{dx}\right)^2 = 1 + \underbrace{\left(\frac{dw}{dx}\right)^2}_{=w'^2} \quad\Rightarrow\quad \frac{ds}{dx} = \sqrt{1+w'^2} \, . \tag{3.74}$$

Führen wir die Gln. (3.73) und (3.74) in Gl. (3.72) ein, folgt

$$\kappa_y = \frac{w''}{\sqrt{1+w'^2}^{\,3}} \, . \tag{3.75}$$

Berücksichtigen wir dies in den Gln. (3.70) sowie (3.71) und vereinfachen wir darüber hinaus den vorherigen Zusammenhang zwischen κ_y und w für kleine Winkel mit $w' = \tan\alpha \approx \alpha \ll 1$ folgt die *Differentialgleichung der Biegelinie*

$$w'' = -\frac{M_{by}}{E\,I_y}\;. \tag{3.76}$$

Häufig wird die Biegelinie als Differentialgleichung 4. Ordnung angegeben. Diese erhalten wir, wenn die differentiellen Gleichgewichtsbedingungen am geraden Balkenelement (vgl. Abschnitt 2.3) in Gl. (3.76) eingearbeitet werden. Hierzu differenzieren wir Gl. (3.76) zweimal und berücksichtigen die differentiellen Gleichgewichtsbedingungen nach den Gln. (2.6) und (2.7). Es folgt

$$\left(E\,I_y\,w''\right)'' = -\frac{d^2 M_{by}}{dx^2} = -\frac{dQ_z}{dx} = q_z\;. \tag{3.77}$$

Ist die Biegesteifigkeit entlang der Balkenachse konstant, vereinfacht sich diese Differentialgleichung zu

$$E\,I_y\,w^{(IV)} = q_z\;. \tag{3.78}$$

Durch viermalige Integration erhalten wir die Biegelinie $w(x)$.

Wenden wir das oben vorgestellte Vorgehen auf die Biegelinie $v(x) = v$ in der x-y-Ebene an, in der das Moment M_{bz} wirkt, so erhalten wir analog

$$v'' = \frac{M_{bz}}{E\,I_z} \quad\text{und} \tag{3.79}$$

$$(E\,I_z v'')'' = \frac{d^2 M_{bz}}{dx^2} = -\frac{dQ_y}{dx} = q_y\;. \tag{3.80}$$

Beispiel 3.5 In Bsp. 3.1, Teilaufgabe a), haben wir bereits die Spannungen in einem einseitig eingespannten Balken mit einer Einzellast $F_z = F$ am freien Ende berechnet. Der Träger besitzt ein symmetrisches T-Profil. Wir werden nun die Durchbiegung des Balkens infolge dieser Last untersuchen. Die Belastung und die geometrischen Verhältnisse sind bereits in Abb. 3.4a) dargestellt.

Gegeben Kraft F; Trägerlänge l; Biegesteifigkeit $E\,I_y$; Flächenmoment $I_{yz} = 0$

Gesucht Biegelinie $w(x)$

Lösung Wir übernehmen aus Bsp. 3.1, Teilaufgabe a), die Schnittreaktionen

$$N = 0\,, \quad M_{by} = -F\,(l - x) \quad\text{und}\quad M_{bz} = 0\;.$$

Da einzig ein Biegemoment M_{by} um die y-Achse wirkt und zudem das Deviationsmoment I_{yz} null ist, handelt es sich um gerade Biegung bzw. Biegung um eine Hauptachse. Wir dürfen daher die zuvor abgeleiteten Beziehungen nutzen.

Da wir das Biegemoment M_{by} kennen, verwenden wir die Differentialgleichung 2. Ordnung für die Biegelinie nach Gl. (3.76). Es resultiert

$$w'' = -\frac{M_{by}}{E\,I_y} = \frac{F\,(l-x)}{E\,I_y} \, .$$

Diese Differentialgleichung lösen wir, indem wir sie zweimal in x-Richtung integrieren. Wir erhalten

$$w' = \frac{F}{E\,I_y}\left(l\,x - \frac{x^2}{2}\right) + C_1 \quad \text{und} \quad w = \frac{F}{E\,I_y}\left(l\,\frac{x^2}{2} - \frac{x^3}{6}\right) + C_1\,x + C_2\,.$$

Wir haben damit eine allgemeine Lösung für das Differentialgleichungsproblem gefunden. Allerdings sind die beiden Integrationskonstanten C_1 und C_2 noch unbekannt. Diese müssen wir aus den Randbedingungen bestimmen.

In der Einspannung wird sich der Balken nicht absenken können. Außerdem wird die Neigung des Balkens dort null sein. Da die Neigung die 1. Ableitung der Biegelinie ist, erhalten wir in der Einspannung die erforderlichen Randbedingungen zu

$$w(x = 0) = 0 \quad \text{und} \quad w'(x = 0) = 0\,,$$

woraus die Integrationskonstanten mit $C_1 = 0, C_2 = 0$ folgen.

Die gesuchte Biegelinie lautet somit

$$w(x) = \frac{F\,l^3}{6\,E\,I_y}\left(\frac{x}{l}\right)^2\left(3 - \frac{x}{l}\right)\,. \tag{3.81}$$

Die Lösung der Differentialgleichung für die Biegelinie hängt von den vorliegenden Randbedingungen ab. Für das Biegeproblem stehen *geometrische Randbedingungen* und *Kraftrandbedingungen* zur Verfügung. Bei den geometrischen Randbedingungen handelt es sich um die Absenkung w und um die Neigung w'. Als Kraftrandbedingungen, die auch als *dynamische Randbedingungen* bezeichnet werden, sind Querkräfte Q_i und Biegemomente M_{bi} zu beachten. Diese Randbedingungen können an ausgezeichneten Stellen in der Struktur angegeben werden, d. h. dort sind einzelne Randbedingungen bekannt. Der Übersichtlichkeit halber finden sich die hier relevanten Lagerungsformen mit den dazugehörigen Randbedingungen in Tab. 3.4.

Neben der Möglichkeit, die Verformung bzw. die Biegelinie eines Balkens zu ermitteln, können darüber hinaus mit der Differentialgleichung der Biegelinie auch statisch unbestimmt gelagerte Balken berechnet werden. Dies ist möglich, weil Verformungsbedingungen durch die Biegelinie berücksichtigt werden können. Da bei statisch unbestimmten Balkenstrukturen der Biegemomentenverlauf allerdings nicht

Tab. 3.4 Randbedingungen bei $x = 0$ für schubstarren Biegebalken mit konstanter Biegesteifigkeit

Lagerungsform	w	w'	$-EI_y\,w''$ $= M_{by}$	$-EI_y\,w'''$ $= Q_z$
Gelenkiges Lager	$= 0$	$\neq 0$	$= 0$	$\neq 0$
Einspannung	$= 0$	$= 0$	$\neq 0$	$\neq 0$
Mit Querkraft F belastetes Ende	$\neq 0$	$\neq 0$	$= 0$	$= F$

bekannt ist, muss mit der Differentialgleichung 4. Ordnung der Biegelinie gearbeitet werden. Dabei sind dann auch die Kraftrandbedingungen zu beachten. Diese müssen bei statisch bestimmt gelagerten Balken nicht berücksichtigt werden, da sie bei bekanntem Biegemomentenverlauf automatisch erfüllt sind.

Beispiel 3.6 In Abb. 3.13a) ist ein statisch unbestimmt gelagerter Balken dargestellt. Der Balken ist mit der Streckenlast $q_z(x) = q_0\left(1 - \frac{x}{l}\right)$ belastet. Das skizzierte Koordinatensystem stellt das Hauptachsensystem des Balkens dar.

Gegeben Länge l; Streckenlast q_0 bei $x = 0$

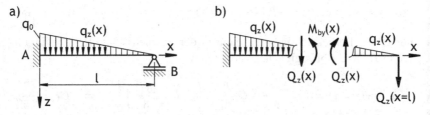

Abb. 3.13 a) Statisch unbestimmt gelagerter Balken belastet mit einer linearen Streckenlast $q_z(x)$, b) resultierende Schnittreaktionen im Balken

Gesucht Auflagerreaktion im Lager B mit Angabe der Wirkungsrichtung

Lösung Das System weist drei Lagerreaktionen in der Einspannung A und eine Reaktion im Loslager B auf. Der Biegelastfall ist einfach statisch unbestimmt. Da es sich bei der gesuchten Lagerreaktion in B um eine Querkraft handelt, können wir die Biegelinie zur Berechnung dieser Größe heranziehen. Weil der Biegemomentenverlauf nicht bekannt bzw. nicht aus den Gleichgewichtsbeziehungen ermittelbar ist, nutzen wir die Differentialgleichung 4. statt 2. Ordnung (gemäß Gl. (3.78)). Wir integrieren die Differentialgleichung viermal in x-Richtung. Es folgt

$$E\,I_y\,w''' = q_0\,l\left(\frac{x}{l} - \frac{1}{2}\left(\frac{x}{l}\right)^2\right) + C_1\,, \tag{3.82}$$

$$E\,I_y\,w'' = q_0\,l^2\left(\frac{1}{2}\left(\frac{x}{l}\right)^2 - \frac{1}{6}\left(\frac{x}{l}\right)^3\right) + C_1\,x + C_2\,, \tag{3.83}$$

$$E\,I_y\,w' = q_0\,l^3\left(\frac{1}{6}\left(\frac{x}{l}\right)^3 - \frac{1}{24}\left(\frac{x}{l}\right)^4\right) + C_1\frac{x^2}{2} + C_2\,x + C_3\,, \tag{3.84}$$

$$E\,I_y\,w = q_0\,l^4\left(\frac{1}{24}\left(\frac{x}{l}\right)^4 - \frac{1}{120}\left(\frac{x}{l}\right)^5\right) + C_1\frac{x^3}{6} + C_2\frac{x^2}{2} + C_3\,x + C_4\,. \tag{3.85}$$

Wir kennen die Absenkung sowie die Neigung in der Einspannung A

$$w_A = w(x=0) = 0 \quad\text{und}\quad w'_A = w'(x=0) = 0\,.$$

Beachten wir dies in den Gln. (3.84) und (3.85), resultiert

$$C_3 = 0 \quad\text{und}\quad C_4 = 0\,.$$

Im Loslager B sind die Absenkung und das Biegemoment bekannt. Es gilt

$$w_B = w(x=l) = 0 \quad\text{und}\quad M_B = M_{by}(x=l) = 0\,.$$

Wir nutzen zunächst die Kraftrandbedingung im Lager B. Mit Gl. (3.83) lässt sich wegen $M_{by} = -E\,I_y\,w''$ (vgl. Gl. (3.76)) eine Beziehung zwischen den Integrationskonstanten wie folgt

$$M_B = M_{by}(x=l) = -E\,I_y\,w''(x=l) = 0 \quad\Leftrightarrow\quad C_2 = -C_1\,l - \frac{1}{3}q_0\,l^2$$

herstellen. Berücksichtigen wir dann in der geometrischen Randbedingung im Lager B diese Abhängigkeit, so erhalten wir

$$w_B = w(x=l) = 0 = \frac{q_0\,l^4}{30} + C_1\frac{l^3}{6} - \left(C_1\,l + \frac{q_0\,l^2}{3}\right)\frac{l^2}{2} \quad\Leftrightarrow\quad C_1 = -\frac{2}{5}q_0\,l\,.$$

Damit liegt auch die Integrationskonstante C_2 fest mit

$$C_2 = \frac{1}{15}q_0\,l^2\,.$$

Die Biegelinie $w(x)$ ist folglich eindeutig bestimmt. Wir können mit ihr über die Beziehung $Q_z = -E\,I_y\,w'''$ (Gl. (3.76) eingesetzt in Gl. (2.7)) die gesuchte Lagerreaktion berechnen.

In Abb. 3.13b) ist zur Veranschaulichung ein Schnittbild am Lager B skizziert. Es ist ersichtlich, dass die Lagerreaktion der Querkraft Q_z bei $x = l$ entspricht. Besitzt die Querkraft ein positives Vorzeichen, so ist die Lagerkraft nach unten gerichtet. Die Querkraft ergibt sich in Abhängigkeit von der Balkenachse x zu

$$Q_z(x) = -E\,I_y\,w''' = -q_0\,l\left(\frac{x}{l} - \frac{1}{2}\left(\frac{x}{l}\right)^2\right) + \frac{2}{5}q_0\,l\,.$$

Die Lagerkraft B lautet dann

$$B = Q_z(x = l) = -E\,I_y\,w''' = -q_0\,l\left(1 - \frac{1}{2} - \frac{2}{5}\right) = -\frac{q_0\,l}{10}\,.$$

Wegen des Minuszeichens ist die Kraft nach oben gerichtet.

Bisher haben wir sogenannte *Einfeldbalken* untersucht. Es handelt sich dabei um Balken mit stetig differenzierbaren Verläufen der Größen q_i, Q_i, M_{bi}, v' und v bzw. w' und w entlang der kompletten Balkenachse x. Lassen sich diese Verläufe jedoch nicht als jeweils eine einzige stetig differenzierbare Funktion angeben, so müssen wir den Balken in so viele Felder bzw. Abschnitte unterteilen, bis in jedem Abschnitt alle genannten Größen durch stetig differenzierbare Funktionen beschrieben werden können. Dann kann die Differentialgleichung der Biegelinie abschnittsweise integriert werden. Neben den Randbedingungen müssen wir an den Übergangsstellen von einem zu einem anderen Abschnitt allerdings zusätzliche Zusammenhangsbedingungen erfüllen. Diese werden *Übergangsbedingungen* genannt. Sie ergeben sich aus dem inneren Zusammenhalt der Struktur, den vorliegenden geometrischen Bedingungen wie auch den Kraftgrößenverhältnissen im Übergangsbereich. Balkenstrukturen, auf die dies zutrifft, werden als *Mehrfeldbalken* bezeichnet. Ihre Berechnung kann aufgrund der möglichen großen Anzahl von Integrationskonstanten sehr aufwendig werden. Da wir in Kap. 7 effektive Verfahren zur Spannungs- und Verformungsanalyse kennen lernen werden, untersuchen wir an dieser Stelle Mehrfeldbalken nicht weiter.

3.4.2 Schiefe Biegung

Bei der schiefen Biegung fällt die Last- nicht mit der Verformungs- bzw. Biegeebene zusammen, wie dies bei der geraden Biegung der Fall ist. Die Ebene, in der ein anliegendes Biegemoment wirkt, stimmt nicht mit der Richtung überein, in der die Verformung auftritt. Anders ausgedrückt bedeutet dies, dass das Biegemoment nicht um eine Hauptachse des Profils wirkt. Wir können allerdings auch diesen Lastfall mit Hilfe der Beziehungen aus dem vorherigen Unterabschnitt lösen. Wir nutzen hierzu das Superpositionsprinzip (vgl. hierzu die Abschnitte 6.1 und 6.2).

a)   b)

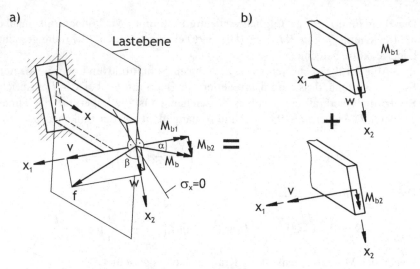

Abb. 3.14 a) Rechteckprofil unter einer Biegebeanspruchung mit unterschiedlicher Last- und Verformungsebene, b) Superposition der Belastung in gerade Biegung um die Hauptachsen

Beispielhaft ist in Abb. 3.14a) ein einseitig eingespannter Träger mit Rechteckprofil dargestellt, der durch ein konstantes Biegemoment M_b belastet ist. Da das Biegemoment nicht um eine Hauptachse wirkt, besitzt die resultierende Durchbiegung eine Komponente, die nicht in der Lastebene liegt. Das Superpositionsprinzip bedeutet nun, dass das Biegemoment in die Komponenten des Hauptachsensystems des Profils zerlegt wird und die Wirkung jeder Komponente für sich alleine basierend auf den Beziehungen der geraden Biegung untersucht wird (vgl. Abb. 3.14b)).

Die Differentialgleichungen 2. Ordnung für die Biegelinie (für höhere Ordnung siehe die Gln. (3.78) und (3.80)) lauten

$$v'' = \frac{M_{b2}}{E\,I_2}\,, \qquad (3.86) \qquad\qquad w'' = -\frac{M_{b1}}{E\,I_1}\,. \qquad (3.87)$$

Die Biegemomente M_{b1} und M_{b2} erhalten wir, indem das wirkende Biegemoment entlang der Balkenachse in die Richtungen der Hauptachsen zerlegt wird (vgl. Zerlegung M_b in Abb. 3.14a)). Wenn das Biegemoment in jedem Schnitt x den selben Winkel α zum Hauptachsensystem aufweist, d. h. dieser ist konstant entlang der Balkenachse, dürfen wir schreiben

$$M_{b1}(x) = -M_b(x)\cos\alpha \quad \text{und} \quad M_{b2}(x) = M_b(x)\sin\alpha\,.$$

Damit resultieren zwei entkoppelte Beanspruchungen um die x_1- und x_2-Achse, die getrennt behandelt werden können. Die Integration der Biegelinie führt jeweils auf die Durchbiegungen in die Richtungen der Hauptachsen.

Für das Beispiel in Abb. 3.14a) folgt

$$v(x) = \frac{M_b \sin\alpha \, x^2}{2\,E\,I_2}\,, \qquad (3.88) \qquad w(x) = \frac{M_b \cos\alpha \, x^2}{2\,E\,I_1}\,. \qquad (3.89)$$

Die Überlagerung bzw. Superposition ergibt schließlich die Gesamtdurchbiegung

$$f(x) = \sqrt{v(x)^2 + w(x)^2}\,, \qquad (3.90)$$

so dass wir für den untersuchten Fall

$$f(x) = \frac{M_b \, x^2}{2\,E} \sqrt{\left(\frac{\cos\alpha}{I_1}\right)^2 + \left(\frac{\sin\alpha}{I_2}\right)^2} \qquad (3.91)$$

erhalten.

Die Durchbiegung f weist einen Winkel β zur x_2-Achse auf. Sie steht nicht mehr senkrecht auf dem Momentenvektor, weshalb wir auch von schiefer Biegung sprechen. Der Winkel β lässt sich für das obige Beispiel unter Nutzung der Gln. (3.88) und (3.89) ermitteln zu

$$\tan\beta = \frac{v(x)}{w(x)} = \frac{I_1}{I_2}\tan\alpha\,. \qquad (3.92)$$

Der Winkel ist in Abb. 3.14a) dargestellt. Darüber hinaus ist zu erkennen, dass die resultierende Durchbiegung f senkrecht auf der Spannungsnulllinie steht. Dies möchten wir hier an dem obigen Beispiel formelmäßig zeigen. Nach Gl. (3.24) sind die Längsspannungen im Hauptachsensystem gegeben, so dass wir die Nulllinie damit ermitteln können

$$\sigma_x = -\frac{M_{b2}}{I_2}x_1 + \frac{M_{b1}}{I_1}x_2 = 0 \quad \Leftrightarrow \quad \frac{x_2}{x_1} = -\tan\alpha\,\frac{I_1}{I_2}\,. \qquad (3.93)$$

Die rechte Seite der vorherigen Beziehung können wir mit Gl. (3.92) und wegen $\tan\left(\beta - \frac{\pi}{2}\right) = -(\tan\beta)^{-1}$ wie folgt ausdrücken

$$\frac{x_1}{x_2} = -\frac{1}{\tan\beta} = \tan\left(\beta - \frac{\pi}{2}\right)\,. \qquad (3.94)$$

Folglich muss zwischen der Verformungsrichtung und der Spannungsnulllinie ein Winkel von 90° herrschen. Dies gilt auch, wenn zusätzlich eine Normalkraft N wirkt, da die Spannungsnulllinie dann immer noch die gleiche Steigung besitzt.

Zu beachten ist allerdings, dass die obige Winkelbeziehung nur dann gültig ist, wenn das resultierende Biegemoment entlang der Balkenachse immer den gleichen Winkel α zum Hauptachsensystem aufweist und wenn ferner der Balken in x_1- und x_2-Richtung die gleiche Lagerungsform besitzt.

Beispiel 3.7 Den bereits in mehreren Beispielen behandelten Biegeträger mit L-Profil untersuchen wir nun hinsichtlich seiner Absenkung. Es handelt sich um einen einseitig eingespannten Balken, der an seinem freien Ende durch eine Kraft F belastet ist (vgl. Abb. 3.15a)). Die Spannungsberechnung mit dazugehöriger Nulllinie findet sich in Beispiel 3.2, und das Hauptachsensystem ist in den Beispielen 3.3 sowie 3.4 bestimmt. Die hier erforderlichen Größen sind unten zusammengestellt.

Gegeben Kraft F =1 kN; Länge l = 1 m; Elastizitätsmodul E = 70 GPa; Hauptträgheitsmomente $I_1 = 2,2068 \cdot 10^6$ mm^4 und $I_2 = 3,7734 \cdot 10^5$ mm^4; Lage des Hauptachsensystems unter $\varphi^* = \varphi_1 = 22,90°$

Gesucht Berechnen Sie die Balkenabsenkung im Krafteinleitungsbereich und skizzieren Sie die Verformung und die Spannungsnulllinie im Querschnitt des L-Profils.

Lösung Da die Kraft F nicht in Richtung einer Hauptachse weist, zerlegen wir diese in ihre x_1- und x_2-Komponenten (vgl. Abb. 3.15b)). Für die Biegemomente resultiert somit entlang der Balkenachse

$$M_{b1} = -F_2 (l - x) = -F (l - x) \cos \varphi^* , \quad M_{b2} = F_1 (l - x) = F (l - x) \sin \varphi^* .$$

Mit den Gln. (3.86) und (3.87) resultiert die Differentialgleichung der Biegelinie in x_1- und x_2-Richtung zu

$$v '' = \frac{F (l - x) \sin \varphi^*}{E I_2} \quad \text{und} \quad w '' = \frac{F (l - x) \cos \varphi^*}{E I_1} .$$

Wir integrieren jeweils zweimal in x-Richtung und beachten die Einspannbedingungen $v(x = 0) = w(x = 0) = 0$ wie auch $v '(x = 0) = w '(x = 0) = 0$ und erhalten (vgl. Bsp. 3.5, in dem auch eine einseitige Einspannung vorliegt)

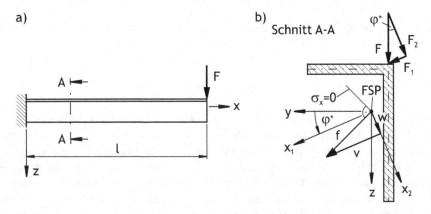

Abb. 3.15 a) Einseitig eingespannter Träger mit L-Profil belastet mit Kraft F am freien Ende, b) Spannungsnulllinie und Verformung f bei Superposition der Belastung

$$v = \frac{F \sin \varphi^*}{E \, I_2} \left(l \frac{x^2}{2} - \frac{x^3}{6} \right) \quad \text{und} \quad w = \frac{F \cos \varphi^*}{E \, I_1} \left(l \frac{x^2}{2} - \frac{x^3}{6} \right) .$$

Die Absenkung im Krafteinleitungsbereich ergibt sich aus den Komponenten

$$v(x = l) = \frac{F \, l^3 \sin \varphi^*}{3 \, E \, I_2} = 4,91 \, \text{mm} \quad \text{und} \quad w(x = l) = \frac{F \, l^3 \cos \varphi^*}{3 \, E \, I_1} = 1,99 \, \text{mm}$$

mit Gl. (3.90) zu

$$f = \frac{F \, l^3}{3 \, E} \sqrt{\left(\frac{\sin \varphi^*}{I_2} \right)^2 + \left(\frac{\cos \varphi^*}{I_1} \right)^2} = 5,30 \, \text{mm} .$$

Die Verschiebungen und die Winkel, u. a. in Bezug zur Spannungsnulllinie sind in Abb. 3.15b) dargestellt. Die Ermittlung der Spannungsnulllinie findet sich in Bsp. 3.2.

3.5 Leichtbaugerechte Vereinfachungen

Mit Leichtbaustrukturen wird das Ziel verfolgt, mit einem möglichst geringen Materialeinsatz die an das Tragwerk gestellten Anforderungen sicher zu erfüllen. Als Folge weisen Leichtbaustrukturen charakteristische Merkmale auf. So finden wir gewöhnlich dünne, schlanke oder auch hohe kastenförmige Tragelemente in Leichtbaukonstruktionen vor, d. h. einzelne Abmessungen sind gewöhnlich sehr viel kleiner als andere. Bei der Berechnung von Leichtbaustrukturen können wir dies zur erheblichen Verringerung des Rechenaufwands nutzen. Das hierfür erforderliche Vorgehen werden wir daher in den folgenden Unterabschnitten beispielhaft anhand des Biegebalkens mit linearen Längsspannungen erläutern. Auf der Basis des Biegebalkens werden wir dann in den nachfolgenden Kapiteln die hier getroffenen Vereinfachungen auf andere Beanspruchungsarten erweitern.

3.5.1 Dünnwandige Profile

In Leichtbaustrukturen werden üblicherweise Profile eingesetzt, deren Wanddicke t sehr viel kleiner ist als die anderer Profilabmessungen. In den Abb. 3.16a) bis d) sind einige technisch gebräuchliche Profile dargestellt, für die wir hier Dünnwandigkeit annehmen. Da die Profilform über die Flächenträgheitsmomente in der Berechnung des Biegebalkens Berücksichtigung findet, untersuchen wir nun, wie sich die Annahme der Dünnwandigkeit auf den Wert der Flächenträgheitsmomente auswirkt. Hierzu betrachten wir exemplarisch das Z-Profil mit konstanter Wandstärke t in Abb. 3.16d).

Wir formulieren die Flächenträgheitsmomente mit Hilfe von Tab. 3.5 zunächst ohne jegliche Vereinfachung. Wir erhalten

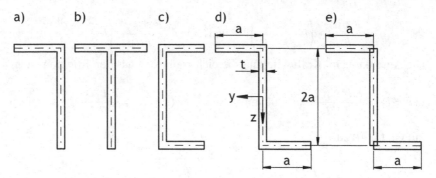

Abb. 3.16 a) L-Profil, b) T-Profil, c) U-Profil, d) Z-Profil und e) Z-Profil idealisiert als dünnwandiger Querschnitt

$$I_y = \frac{8}{3}\,a^3 t + \frac{2}{3}\,a t^3\,, \quad I_z = \frac{2}{3}\,a^3 t + \frac{1}{6}\,a t^3 \quad \text{und} \quad I_{yz} = \left(a^2 - \frac{t^2}{4}\right) a t\,.$$

Um Dünnwandigkeit zu berücksichtigen, schreiben wir die Flächenträgheitsmomente so um, dass weitestgehend nur noch Verhältnisse von $\frac{t}{a}$ auftauchen. Wir ziehen jeweils den Faktor $a^3 t$ aus den einzelnen Summanden heraus und erhalten mit Hilfe von $t \ll a \Leftrightarrow \frac{t}{a} \ll 1$

$$I_y = \frac{8}{3} a^3 t \left[1 + \underbrace{\frac{1}{4}\left(\frac{t}{a}\right)^2}_{\ll 1}\right] \approx \frac{8}{3} a^3 t\,, \tag{3.95}$$

$$I_z = \frac{2}{3} a^3 t \left[1 + \underbrace{\frac{1}{4}\left(\frac{t}{a}\right)^2}_{\ll 1}\right] \approx \frac{2}{3} a^3 t\,, \tag{3.96}$$

$$I_{yz} = a^3 t \left[1 - \underbrace{\frac{1}{4}\left(\frac{t}{a}\right)^2}_{\ll 1}\right] \approx a^3 t\,. \tag{3.97}$$

Um die Vereinfachung infolge von Dünnwandigkeit verallgemeinern zu können, vergleichen wir das Endergebnis mit den exakten Werten nach Tab. 3.5 vor der Approximation. Es ist zu erkennen, dass nur diejenigen Eigenträgheitsmomente $I_{y_{si}}$ und $I_{z_{si}}$ beachtet werden müssen, bei denen die Wanddicke t mit der Potenz 1. Ordnung auftritt. Anteile 3. Ordnung werden vernachlässigt. Darüber hinaus sind nur die Längen der Profilmittellinie zu beachten. Verlängerungen oder Verkürzungen der Profilmittellinie infolge der Wanddicken sind nicht relevant. In Abb. 3.16e) ist die infolge von Dünnwandigkeit resultierende Geometrie dargestellt. Es ist ersichtlich, dass einige Profilteilflächen teilweise doppelt und andere komplett nicht beachtet werden. Da diese Bereiche jedoch von der Wanddicke abhängen, spielt dies bei Dünnwandigkeit keine Rolle. Aus diesem Grunde werden wir im Folgenden bei

Tab. 3.5 Querschnittsgrößen der jeweiligen Teilfläche i für das Z-Profil nach Abb. 3.16d) zur Ermittlung der Flächenträgheitsmomente

i	1	2	3
y_{si}	$\frac{1}{2}\left(a-\frac{t}{2}\right)$	0	$-\frac{1}{2}\left(a-\frac{t}{2}\right)$
z_{si}	$-a$	0	a
A_i	$\left(a+\frac{t}{2}\right)t$	$(2a-t)\,t$	$\left(a+\frac{t}{2}\right)t$
$I_{y_{si}}$	$\frac{1}{12}t^3\left(a+\frac{t}{2}\right)$	$\frac{1}{12}t\,(2a-t)^3$	$\frac{1}{12}t^3\left(a+\frac{t}{2}\right)$
$I_{z_{si}}$	$\frac{1}{12}t\left(a+\frac{t}{2}\right)^3$	$\frac{1}{12}t^3\,(2a-t)$	$\frac{1}{12}t\left(a+\frac{t}{2}\right)^3$
$y_{si}^2 A_i$	$\frac{1}{4}\left(a-\frac{t}{2}\right)^2\left(a+\frac{t}{2}\right)t$	0	$\frac{1}{4}\left(a-\frac{t}{2}\right)^2\left(a+\frac{t}{2}\right)t$
$z_{si}^2 A_i$	$a^2\left(a+\frac{t}{2}\right)t$	0	$a^2\left(a+\frac{t}{2}\right)t$
$-y_{si}z_{si}A_i$	$\frac{1}{2}\left(a^2-\frac{t^2}{4}\right)a\,t$	0	$\frac{1}{2}\left(a^2-\frac{t^2}{4}\right)a\,t$

Dünnwandigkeit die Flächenträgheitsmomente lediglich für Profile bestimmen, die entlang der Profilmittellinie idealisiert sind.

Beispiel 3.8 In Bsp. 3.3 haben wir die Flächenträgheitsmomente von einem Träger mit L-Profil berechnet. Diese sind nun unter Beachtung von Dünnwandigkeit zu ermitteln. Die Geometrie ist in Abb. 3.17a) dargestellt. Das Koordinatensystem hat seinen Ursprung im Flächenschwerpunkt (FSP).

Gegeben Profilabmessungen a, b, t; Position des FSP $e_y = \frac{b^2}{2(a+b)}$, $e_z = \frac{a^2}{2(a+b)}$

Gesucht Flächenträgheitsmomente I_y, I_z und I_{yz} im y-z-Koordinatensystem mit Ursprung im Flächenschwerpunkt nach Abb. 3.17a)

Lösung Zunächst erstellen wir im 1. Schritt ein Ersatzprofil, bei dem wir die Vereinfachungen infolge von Dünnwandigkeit berücksichtigen. Es resultiert das in Abb. 3.17b) skizzierte Profil. Im nächsten Schritt stellen wir alle wesentlichen Größen zur Berechnung von Flächenträgheitsmomenten in Tab. 3.6 zusammen.

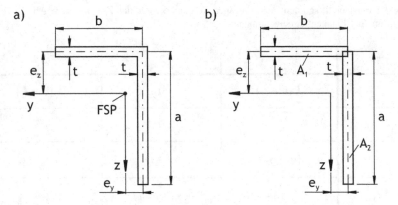

Abb. 3.17 a) Dünnwandiges L-Profil und b) idealisiertes L-Profil entlang der Profilmittellinie

Damit können wir die Flächenträgheitsmomente ermitteln zu

$$I_y = \frac{1}{12} a^3 t + t\, b\, e_z^2 + t\, a \left(\frac{a}{2} - e_z\right)^2 = \frac{t\, a^4}{12\,(a+b)} \left(1 + 4\frac{b}{a}\right) ,$$

$$I_z = \frac{1}{12} b^3 t + t\, b \left(\frac{b}{2} - e_y\right)^2 + t\, a\, e_y^2 = \frac{t\, b^4}{12\,(a+b)} \left(1 + 4\frac{a}{b}\right) ,$$

Tab. 3.6 Querschnittsgrößen der Teilflächen für dünnwandiges L-Profil nach Abb. 3.17b)

i	1	2
y_{si}	$\frac{b}{2} - e_y$	$-e_y$
z_{si}	$-e_z$	$\frac{a}{2} - e_z$
A_i	$t\, b$	$t\, a$
$I_{y_{si}}$	0	$\frac{1}{12} a^3 t$
$I_{z_{si}}$	$\frac{1}{12} b^3 t$	0
$y_{si}^2 A_i$	$t\, b \left(\frac{b}{2} - e_y\right)^2$	$t\, a\, e_y^2$
$z_{si}^2 A_i$	$t\, b\, e_z^2$	$t\, a \left(\frac{a}{2} - e_z\right)^2$
$-y_{si}\, z_{si}\, A_i$	$t\, b\, e_z \left(\frac{b}{2} - e_y\right)$	$t\, a\, e_y \left(\frac{a}{2} - e_z\right)$

$$I_{yz} = t\,b\,e_z \left(\frac{b}{2} - e_y\right) + t\,a\,e_y \left(\frac{a}{2} - e_z\right) = \frac{t\,a^2\,b^2}{4\,(a+b)} \; .$$

Vergleichen wir dieses Ergebnis mit dem bereits in Bsp. 3.3 ermittelten, bei dem nicht die Vereinfachung der Dünnwandigkeit eingeführt ist, so erkennen wir, dass durch die Berücksichtigung von $\frac{t}{a}, \frac{t}{b} \ll 1$ wir wieder die hier berechneten Flächenträgheitsmomente erhalten. Das Vorgehen ist also korrekt, jedoch schneller.

Bisher haben wir immer nur diejenigen Terme in den Flächenträgheitsmomenten bei Dünnwandigkeit berücksichtigt, bei denen die Wandstärke t in der kleinsten Potenz auftritt bzw. bei denen die Wandstärke t viel kleiner ist als die anderen Querschnittsabmessungen. Allerdings haben wir bisher keine numerische Angabe gemacht, ab der wir Dünnwandigkeit einführen dürfen.

Die Frage nach der Grenze, ab der die Vereinfachung der Dünnwandigkeit Gültigkeit besitzt, kann nicht allgemein beantwortet werden. Dies ist in der großen Vielzahl von möglichen Querschnittsformen begründet. Für technisch relevante Profile können wir jedoch einen Richtwert für das Verhältnis von Wandstärke t zu kleinster Querschnittsabmessung a von kleiner oder gleich 0,1 (d. h. $\frac{t}{a} \le 0,1$) angeben.

Exemplarisch ist in Abb. 3.18 für einige Querschnittsformen die Abweichung des Flächenträgheitsmomentes I_y bei Dünnwandigkeit in Bezug zum exakten Wert I_{ye} in Abhängigkeit vom Verhältnis $\frac{t}{a}$ dargestellt. Es ist zu erkennen, dass die Z-, L-, U- und T-Profile sehr kleine Abweichungen zu den exakten Werten aufweisen (bei

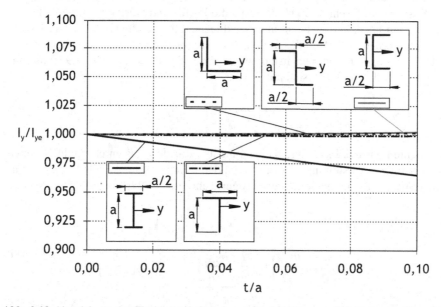

Abb. 3.18 Abweichung des Flächenträgheitsmoments I_y bei Dünnwandigkeit von Profilen mit konstanter Wandstärke t in Bezug zum exakten Wert I_{ye} in Abhängigkeit vom Verhältnis Wandstärke t zu Querschnittsabmessung a

$\frac{t}{a} = 0,1$ kleiner als 1 %). Dies ist darauf zurückzuführen, dass bei diesen Profilen nur quadratische oder Terme höherer Ordnung von $\frac{t}{a}$ auftreten und somit nur diese vernachlässigt werden, aber keine linearen. Bei Profilen hingegen, bei denen auch lineare Terme von $\frac{t}{a}$ vernachlässigt werden, ist die auftretende Abweichung deutlich größer. So steigt beim dargestellten I-Profil der Fehler auf ca. 3,5 % bei $\frac{t}{a} = 0,1$.

3.5.2 Hohe versteifte Kastenträger

In einer Reihe von technischen Anwendungen werden versteifte Kastenprofile eingesetzt. So werden Flügelmittelkästen von Passagierflugzeugen sowie Aufbauten von Nutz- und Schienenfahrzeugen u. a. in dieser Form ausgeführt.

Kastenträger sind typischerweise sehr hoch bzw. ihre Abmessungen sind deutlich größer als die von Versteifungselementen wie Stringern, die die Deckbleche in Längsrichtung üblicherweise aussteifen. Aus diesem Grunde können wir wie zuvor bei den dünnwandigen Profilen Vereinfachungen einführen, mit denen die Ermittlung der Flächenträgheitsmomente deutlich erleichtert wird, ohne dass zugleich unverhältnismäßig große Genauigkeitseinbußen hingenommen werden müssen. Wir demonstrieren dies anhand des in Abb. 3.19 dargestellten Kastenträgers. Der Kastenträger ist durch dünnwandige Stringer mit Z-Profil auf den Deckblechen und durch rechteckige Gurte in den Ecken ausgesteift. Für den Kastenträger werden wir das Flächenträgheitsmoment um die y-Achse unter der Annahme ermitteln, dass die Kastenhöhe h sehr viel größer ist als die Profil- und Gurtabmessungen. Ferner nehmen wir an, dass die Seiten- und Deckbleche dünnwandig sind. Die Größen der Stringer werden mit dem Index Str und die der Gurte mit G gekennzeichnet.

Die jeweiligen Eigenträgheitsmomente für die Z-Profile (vgl. Gl. (3.95)) und für die Gurte (vgl. Gl. (3.42)) sind mit

$$I_{\bar{y}_{Str}} = \frac{1}{3}\, b_{Str}^3\, t_{Str}\,, \qquad (3.98) \qquad I_{\bar{y}_G} = \frac{1}{12}\, b_G^3\, a_G \qquad (3.99)$$

bekannt.

Möchten wir das Flächenträgheitsmoment I_y für den Kasten ermitteln, so müssen wir für die Versteifungselemente noch deren Steinersche Anteile beachten. Für einen Stringer erhalten wir mit der Stringerfläche $A_{Str} = 2\, b_{Str}\, t_{Str}$ im y-z-System

$$I_{y_{Str}} = I_{\bar{y}_{Str}} + A_{Str} \left(\frac{h_{Str}}{2}\right)^2$$

$$= b_{Str}\, t_{Str}\, \frac{h_{Str}^2}{2}\Big[1 + \underbrace{\frac{2}{3}\left(\frac{b_{Str}}{h_{Str}}\right)^2}_{\ll 1}\Big] \approx A_{Str} \left(\frac{h_{Str}}{2}\right)^2 \qquad (3.100)$$

und für einen Gurt mit der Gurtfläche $A_G = a_G\, b_G$

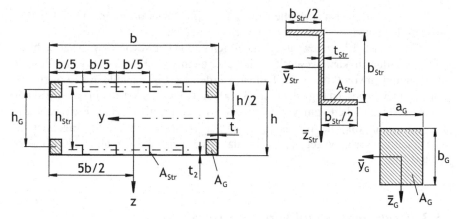

Abb. 3.19 Kastenträger mit versteiften Deckblechen und Versteifungselementen

$$I_{yG} = I_{\bar{y}G} + A_G \left(\frac{h_G}{2}\right)^2 = a_G\, b_G\, \frac{h_G^2}{4}\left[1 + \underbrace{\frac{1}{3}\left(\frac{b_G}{h_G}\right)^2}_{\ll 1}\right] \approx A_G \left(\frac{h_G}{2}\right)^2 \ . \quad (3.101)$$

Folglich vernachlässigen wir die Eigenanteile und nur die Steinerschen Anteile finden Beachtung. Da generell bei hohen Kästen die Abmessungen der Versteifungsprofile sehr viel kleiner sind als ihr Abstand zum Flächenschwerpunkt des Kastens, können wir grundsätzlich die Eigenanteile aller Versteifungselemente in Kästen vernachlässigen. Wenden wir dies auf den Kasten in Abb. 3.19 an, erhalten wir wegen

$$h = h_{Str} + b_{Str} + t_{Str} + t_2 \approx h_{Str} \quad \text{und} \quad h = h_G + b_G + t_2 \approx h_G$$

für das Flächenträgheitsmoment des Kastens um die y-Achse

$$I_y = \frac{t_1 h^3}{6} + 2\, b\, t_2 \left(\frac{h}{2}\right)^2 + 8\, A_{Str} \left(\frac{h}{2}\right)^2 + 4\, A_G \left(\frac{h}{2}\right)^2 \ . \quad (3.102)$$

Dabei haben wir zudem berücksichtigt, dass die Kastenwände dünn sind.

Das Flächenträgheitsmoment um die z-Achse ergibt sich zu

$$I_z = \frac{t_2 b^3}{6} + 2\, h\, t_1 \left(\frac{b}{2}\right)^2 + \frac{8}{5}\, A_{Str} \left(\frac{b}{2}\right)^2 + 4\, A_G \left(\frac{b}{2}\right)^2 \ . \quad (3.103)$$

Für das Deviationsmoment resultiert ohne jegliche Vereinfachung

$$I_{yz} = 8\, I_{\bar{y}\bar{z}Str} = b_{Str}^3\, t_{Str} \ .$$

Beachten wir allerdings, dass dieser Eigenanteil gewöhnlich sehr klein ist im Vergleich zu $I_y - I_z$ (d. h. $I_{\bar{y}\bar{z}Str} \ll I_y - I_z$) und daher auch $I_{yz} \ll I_y - I_z$ gilt, ist wegen Gl. (3.64) das y-z-Koordinatensystem zugleich das Hauptachsensystem des

Kastens. Wir dürfen also auch alle Eigenanteile im Deviationsmoment bei den Versteifungselementen von hohen Kästen vernachlässigen.

Die Frage nach der Grenze, ab der die Eigenanteile der Versteifungen vernachlässigt werden dürfen, kann wesentlich einfacher beantwortet werden, als dies bei der Dünnwandigkeit von Profilen der Fall ist. Werden die Eigenanteile in Bezug zu den Steiner-Anteilen gesetzt (vgl. die Gln. (3.100) und (3.101)), so tritt ein quadratischer Fehler in Abhängigkeit vom Verhältnis der größten Profil- zu einer Kastenabmessung auf. Daher sind die Voraussetzungen zur Vernachlässigung der Eigenanteile von Versteifungsprofilen gegeben, wenn das zuvor genannte Verhältnis kleiner oder gleich 0,1 ist.

3.5.3 Ersatzmodelle und Verschmierung

Um das Verformungsverhalten von Strukturen mit geringem Aufwand abschätzen zu können, werden häufig Ersatzmodelle verwendet, die eine deutlich vereinfachte Gestalt aufweisen. Trotz der zugrunde liegenden, sehr vereinfachenden Annahmen kann mit ihnen nahezu das gleiche Verformungsverhalten wie für das ursprüngliche Modell abgebildet werden. Allerdings zeigt sich, dass unterschiedliche Belastungen gewöhnlich zu verschiedenen Ersatzmodellen führen. Wir müssen daher eine Belastung in ihre Grundbeanspruchungen überführen und dann jede Grundbeanspruchung für sich betrachten.

Ersatzmodelle entwickeln wir hier beispielhaft anhand des Biegebalkens. Wir konzentrieren uns daher auf Träger, die durch Längsdehnung und Biegung um die beiden Hauptachsen beansprucht werden (vgl. für Kastenträger Abb. 3.20). Ersatzmodelle für weitere Beanspruchungsarten wie Torsion erstellen wir hier nicht, sondern verweisen auf nachfolgende Kapitel.

Wir untersuchen den Kastenträger aus dem vorherigen Unterabschnitt weiter. Um eine möglichst einfache Gestalt des Kastenträgers zu realisieren, idealisieren wir die Versteifungen nicht mehr als diskrete Elemente, sondern berücksichtigen sie durch eine geeignete Aufdickung der Kastenwände.

Wir starten mit dem Ersatzmodell für die Längsdehnung. Damit das Modell die gleiche Dehnung bei gleicher Belastung wie die reale Struktur (vgl. Abb. 3.19) aufweist, muss die Dehnsteifigkeit EA bzw. die Querschnittsfläche A (bei gleichem Material bzw. konstantem Elastizitätsmodul) des Kastens gleich bleiben. Wir ermitteln eine mittlere Wanddicke $\bar{t}_2$ der Deckbleche, die wir auch als *verschmierte* Wanddicke bezeichnen; denn nach der *Verschmierung* der Versteifungen auf die Wand weisen die Deckbleche keine diskreten Wandversteifungen mehr auf. Es resultiert für den untersuchten Kastenträger

$$2\,t_1\,h + 2\,\bar{t}_2\,b = 2\,t_1\,h + 2\,t_2\,b + 8\,A_{Str} + 4\,A_G \quad \Leftrightarrow \quad \bar{t}_2 = t_2 + 4\frac{A_{Str}}{b} + 2\frac{A_G}{b}\ . \quad (3.104)$$

Für die Biegung um die y-Achse gehen wir analog vor. Wir müssen nun beachten, dass die Biegesteifigkeit EI_y bzw. das Flächenträgheitsmoment I_y auch im Ersatz-

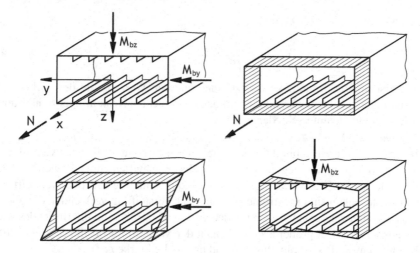

Abb. 3.20 Grundbeanspruchungen aus Zugdehnung und aus Biegung um die Hauptachsen eines Kastenträgers mit versteiften Deckblechen infolge der Normalkraft N und der Biegemomente M_{by} sowie M_{bz}

modell den gleichen Wert besitzt. Wir ermitteln wieder eine verschmierte Dicke $\bar{t}_2$ für die Deckbleche und erhalten als Flächenträgheitsmoment für das Ersatzmodell

$$I_y = \frac{t_1\,h^3}{6} + 2\,b\,\bar{t}_2 \left(\frac{h}{2}\right)^2 . \tag{3.105}$$

Dies muss dem Wert nach Gl. (3.102) entsprechen. Es folgt somit die bereits zuvor bestimmte mittlere Wanddicke für die Beanspruchung Längsdehnung

$$\bar{t}_2 = t_2 + 4\frac{A_{Str}}{b} + 2\frac{A_G}{b} . \tag{3.106}$$

Die Ersatzmodelle für Längsdehnung und Biegung um die y-Achse unterscheiden sich hier nicht, da alle verschmierten Versteifungsprofile den gleichen Abstand zur Hauptachse besitzen, um die die Biegung erfolgt. Wäre dies nicht der Fall, so würden sich auch die mittleren Wanddicken zwischen beiden Beanspruchungsarten unterscheiden.

Auch für die Biegung um die z-Achse dicken wir die Deckbleche auf. Wenn wir beachten, dass die Biegesteifigkeit EI_z bzw. das Flächenträgheitsmoment I_z auch im Ersatzmodell den gleichen Wert besitzt wie das ursprüngliche Modell, erhalten wir die verschmierte Dicke $\bar{t}_2$ für die Deckbleche über

$$I_z = \frac{\bar{t}_2\,b^3}{6} + 2\,h\,t_1 \left(\frac{b}{2}\right)^2 . \tag{3.107}$$

Setzen wir dies in Gl. (3.103) ein, resultiert

$$\bar{t}_2 = t_2 + \frac{12}{5} \frac{A_{Str}}{b} + 6 \frac{A_G}{b} \, . \tag{3.108}$$

Diese verschmierte Wanddicke besitzt einen anderen Wert als die der vorherigen Ersatzmodelle. Infolgedessen müssen für den untersuchten Kastenträger mindestens zwei Ersatzmodelle unterschieden werden.

Beispiel 3.9 Der in Abb. 3.21 dargestellte Kastenträger soll einer vereinfachten Vorauslegung für Biegung um die y-Achse zugänglich gemacht werden. Die Deckbleche des Kastens sind durch gleiche dünnwandige Z-Profile versteift. In den Kastenecken sind identische L-Profile zur Versteifung verwendet, die ebenfalls als dünnwandig angesehen werden dürfen. Die Höhe und die Breite des Kastens sind sehr viel größer als die Längen der Versteifungsprofile ($a, b \ll c, h$). Die Kastenwände sind dünnwandig und haben die Stärke t_K.

Gegeben Profilabmessungen a, b, c, h nach Abb. 3.21; Wanddicke t_{Str} der Stringer bzw. Z-Profile; Wanddicke t_E der Eckprofile; Wanddicke t_K des Kastens; Flächenträgheitsmomente der Z-Profile im lokalen Flächenschwerpunktsystem (FSP-System): $I_{\bar{y}Str}$, $I_{\bar{z}Str}$, $I_{\bar{y}\bar{z}Str}$; Flächenträgheitsmomente der Eckprofile im lokalen FSP-System: $I_{\bar{y}E}$, $I_{\bar{z}E}$, $I_{\bar{y}\bar{z}E}$

Gesucht

a) Bestimmen Sie das Flächenträgheitsmoment I_y des Kastens unter leichtbaugerechten Vereinfachungen.
b) Ermitteln Sie ein Ersatzmodell für die Biegung um die y-Achse des Kastens, bei dem der Kasten nur noch aus Seitenwänden besteht.

Lösung a) Die Abmessungen des Kastenträgers sind sehr viel größer als die der Versteifungen. Daher berücksichtigen wir nicht die Eigenanteile der Versteifun-

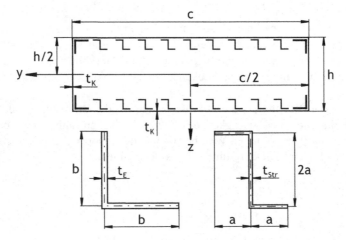

Abb. 3.21 Querschnitt eines hohen, ausgesteiften Kastenträger

gen im Flächenträgheitsmoment, sondern nur die Steinerschen Anteile. Wir erhalten mit den Profilflächen $A_{Str} = 4\,a\,t_{Str}$ der Stringer und $A_E = 2\,b\,t_E$ der Eckprofile

$$I_y = \frac{1}{6}\,t_K\,h^3 + 2\left(\frac{h}{2}\right)^2 \left[t_K\,c + 36\,a\,t_{Str} + 4\,b\,t_E\right].$$

b) Wir wählen ein Ersatzmodell, bei dem wir die Deckbleche durch Verschmierung der Versteifungen aufdicken. Die verschmierte Dicke $\bar{t}_K$ der Deckbleche erhalten wir, wenn wir die Querschnittsflächen aller Versteifungen auf das ursprüngliche Deckblech umlegen. Dies führt zur korrekten Biegesteifigkeit bei Biegung um die y-Achse, da alle Profile den gleichen Abstand zur Biegeachse wegen $a, b \ll h$ haben. Es folgt

$$\bar{t}_K = t_K + \frac{9\,A_{Str}}{c} + \frac{2\,A_G}{c} = t_K + 36\frac{a\,t_{Str}}{c} + 4\frac{b\,t_E}{c}.$$

Formulieren wir das Flächenträgheitsmoment I_y unter Beachtung eines Kastens ohne Versteifungen aber mit den Dicken t_K der Seitenwände und $\bar{t}_K$ der Deckbleche, so erhalten wir wieder das Ergebnis aus Aufgabenteil a).

3.6 Zusammenfassung

Längs- bzw. Normalspannung (mit x-Achse entlang Balkenachse)

- In einem beliebigen y-z-Koordinatensystem mit Ursprung im Flächenschwerpunkt

$$\sigma_x = \frac{N}{A} - \frac{M_{bz}\,I_y - M_{by}\,I_{yz}}{I_y\,I_z - I_{yz}^2}\,y + \frac{M_{by}\,I_z - M_{bz}\,I_{yz}}{I_y\,I_z - I_{yz}^2}\,z$$

- Im y-z-Hauptachsensystem ($I_{yz} = 0$)

$$\sigma_x = \frac{N}{A} - \frac{M_{bz}}{I_z}\,y + \frac{M_{by}}{I_y}\,z$$

- Im y-z-Hauptachsensystem, wenn nur ein Biegemoment wirkt

$$\sigma_x = \frac{M_{by}}{I_y}\,z \quad \text{oder} \quad \sigma_x = -\frac{M_{bz}}{I_z}\,y$$

Die Maximalspannung ist dann

$$|\sigma_x|_{\max} = \frac{\left|M_{by/z}\right|}{W_{y/z}} \quad \text{mit} \quad W_{y/z} = \frac{I_{y/z}}{|z/y|_{\max}}.$$

- Generell tritt die Maximalspannung jeweils in den Profilpunkten mit dem größten Abstand zur Spannungsnulllinie auf.

Flächenmomente 0. bis 2. Grades

- Querschnittsfläche A und Statische Momente S_y sowie S_z

$$A = \int_A \mathrm{d}A\,, \quad S_y = \int_A z\,\mathrm{d}A\,, \quad S_z = \int_A y\,\mathrm{d}A$$

- Flächenträgheitsmomente

$$I_y = \int_A z^2\,\mathrm{d}A\,, \quad I_z = \int_A y^2\,\mathrm{d}A \quad \text{und} \quad I_{yz} = I_{zy} = -\int_A y\,z\,\mathrm{d}A$$

- Bei Rotation des Koordinatensystems ergeben sich die gleichen Transformationsbeziehungen wie für den Ebenen Spannungszustand. Bei einer Parallelverschiebung des Koordinatensystems aus dem Flächenschwerpunkt gilt der Satz
  von Steiner.
- Bei Profilen, die aus Teilflächen zusammengesetzt sind, können die Flächenmomente additiv berechnet werden.

Leichtbaugerechte Vereinfachungen bei Flächenträgheitsmomenten

- Bei **dünnwandigen Profilen** werden die Flächenträgheitsmomente für die Profilmittellinie formuliert und Terme der Wanddicke mit höherer Ordnung als eins
  vernachlässigt.
- Bei **hohen, ausgesteiften Kästen** werden die Eigen-Anteile der Blechversteifun-
  gen vernachlässigt und nur die Steinerschen Anteile berücksichtigt.

Biegelinie bei gerader Biegung

- Differentialgleichung der Biegelinie bei Biegung um z-Hauptachse

$$\left(E\,I_z v''\right)'' = \frac{\mathrm{d}^2 M_{bz}}{\mathrm{d}x^2} = -\frac{\mathrm{d}Q_y}{\mathrm{d}x} = q_y \quad \text{oder} \quad v'' = \frac{M_{bz}}{E\,I_z}$$

- Differentialgleichung der Biegelinie bei Biegung um y-Hauptachse

$$\left(E\,I_y w''\right)'' = -\frac{\mathrm{d}^2 M_{by}}{\mathrm{d}x^2} = -\frac{\mathrm{d}Q_z}{\mathrm{d}x} = q_z \quad \text{oder} \quad w'' = -\frac{M_{by}}{E\,I_y}$$

- Integration der Differentialgleichung führt auf die Biegelinie. Dabei treten Integrationskonstanten auf, die mit Hilfe von Randbedingungen bestimmt werden.
  Bei Mehrfeldbalken müssen zusätzlich Übergangsbedingungen beachtet werden.

Biegelinie bei schiefer Biegung

- Die Schnittreaktionen werden in das Hauptachsensystem zerlegt. Die Biegung
  wird einzeln um die Hauptachsen untersucht. Es gelten jeweils die Beziehungen
  der geraden Biegung.

- Die Biegelinie $f(x)$ ergibt sich aus der Superposition der jeweiligen Biegelinien um die Hauptachsen

$$f(x) = \sqrt{v(x)^2 + w(x)^2} \ .$$

- Die Verformungsebene steht senkrecht auf der Spannungsnulllinie, wenn sich das Verhältnis der Biegemomente entlang der Balkenachse nicht ändert.

3.7 Verständnisfragen

1. Nennen Sie die Voraussetzungen, die der schubstarren Balkentheorie zugrunde liegen. Unter welchen Bedingungen ist die Balkentheorie widerspruchsfrei formuliert?

2. Definieren Sie den Begriff Schubstarrheit beim Balken.

3. Wie lautet der Längsspannungsansatz bei der schubstarren Balkentheorie?

4. Welche Bedingungen müssen erfüllt sein, damit mit Hilfe der Widerstandsmomente die maximalen Längsspannungen im Balkenquerschnitt bei bekannten Schnittreaktionen bestimmt werden können?

5. Was sind Flächenträgheitsmomente und Biegesteifigkeiten? Welche physikalische Wirkung wird mit ihnen beschrieben?

6. Definieren Sie geometrische Randbedingungen sowie Kraftrandbedingungen. Worin besteht der Unterschied zu Übergangsbedingungen?

7. Grenzen Sie Einfeld- und Mehrfeldbalken voneinander ab. Geben Sie an, bei welcher Untersuchung diese Unterscheidung sinnvoll eingesetzt wird.

8. Worin besteht der Unterschied zwischen gerader und schiefer Biegung? Bei der Beantwortung dieser Frage gehen Sie insbesondere darauf ein, unter welchem Winkel die Verformung zur Spannungsnulllinie und zur Lastebene auftritt.

9. Welche Vereinfachungen dürfen bei der Berechnung der Flächenträgheitsmomente von dünnwandigen Profilen sowie von Kastenträgern getroffen werden? Geben Sie die Grenzen der relevanten geometrischen Verhältnisse an, für die diese Vereinfachungen gültig sind.

10. Erläutern Sie, wozu Ersatzsysteme erstellt werden. Welche Einschränkungen existieren hinsichtlich ihres Anwendbarkeitsbereichs?

Kapitel 4
Torsion dünnwandiger Profile

Lernziele

Die Studierenden sollen für dünnwandige Profile unter Torsionsbelastung

- die grundlegenden Theorien zur Beschreibung der Torsion kennen und die wesentlichen Unterschiede benennen sowie
- Torsionsflächenmomente I_T und Wölbwiderstände C_T berechnen können,
- die resultierenden Schubspannungen τ und Schubflüsse q, insbesondere die maximal auftretende Schubspannung τ_{max} ermitteln sowie
- die gegenseitige Verdrehung von Querschnittsteilen bestimmen können,
- die Verwölbung in Richtung der Trägerlängsachse berechnen und
- sie sollen ferner sicher erkennen können, wann Wölbfreiheit und Wölbspannungsfreiheit vorliegt.

4.1 Einführung

Die Torsion stellt einen elementaren Belastungsfall für Leichtbaustrukturen dar. Sie kann in die Saint-Venantsche Torsion, benannt nach Adhémar Jean Claude Barré de Saint-Venant (vgl. Infobox 4, S. 94) und die Wölbkrafttorsion unterschieden werden. Bei der *Saint-Venantschen Torsion* wird vorausgesetzt, dass durch Torsionsmomente keine Normalspannungen in Trägerachsrichtung, d. h. keine sogenannten *Wölbspannungen* resultieren. Die Entstehung von Wölbspannungen infolge der Torsion beschreibt die *Wölbkrafttorsion*.

Da beide genannten Phänomene durch ein im Querschnitt wirkendes Torsionsmoment verursacht werden, untersuchen wir zunächst genauer, wie dieses Moment entsteht. Hierzu betrachten wir das L-Profil in Abb. 4.1a), das am dargestellten freien Ende durch eine Kraft F belastet ist. Die Kraft F ist in ihre Komponenten F_x, F_y und F_z zerlegt. Sie verursacht eine kombinierte Beanspruchung im Träger, die auf die Grundbeanspruchungen Biegung um die y- und z-Achse jeweils gekoppelt

© Springer-Verlag Berlin Heidelberg 2015
M. Linke, E. Nast, *Festigkeitslehre für den Leichtbau*, DOI 10.1007/978-3-642-53865-0_4

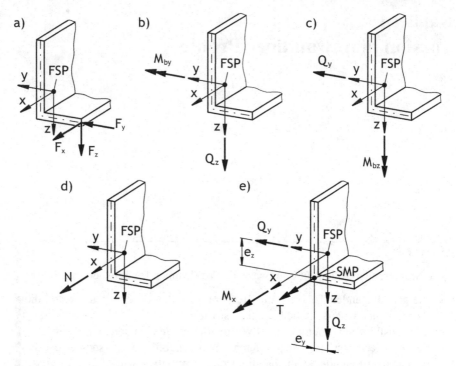

Abb. 4.1 a) Belastung eines L-Profils durch eine äußere Kraft F mit Flächenschwerpunkt FSP und resultierende Grundbeanspruchungen aus b) Biegung um y-Achse sowie Querkraftschub infolge Q_z, c) Biegung um z-Achse sowie Querkraftschub infolge Q_y, d) Zug-/Druckbeanspruchung in Längsrichtung und e) Torsion um Längsachse mit Schubmittelpunkt SMP

mit Querkraftschub, Zug-/Druckbeanspruchung entlang der Längsachse und reine Torsion um die Längsachse zurückgeführt werden kann (vgl. die Abbn. 4.1b) bis 4.1e)). Da bei linearen Fragestellungen die Beanspruchungen entkoppelt behandelt werden können, werden wir nachfolgend uns einzig auf die Torsion konzentrieren.

Ein Torsionsmoment fasst alle um den sogenannten *Schubmittelpunkt* des Profils auftretenden Momente zusammen. Daher unterscheiden wir es vom Schnittmoment M_x um die Längsachse und bezeichnen das Torsionsmoment mit T. Gemäß den Definitionen für Schnittreaktionen (vgl. Unterabschnitt 2.3) ergibt sich demnach für das Torsionsmoment T bei dem L-Profil unter Torsionslast nach Abb. 4.1e)

$$T = M_x + Q_y\, e_z - Q_z\, e_y\,, \qquad (4.1)$$

das im Schubmittelpunkt des Profils wirkt. Da wir hier die Lage des Schubmittelpunkts zunächst als bekannt voraussetzen, sei auf Kap. 5 verwiesen, in dem wir ausführlich die Ermittlung von Schubmittelpunkten diskutieren.

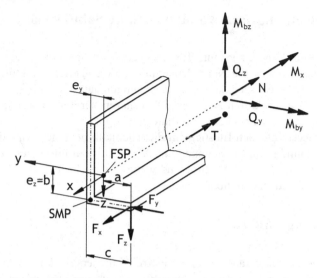

Abb. 4.2 L-Profil mit äußerer Belastung F und Schnittreaktionen

Das Moment M_x ist das Schnittmoment um die Längs- bzw. x-Achse. Darüber hinaus verursachen die Schnittkräfte Q_y und Q_z um den Schubmittelpunkt Momente, da sie im Flächenschwerpunkt des Profils definiert sind und nicht zugleich im Schubmittelpunkt. Dabei stellen e_y und e_z die Koordinaten des Schubmittelpunktes dar. Angemerkt sei, dass sich in der Literatur häufig die Bezeichnung M_t anstelle von M_x findet, um die Torsionswirkung dieses Moments zu verdeutlichen. Nach Abb. 4.2 resultiert

$$M_x = -b\,F_y - a\,F_z \, , \qquad Q_y = F_y \, , \qquad Q_z = F_z \, .$$

Mit den Koordinaten des Schubmittelpunktes $e_y = c - a$ und $e_z = b$ lautet das Torsionsmoment T für den untersuchten Fall

$$T = M_x + Q_y\,e_z - Q_z\,e_y = -b\,F_y - a\,F_z + b\,F_y - (c - a)\,F_z = -c\,F_z \, .$$

Das Torsionsmoment T ergibt sich also aus der Kraftkomponente F_z und ihrem Hebelarm um den Schubmittelpunkt des Profils. Die Kraftkomponente in y-Richtung ist ohne Wirkung auf das Torsionsmoment, da die Wirkungslinie von F_y durch den Schubmittelpunkt läuft.

Im weiteren Verlauf wird gezeigt werden, wie die Spannungen und die Verformungen infolge einer Torsionsbeanspruchung berechnet werden können. Zunächst beginnen wir mit der Torsionstheorie nach de Saint-Venant, die die Wölbspannungsfreiheit voraussetzt. Darauf aufbauend wird die Verwölbung von Trägern und abschließend die Wölbkrafttorsion eingeführt.

4.2 Wölbspannungsfreie Torsion nach de Saint-Venant

Die nach de Saint-Venant benannte Torsionstheorie ist anwendbar, wenn bei einer reinen Torsionsbelastung die Normalspannungen in Trägerlängsrichtung vernachlässigbar sind. D. h. es treten keine Wölbspannugen auf. Dies möge zunächst auf die nachfolgenden Strukturen zutreffen; im weiteren Verlauf des Kapitels werden wir dann untersuchen, wann diese Annahme zulässig ist.

Im Sinne eines einfachen Einstiegs in die Thematik beginnen wir mit kreisförmigen Querschnitten, um Spannungen und Verformungen infolge einer Torsionsbeanspruchung zu ermitteln. Nachfolgend werden wir schrittweise auf komplexer geformte Leichtbauquerschnitte übergehen.

4.2.1 Kreisringzylinder

Wir untersuchen einen geraden Träger mit Kreisringquerschnitt nach Abb. 4.3, der einseitig eingespannt und an seinem freien Ende durch ein äußeres Moment M_0 belastet ist. Es handelt sich um ein wölbfreies und damit spannungsfreies Profil. Die Torsionstheorie nach de Saint-Venant ist also anwendbar. Da keine Querkräfte wirken, entspricht das Torsionsmoment T dem gegebenen Moment M_0. Dieses Moment verursacht nur Schubspannungen im Querschnitt.

Die Schubspannungen verlaufen an einer freigeschnittenen Oberfläche des Rings parallel zur Berandung, weil an einer unbelasteten freien Oberfläche aus Gleichgewichtsgründen die Spannungen verschwinden müssen (vgl. Abb. 4.4a)). Ferner möge die Wand des Kreisringzylinders so dünnwandig ($t \ll r_m$) sein, dass die Schubspannungen in Radialrichtung sich nicht verändern, d.h. wir dürfen sie als konstant annehmen (vgl. Abb. 4.4b)). Für diesen Fall schneiden wir aus dem Träger ein infinitesimales Wandelement nach Abb. 4.4c) heraus, um die Schubspannung auf dem Umfang näher zu untersuchen. Aufgrund der Gleichheit der Schubspannungen

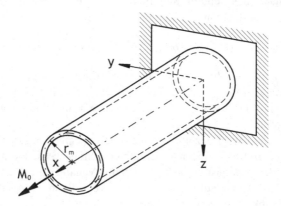

Abb. 4.3 Gerade Welle mit Kreisringquerschnitt belastet durch ein äußeres Moment M_0

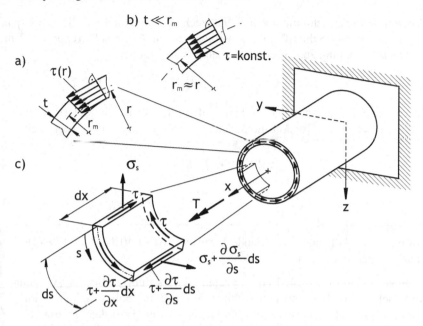

Abb. 4.4 Schnittkraftgrößen in gerader Welle mit Kreisringquerschnitt: a) linearer Verlauf der Schubspannungen in Dickenrichtung, b) konstanter Verlauf der Schubspannungen bei Dünnwandigkeit, c) infinitesimales Wandelement

nehmen wir die an den negativen Schnittufern eingezeichneten Schubspannungen als gleich groß an. Am positiven Schnittufer in Richtung der x-Achse ergibt sich die Richtung der Schubspannung so, dass sie der Wirkung des Torsionsmomentes entspricht. Darüber hinaus berücksichtigen wir eine infinitesimale Änderung der Schubspannung in Längs- und Umfangsrichtung, d. h. in x- und s-Richtung. Längsspannungen sind nicht eingezeichnet, da hierfür eine Schnittkraft in x-Richtung existieren müsste; Normalspannungen in Umfangsrichtung σ_s sind der Vollständigkeit halber skizziert. Um die Frage zu beantworten, wie die Schubspannungen in Umfangsrichtung verlaufen, stellen wir das Kräftegleichgewicht in x-Richtung auf. Hierfür werden die Spannungen mit der jeweiligen Fläche multipliziert, auf der sie wirken. Mit der Wandstärke t folgt

$$\sum_i F_{ix} = 0 \quad \Leftrightarrow \quad (\tau + \frac{\partial \tau}{\partial s}ds)\,t\,dx - \tau\,t\,dx = 0 \quad \Leftrightarrow \quad \frac{\partial \tau}{\partial s} = 0 . \qquad (4.2)$$

Die Änderung der Schubspannung in Umfangsrichtung ist demnach null. Wir dürfen daher die Schubspannung auf dem gesamten Ringumfang als konstant annehmen. Darüber hinaus können wir eine Beziehung zwischen dem Schnittmoment T und den im Schnitt herrschenden Schubspannungen basierend auf der Momentengleichheit herstellen; denn das resultierende Moment aus den Schubspannungen um die

x-Achse muss dem Schnittmoment T entsprechen. Betrachten wir die Schubspannungen, die auf der Schnittfläche dA wirken, so trägt die resultierende Kraft mit ihrem Hebel r anteilig zum Torsionsmoment T wie folgt bei

$$dT = r\,\tau\,dA\;.$$
(4.3)

Werden alle Schubspannungen auf dem Umfang des Kreises integriert, ist die Beziehung zwischen dem Torsionsmoment und den Schubspannungen hergestellt

$$T = \int_A r\,\tau\,dA = \tau\,r\int_A dA = 2\,\pi\,r^2\,t\,\tau\;.$$
(4.4)

Infobox 4 zu Adhémar Jean Claude Barré de SAINT-VENANT (1797-1886, französischer Ingenieur und Physiker) [1, 2]

Saint-Venant absolvierte 1813 das Lyzeum (Gymnasium) in Brügge (Westflandern, Belgien) und begann sein Studium an der École polytechnique in Paris. Allerdings schloss er dort sein Studium nicht ab; der Historiker Herzog[1] führt dies auf die Niederlage Napoleons in der Völkerschlacht bei Leipzig 1813 zurück. Zur Verteidigung von Paris vor den anrückenden Alliierten wurden die Ingenieursstudierenden eingezogen. Da sich Saint-Venant jedoch weigerte, für Napoleon zu kämpfen, war damit zunächst seine akademische Laufbahn beendet. In der Folge arbeitete er bis 1823 in der staatlichen Pulverindustrie. Im selben Jahr wurde ihm das Studium an der École des Ponts et Chaussées (Paris) gestattet, das er 1825 als Ingenieur abschloss. Er arbeitete bis 1830 im Service des Ponts et Chaussées (Straßenbauamt) u. a. am Bau der Kanäle von Nivernais und der Ardennen. 1852 wurde er zum Ingénieur en chef befördert. 1868 ernannte man ihm zum Mitglied in die Abteilung Mechanik der Académie des Sciences (Akademie der Wissenschaften).

1855 veröffentlichte Saint-Venant eine Arbeit, mit der praktische Torsionsprobleme auf die Grundlage der Elastizitätstheorie gestellt wurden, weshalb wir heute die wölbspannungsfreie Torsionstheorie mit seinem Namen verbinden. Darüber hinaus trägt das sogenannte Saint-Venantsche Prinzip seinen Namen. Dieses besagt, dass Spannungsüberhöhungen im Lasteinleitungsbereich auf den unmittelbaren Lastangriffspunkt beschränkt sind und mit zunehmendem Abstand zum Angriffspunkt schnell abklingen.

---

[1] Itard J.: Saint-Venant, Adhémar Jean Claude Barré. In: Gillispie C. C. (Hrsg.): Dictionary of Scientific Biography, Bd. XII, Scribner-Verlag, 1975, S. 73-74.

[2] Herzog M.: Kurze Geschichte der Baustatik und Baudynamik in der Praxis, Bauwerk-Verlag, 2010, S. 112-113.

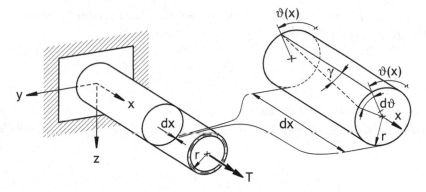

Abb. 4.5 Infinitesimal kleiner Kreisringzylinder bei einer Verdrehung dϑ, der aus einem Träger gedanklich herausgeschnitten ist

Da die Schubspannung konstant auf dem Umfang ist, ist dies zugleich auch die maximale Spannung

$$\tau_{\max} = \frac{T}{2\,\pi\,r^2\,t} = \frac{T}{W_T}\,. \tag{4.5}$$

Dabei haben wir das *Torsionswiderstandsmoment* W_T eingeführt, mit dem für jedes Profil - nicht nur für kreisförmige - der Zusammenhang zwischen maximaler Schubspannung und Torsionsmoment beschrieben wird. Damit ist der Spannungszustand im Träger gefunden. Um auch die Verformungen infolge der herrschenden Schubspannungen berechnen zu können, müssen wir eine Verformungsbedingung (auch kinematische Beziehung genannt) einführen und zugleich das Materialgesetz beachten.

In Abb. 4.5 ist ein in x-Richtung infinitesimal langer Abschnitt dx aus dem Kreisringzylinder herausgeschnitten. Dargestellt ist eine Verdrehung dϑ um die Längsachse und ihre Wirkung entlang der Strecke dx, wenn wir kleine Verformungen untersuchen, d. h. eine lineare Änderung vorausgesetzt wird. Zwischen dem Verdrehwinkel dϑ und der Scherung bzw. Schubverformung γ, die in der Zylinderwand auftritt, können wir in diesem Fall die folgende kinematische Beziehung aufstellen

$$r\,\mathrm{d}\vartheta = \gamma\,\mathrm{d}x \quad \Leftrightarrow \quad \gamma = r\,\frac{\mathrm{d}\vartheta}{\mathrm{d}x} = r\,\vartheta'\,. \tag{4.6}$$

Die Verdrehung pro Längeneinheit ϑ' bezeichnen wir mit *Verdrillung*. Zu beachten ist, dass für die Verdrillung auch der Begriff *Verwindung* in der Literatur verwendet wird.

Setzen wir in die vorherige Gl. (4.6) das Hookesche Gesetz gemäß $\tau = G\,\gamma$ ein und nutzen wir ferner Gl. (4.4), um die Schubspannung τ durch das Torsionsmoment T auszudrücken, so erhalten wir

$$\gamma = \frac{\tau}{G} = \frac{T}{2\,\pi\,r^2\,t\,G} = r\,\vartheta' \quad \Leftrightarrow \quad \vartheta' = \frac{T}{2\,\pi\,r^3\,t\,G} = \frac{T}{G I_T}\,. \tag{4.7}$$

GI_T stellt die *Torsionssteifigkeit* des Querschnitts dar. Die eingeführte geometrische Größe I_T wird als *Torsionsflächenmoment* bezeichnet. Es gilt

$$I_T = 2\pi r^3 t .$$

(4.8)

Um die gegenseitige Verdrehung der Endquerschnitte eines Kreisringzylinders der Länge l infolge eines Torsionsmomentes zu ermitteln, wird die Verdrillung entlang der Trägerachse integriert

$$\Delta\vartheta = \int_0^l \vartheta' \, dx = \int_0^l \frac{T}{GI_T} dx .$$

(4.9)

Verändert sich die Torsionssteifigkeit und das Torsionsmoment entlang der Trägerachse nicht, so erhalten wir

$$\Delta\vartheta = \frac{T}{GI_T} \int_0^l dx = \frac{T l}{GI_T} .$$

(4.10)

Somit stehen alle Gleichungen zur Verfügung, um Spannungen und Verformungen in einem dünnwandigen Kreisringzylinder infolge einer Torsionsbeanspruchung zu berechnen. Hervorzuheben ist allerdings, dass die in Gl. (4.7) hergestellte Beziehung zwischen der Verdrillung ϑ' und dem Torsionsmoment T allgemein in der Torsionstheorie nach Saint-Venant gilt

$$\vartheta' = \frac{T}{GI_T} .$$

(4.11)

Diese Beziehung bezeichnen wir als das *Elastizitätsgesetz der Torsion* nach Saint-Venant.

Unterschiedliche Profile führen lediglich zu einer anderen Torsionssteifigkeit. In den nachfolgenden Abschnitten wird daher der Ermittlung der Torsionssteifigkeit GI_T weiterer technisch relevanter Profile besonderes Augenmerk geschenkt.

Beispiel 4.1 Ein einseitig eingespannter Kreisringzylinder nach Abb. 4.6 ist durch zwei Kräftepaare belastet. Die Kräftepaare werden über starre Verbindungen in das Rohr an unterschiedlichen Stellen eingeleitet. Der Kreisringzylinder weist einen konstanten Radius r und die Wanddicke t auf. Das Rohr ist dünnwandig ($t \ll r$) und besteht aus einem Material mit dem Schubmodul G. Weitere geometrische Größen können Abb. 4.6 entnommen werden.

Gegeben $r = 250\,\mathrm{mm}$; $t = 1\,\mathrm{mm}$; $l = 1\,\mathrm{m}$; $a = 1,5\,l$; $F_1 = 1\,\mathrm{kN}$; $F_2 = 3\,\mathrm{kN}$; Schubmodul $G = 26,9\,\mathrm{GPa}$

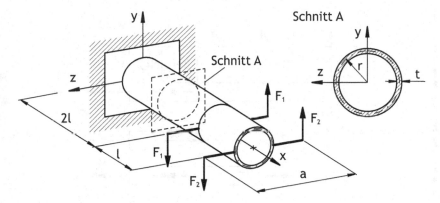

Abb. 4.6 Einseitig eingespannter Kreisringzylinder belastet durch zwei Kräftepaare

Gesucht

a) Gegenseitige Verdrehung $\Delta\vartheta_{02}$ der Trägerendquerschnitte sowie gegenseitige Verdrehung $\Delta\vartheta_{12}$ der Krafteinleitungsstellen
b) Maximal auftretende Schubspannung $\tau_{\max}$

Lösung a) Um die gegenseitigen Verdrehungen bestimmen zu können, müssen wir zunächst die inneren Kraftgrößen bzw. Schnittreaktionen ermitteln. Da das Problem statisch bestimmt ist, können die Schnittreaktionen mit Hilfe der Gleichgewichtsbeziehungen berechnet werden. Hierzu verwenden wir das gegebene Koordinatensystem und führen zwischen den Krafteinleitungsstellen sowie zwischen der Einspannung und dem Kräftepaar bei $x = 2\,l$ Schnitte ein (vgl. Abb. 4.7a)). Die Kräftepaare erzeugen um die x-Achse die Momente $M_1 = a\,F_1$ und $M_2 = a\,F_2$, die den Träger tordieren. Weitere Kraftgrößen resultieren aus den Kräftepaaren nicht, d. h. in den Schnitten wirken nur die Schnittmomente M_{x1} und M_{x2}, die hier zugleich die wirkenden Torsionsmomente T_i darstellen. Aus den Gleichgewichtsbeziehungen folgt

$$T_1 = M_{x1} = M_1 + M_2 = a\,(F_1 + F_2)\;, \qquad T_2 = M_{x2} = M_2 = aF_2\;.$$

Der resultierende Verlauf der Torsionsmomente über dem Träger ist in Abb.4.7b) dargestellt.

Im nächsten Schritt wird das Torsionsflächenmoment I_T nach Gl. (4.8) bestimmt. Aufgrund der unterschiedlichen Torsionsmomente in den Bereichen 1 und 2 des Trägers sind ebenfalls die Verdrillungen verschieden. Für die gegenseitige Verdrehung $\Delta\vartheta_{01}$ zwischen der Einspannung und der Krafteinleitung des Kräftepaares 1 erhalten wir nach Gl. (4.9)

$$\Delta\vartheta_{01} = \int_0^{2l} \frac{T_1}{GI_T}\,\mathrm{d}x = \int_0^{2l} \frac{a\,(F_1 + F_2)}{2\,\pi\,r^3\,t\,G}\,\mathrm{d}x = \frac{al\,(F_1 + F_2)}{\pi\,r^3\,t\,G}\;.$$

Die gegenseitige Verdrehung $\Delta\vartheta_{12}$ zwischen den Krafteinleitungsstellen ergibt sich analog zu

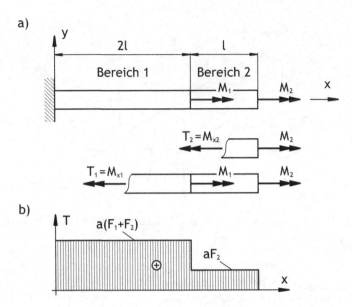

Abb. 4.7 a) Schnittbilder zur Bestimmung der Schnittreaktionen in einem einseitig eingespannten Kreisringzylinder, b) Verlauf des Torsionsmomentes entlang der Trägerachse

$$\Delta\vartheta_{12} = \int_{2l}^{3l} \frac{T_2}{GI_T}\,\mathrm{d}x = \frac{T_2}{GI_T}\int_{2l}^{3l}\,\mathrm{d}x = \frac{T_2}{GI_T}\int_0^l\,\mathrm{d}x = \frac{alF_2}{2\,\pi\,r^3\,t\,G}\;.$$

Die gegenseitige Verdrehung der Endquerschnitte kann aus beiden vorherigen Verdrehungen ermittelt werden zu

$$\Delta\vartheta_{02} = \Delta\vartheta_{01} + \Delta\vartheta_{12} = \frac{a\,l\,(2\,F_1 + 3\,F_2)}{2\,\pi\,r^3\,t\,G} = 0,0062 = 0,36°\;.$$

b) Da das Torsionsproblem statisch bestimmt ist, können die Spannungen direkt aus den Gleichgewichtsbeziehungen ermittelt werden; eine Berechnung der Verformungen - wie unter a) geschehen - ist dafür nicht erforderlich. Demnach können wir Gl. (4.4) verwenden. Da die Querschnittsgrößen konstant entlang der Trägerachse sind, tritt die maximale Schubspannung im Bereich des höchsten Torsionsmomentes auf. Es gilt

$$\tau_{\mathrm{max}} = \frac{T_1}{2\pi r^2 t} = \frac{a\,(F_1 + F_2)}{2\pi r^2 t} = 15,28\,\mathrm{MPa}\;. \tag{4.12}$$

Diese Schubspannung herrscht in der Rohrwand zwischen der Einspannung und der Krafteinleitung des Kräftepaares 1.

4.2.2 Einzellige Hohlquerschnitte

Im vorherigen Unterabschnitt haben wir allgemeine Zusammenhänge zur Berechnung von Schubspannung und Schubverformung für den Kreisringquerschnitt erläutert. Diese Beziehungen werden wir nun auf allgemeine einzellige Hohlquerschnitte übertragen. Hierfür untersuchen wir den dünnwandigen einzelligen Hohlquerschnitt, der in Abb. 4.8a) dargestellt ist. Zur Beschreibung der Querschnittsgeometrie führen wir die Profilmittellinie ein. Sie befindet sich in der Wandmitte. Eine umlaufende Koordinate s verläuft entlang der Profilmittellinie. Die Wandstärke t kann variabel sein und hängt daher von der Umlaufkoordinate s ab.

Die Schubspannung am Innenrand und am Außenrand des Querschnitts verläuft parallel zu den spannungsfreien Oberflächen. Wie beim Kreisringquerschnitt kann näherungsweise von einer über die Wanddicke konstanten Schubspannung $\tau(s)$ ausgegangen werden; denn analog zum Kreisringquerschnitt setzen wir voraus, dass die Entfernung aller Punkte der Profilmittellinie vom Drehpol des Querschnitts wesentlich größer ist als die Wanddicke (vgl. die Abbn. 4.4a) und b)), d. h. $t(s) \ll r(s)$.

Bei nur schwach veränderlicher Wanddicke $t(s)$ verläuft die Schubspannung $\tau(s)$ in guter Näherung tangential zur Profilmittellinie. Im Gegensatz zum Kreisringzylinder wird diese Spannung jedoch nicht notwendigerweise in Umfangsrichtung s konstant sein. Aus diesem Grunde kennzeichnen wir diese Abhängigkeit von s explizit. Darüber hinaus definieren wir den Schubfluss q. Dieser Schubfluss q stellt die über der Dicke aufsummierten Schubspannungen dar. Für eine über die Wanddicke konstante Schubspannung $\tau(s)$ folgt daher

$$q = \int_{-\frac{t(s)}{2}}^{\frac{t(s)}{2}} \tau(s)\, d\bar{t} = \tau(s) \int_{-\frac{t(s)}{2}}^{\frac{t(s)}{2}} d\bar{t} = \tau(s)\,t(s) \quad \Leftrightarrow \quad q = \tau(s)\,t(s)\,. \quad (4.13)$$

Der Schubfluss q verläuft wie die Schubspannung tangential zur Profilmittellinie und kann als Linienlast entlang der Profilmittellinie aufgefasst werden.

Bei einem in Richtung der Trägerachse unveränderlichen Querschnitt ist der Schubfluss entlang der Profilmittellinie konstant. Das bedeutet, dass die Ableitung $\frac{\partial q}{\partial s}$ verschwindet. Zur Begründung betrachten wir das infinitesimale Element in Abb. 4.8b), das aus dem Hohlzylinder herausgeschnitten und vergrößert dargestellt ist. Bei Saint-Venantscher Torsion wirken keine Normalspannungen in Trägerlängsrichtung. Ferner können keine Normalspannungen σ_s in Umfangsrichtung entstehen, da diese aufgrund der Krümmung des Elements nicht im Gleichgewicht für $\sigma_s \neq 0$ sein können. Daher dürfen wir von der Krümmung in der Querschnittsebene absehen und von einem ebenen Zustand für das infinitesimal kleine Element ausgehen. Das Kräftegleichgewicht in x-Richtung liefert

$$\left(q + \frac{\partial q}{\partial s}\, ds\right) dx - q\, dx = 0 \quad \Rightarrow \quad \frac{\partial q}{\partial s} = 0\,. \quad (4.14)$$

Bei konstantem Torsionsmoment und einem in x-Richtung unveränderlichen Querschnitt ist der Schubfluss auch über x konstant. Dies folgt aus dem Kräftegleichge-

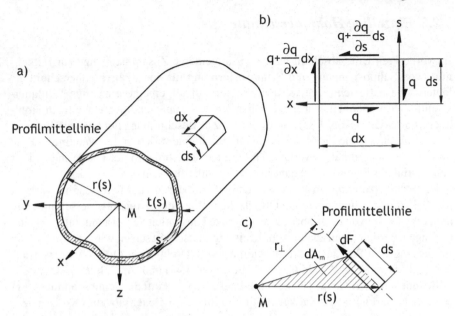

Abb. 4.8 a) Einzelliger dünnwandiger Querschnitt mit entlang der Profilmittellinie umlaufender Koordinate s, b) Schubflüsse am infinitesimalen Element, c) resultierende Kraft dF in Richtung von s auf infinitesimalem Umfangsabschnitt ds sowie Dreiecksfläche dA_m

wicht in s-Richtung (vgl. Abb. 4.8b)), da auch in s-Richtung keine Normalspannungen wirken.

Das Torsionsmoment ergibt sich aus der Integration der Schubflussverteilung über die Profilmittellinie. In Abb. 4.8c) ist ein Element des Querschnitts der Länge ds dargestellt. Die Kraft $dF = q\,ds$ ist die resultierende Kraft, die auf ds wirkt. Sie hat den Hebelarm $r_\perp$ zum Bezugspunkt M, also ist ihr Moment $dT = r_\perp\,dF$. Bilden wir das Integral dieses Momentes entlang der Profilmittellinie, erhalten wir das im Querschnitt wirkende Torsionsmoment. Ein solches Integral wird Umlauf- oder Umfangsintegral genannt und durch das Symbol $\oint$ gekennzeichnet. Wir erhalten

$$T = \oint dT = q \oint r_\perp\,ds . \tag{4.15}$$

Hierbei wird berücksichtigt, dass der Schubfluss konstant auf dem Umfang ist. Aus Abb. 4.8c) ist zudem ersichtlich, dass für die Dreiecksfläche

$$dA_m = \frac{1}{2} r_\perp\,ds \tag{4.16}$$

gilt. Somit folgt

$$\oint r_\perp\,ds = 2 \int_{A_m} dA_m = 2\,A_m . \tag{4.17}$$

A_m ist die von der Profilmittellinie eingeschlossene Fläche. Es resultiert

$$T = 2\,A_m\,q\;.\tag{4.18}$$

Für die entlang der Profilmittellinie veränderliche Schubspannung erhalten wir mit Gl. (4.13)

$$\tau(s) = \frac{T}{2\,A_m\,t(s)}\;.\tag{4.19}$$

Diese Beziehung wird als *1. Bredtsche Formel* bezeichnet (vgl. Infobox 5, S. 102). Da in einem Querschnitt das Torsionsmoment und die eingeschlossene Fläche konstant sind, tritt die maximale Schubspannung an der Stelle der kleinsten Wanddicke auf

$$\tau_{\max} = \frac{T}{2\,A_m\,t_{\min}} = \frac{T}{W_T}\;.\tag{4.20}$$

Dabei haben wir das *Torsionswiderstandsmoment* $W_T = 2\,A_m\,t_{\min}$ eingeführt.

Um die Verdrillung ϑ' mittels des Elastizitätsgesetzes für Torsion nach Gl. (4.11) berechnen zu können, muss die Torsionssteifigkeit $G\,I_T$ des einzelligen Hohlquerschnitts bestimmt werden. Hierzu gehen wir davon aus, dass sich der Querschnitt um den Drehpol M dreht und seine Form beibehält. Wir betrachten in Abb. 4.9 die Verschiebung eines Punktes P der Profilmittellinie infolge einer Verdrehung $d\vartheta$.

Die Verschiebung dr steht bei infinitesimalem Verdrehwinkel $d\vartheta$ senkrecht auf r, so dass wir $dr = r\,d\vartheta$ erhalten. Die Verschiebung entlang der Profilmittellinie, d. h. tangential zu ihr, infolge eines infinitesimalen Verdrehwinkels $d\vartheta$ bezeichnen wir mit dv. Da wir den Winkel α sowohl zwischen dr und v als auch zwischen r und $r_\perp$ finden, folgt

$$\cos\alpha = \frac{dv}{r\,d\vartheta} = \frac{r_\perp}{r}\tag{4.21}$$

und damit $dv = r_\perp\,d\vartheta$.

Wenn $r_\perp$ unabhängig von x ist (z. B. bei konstantem Querschnitt entlang der Trägerachse), gilt

$$\frac{\partial v}{\partial x} = r_\perp\frac{d\vartheta}{dx} = r_\perp\,\vartheta'\;.\tag{4.22}$$

Unter Verwendung des Hookeschen Gesetzes und der Verschiebungs-Verzerrungs-Beziehungen

$$\frac{\tau}{G} = \gamma = \frac{\partial v}{\partial x} + \frac{\partial u}{\partial s}\tag{4.23}$$

erhalten wir einen Zusammenhang zwischen Schubfluss und Verdrillung

$$\frac{\tau}{G} = \frac{q}{G\,t} = r_\perp\,\vartheta' + \frac{\partial u}{\partial s}\;.\tag{4.24}$$

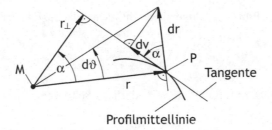

Profilmittellinie

Abb. 4.9 Verschiebung des Punktes P der Profilmittellinie infolge eienr Verdrehung dϑ um den Drehpol M

Diese Gleichung ist noch von der Verschiebung u in Richtung der Trägerachse abhängig. Dies ist die Verwölbung, von der wir in diesem Abschnitt annehmen, dass sie sich zwangsfrei einstellen kann (Saint-Venantsche Torsion). Wir können die Verwölbung aus Gl. (4.24) auf elegante Weise eliminieren, indem wir über den gesamten Umfang integrieren. Der Start- und Endpunkt s_a bzw. s_e der Integration fallen zusammen. Da die Verschiebung u keine Klaffungen oder Durchdringungen aufweist (d. h. es gilt $u(s_a) = u(s_e)$), folgt

$$\oint \frac{\partial u}{\partial s}\, \mathrm{d}s = \int_{s_a}^{s_e} \frac{\partial u}{\partial s}\, \mathrm{d}s = u(s_e) - u(s_a) = 0 \,. \tag{4.25}$$

Infobox 5 zu Rudolf BREDT (1842-1900, deutscher Ingenieur und Unternehmer) [1, 2]

Bredt studierte am Karlsruher und am Züricher Polytechnikum Maschinenbau. Nach beruflichen Stationen in Berlin und Bremen arbeitete er in einer großen Lokomotiv- und Maschinenfabrik in England, der damaligen in vielen technischen Bereichen führenden Nation. Dort lernte er den in Deutschland noch unbekannten Stahlkranbau kennen. Mit seinem gewonnenen Erfahrungsschatz kehrte Bredt 1867 nach Deutschland zurück, wo er Unternehmensteilhaber einer Maschinenfabrik wurde, die durch ihn zur ersten Kranbaufabrik Deutschlands ausgebaut wurde. Innerhalb weniger Jahre erarbeitete sich Bredt international ein hervorragendes Renommee im Kranbau, für dessen Produkte das zeitgenössige Qualitätsmerkmal Made in Germany (das hieß damals billig und schlecht) nicht zutraf. So baute er den ersten elektrisch angetriebenen Laufkran sowie den weltgrößten Kran, einen Drehscheibenkran mit 150 t Tragkraft, im Hamburger Hafen.

[1] Dickmann H.: Bredt, Rudolf. In: Neue deutsche Biographie 2 (1955), S. 568-569.

[2] Kurrer K.-E.: Die Kräne Rudolph Bredts. In: VDI Hamburger Bezirksverein e. V. (Hrsg.): Mensch & Technik, Nr. 2, 2003, S. 1-2.

Die Beziehung zwischen dem Schubfluss q und der Verdrillung ϑ' resultiert aus

$$\oint \frac{q}{Gt}\, ds = \vartheta' \oint r_\perp\, ds = 2\, A_m\, \vartheta' \ . \tag{4.26}$$

Damit können wir das Elastizitätsgesetz für Torsion unter Berücksichtigung von Gl. (4.18) wie folgt schreiben

$$\vartheta' = \frac{T}{GI_T} = \frac{T \oint \dfrac{1}{Gt}\, ds}{4\, A_m^2} \ . \tag{4.27}$$

Die Torsionssteifigkeit GI_T ergibt sich demnach zu

$$G\, I_T = \frac{4\, G\, A_m^2}{\oint \dfrac{1}{t}\, ds} \ , \tag{4.28}$$

woraus wir das Torsionsflächenmoment gewinnen

$$I_T = \frac{4\, A_m^2}{\oint \dfrac{1}{t}\, ds} \ . \tag{4.29}$$

Diese Beziehung ist als *2. Bredtsche Formel* bekannt.

Beispiel 4.2 Ein dünnwandiger zylindrischer Träger mit Dicke t weist ein halbkreisförmiges Profil gemäß Abb. 4.10 auf. Der Träger ist beidseitig mit einem Torsionsmoment T belastet. Das Material besitzt den Schubmodul G.

Gegeben Torsionsmoment T; Radius r; Dicke t; Länge l; Schubmodul G

Gesucht

a) Ermitteln Sie die Torsionssteifigkeit GI_T.
b) Wie groß ist die gegenseitige Verdrehung $\Delta\vartheta$ der Endquerschnitte?
c) Um wie viel Prozent lässt sich die Verdrehung $\Delta\vartheta$ bei konstanter Masse und Länge des Trägers reduzieren, wenn die Dicke t um 20 % verringert wird?

Lösung a) Die Torsionssteifigkeit ist nach Gl. (4.29) für dünnwandige Hohlquerschnitte definiert. Die von der Profilmittellinie eingeschlossene Fläche ist

$$A_m = \frac{\pi r^2}{2} \ .$$

Das Umfangsintegral überführen wir in zwei Integrale über den Halbkreis und den geraden Steg. Wir verwenden daher zwei Umfangskoordinaten s_1 und s_2 (vgl. Abb. 4.10). Das Umfangsintegral wird dann wie folgt gelöst

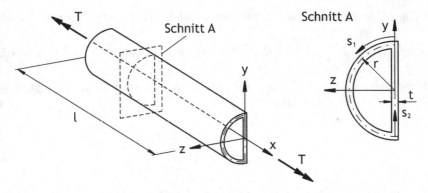

Abb. 4.10 Beidseitig mit Torsionsmoment T belasteter zylindrischer Träger

$$\oint \frac{1}{t}\,\mathrm{d}s = \int_0^{\pi r} \frac{1}{t}\,\mathrm{d}s_1 + \int_0^{2r} \frac{1}{t}\,\mathrm{d}s_2 = \frac{\pi r}{t} + \frac{2r}{t} = \frac{r}{t}\,(\pi + 2) \ .$$

Für die Torsionssteifigkeit erhalten wir

$$G\,I_T = \frac{4\,A_m^2\,G}{\oint \dfrac{1}{t}\,\mathrm{d}s} = \frac{\pi^2\,r^4\,G}{\frac{r}{t}\,(\pi + 2)} = \frac{\pi^2\,t\,r^3\,G}{\pi + 2} \ .$$

b) Die gegenseitige Verdrehung der Endquerschnitte resultiert aus der Integration der Verdrillung ϑ' über der Trägerlänge. Da sich die Verdrillung nicht entlang der Trägerachse verändert, dürfen wir die Verdrillung mit der Länge l multiplizieren. Es resultiert

$$\Delta\vartheta = l\,\vartheta' = \frac{T}{G\,I_T}\,l = \frac{(\pi + 2)\,T\,l}{\pi^2\,t\,r^3} \ . \tag{4.30}$$

c) Die Masse m des Trägers ergibt sich mit dem Umfang $\bar{u}$ des Profils und der Dichte ρ zu

$$m = \rho\,l\,t\,\bar{u} = \rho\,l\,t\,(\pi + 2)\,r \ .$$

Demnach muss hier das Produkt aus Dicke und Radius konstant sein

$$t\,r = \frac{m}{\rho\,l\,(\pi + 2)} \ . \tag{4.31}$$

Setzen wir dies in Gl. (4.30) ein, so resultiert für die Verdrehung

$$\Delta\vartheta = \underbrace{\frac{(\pi + 2)^2\,l^2\,\rho\,T}{\pi^2\,m}}_{=C}\,\frac{1}{r^2} = \frac{C}{r^2} \ . \tag{4.32}$$

Da für den untersuchten Fall C eine Konstante ist, hängt die Verdrehung im umgekehrten Verhältnis vom Radius r ab. Nach Gl. (4.32) sollte daher der Radius möglichst groß gewählt werden, damit die Verdrehung ihren kleinsten Wert annimmt. Der größte Radius $r_{\max}$ kann bei konstanter Masse m gewählt werden, wenn die Dicke minimal ist. Wir können daher Gl. (4.31) mit $t_{min} = 0,8\,t$ umformen zu

$$t_{min}\,r_{max} = t\,r \quad \Leftrightarrow \quad r_{max} = \frac{t}{t_{min}}\,r = \frac{1}{0,8}\,r\,.$$

Für die Verdrehung der Endquerschnitte ergibt sich dann für das Profil mit r_{max} und t_{min}

$$\Delta\vartheta_{min} = \frac{(\pi + 2)\,T\,l}{\pi^2\,t_{min}\,r_{max}^3} = 0,8^2 \cdot \frac{(\pi + 2)\,T\,l}{\pi^2\,t\,r^3}\,.$$

Das Verhältnis der minimalen zur ursprünglichen Verdrehung liefert die gesuchte Reduzierung

$$1 - \frac{\Delta\vartheta_{min}}{\Delta\vartheta} = 1 - 0,64 = 0,36\,.$$

Folglich kann die Verdrehung um 36 % reduziert werden, wenn eine Dickenreduktion um 20 % zugelassen wird. Die Versteifungswirkung ist dabei in erster Linie auf die Vergrößerung der eingeschlossenen Fläche A_m zurückzuführen. Dies gilt generell für einzellige Hohlquerschnitte, d. h. die größten Torsionssteifigkeiten können erzielt werden, wenn unter Berücksichtigung der jeweils von der Aufgabenstellung abhängigen Anforderungen eine möglichst große Fläche vom einzelligen Hohlzylinder eingeschlossen wird.

4.2.3 Mehrzellige Querschnitte

Große Kastenträger werden häufig zur Erhöhung der Tragfähigkeit durch Zwischenwände, die auch als Stege bezeichnet werden, unterteilt. Es entstehen dadurch mehrzellige Hohlquerschnitte, bei denen jede Zelle einen Teil des anliegenden Torsionsmomentes aufnimmt. Im Gegensatz zum einzelligen Hohlquerschnitt ist nun der Schubfluss nicht mehr in allen Querschnittsteilen gleich.

Der Berechnung mehrzelliger Hohlquerschnitte können wir uns auf einfache Weise über das Verhalten von einzelligen Querschnitten gemäß dem vorherigen Unterabschnitt nähern. Aus diesem Grunde betrachten wir zunächst einen zweizelligen Querschnitt nach Abb. 4.11a) mit konstanter Wanddicke t, der durch ein Torsionsmoment T belastet wird. Gemäß dem Superpositionsprinzip (vgl. hierzu die Abschnitte 6.1 und 6.2) untersuchen wir die Wirkung dieses Torsionsmomentes für jede Zelle einzeln. In diesem Fall wird in jeder Zelle i ein umlaufender Schubfluss q_i auf der Schnittebene entstehen, wie in Abb. 4.11b) skizziert. Zu beachten ist hierbei, dass die Richtung der Schubflusse in Übereinstimmung mit den Vorzeichenkonventionen gewählt wird und dass daher hier die Drehrichtung des Schubflusses der Wirkung des jeweiligen Torsionsmomentes T_i entspricht.

Jeder Schubfluss erzeugt ein resultierendes Moment T_i, das mit Gl. (4.18) ermittelt werden kann, weil es sich bei jeder Zelle um einen einzelligen Hohlzylinder handelt. Für den gegebenen zweizelligen Querschnitt ergeben sich folglich die Torsionsmomente in beiden Zellen zu

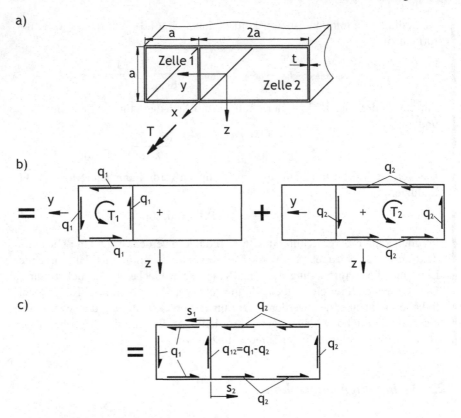

Abb. 4.11 a) Zweizelliger Hohlquerschnitt unter Torsionslast T, b) Aufspaltung der Belastung mit dem Superpositionsprinzip in einzelne Torsionsmomente in jeweiliger Zelle, c) Überlagerung der einzelnen Schubflüsse in den Zellen

$$T_1 = 2\,A_{m_1}\,q_1 = 2\,a^2\,q_1\,, \quad (4.33) \qquad T_2 = 2\,A_{m_2}\,q_2 = 4\,a^2\,q_2\,. \quad (4.34)$$

Da sich nach dem Superpositionsprinzip beide Torsionsmomente T_i zum Gesamtmoment addieren müssen, gilt

$$T = T_1 + T_2 = 2\,a^2\,(q_1 + 2\,q_2)\ . \tag{4.35}$$

Wenn wir nun die Verformungen der einzelnen Zellen berechnen, müssen wir allerdings berücksichtigen, dass im Gesamtsystem in den Zellen der jeweilige umlaufende Schubfluss nicht konstant ist; denn beide Schubflüsse q_i sind im Gesamtsystem überlagert zu behandeln. Um dies zu verdeutlichen, betrachten wir Abb. 4.11c), in dem die Schubflüsse q_i wieder überlagert dargestellt sind. Es ist ersichtlich, dass in der Wand, die an beide Zellen grenzt, *beide* Schubflüsse wirken. In der mittleren vertikalen Wand ergibt sich daher der resultierende Schubfluss q_{12} aus der Addition der Einzelschubflüsse. Da die Schubflüsse q_1 und q_2 in dieser Wand entgegengesetzt wirken, ist $q_{12} = q_1 - q_2$ und nach oben gerichtet, wenn $q_1 > q_2$ gilt.

Die Schubflüsse in den angrenzenden Wänden einer Zelle sind demnach unterschiedlich und nur noch abschnittsweise konstant. Dies muss bei der Berechnung der Verdrillung ϑ_i' einer Zelle i berücksichtigt werden. Allerdings gilt für jede Zelle nach wie vor Gl. (4.26). Wir müssen lediglich beachten, dass in der Verbindungswand zwischen beiden Zellen eine Überlagerung der herrschenden Schubflüsse stattfindet. Wenden wir dies beispielhaft auf den zweizelligen Träger nach Abb. 4.11a) an, folgt für das Umfangsintegral in Zelle 1, dessen Koordinate im Gegenuhrzeigersinn verläuft,

$$\frac{1}{G} \oint \frac{q}{t} \, ds_1 = \frac{q_1}{Gt} \int_0^{3a} ds_1 + \frac{q_{12}}{Gt} \int_{3a}^{4a} ds_1 = \frac{a}{Gt} (3\,q_1 + q_{12}) \ . \tag{4.36}$$

Dieses Umfangsintegral ist nach Gl. (4.26) mit der Verdrillung der untersuchten Zelle gekoppelt. Mit $q_{12} = q_1 - q_2$ ergibt sich

$$2\,A_{m_1}\, \vartheta_1' = \frac{1}{G} \oint \frac{q}{t} \, ds = \frac{a}{Gt} (3\,q_1 + q_{12}) = \frac{a}{Gt} (4\,q_1 - q_2) \ . \tag{4.37}$$

Das Umfangsintegral in Zelle 2 liefert

$$\frac{1}{G} \oint \frac{q}{t} \, ds_2 = \frac{q_2}{Gt} \int_0^{5a} ds_2 - \frac{q_{12}}{Gt} \int_{5a}^{6a} ds_1 = \frac{a}{Gt} (5\,q_2 - q_{12}) \ . \tag{4.38}$$

Zu beachten ist, dass ein negatives Vorzeichen verwendet wird, wenn die Richtung der Umfangskoordinate entgegensetzt zur Richtung des Schubflusses verläuft. In Zelle 2 ist dies für den Steg, der an beide Zellen grenzt, der Fall.

Für die Verdrillung der Zelle 2 erhalten wir

$$2\,A_{m_2}\, \vartheta_2' = \frac{1}{G} \oint \frac{q}{t} \, ds_2 = \frac{a}{Gt} (5\,q_2 - q_{12}) = \frac{a}{Gt} (6\,q_2 - q_1) \ . \tag{4.39}$$

Um die Verformung der Struktur infolge einer Torsionsbeanspruchung T berechnen zu können, stehen uns die drei Gln. (4.35), (4.37) und (4.39) zur Verfügung. Bei gegebenem Torsionsmoment T sind die Schubflüsse q_1 und q_2 sowie die Verdrillungen ϑ_1' und ϑ_2' unbekannt; es fehlt somit eine Gleichung.

Diese fehlende Beziehung gewinnen wir aus der Annahme, dass bei einer Verdrehung die Querschnittsform erhalten bleibt. Hierzu betrachten wir den zweizelligen Träger unter einer Verdrehung ϑ um den Drehpol M in Abb. 4.12. Infolge der Drehung führt jede Zelle sowohl eine Translation als auch eine Rotation um den eigenen Mittelpunkt M_i aus. Der jeweilige Rotationswinkel ϑ_i entspricht dabei der Verdrehung ϑ des Gesamtquerschnitts. Wenn allerdings die Verdrehungen in allen Zellen gleich sind, so sind auch deren Differentiale $\frac{\partial}{\partial x}$ gleich. Wir formulieren daher die fehlende Beziehung wie folgt

$$\vartheta' = \vartheta_1' = \vartheta_2' \ . \tag{4.40}$$

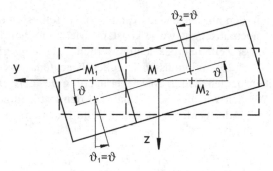

Abb. 4.12 Zweizelliger Hohlquerschnitt unter einer Verdrehung ϑ

Die resultierenden Gleichungen können wir unter Beachtung von $A_{m_1} = a^2$ und $A_{m_2} = 2\,a^2$ zusammenfassen

$$T = 2\,a^2\,(q_1 + 2\,q_2) \; , \qquad \vartheta' = \frac{4\,q_1 - q_2}{2\,G\,t\,a} \; , \qquad \vartheta' = \frac{6\,q_2 - q_1}{4\,G\,t\,a} \; .$$

Es handelt sich um ein lösbares Gleichungssystem mit drei Gleichungen für die drei Unbekannten q_1, q_2 und ϑ'. Als Lösung erhalten wir

$$q_1 = \frac{2}{13}\frac{T}{a^2} \; , \qquad q_2 = \frac{9}{52}\frac{T}{a^2} \quad \text{und} \quad \vartheta' = \frac{23}{104}\frac{T}{G\,t\,a^3} \; .$$

Der Schubfluss im Verbindungssteg zwischen beiden Zellen ergibt sich zu

$$q_{12} = q_1 - q_2 = -\frac{1}{52}\frac{T}{a^2} \; .$$

Das negative Vorzeichen gibt an, dass dieser Schubfluss entgegen dem Schubfluss in Zelle 1 verläuft. Die resultierenden Schubflüsse im Profil sind in Abb. 4.13 dargestellt. Darüber hinaus können wir noch das Torsionsflächenmoment I_T für das Profil aus den Ergebnissen ermitteln. Nach Gl. (4.11) erhalten wir

$$\vartheta' = \frac{T}{G\,I_T} \qquad \Leftrightarrow \qquad I_T = \frac{T}{G\,\vartheta'} = \frac{104}{23}\,t\,a^3 \; . \tag{4.41}$$

Die maximale Schubspannung tritt hier in den Wänden mit dem höchsten Schubfluss auf, da die Wandstärke überall gleich ist. Sie ergibt sich zu

$$\tau_{\max} = \frac{q_2}{t} = \frac{9}{52}\frac{T}{a^2\,t} \; . \tag{4.42}$$

Die zuvor am zweizelligen Hohlquerschnitt gewonnenen Erkenntnisse übertragen wir nun auf Hohlquerschnitte mit einer Anzahl n von Zellen. Das gesamte Torsionsmoment T verteilt sich nun auf n Zellen. Wenn wir jeder Zelle i einen Anteil T_i am Gesamttorsionsmoment zuordnen, ergibt sich für einen n-zelligen Querschnitt

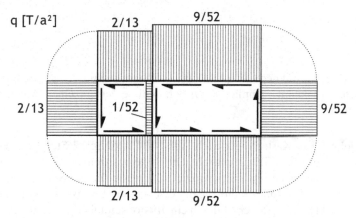

Abb. 4.13 Schubflussverteilung in einem zweizelligen Hohlquerschnitt

$$T = \sum_{i=1}^{n} T_i \; . \tag{4.43}$$

Weiterhin resultiert gemäß Gl. (4.18) ein konstanter Schubfluss q_i aus dem Moment T_i in jeder Zelle, so dass gilt

$$T = 2 \sum_{i=1}^{n} A_{m_i} \, q_i \; . \tag{4.44}$$

Im nächsten Schritt formulieren wir die Verdrillung ϑ_i' für jede Zelle i. Wie zuvor beim zweizelligen Profil müssen wir hierbei beachten, dass für Wände einer Zelle, die an andere Zellen grenzen, ein weiterer Schubfluss berücksichtigt werden muss. Gl. (4.26) kann dann wie folgt geschrieben werden

$$\vartheta_i' = \frac{1}{2\,G\,A_{m_i}} \left(\oint_i \frac{q_i}{t_i}\,\mathrm{d}s - \sum_{j \neq i} \int_{ij} \frac{q_j}{t_{ij}}\,\mathrm{d}s \right) \; . \tag{4.45}$$

Das Umfangsintegral in dieser Gleichung beschreibt die Wirkung des konstanten, umlaufenden Schubflusses q_i infolge T_i in der $i$ten Zelle. Davon werden alle weiteren Schubflüsse abgezogen, die auf den Wänden der Zelle i wirken. Somit ist zu berücksichtigen, dass auf dem Rand ij, der zu den Zellen i und j gehört, der Schubfluss q_j von q_i abzuziehen ist. Da auf jeder Wand der Zelle i dies der Fall sein kann, finden wir in der vorherigen Gleichung das Summenzeichen.

Gl. (4.45) kann für jede einzelne Zelle eines mehrzelligen Hohlquerschnitts aufgestellt werden. Wenn wir wieder voraussetzen, dass sich die Querschnittsform des Hohlquerschnitts bei der Torsionsverformung nicht ändert, ist die Verdrillung aller n Zellen gleich

$$\vartheta'_1 = \vartheta'_2 = \ldots = \vartheta'_n = \vartheta' \ . \tag{4.46}$$

Damit erhalten wir mit den Gln. (4.44) und (4.45) insgesamt $n + 1$ Gleichungen für ebensoviele Unbekannte, nämlich die n Schubflüsse der einzelnen Zellen und die Verdrillung ϑ'.

Beispiel 4.3 Ein Kastenträger nach Abb. 4.14 ist durch 2 Stege versteift, wodurch ein dreizelliger Träger entsteht. Die Stege besitzen die gleiche Wandstärke wie die Seitenwände des Trägers. Die Kennwerte für die Seitenwände sowie Stege sind mit dem Index 1 und die der Ober- sowie Unterseite mit dem Index 2 gekennzeichnet. Der Träger ist durch ein Torsionsmoment T belastet.

Gegeben Länge a; Dicken t_1 und $t_2 = 4\,t_1$; Schubmodul G; Torsionsmoment T

Gesucht

a) Berechnen Sie die Schubfluss- und Schubspannungsverteilung im Profil.
b) Geben Sie die Torsionssteifigkeit GI_T des Trägers an.

Lösung a) Zunächst setzen wir in jeder Zelle einen konstanten, umlaufenden Schubfluss q_i gemäß Abb. 4.15a) an. Die Richtung ist in Übereinstimmung mit der Richtung des Momentes T gewählt. Damit können wir das Gesamttorsionsmoment T zusammengesetzt aus den in den einzelnen Zellen wirkenden Torsionsmomenten T_i formulieren. Demnach folgt aus Gl. (4.44) mit $A_{m_i} = a^2$

$$T = 2 \sum_{i=1}^{3} A_{m_i}\, q_i = 2\,a^2 \, (q_1 + q_2 + q_3) \ .$$

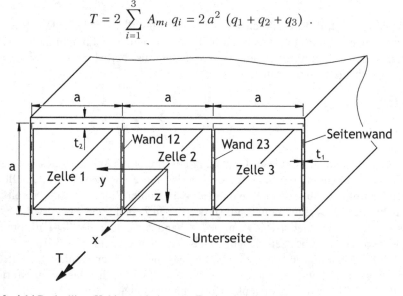

Abb. 4.14 Dreizelliger Hohlquerschnitt unter Torsionsbelastung T

Im nächsten Schritt stellen wir für jede Zelle die Verdrillung nach Gl. (4.45) auf. Beginnen wir mit Zelle 1. Das Umfangsintegral für Zelle 1 ergibt sich zu

$$\frac{1}{G} \oint_1 \frac{q_1}{t} \, \mathrm{d}s = \frac{2 a q_1}{G} \left(\frac{1}{t_1} + \frac{1}{t_2} \right) .$$

Zelle 1 grenzt nur an Zelle 2. Daher resultiert aus der Summe in Gl. (4.45) lediglich die Integration über Wand 12 mit dem Schubfluss q_2 in Zelle 2

$$\frac{1}{G} \sum_{j \neq i} \int_{ij} \frac{q_j}{t_{ij}} \, \mathrm{d}s = \frac{1}{G} \int_{12} \frac{q_2}{t} \, \mathrm{d}s = \frac{a q_2}{t_1} .$$

Wir können somit die Verdrillung für Zelle 1 angeben

$$\vartheta_1' = \frac{1}{2 G a^2} \left[2 a q_1 \left(\frac{1}{t_1} + \frac{1}{t_2} \right) - \frac{a q_2}{t_1} \right] = \frac{1}{2 a G t_1} \left(\frac{5}{2} q_1 - q_2 \right) .$$

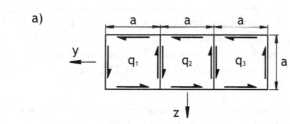

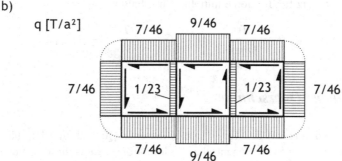

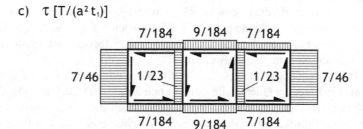

Abb. 4.15 a) Annahme der Schubflussrichtungen in den einzelnen Zellen, b) qualitativ resultierende Schubflüsse, c) qualitativ resultierende Schubspannungen

Das gleiche Vorgehen wenden wir nun auch auf Zelle 2 an. Dann erhalten wir

$$\vartheta'_2 = \frac{1}{2\,a\,G\,t_1} \left(\frac{5}{2} q_2 - q_1 - q_3 \right) \; .$$

Zu beachten ist hierbei, dass Zelle 2 sowohl an Zelle 1 als auch an Zelle 3 grenzt. Daher kommen in der Verdrillung ϑ'_2 auch die Schubflüsse von Zelle 1 und 3 vor. Die Verdrillung von Zelle 3 ist

$$\vartheta'_3 = \frac{1}{2\,a\,G\,t_1} \left(\frac{5}{2} q_3 - q_2 \right) \; .$$

Wenn wir jetzt berücksichtigen, dass alle Verdrillungen nach Gl. (4.46) gleich sind, resultieren vier Gleichungen für die vier Unbekannten q_1, q_2, q_3 und ϑ'. Die Lösung dieses Gleichungssystems führt auf

$$q_1 = q_3 = \frac{7}{46} \frac{T}{a^2} \; , \qquad q_2 = \frac{9}{46} \frac{T}{a^2} \quad \text{und} \quad \vartheta' = \frac{17}{184} \frac{T}{G\,t_1\,a^3} \; .$$

Die resultierende Schubflussverteilung ist in Abb. 4.15b) über der Wandmittellinie dargestellt. Unter Berücksichtigung von $\tau = \frac{q}{t}$ erhalten wir zudem die Schubspannungen in den Wänden des Trägers. Das Ergebnis ist in Abb. 4.15c) ebenfalls über der Wandmittellinie skizziert. Die maximale Schubspannung tritt in den Seitenwänden auf.

b) Die Torsionssteifigkeit für den Kastenträger können wir direkt aus dem Elastizitätsgesetz für Torsion ermitteln. Wir erhalten

$$\vartheta' = \frac{T}{G\,I_T} \quad \Leftrightarrow \quad G\,I_T = \frac{T}{\vartheta'} = \frac{184}{17} G\,t_1\,a^3 \; .$$

4.2.4 Offene Querschnitte

Nachdem wir uns mit der Torsion geschlossener Querschnitte beschäftigt haben, wollen wir nun die Saint-Venantsche Torsion offener Querschnitte untersuchen. Offene Querschnitte sind *einfach* zusammenhängende Querschnitte. Dies bedeutet, dass bei einem Schnitt durch eine beliebige Wand des Querschnitts zwei voneinander getrennte Teilquerschnitte entstehen. Wir werden sehen, dass Träger mit dünnwandigen offenen Querschnitten schon bei geringer Torsionsbelastung große Verformungen und Spannungen aufweisen.

Der Rechteckquerschnitt nach Abb. 4.16a) möge dünnwandig sein. Das Torsionsmoment T erzeugt im Querschnitt umlaufende Schubspannungen τ. An den spannungsfreien Querschnittsberandungen verschwinden die Spannungskomponenten senkrecht zur Profilkante. Deshalb verläuft die Schubspannung dort tangential zum Rand. An den vier Querschnittsecken werden die Schubspannungen also umgeleitet. Die Schubspannungen an der kurzen Ober- und Unterseite in Abb. 4.16a) verlaufen

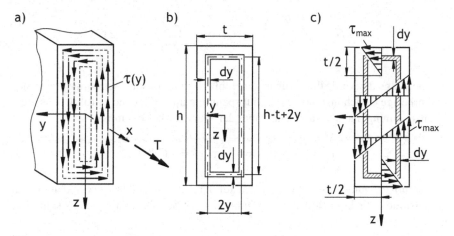

Abb. 4.16 a) Umlaufende Schubspannungen infolge eines Torsionsmomentes T in einem dünn-wandigen Rechteckquerschnitt, b) gedachter Hohlzylinder mit Dicke $\mathrm{d}y$ in dünnwandigem Reck-teckquerschnitt, c) resultierende Schubspannungsverteilung

horizontal. Nennenswerte Schubspannungen senkrecht zu den langen Querschnitts-seiten treten nur in kleinen Bereichen an den Querschnittsenden auf.

Um den Schubspannungszustand im dünnwandigen Rechteckquerschnitt abzu-leiten, behelfen wir uns hier mit einer anschaulichen Näherung, die auf der Torsion dünnwandiger Hohlzylinder beruht (vgl. auch Unterabschnitt 4.2.2). Wir gehen da-von aus, dass wir uns den Querschnitt aus vielen einzelnen Hohlzylindern aufgebaut vorstellen können, die alle ineinander geschoben sind. Jeder einzelne Hohlzylinder besitzt dabei eine Wandstärke $\mathrm{d}y$ (vgl. Abb. 4.16b)) und nimmt einen Anteil des an-liegenden Torsionsmomentes auf. Unter Berücksichtigung von $y < t \ll h$ erhalten wir für die jeweils eingeschlossene Fläche A_m

$$A_m = 2\,y\,(h - t + 2\,y) = 2\,y\,h\left(1 - \frac{t}{h} + 2\,\frac{y}{h}\right) \approx 2\,h\,y\,. \qquad (4.47)$$

Da wir annehmen, dass die Querschnittsform bei Torsion erhalten bleibt, ist die Verdrehung und damit auch die Verdrillung des Querschnitts konstant, d. h. für alle ineinander geschoben gedachten Hohlzylinder gilt

$$\vartheta' = \text{konst.} \qquad (4.48)$$

Für einen einzelnen Hohlzylinder können wir den Umfang bestimmen zu

$$\oint \mathrm{d}s = 2\,(h - t + 6\,y) = 2\,h\left(1 - \frac{t}{h} + 6\,\frac{y}{h}\right) \approx 2\,h\,, \qquad (4.49)$$

so dass sich Gl. (4.26) mit $\mathrm{d}y$ als Wanddicke ergibt zu

$$\vartheta' = \frac{1}{2\,G\,A_m} \oint \frac{q}{\mathrm{d}y}\,\mathrm{d}s = \frac{1}{2\,G} \underbrace{\frac{q}{\mathrm{d}y}}_{=\tau(y)} \underbrace{\frac{1}{A_m} \oint \mathrm{d}s}_{=\frac{1}{y}} = \frac{\tau(y)}{2\,G\,y} \ . \qquad (4.50)$$

Da allerdings die Verdrillung für jeden Hohlzylinder konstant sein muss, lässt sich die vorherige Gleichung nach der Schubspannung umstellen und es folgt, dass diese Schubspannung linear veränderlich über der Wandstärke sein muss

$$\vartheta' = \frac{\tau(y)}{2\,G\,y} \qquad \Leftrightarrow \qquad \tau(y) = 2\,G\,\vartheta'\,y \ . \qquad (4.51)$$

Die Schubspannung verschwindet damit auf der z-Achse und ist maximal am Querschnittsrand. Wir können daher die Funktion der Schubspannung $\tau(y)$ schreiben als

$$\tau(y) = \tau_{\max} \frac{2\,y}{t} \ . \qquad (4.52)$$

Dabei ist $\tau_{\max}$ der Betrag der Schubspannung am Querschnittsrand bei $y = \pm\frac{t}{2}$.

Wir können in guter Näherung annehmen, dass die horizontalen Schubspannungen in unmittelbarer Nachbarschaft der Ober- und Unterseite des Querschnitts ebenfalls diesen über der Wandstärke angenäherten linearen Verlauf besitzen, wie es in Abb. 4.16c) dargestellt ist. Dann wirken in einem umlaufenden schmalen Streifen der Dicke $\mathrm{d}y$ jeweils konstante Schubspannungen. Diesen Streifen fassen wir weiterhin als Hohlquerschnitt innerhalb des dünnwandigen Rechtecks auf. Für eine infinitesimale Dicke $\mathrm{d}y$ können wir also mit einem Schubfluss $q(y) = \tau(y)\mathrm{d}y$ rechnen, der entlang der Mittellinie des Streifens konstant ist. Die eingeschlossene Fläche dieses Streifens ist nach Gl. (4.47) definiert. Nach Gl. (4.18) ergibt sich demnach für den Streifen der Wanddicke $\mathrm{d}y$ gemäß Abb. 4.16c) das Torsionsmoment

$$\mathrm{d}T = 2\,A_m\,q = 2 \cdot 2\,y\,h\,\tau_{\max} \frac{2\,y}{t}\mathrm{d}y = 8\frac{\tau_{\max}\,h}{t}y^2\,\mathrm{d}y \ . \qquad (4.53)$$

Stellen wir uns nun den Rechteckquerschnitt aus vielen Streifen bzw. ineinanderliegenden Hohlquerschnitten aufgebaut vor, erhalten wir das Gesamttorsionsmoment als Integral aller Anteile $\mathrm{d}T$ über y

$$T = \int_0^{\frac{t}{2}} 8\frac{\tau_{\max}\,h}{t}y^2\,\mathrm{d}y = \tau_{\max}\frac{1}{3}h\,t^2 \qquad \Leftrightarrow \qquad T = \frac{1}{3}h\,t^2\,\tau_{\max} \ . \qquad (4.54)$$

Gl. (4.54) können wir das Torsionswiderstandsmoment eines dünnwandigen Rechtecks entnehmen

$$W_T = \frac{1}{3}h\,t^2 \ . \qquad (4.55)$$

Für die Berechnung der Verdrillung $\vartheta' = \frac{T}{G\,I_T}$ benötigen wir noch das Torsionsflächenmoment I_T. Der Streifen bzw. innenliegende Hohlquerschnitt aus Abb. 4.16b) trägt einen Teil dI_T zum Torsionsflächenmoment bei. Zur Bestimmung von dI_T dürfen wir uns wieder der Formel (4.29) für den Hohlquerschnitt bedienen

$$dI_T = \frac{(2\,A_m)^2}{\oint \frac{1}{t}\,ds} = \frac{(2 \cdot 2\,y\,h)^2}{\frac{2(h - 2\,y) + 2 \cdot 2\,y}{dy}} = 8\,y^2\,h\,dy\,. \qquad (4.56)$$

Bei Betrachtung der gesamten Querschnittsfläche A erhalten wir für den Gesamtquerschnitt das Torsionsflächenmoment

$$I_T = \int_{I_T} dI_T = \int_0^{t/2} 8\,y^2\,h\,dy = \frac{1}{3}\,h\,t^3 \quad \Leftrightarrow \quad I_T = \frac{1}{3}\,h\,t^3\,. \qquad (4.57)$$

Bisher haben wir einen dünnwandigen Rechteckquerschnitt vorausgesetzt. Wir können dabei annehmen, dass der Verlauf der Schubspannung über die Wanddicke linear ist und dass der Bereich, in dem die Schubspannungen an den Querschnittsenden umgeleitet werden, kurz im Vergleich zur Gesamthöhe des Querschnitts ist (vgl. die Abbn. 4.16a) und b)). Für gedrungene Rechteckquerschnitte treffen diese Annahmen nicht zu. Genauere Untersuchungen der Saint-Venantschen Torsion führen dann auf die Korrekturfaktoren η_1 und η_2 für das Torsionsflächenmoment und das Torsionswiderstandsmoment, deren Ableitungen detailliert in Abschnitt 10.2 dargestellt sind. Die Ergebnisse dieser Analysen finden sich in Tab. 4.1 für verschiedene Seitenverhältnisse $\frac{h}{t}$ des Rechteckquerschnitts. Dabei ist t die kürzere Seite des Rechtecks. Damit gilt für Torsionsflächen- und Torsionswiderstandsmoment eines gedrungenen Rechteckquerschnitts

$$I_T = \eta_1\,\frac{1}{3}\,h\,t^3\,, \qquad (4.58) \qquad\qquad W_T = \eta_2\,\frac{1}{3}\,h\,t^2\,. \qquad (4.59)$$

Häufig finden wir in Leichtbaustrukturen dünnwandige Querschnitte, die aus mehreren rechteckigen Teilen zusammengesetzt sind (vgl. Abb. 4.17). Die Berechnung solcher Profile kann auf das Verhalten einzelner Rechteckquerschnitte zurückgeführt werden. Hierfür gehen wir wie bisher davon aus, dass sich die Querschnittsgeometrie in Trägerlängsrichtung nicht ändert und dass sich alle Querschnittsteile

Tab. 4.1 Korrekturfaktoren η_1 und η_2 für gedrungene Rechteckquerschnitte

$\frac{h}{t}$	1	2	4	6	8	10	15	25	∞
$\eta_1 = \frac{3\,I_T}{h\,t^3}$	0,422	0,686	0,842	0,895	0,921	0,937	0,958	0,975	1
$\eta_2 = \frac{3\,W_T}{h\,t^2}$	0,625	0,738	0,845	0,895	0,921	0,937	0,958	0,975	1

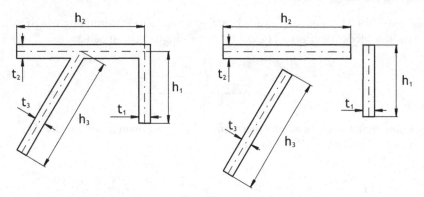

Abb. 4.17 Zusammengesetzter dünnwandiger Querschnitt mit Profilmittellinie und resultierende Rechteckquerschnitte

um den gleichen Winkel ϑ verdrehen. Damit ist auch die Verdrillung ϑ' für alle Querschnittsteile gleich. Davon abgesehen existieren für den Zusammenhalt bestimmter zusammengesetzter Querschnitte weitere geometrische Zwänge. Diese betreffen die Verwölbung und werden im Unterabschnitt 4.3.2 ausführlich behandelt.

Zur Ermittlung des Torsionsflächenmoments können wir zunächst das Elastizitätsgesetz für Torsion für einen Teilquerschnitt i aufstellen

$$\vartheta' = \frac{T_i}{GI_{Ti}} \ . \tag{4.60}$$

T_i und GI_{Ti} sind das Torsionsmoment und die Torsionssteifigkeit des Teilquerschnitts i. Gl. (4.60) bedeutet, dass T_i und GI_{Ti} proportional sind. Jeder Teilquerschnitt i trägt denjenigen Teil T_i des Torsionsmoments, der seinem Anteil an der Torsionssteifigkeit GI_{Ti} entspricht.

Auch für den Gesamtquerschnitt gilt

$$\vartheta' = \frac{T}{G \, I_T} \ , \tag{4.61}$$

wobei das Gesamttorsionsmoment T die Summe der einzelnen Momente T_i ist. Damit erhalten wir

$$T = \sum_i T_i = \sum_i (G \, \vartheta' \, I_{Ti}) = G \, \vartheta' \sum_i I_{Ti} \ . \tag{4.62}$$

Also ist die Torsionssteifigkeit des zusammengesetzten Querschnitts die Summe der einzelnen Torsionssteifigkeiten

$$G \, I_T = G \sum_i I_{Ti} = \frac{G}{3} \sum_i h_i \, (t_i)^3 \ . \tag{4.63}$$

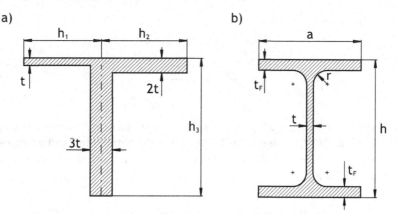

Abb. 4.18 a) Dünnwandiger T-Querschnitt eines Trägers, b) dünnwandiger I-Querschnitt mit Ausrundungen an den Übergängen zwischen den Flanschen um dem Steg

Das Torsionsflächenmoment des zusammengesetzten Querschnitts resultiert aus der Summe der einzelnen Torsionsflächenmomente. Es gilt mit Gl. (4.57)

$$I_T = \sum_i I_{Ti} = \frac{1}{3} \sum_i h_i \, (t_i)^3 \tag{4.64}$$

für dünnwandige Querschnittsteile i mit den Abmessungen h_i und t_i. Dabei ist t_i die jeweilige Wanddicke und h_i die abgewickelte Profilmittellinie (vgl. Abb. 4.17).

Es stellt sich noch die Frage nach dem Torsionswiderstandsmoment für den zusammengesetzten Querschnitt. Wenn wir zunächst getrennt für jeden Querschnittsteil i die jeweilige maximale Schubspannung $\tau_{\mathrm{max}i}$ ermitteln wollen, können wir gemäß Gl. (4.55) schreiben

$$\tau_{\mathrm{max}i} = \frac{T_i}{\frac{1}{3} h_i \, (t_i)^2} = \frac{T_i}{W_{Ti}} \, . \tag{4.65}$$

Da aber $I_{Ti} = t_i \, W_{Ti}$ ist, gilt mit den Gln. (4.60) und (4.61)

$$\tau_{\mathrm{max}i} = \frac{T_i}{I_{Ti}} t_i = \frac{T}{I_T} t_i \, . \tag{4.66}$$

Demnach ist die jeweilige maximale Schubspannung in einem Querschnittsteil i proportional zu seiner Wanddicke t_i und die maximale Schubspannung τ_{max} im Gesamtquerschnitt tritt im Teilquerschnitt der größten Wanddicke t_{max} auf

$$\tau_{\mathrm{max}} = \frac{T}{I_T} t_{\mathrm{max}} = \frac{T}{W_T} \, . \tag{4.67}$$

Für das Torsionswiderstandsmoment gilt

$$W_T = \frac{I_T}{t_{max}} = \frac{1}{3} \frac{\sum_i h_i (t_i)^3}{t_{max}} \ . \tag{4.68}$$

Finden sich gekrümmte Querschnittsteile in einem offenen dünnwandigen Querschnitt, kann für dessen Länge h_i die Länge seiner Profilmittellinie in die Gln. (4.64) und (4.68) für das Torsionsflächenmoment bzw. das Torsionswiderstandsmoment eingesetzt werden.

Beispiel 4.4 Als Beispiel wollen wir nun den dünnwandigen T-förmigen Querschnitt untersuchen, der in Abb. 4.18a) dargestellt ist. Der Träger mit diesem Profil ist einem Torsionsmoment T unterworfen.

Gegeben Torsionsmoment T; Abmessungen h_1, h_2, h_3 und t mit $t \ll h_1, h_2, h_3$

Gesucht

a) Torsionsflächenmoment I_T des Profils
b) Maximale Schubspannung τ_{max} im Querschnitt

Lösung a) Das Torsionsflächenmoment ergibt sich nach Gl. (4.64) zu

$$I_T = \frac{1}{3} \sum_{i=1}^{3} h_i t_i^3 = \frac{1}{3} (h_1 + 8\, h_2 + 27\, h_3)\, t^3 \ .$$

b) Für das gegebene Torsionsmoment T tritt die maximale Schubspannung im dicksten Rechteckabschnitt des Profils auf, d. h. im vertikalen Querschnittsteil der Wanddicke $t_{max} = 3\, t$

$$\tau_{max} = \frac{T}{W_T} = \frac{3\, t\, T}{I_T} = \frac{9\, T}{(h_1 + 8\, h_2 + 27\, h_3)\, t^2} \ .$$

Angemerkt sei, dass Ausrundungen am Übergang von Flansch und Steg (vgl. Querschnitt in Abb. 4.18b)) einen signifikanten Einfluss auf Torsionsspannungen und -verformungen von offenen Profilen haben können. Solche Ausrundungen findet man insbesondere bei Walzprofilen. Sie tragen zwar nur wenig zur Gesamtfläche des Querschnitts bei, haben aber eine nicht vernachlässigbare Wirkung auf den Torsionswiderstand eines offenen Profils.

Beispiel 4.5 Da wir jetzt Spannungen und Verformungen infolge von Torsion sowohl bei offenen als auch bei geschlossenen Profilen bestimmen können, untersuchen wir in diesem Beispiel, wie eine torsionsbelastete Struktur (vgl. Abb. 4.19a)) gestaltet werden sollte, um eine möglichst hohe Tragfähigkeit und Steifigkeit zu erzielen. Hierzu wird das Verhalten eines Trägers der Länge l betrachtet, der durch ein Torsionsmoment T belastet ist und dessen Querschnitt unterschiedlich ausgeführt sein kann. Die beiden möglichen Querschnitte sind in Abb. 4.19b) skizziert. Diese beiden dünnwandigen Profile ($t \ll a$) unterscheiden sich lediglich darin, dass das eine an der rechten Seitenwand aufgeschlitzt ist. Die Größe des Schlitzes Δ ist im Vergleich zu den anderen Abmessungen des Profils vernachlässigbar (u. a. $\Delta \ll t$).

Gegeben Abmessung $a = 20\,\text{cm}$; Wandstärke $t = 1\,\text{mm}$; zulässige Schubspannung $\tau_{\text{zul}} = 40\,\text{MPa}$

Gesucht

a) Zulässiges Torsionsmoment für jedes Profil
b) Verhältnis der Verdrehwinkel der beiden Profile, wenn jeweils das Torsionsmoment aus Aufgabenteil a) anliegt

Lösung a) Zunächst bestimmen wir jeweils das Torsionsflächenmoment. Größen für das geschlossene Profil werden nachfolgend mit dem Index g und für das offene mit o gekennzeichnet.

Für das geschlossene Profil tritt die maximale Schubspannung im Bereich der kleinsten Wandstärke auf (vgl. Gl. (4.20)). Hier versagt die Struktur infolge Torsion zuerst. Daher können wir das zulässige Torsionsmoment T_g für das geschlossene Profil ermitteln zu

$$\tau_{\text{zul}} = \tau_{\text{max}_g} = \frac{T_g}{2\,A_m\,t_{\text{min}}} \quad \Leftrightarrow \quad T_g = 2\,a^2\,t\,\tau_{\text{zul}} = 3,2\,\text{kN}\,\text{m}\,.$$

Das Torsionsflächenmoment für das offene Profil ergibt sich nach Gl. (4.64). Da der Schlitz vernachlässigbar klein ist, ist die Profilmittellinie $4\,a$ lang. Wir erhalten somit

$$I_{T_o} = \frac{a}{3}\left(2\,t^3 + 2\,(2\,t)^3\right) = 6\,a\,t^3\,.$$

a)

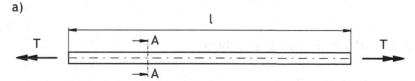

b) Schnitt A-A

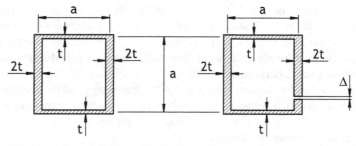

Abb. 4.19 a) Torsionsbelastete Struktur, b) mögliche Profilgeometrien

Wir können unter Beachtung von Gl. (4.67) die maximale Schubspannung des offenen Profils im Bereich der größten Wandstärke bestimmen

$$\tau_{\text{zul}} = \tau_{\text{max}_o} = \frac{T_o}{I_{T_o}} t_{\text{max}} \quad \Leftrightarrow \quad T_o = 3\,a\,t^2\,\tau_{\text{zul}} = 24\,\text{N}\,\text{m}\,.$$

Demnach beträgt das übertragbare Torsionsmoment beim Profil mit Schlitz nur noch weniger als 1 % des geschlossenen Profils, und dies bei gleichbleibendem Materialeinsatz. Unter Gesichtspunkten des Leichtbaus sollten also geöffnete Profile bei Torsionsbeanspruchungen möglichst vermieden werden.

b) Um die gegenseitige Verdrehung der Endquerschnitte beim geschlossenen Profil berechnen zu können, benötigen wir noch das Torsionsflächenmoment

$$I_{T_g} = \frac{4\,a^4}{\left(2\,\frac{a}{2t} + 2\,\frac{a}{t}\right)} = \frac{4}{3}\,a^3\,t\,.$$

Die gegenseitige Verdrehung der Endquerschnitte resultiert dann zu

$$\Delta\vartheta_g = \frac{T_g\,l}{G\,I_{T_g}} = \frac{3}{2}\,\frac{l}{a}\,\frac{\tau_{\text{zul}}}{G}\,.$$

Für das offene Profil erhalten wir

$$\Delta\vartheta_o = \frac{T_o\,l}{G\,I_{T_o}} = \frac{l}{2t}\,\frac{\tau_{\text{zul}}}{G}\,.$$

Damit ergibt sich das gesuchte Verhältnis zu

$$\frac{\Delta\vartheta_o}{\Delta\vartheta_g} = \frac{a}{3t} \approx 66{,}7\,.$$

4.3 Wölbfreiheit und Verwölbung

Die Saint-Venantsche Torsionstheorie ist solange anwendbar, wie keine Wölbspannungen in Trägerlängsachse infolge einer verhinderten Verwölbung resultieren oder sie so klein sind, dass ihr Einfluss vernachlässigbar ist. Zur Abschätzung der Anwendbarkeit dieser Theorie ist es daher erforderlich, *wölbfreie Querschnitte* erkennen zu können, d.h. solche Querschnitte, die sich unter Torsionsbelastung nicht verwölben. Darüber hinaus erlaubt ein tieferes Verständnis der Mechanismen, die zur Verwölbung von Querschnitten führen, einen erleichterten Zugang zur Wölbkrafttorsion, bei der die Voraussetzung der Wölbspannungsfreiheit überwunden wird. Aus diesen Gründen befassen wir uns in diesem Abschnitt intensiver mit der Verwölbung von Profilen, so dass wir darauf aufbauend im nachfolgenden Abschnitt die Wölbkrafttorsion einführen werden.

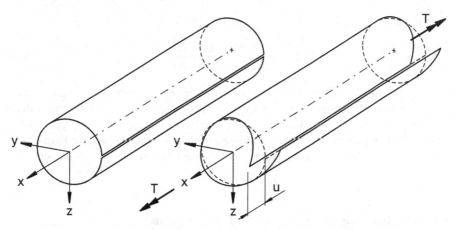

Abb. 4.20 Verwölbung u in Trägerlängsrichtung eines geschlitzten Kreisringzylinders unter Torsionsbelastung T (keine Darstellung der Verdrehung ϑ um x-Achse)

Die *Verwölbung* eines Querschnitts haben wir bisher als Verformung in Richtung der Trägerlängsachse infolge einer Torsionsbelastung definiert. Diese Definition werden wir hier genauer fassen, um die Verwölbung von der Verformung in Richtung der Trägerlängsachse abzugrenzen, die aus Normalspannungen infolge von Zug-/Druckkräften oder durch Biegemomente resultiert (vgl. Kap. 3). Unter Verwölbung verstehen wir eine Verformung eines Profils in Trägerlängsachse, bei der der zuvor unverformte ebene Querschnitt nach der Verformung nicht mehr eben ist, d. h. die verformten Querschnittspunkte liegen nicht mehr in einer Ebene. Dies steht im Gegensatz zu Verformungen infolge von äußeren Kräften und Momenten beim Biegebalken, bei dem das Ebenbleiben der Querschnitte gefordert wird. Beispielhaft ist in Abb. 4.20 die Verwölbung eines geschlitzten Kreisringzylinders bei Torsionsbelastung dargestellt. Im Gegensatz zum wölbfreien Kreisringzylinder verwölbt sich das geschlitzte Profil. Wir erhalten eine Verformung u in Trägerlängsachse, die aus dem ursprünglich ebenen Querschnitt heraustritt und die als Verwölbung des Profils bezeichnet wird.

4.3.1 Geschlossene Profile

In das Gebiet der Torsionstheorie haben wir mit der Untersuchung des wölbfreien Kreisringzylinders eingeführt (vgl. Unterabschnitt 4.2.1). Dabei haben wir vorausgesetzt, dass Profile mit Kreisringquerschnitten wölbfrei und somit auch immer wölbspannungsfrei sind. Nachfolgend werden wir die Wölbfreiheit einiger spezieller Profile beweisen und ein allgemeingültiges Vorgehen zur Berechnung von Verwölbungen aufzeigen.

Beginnen wir mit dem Kreisringquerschnitt. Wir untersuchen einen infinitesimalen Abschnitt (siehe z. B. Abb. 4.5), indem wir in das Materialgesetz die

Verschiebungs-Verzerrungs-Beziehungen einsetzen

$$\gamma_{xs} = \gamma = \frac{\tau}{G} = \frac{\partial u}{\partial s} + \frac{\partial v}{\partial x} \,. \tag{4.69}$$

In dieser Beziehung beschreibt $\frac{\partial u}{\partial s}$ die Verwölbung. Ferner haben wir in Gl. (4.22) einen Zusammenhang zwischen der Querschnittsverdrillung ϑ' mit der partiellen Ableitung der Umfangsverschiebung v in Trägerlängsachse, d. h. mit $\frac{\partial v}{\partial x}$ gefunden. Diese Beziehung gilt generell für geschlossene Profile und damit auch für Kreisring-zylinder. Wenn wir dies beachten und nach der partiellen Ableitung $\frac{\partial u}{\partial s}$ umformen, erhalten wir

$$\frac{\partial u}{\partial s} = \frac{\tau}{G} - r\,\vartheta' \,. \tag{4.70}$$

Die Integration entlang der Umfangskoordinate s führt auf

$$u(s) = \int \frac{\tau}{G}\mathrm{d}s - \int r\,\vartheta'\mathrm{d}s + u_0 \,. \tag{4.71}$$

Die Integrationskonstante u_0 stellt die Verschiebung an der Stelle $s = 0$ dar. Da für den bereits in Unterabschnitt 4.2.1 untersuchten Kreisringzylinder die Schub-spannung τ und die Verdrillung ϑ' auf dem Umfang konstant sind (Radius r und Schubmodul G ebenfalls konstant), folgt mit dem Materialgesetz $\tau = G\gamma$ für die Verschiebung

$$u(s) = \left(\frac{\tau}{G} - r\,\vartheta'\right) \underbrace{\int \mathrm{d}s}_{=s} + u_0 = \underbrace{(\gamma - r\,\vartheta')}_{=0}\, s + u_0 = u_0 \,. \tag{4.72}$$

Da der Klammerausdruck vor dem Integral die linearisierte Verformungsbedingung nach Gl. (4.6) darstellt und gleich null ist, hängt die Verschiebung u nicht von der Umfangskoordinate s ab, d. h. nur eine konstante Verformung u_0 tritt auf. Wenn allerdings nur eine solche konstante Verformung resultiert, bleibt auch der Quer-schnitt eben und der Kreisringzylinder ist tatsächlich wölbfrei. Insbesondere kann nur eine Verformung u_0 in Richtung der Trägerlängsachse resultieren, wenn weitere Beanspruchungen neben der Torsion auftreten. Da dies im untersuchten Fall nicht vorliegt, verschwindet die Verformung u_0, und wir dürfen diese zu null setzen.

Das Kreisringprofil ist ein Sonderfall. Wir wollen daher die Voraussetzungen für Wölbfreiheit bei allgemein dünnwandigen geschlossenen Profilen näher be-trachten. Wir beginnen wieder mit dem Materialgesetz, indem die Verschiebungs-Verzerrungs-Beziehungen berücksichtigt werden und indem ferner das Produkt aus Verdrillung ϑ' und dem Hebelarm $r_\perp(s)$ (um den Schubmittelpunkt) das Partial der Verschiebung v ersetzt (vgl. Abb. 4.9). Nach der Verformung u umgestellt, erhalten wir

$$\frac{\partial u}{\partial s} = \gamma_{xs} - \frac{\partial v}{\partial x} = \frac{\tau_{xs}}{G} - r_\perp\,\vartheta' \,. \tag{4.73}$$

Da bei geschlossenen dünnwandigen Querschnitten der Schubfluss q konstant ent-lang einer Zellenwand ist, ersetzen wir die Schubspannung durch $\tau_{xs} = \frac{q}{t}$ und gewinnen durch Integration in s-Richtung die Verschiebung u auf einer Zellenwand

$$u(s) = \frac{q}{G} \int \frac{1}{t(s)} ds - \vartheta' \int r_\perp(s) ds + u_0 \, . \tag{4.74}$$

Dabei stellt wiederum u_0 die Integrationskonstante dar, die die Verschiebung in Trägerlängsrichtung bei $s = 0$ definiert. Außerdem haben wir den Schubfluss q und den Schubmodul G vor das Integral gezogen, da diese konstant sind.

Für einen einzelligen Querschnitt können wir den Schubfluss q durch Gl. (4.18) und die Verdrillung ϑ' durch Gl. (4.26) beschreiben. Dann resultiert für allgemein dünnwandige einzellige Profile die Verschiebung

$$u(s) = \frac{T}{2 G A_m} \left(\int \frac{1}{t(s)} ds - \frac{1}{2 A_m} \oint \frac{1}{t(s)} ds \int r_\perp(s) ds \right) + u_0 \, . \tag{4.75}$$

Da in dieser allgemeinen Form für die Verschiebung u nur bedingt allgemeingültige Aussagen zur Wölbfreiheit getroffen werden können, führen wir weitere Vereinfachungen ein. Zunächst setzen wir voraus, dass die Wanddicke t konstant ist. Wir erhalten

$$u(s) = \frac{T}{2 G t A_m} \left(\int ds - \frac{\oint ds}{2 A_m} \int r_\perp(s) ds \right) + u_0 \, . \tag{4.76}$$

Diese Gleichung untersuchen wir für einen geschlossenen Hohlzylinder, der aus geraden Wänden besteht. Für einen geraden Wandabschnitt ist der Hebel $r_\perp$ um den Schubmittelpunkt konstant und folglich nicht von der Umfangskoordinate s abhängig (vgl. beispielhaft für Rechteckkasten Abb. 4.21a)). Aus dem Klammerausdruck in Gl. (4.76) lässt sich daher das unbestimmte Integral $\int ds$ herausziehen und durch $s = \int ds$ ersetzen

$$u(s) = \frac{T}{2 G t A_m} \left(1 - \frac{r_\perp}{2 A_m} \oint ds \right) s + u_0 \, . \tag{4.77}$$

Da der Klammerausdruck konstant ist, verändert sich entlang eines geraden Wandabschnitts die Verschiebung bzw. Verwölbung u immer linear. Zur Verdeutlichung untersuchen wir den in Abb. 4.21a) dargestellten Rechteckquerschnitt basierend auf den abgeleiteten Beziehungen im folgenden Beispiel.

Beispiel 4.6 Ein zylindrischer Träger mit Rechteckquerschnitt ist so beidseitig durch ein Torsionsmoment T belastet, dass sich eine zwangsfreie Verdrillung der Querschnitte einstellt. Die Querschnittsgeometrie ist in Abb. 4.21a) skizziert. Der Träger ist dünnwandig.

Gegeben Abmessungen a, b und t; Schubmodul G; Torsionsmoment T

Gesucht

a) Verwölbung u des Profils infolge der Torsionsbeanspruchung
b) Unter welcher Bedingung verschwindet die Verwölbung bzw. liegt Wölbfreiheit vor?

Lösung a) Für einen dünnwandigen Rechteckquerschnitt mit konstanter Wanddicke gilt Gl. (4.76). Der Allgemeingültigkeit halber ersetzen wir die auftretende
Integrationskonstante u_0 hier durch C. Mit $A_m = a\,b$ und $\oint ds = 2\,(a+b)$
resultiert dann

$$u(s) = \frac{T}{2\,G\,t\,a\,b}\left(\int ds - \frac{a+b}{a\,b}\int r_\perp(s)ds\right) + C .$$

Auf der Basis dieser Gleichung berechnen wir nun die Verwölbung auf jeder
Seite des Querschnitts. Die Umlaufkoordinate definieren wir abschnittsweise für
jede Wand einzeln. Der Abstand $r_\perp$ zum Bezugspunkt bzw. Schubmittelpunkt ist
für jede Wand konstant. Die Verschiebung u ist somit wegen $s = \int ds$ überall
linear veränderlich.

Die Koordinate der oberen Wand bezeichnen wir mit s_1 und starten sie in der
Mitte (vgl. Abb. 4.21a)), d. h. die Integrationskonstante C stellt die an dieser
Stelle

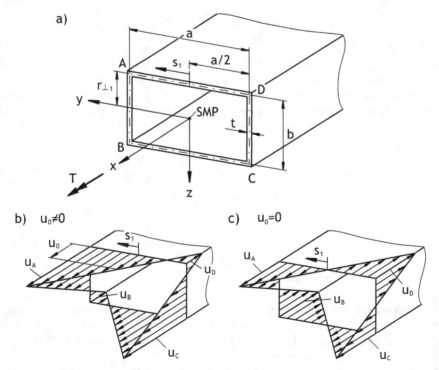

Abb. 4.21 a) Rechteckiger Hohlzylinder mit Koordinatensystem im Schubmittelpunkt (SMP),
b) qualitativer Verlauf der Verwölbung bei nicht ermittelter Integrationskonstante u_0 und c) bei
bestimmter Integrationskonstante $u_0 = 0$

auftretende Verschiebung u_0 in x-Richtung dar. Für die obere Wand erhalten wir mit $r_{\perp_1} = \frac{b}{2}$

$$u_1(s_1) = \frac{T\,(a-b)}{4\,G\,t\,a^2\,b}\,s_1 + u_0\,.$$

Die Verschiebungen in den Ecken A und D sind

$$u_A = u_1\left(\frac{a}{2}\right) = u_0 + \frac{T\,(a-b)}{8\,G\,t\,a\,b} \quad \text{und} \quad u_D = u_1\left(-\frac{a}{2}\right) = u_0 - \frac{T\,(a-b)}{8\,G\,t\,a\,b}\,.$$

Die Verschiebungen zwischen allen weiteren Ecken können wir analog bestimmen. Wir müssen lediglich die Integrationskonstante C jeweils so anpassen, dass in den Ecken die Verschiebungen zwischen den angrenzenden Wänden kompatibel bleiben. Wenn dann der korrekte Abstand $r_\perp$ zum Bezugspunkt gewählt wird, folgt für die Verschiebungen in den Ecken B und C

$$u_B = u_D \quad \text{und} \quad u_C = u_A\,.$$

Da zwischen den Eckpunkten die Verschiebung linear variiert, resultiert der in Abb. 4.21b) dargestellte Verlauf. Es ist ersichtlich, dass eine Verwölbung einer konstanten Verschiebung u_0 überlagert ist, aus der keine Verwölbung resultiert. Da diese Verschiebung u_0 eine Integrationskonstante ist, können wir sie hier zu null setzen, d. h. $u_0 = 0$; denn eine Torsionsbeanspruchung ist nicht in der Lage, eine in Richtung der Trägerlängsachse konstante Verschiebung zu produzieren. Wir erhalten somit die in Abb. 4.21c) skizzierte Verwölbung. Sie verschwindet auf den Symmetrieachsen, und sie besitzt einen antimetrischen Verlauf.

b) Da die Verschiebungen linear mit der Umlaufkoordinate variieren, betrachten wir lediglich die Verschiebungen in den Ecken des Profils. Bei Wölbfreiheit müssen diese Verschiebungen alle gleichzeitig verschwinden, d. h. wir können die Bedingungen untersuchen, unter denen alle Eckverschiebungen gleichzeitig null werden

$$u_A = -u_B = u_C = -u_D = 0 = \frac{T\,(a-b)}{8\,G\,t\,a\,b} \quad \Leftrightarrow \quad (a-b) = 0 \quad \Leftrightarrow \quad a = b\,.$$

Demnach ist ein Rechteckquerschnitt mit konstanter Wanddicke nur dann wölbfrei, wenn die Seiten des Rechtecks gleich groß sind, d. h. ein Quadrat vorliegt.

Wenn wir uns hier weiter auf dünne Profile mit geraden Wänden fokussieren, können wir mit Gl. (4.77) eine sehr nützliche Verallgemeinerung auf Polygone machen, d. h. auf Profile, die sich aus geraden Wandabschnitten zusammensetzen.

Wenn in Gl. (4.77) der von der Umlaufkoordinate s linear abhängige Anteil für jeden Wandabschnitt gleichzeitig verschwindet, liegt Wölbfreiheit vor; denn die Verschiebung u_0, die die Integrationskonstante darstellt, kann dann nicht aus der Torsion resultieren und darf daher zu null gesetzt werden. Die variablen Größen verschwinden, wenn für jeden Wandabschnitt gilt

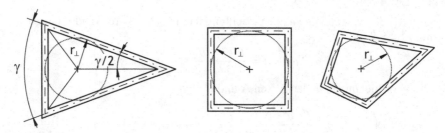

Abb. 4.22 Wölbfreie Profile mit konstanter Dicke als Polygone mit Inkreis

$$1 - \frac{r_\perp}{2\,A_m} \oint \mathrm{d}s = 0 \quad \Leftrightarrow \quad r_\perp = \frac{2\,A_m}{\oint \mathrm{d}s}. \tag{4.78}$$

Der Hebel $r_\perp$ jedes Wandabschnitts muss folglich gleich groß sein, da sich die einge-schlossene Fläche A_m und der Umfang des Profils $\oint \mathrm{d}s$ für einen gegebenen Quer-schnitt nicht ändern. Dies kann allerdings nur dann der Fall sein, wenn ein Inkreis existiert, der alle Wandabschnitte in der Profilmittellinie tangiert (vgl. Beispiele in Abb. 4.22). Bei Polygonen existiert ein solcher Inkreis, wenn die Winkelhalbieren-den der Innenwinkel sich in einem Punkt, dem Mittelpunkt des Inkreises schneiden. Der dazugehörige Radius ist dann aufgrund der geometrischen Verhältnisse eben-falls durch Gl. (4.78) festgelegt, d. h. Polygonquerschnitte mit Inkreis sind grund-sätzlich wölbfrei (falls die Wanddicke konstant ist).

Beispiel 4.7 Der in Abb. 4.23 dargestellte zylindrische Kastenträger mit Recht-eckquerschnitt wird durch ein Torsionsmoment T belastet. Die Ober- und Unter-seite weisen die Dicke t_1 und die Seitenwände die Dicke t_2 auf.

Gegeben Abmessungen a, b; Wandstärken t_1, t_2

Gesucht Unter welcher Bedingung ist der Querschnitt wölbfrei?

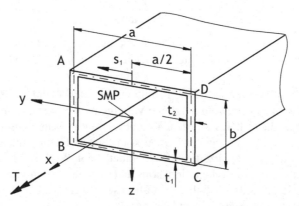

Abb. 4.23 Rechteckiger Kasten mit unterschiedlichen Wanddicken t_i

Lösung Wir führen in der Mitte der Oberseite des Kastens die Koordinate s_1 ein. Basierend auf Gl. (4.75) erhalten wir für die Verschiebung u_1 der Oberseite (bzw. zwischen den Ecken A und D) mit $A_m = a\,b$ und $r_{\perp_1} = \frac{b}{2}$

$$u_1(s_1) = \frac{T}{2\,G\,a\,b} \left(\int \frac{1}{t_1}\,ds_1 - \frac{1}{4\,a} \oint \frac{1}{t(s)}\,ds \int ds_1 \right) + u_0$$

$$= \frac{T}{4\,G\,a\,b\,t_1} \left(1 - \frac{t_1}{t_2}\frac{b}{a} \right) s_1 + u_0 \ .$$

Für das Umfangsintegral berücksichtigen wir dabei

$$\oint \frac{1}{t(s)}\,ds = 2 \left(\frac{a}{t_1} + \frac{b}{t_2} \right) \ .$$

Analog zum Vorgehen in Bsp. 4.6 ermitteln wir die Verschiebungen auf allen Wänden. Wir haben in den auftretenden Integralen nun die abschnittsweise unterschiedlichen Wanddicken zu beachten und in den Ecken wiederum die Verschiebungskompatibilität einzuhalten. Da die Verschiebungen linear variieren, können wir wiederum die Forderung für Wölbfreiheit formulieren, indem wir die Verschiebungen in den Ecken A, B, C und D gleichzeitig zu null setzen. Unter Beachtung von $u_0 = 0$ ergibt sich

$$u_A = -u_B = u_C = -u_D = 0 = \frac{T}{8\,a\,b\,G} \left(\frac{a}{t_1} - \frac{b}{t_2} \right) \quad \Leftrightarrow \quad \frac{a}{t_1} = \frac{b}{t_2} \ .$$

Demnach können Rechteckquerschnitte wölbfrei sein, wenn die Wanddicken gemäß vorheriger Beziehung gewählt werden.

4.3.2 Offene Profile

Die Verwölbung von offenen Profilen kann mit Hilfe der gleichen Ausgangsbeziehung wie bei geschlossenen Querschnitten berechnet werden. Hierzu untersuchen wir ein infinitesimales Element eines geraden Wandabschnitts nach Abb. 4.24. Der Abschnitt möge Teil eines beliebigen offenen Profils sein, das lediglich aus geraden Wandabschnitten aufgebaut ist. Bei Berücksichtigung des Materialgesetzes und der Verschiebungs-Verzerrungs-Beziehungen folgt

$$\gamma_{xs} = \gamma = \frac{\tau}{G} = \frac{\partial u}{\partial s} + \frac{\partial v}{\partial x} \ . \tag{4.79}$$

Wir setzen voraus, dass die Verdrehung des Profils auf den Schubmittelpunkt bezogen wird. Das Partial $\frac{\partial v}{\partial x}$ ersetzen wir durch $r_\perp \vartheta'$. Wenn wir ferner die Spannungsbeziehung nach Gl. (4.52) für dünnwandige Querschnitte unter Beachtung einer Koordinatentransformation von y zu z (vgl. Abb. 4.24) zugrunde legen und zudem die

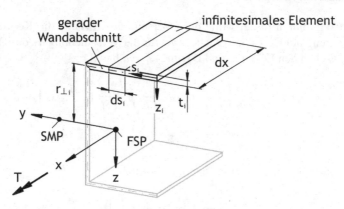

Abb. 4.24 Infinitesimales Element an einem geraden Wandabschnitt eines offenen Querschnitts mit Flächenschwerpunkt FSP und Schubmittelpunkt SMP

maximale Schubspannung $\tau_{\max}$ durch Gl. (4.66) ersetzen, erhalten wir für die Verwölbung eines Wandabschnitts i in Abhängigkeit von den Koordinaten s_i und z_i

$$\frac{\partial u_i}{\partial s_i} = \frac{2\,T}{GI_T}\,z_i - r_{\perp_i}\,\vartheta' \,. \tag{4.80}$$

Nach Gl. (4.61) können wir zudem die Verdrillung ϑ' ersetzen. Es ergibt sich

$$\frac{\partial u_i}{\partial s_i} = \frac{T}{GI_T}\,(2\,z_i - r_{\perp_i}) = -\frac{T\,r_{\perp_i}}{GI_T}\left(1 - \frac{2\,z_i}{r_{\perp_i}}\right)\,. \tag{4.81}$$

Die vorherige Beziehung werden wir nachfolgend für zwei grundsätzlich unterschiedliche Fälle untersuchen, und zwar für Profile, bei denen die Profilmittellinien sich entweder alle im Schubmittelpunkt schneiden oder keinen gemeinsamen Schnittpunkt besitzen. Dies entscheidet darüber, ob die Hebel $r_{\perp_i}$ der einzelnen Wandabschnitte teilweise ungleich null sind (kein gemeinsamer Schnittpunkt) oder alle gleichzeitig verschwinden (gemeinsamer Schnittpunkt im Schubmittelpunkt).

Beginnen wir unsere Untersuchung mit dem in Abb. 4.25a) dargestellten dünnwandigen U-Profil mit konstanter Dicke t. Die Profilmittellinien besitzen hier keinen gemeinsamen Schnittpunkt; jeder Hebel $r_{\perp_i}$ eines Wandabschnitts ist ungleich null. Das Profil ist mit einem Torsionsmoment T belastet. Die in Abb. 4.25a) angegebenen Größen dürfen als bekannt vorausgesetzt werden. Nach Gl. (4.64) ergibt sich das Torsionsflächenmoment für das Profil zu

$$I_T = \frac{2\,a\,t^3}{3} \,. \tag{4.82}$$

Die Verschiebung in Trägerlängsachse erhalten wir durch Integration von Gl. (4.81). Starten wir mit dem oberen Flansch, für den wir die Koordinate s_1 einführen. Der Abstand zum Schubmittelpunkt beträgt $r_{\perp_1} = \frac{a}{2}$. Wenn wir an der Stelle $s_1 = 0$,

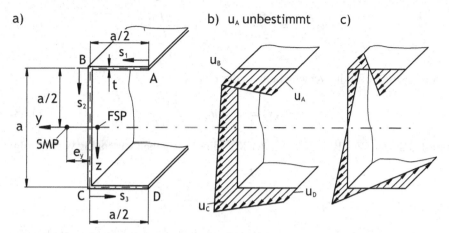

Abb. 4.25 a) U-Profil mit Flächenschwerpunkt FSP und Schubmittelpunkt SMP, b) qualitativer Verlauf der Verwölbung bei nicht bestimmter Integrationskonstante u_A und c) bei bekannter Integrationskonstante u_A

$z_1 = 0$ die Verschiebung u_A als Integrationskonstante wählen, resultiert

$$u_1(s_1, z_1) = -\frac{3T}{4Gt^3}\left(1 - \frac{4z_1}{a}\right)s_1 + u_A . \tag{4.83}$$

Die Verschiebung ist sowohl von s_1 als auch von z_1 abhängig. Wir können diese Gleichung allerdings vereinfachen; denn die Koordinate z_1 schwankt zwischen der Flanschober- und -unterseite (d. h. es gilt $-\frac{t}{2} \leq z_1 \leq \frac{t}{2}$). Da jedoch die Wanddicke t vernachlässigbar klein im Vergleich zur Abmessung a ist, ergibt sich wegen $t \ll a$ auch $|z_1| \ll a$ und deshalb

$$u_1(s_1, z_1) \approx -\frac{3T}{4Gt^3}s_1 + u_A = u_1(s_1) . \tag{4.84}$$

Beim dünnwandigen Profil ist also die Verwölbung unabhängig von der Koordinate in Dickenrichtung. Die Verschiebung in der Ecke B resultiert aus

$$u_B = u_1(s_1 = \frac{a}{2}) = u_A - \frac{3Ta}{8Gt^3} . \tag{4.85}$$

Für den Steg führen wir die Laufkoordinate s_2 ein. Die Integration von Gl. (4.81) ergibt nun (unter Berücksichtigung von $r_{\perp_2} = -e_y$ und $|z_2| \ll a$)

$$u_2(s_2) = \frac{3Te_y}{2Gt^3a}s_2 + u_B . \tag{4.86}$$

Zu beachten ist, dass der Hebel e_y um den Schubmittelpunkt mit negativem Vorzeichen eingesetzt werden muss. Dies liegt daran, dass die Koordinate s_2 entgegen der positiv angenommenen Drehrichtung von ϑ verläuft. Mit $e_y = \frac{3}{16}a$ erhalten wir

$$u_2(s_2) = \frac{9\,T}{32\,G\,t^3}\,s_2 + \underbrace{u_A - \frac{3\,T\,a}{8\,G\,t^3}}_{=u_B}\,. \tag{4.87}$$

Somit resultiert für die Verschiebung in der Ecke C

$$u_C = u_2(s_2 = a) = u_A - \frac{3\,T\,a}{32\,G\,t^3}\,. \tag{4.88}$$

Für den dritten Wandabschnitt mit der Koordinate s_3 gehen wir analog vor. Es folgt

$$u_3(s_3) = -\frac{3\,T}{4\,G\,t^3}\,s_3 + \underbrace{u_A - \frac{3\,T\,a}{32\,G\,t^3}}_{=u_C}\,. \tag{4.89}$$

Damit haben wir die Längsverschiebungen auf allen Wandabschnitten in Abhängigkeit von der noch unbekannten Integrationskonstante u_A bestimmt. Die resultierenden Verschiebungen sind in Abb. 4.25b) dargestellt. Im Gegensatz zu den Beispielen zuvor, ist die dem Verlauf überlagerte konstante Verschiebung jetzt nicht so einfach zu erkennen. Wir können diese allerdings systematisch erarbeiten. Hierzu rufen wir uns in Erinnerung, dass für dünnwandige Profile in Gl. (4.81) die Abhängigkeit von der Koordinate z vernachlässigbar ist. Diese Beziehung untersuchen wir in einer anderen Form

$$\frac{\partial u}{\partial s} = -\frac{T\,r_\perp}{I_T\,G}\,. \tag{4.90}$$

Der Einfachheit halber haben wir den Index i für den jeweiligen Wandabschnitt weggelassen. Die Integration in s-Richtung liefert

$$u(x,s) = -\underbrace{\frac{T}{I_T\,G}}_{=\vartheta'(x)}\underbrace{\left(\int r_\perp\,\mathrm{d}s + \omega_0\right)}_{=u^*(s)} = -\vartheta'(x)\,u^*(s)\,. \tag{4.91}$$

Den Ausdruck in der Klammer bezeichnen wir als *Einheitsverwölbung* u^*, der sich aus dem unbestimmten Integral und der Integrationskonstante ω_0 der Einheitsverwölbung ergibt. Darüber hinaus haben wir die Abhängigkeit der Verschiebung u von der Trägerlängsachse x gekennzeichnet; denn tatsächlich verändert sich die Verschiebung entlang der x-Achse, wenn sich auch die Verdrillung $\vartheta' = \vartheta'(x)$ ändert.

Um nun die Integrationskonstante u_A zu ermitteln, nutzen wir die Bedingung, dass infolge einer Verwölbung grundsätzlich keine resultierende Kraft in x-Richtung im Querschnitt entstehen darf, wenn die Struktur lediglich durch eine Torsionsbeanspruchung beansprucht wird. Da die Summation aller Normalspannungen in x-Richtung über ihre Wirkungsfläche A die Resultierende N ergibt, gilt somit

$$N = \int_A \sigma_x\,\mathrm{d}A = 0\,. \tag{4.92}$$

Weil die untersuchten Torsionsträger wie Balkenstrukturen behandelt werden, vernachlässigen wir Querkontraktionseinflüsse (vgl. Kap. 3). Dann erhalten wir mit $\sigma_x = E\,\varepsilon_x = E\,\frac{\partial u}{\partial x}$

$$N = \int_A E\,\frac{\partial u}{\partial x}\,\mathrm{d}A = 0 \; . \tag{4.93}$$

Die Verschiebung u ist nach Gl. (4.91) bestimmt. Weil die Abhängigkeit von der x-Koordinate lediglich durch die Verdrillung ϑ' berücksichtigt werden muss (das Trägerprofil ändert sich nicht in x-Richtung), ergibt die partielle Ableitung der Verschiebung u

$$\frac{\partial u}{\partial x} = -\frac{\partial}{\partial x}\,(\vartheta'(x))\left(\int r_\perp \mathrm{d}s + \omega_0\right) = -\vartheta''\,u^* \; . \tag{4.94}$$

Wird dies in Gl. (4.93) eingesetzt, ergibt sich

$$-E\,\vartheta'' \int_A \left(\int r_\perp \mathrm{d}s + \omega_0\right)\mathrm{d}A = 0 \quad \Leftrightarrow \quad \int_A u^*\,\mathrm{d}A = 0 \; . \tag{4.95}$$

Zu beachten ist dabei, dass diese Gleichung nicht nur für offene, sondern auch für geschlossene Profile gilt. Damit steht generell ein systematisches Vorgehen zur Bestimmung der unbekannten Integrationskonstante in der Verwölbungsfunktion zur Verfügung.

Wir erhalten also eine Bestimmungsgleichung für die unbekannte Integrationskonstante u_A, wenn wir die Einheitsverwölbung u^* über der gesamten Profilfläche integrieren. Für das betrachtete U-Profil kennen wir die Einheitsverwölbung wegen $u_i^* = -\frac{u_i}{\vartheta'}$ mit $\vartheta' = \frac{T}{G\,I_T} = \frac{3T}{2G\,a\,t^3}$

$$u_1^*(s_1) = \frac{a}{2}\,s_1 - \frac{u_A}{\vartheta'} \; , \tag{4.96}$$

$$u_2^*(s_2) = -\frac{3\,a}{16}\,s_2 + \frac{a^2}{4} - \frac{u_A}{\vartheta'} \; , \tag{4.97}$$

$$u_3^*(s_3) = \frac{a}{2}\,s_3 + \frac{a^2}{16} - \frac{u_A}{\vartheta'} \; . \tag{4.98}$$

Damit ergibt sich aus Gl. (4.95)

$$t\left(\int_0^{\frac{a}{2}} u_1^*\,\mathrm{d}s_1 + \int_0^a u_2^*\,\mathrm{d}s_2 + \int_0^{\frac{a}{2}} u_3^*\,\mathrm{d}s_3\right) = a\,t\left(\frac{10}{32}a^2 - \frac{2\,u_A}{\vartheta'}\right) = 0$$

$$\Rightarrow \quad u_A = \frac{15\,T\,a}{64\,G\,t^3} \; . \tag{4.99}$$

Die sich ergebende Verwölbung ist in Abb. 4.25c) dargestellt. Es ist ersichtlich, dass die Verwölbung auf der Symmetrieachse verschwindet und einen antimetrischen Verlauf aufweist. Dies gilt auch für die im vorherigen Unterabschnitt berechneten geschlossenen Profile und darf in dieser Form auf Symmetrieachsen verallgemeinert werden.

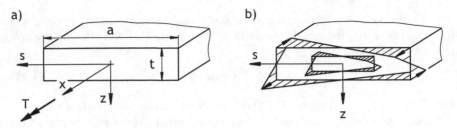

Abb. 4.26 a) Dünnwandiger rechteckiger Vollquerschnitt unter Torsionslast T und b) seine Verwölbung exemplarisch dargestellt auf dem Rand und einmal im Innern

Das zuvor beschriebene Vorgehen haben wir abgeleitet, indem wir die Gleichungen für offene dünnwandige Profile untersucht haben, bei denen sich die Profilmittellinien nicht in einem gemeinsamen Punkt schneiden. Als Folge treten Abstände $r_{\perp i}$ um den gemeinsamen Schubmittelpunkt auf. Schneiden sich allerdings alle Profilmittellinien eines Querschnitts mit abschnittsweise geraden Wandabschnitten in einem Punkt, so stellt der Schnittpunkt zugleich den Schubmittelpunkt dar (vgl. Unterabschnitt 5.2.3). In diesem Fall tritt auch keine Verwölbung auf und das Profil ist wölbfrei. Um dies auch rechnerisch zu zeigen, untersuchen wir Gl. (4.81) mit $r_\perp = 0$ für einen dünnwandigen rechteckigen Vollquerschnitt nach Abb. 4.26a)

$$\frac{\partial u}{\partial s} = \frac{T}{I_T\,G}(2\,z - \underbrace{r_\perp}_{=0}) = \frac{2\,T}{I_T\,G}\,z\ . \tag{4.100}$$

Das Torsionsflächenmoment ist nach Gl. (4.64) $I_T = \frac{1}{3}a\,t^3$. Die Integration liefert

$$u(s,z) = \frac{6\,T}{a\,t^3\,G}\,zs\ . \tag{4.101}$$

Wir haben dabei beachtet, dass die Verwölbung auf den Symmetrieachsen verschwindet. Die Integrationskonstante haben wir daher zu null gesetzt. Die resultierende Verwölbung ist in Abb. 4.26b) dargestellt. Diese tatsächlich auftretende

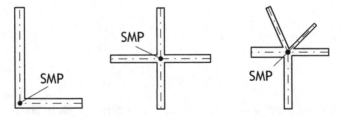

Abb. 4.27 Wölbfreie Profile mit gemeinsamen Schnittpunkt der Profilmittellinien im Schubmittelpunkt (SMP) unter der Annahme von Dünnwandigkeit

Verwölbung ist allerdings so lange vernachlässigbar, wie die Wanddicke t sehr viel kleiner ist als die anderen Abmessungen des Profils, d. h. für $t \ll a$. Die auftretenden Wölbspannungen sind dann signifikant geringer als die gewöhnlich auftretenden Normalspannungen und daher vernachlässigbar. Es sei hier allerdings ausdrücklich darauf hingewiesen, dass wir auf keinen Fall von Wölbfreiheit bei rechteckigen oder quadratischen Vollquerschnitten ausgehen dürfen, wenn diese nicht dünnwandig sind. Zusammenfassend gilt damit für dünnwandige offene Profile, bei denen sich alle Profilmittellinien im Schubmittelpunkt schneiden, dass sie wölbfrei und damit wölbspannungsfrei sind. Beispielhaft sind in Abb. 4.27 einige Profile skizziert, auf die die genannten Voraussetzungen zutreffen.

Beispiel 4.8 Das in Abb. 4.28a) skizzierte I-Profil ist durch ein Torsionsmoment T belastet. Die resultierende Verwölbung soll für das Profil ermittelt werden.

Gegeben Torsionsmoment T; Abmessungen h und b; Schubmodul G; Lage des Schubmittelpunktes nach Abb.4.28a)

Gesucht Berechnen Sie die Verwölbung u für das I-Profil.

Lösung Beim gegebenen I-Profil handelt es sich um einen doppeltsymmetrischen Querschnitt, bei dem der Flächenschwerpunkt mit dem Schubmittelpunkt zusammenfällt. Auf den beiden Symmetrielinien verschwinden die Verwölbungen, was wir bei der Integration von Gl. (4.90) zur Bestimmung unserer Integrationskonstante verwenden werden. Wir führen im oberen Bereich des Profils die Koordinaten s_1 und s_2 nach Abb. 4.28a) ein und starten mit der Integration in s_1-Richtung. Unter Beachtung von $I_T = t^3 (h + 2b)$ und $r_{\perp_1} = \frac{b}{2}$ folgt

$$u_1(s_1) = -\frac{T}{2\,t^3\,G}\frac{s_1}{1 + \frac{2b}{h}} + u_0 \ .$$

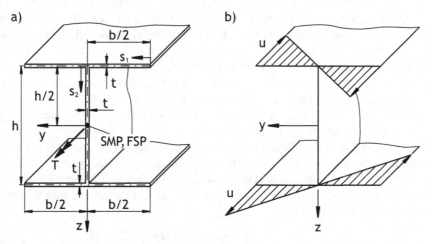

Abb. 4.28 a) Dünnwandiges I-Profil unter Torsionsbelastung T mit Flächenschwerpunkt FSP und Schubmittelpunkt SMP, b) resultierende Verwölbung

Da auf der Symmetrieachse bei $s_1 = \frac{b}{2}$ die Verwölbung u_1 verschwindet, resultiert

$$u_1(s_1) = \frac{T\,b}{4\,t^3\,G} \frac{1 - \frac{2\,s_1}{b}}{1 + \frac{2\,b}{h}} \; . \tag{4.102}$$

Wenn wir den Bereich der Koordinate s_2 betrachten, so fällt auf, dass der Hebel $r_{\perp_2}$ null ist, weshalb die Verwölbung in diesem Bereich konstant sein muss und der Verwölbung aus Bereich 1 bei $s_1 = \frac{b}{2}$ entspricht. Da dort allerdings eine Symmetrieachse liegt, ist demnach auch die Verwölbung im Bereich 2 null

$$u_2(s_2) = 0 \; .$$

Aufgrund der Symmetrieeigenschaften können wir die Verwölbung über dem Profil skizzieren; wir erhalten die Verformungen nach Abb. 4.28b).

4.4 Wölbkrafttorsion

Die Torsion nach de Saint-Venant ist nur dann anwendbar, wenn keine oder lediglich vernachlässigbare Wölbspannungen im Profil auftreten. Dies ist gewöhnlich der Fall, wenn Profile wölbfrei sind oder sie sich frei verformen können. Wird dagegen die freie Verwölbung eines Querschnitts z. B. durch eine Einspannung verhindert, entstehen gewöhnlich im Bereich der Einspannstelle Wölbspannungen. Aufgrund der antimetrischen Form der Verwölbung von Querschnitten stellen Wölbspannungen *Eigenkraftgruppen* dar, die weder eine resultierende Kraft noch ein resultierendes Moment erzeugen; allerdings führen sie zu einer Torsion des Trägers, die berücksichtigt werden muss.

Um den Einfluss von Wölbspannungen auf die Verformung von Trägern zu ermitteln, betrachten wir das I-Profil nach Abb. 4.29a), das in den Abbn. 4.29b) und c) sowohl bei freier als auch bei behinderter Verwölbung dargestellt ist. Es handelt sich jeweils um eine Ansicht auf den oberen Flansch in der x-y-Ebene. Bei freier Verwölbung kann sich der Träger ohne Behinderung in x-Richtung frei verformen (Abb. 4.29b)). Im Gegensatz dazu stellt sich eine zusätzliche Biegeverformung bei Torsion ein, wenn der Träger einseitig eingespannt ist (Abb. 4.29c)).

Um diesen Einfluss besser verstehen zu können, analysieren wir nun den I-Träger in Abb. 4.30a), wenn er einseitig eingespannt ist. Die freie Verwölbung des oberen Flansches wird jetzt allerdings infolge der Einspannung durch eine lineare Längsspannungsverteilung σ_x verhindert. Die Längsspannungsverteilung ist linear, da die Verwölbung linear entlang des oberen Flansches verläuft und in der Flanschmitte null ist (vgl. Abb. 4.30a)). Die Spannungen σ_x stehen in Beziehung zum Wölbmoment M_F gemäß Gl. (3.24)

$$\sigma_x(y) = -\frac{M_{bz}}{I_z}y = -\frac{M_F}{I_F}y \; . \tag{4.103}$$

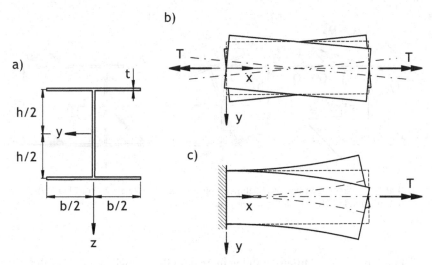

Abb. 4.29 a) Dünnwandiger I-Träger mit konstanter Wandstärke belastet mit dem Torsionsmoment T bei b) freier Verwölbung und c) Wölbbehinderung durch einseitige Einspannung

Die Größen des Flansches sind mit dem Index F gekennzeichnet. I_F ist das Flächenträgheitsmoment des oberen Flansches um die z-Achse. Der Übersichtlichkeit halber ist der Index z zur Kennzeichnung der Biegeachse bei den Flanschgrößen nicht aufgeführt.

Das im oberen Flansch auftretende Wölbmoment M_F verursacht eine Krümmung v'' des Flansches (vgl. Gl. (3.79))

$$v'' = \frac{M_F}{E\,I_F}\,. \tag{4.104}$$

Diese Krümmung kann nach Abb. 4.30b) mit der Verdrehung ϑ über die folgende geometrische Beziehung gekoppelt werden

$$v = \frac{h}{2}\,\vartheta\,. \tag{4.105}$$

Differenzieren wir Gl. (4.105) zweifach nach x und nutzen das Ergebnis in Gl. (4.104) zur Eliminierung von v'', erhalten wir

$$M_F = v''\,E\,I_F = E\,I_F\frac{h}{2}\,\vartheta''\,. \tag{4.106}$$

Da im Träger ein zweites gleich großes aber entgegengesetztes Wölbmoment auftritt (hier im unteren Flansch), wird das aus ihnen resultierende gegeneinander wirkende Momentenpaar auch als *Wölbbimoment* bezeichnet.

Verändert sich die Längsspannung in Trägerlängsrichtung, so führt dies ebenfalls zu einer Änderung des Biegemomentes M_F und letztlich auch zu einer Querkraft

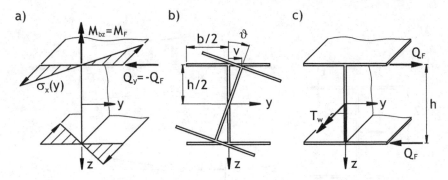

Abb. 4.30 a) Wölbspannungen bei Wölbbehinderung, b) Verhältnisse am I-Profil bei Wölbkraft-torsion, c) resultierendes Biegetorsionsmoment T_W

Q_F im Flansch. Aus der Differentialgleichung des Gleichgewichts (2.12) folgt

$$Q_y = -\frac{\mathrm{d}M_{bz}}{\mathrm{d}x} = -\frac{\mathrm{d}M_F}{\mathrm{d}x} = -E\,I_F\,\frac{h}{2}\,\vartheta''' = -Q_F\;. \qquad (4.107)$$

Im unteren Flansch tritt eine gleich große, jedoch entgegengesetzte Querkraft auf. Beide Querkräfte zusammen erzeugen ein über der Länge veränderliches Torsionsmoment (vgl. Abb. 4.30c)). Dieses Moment stellt das *Biegetorsionsmoment* T_W infolge der Wölbspannungen dar

$$T_W = -Q_F\,h = -E\,I_F\,\frac{h^2}{2}\,\vartheta''' = -E\,C_T\,\vartheta'''\;, \qquad (4.108)$$

das sich dem Torsionsmoment bei freier Verwölbung - d. h. dem Torsionsmoment nach de Saint-Venant - überlagert. In dieser Beziehung ist der Allgemeingültigkeit halber der *Wölbwiderstand* C_T eingeführt. Für das untersuchte I-Profil erhalten wir

$$C_T = I_F\,\frac{h^2}{2} = \frac{h^2\,t\,b^3}{24}\;. \qquad (4.109)$$

Wenn wir Torsionsmomente nach de Saint-Venant mit T_{SV} abkürzen, erhalten wir durch Überlagerung der beiden Torsionsanteile für das wirkende Torsionsmoment die *Differentialgleichung der Wölbkrafttorsion*

$$T = T_{SV} + T_W = G\,I_T\,\vartheta' - E\,C_T\,\vartheta'''\;. \qquad (4.110)$$

Es handelt sich um eine gewöhnliche Differentialgleichung 3. Ordnung für die Verdrehung ϑ, für die unter bestimmten Bedingungen eine allgemeine Lösung existiert. Zur einfacheren Handhabbarkeit formen wir Gl. (4.110) zunächst wie folgt um

$$\vartheta''' - \frac{G\,I_T}{E\,C_T}\vartheta' = -\frac{T}{E\,C_T}\,. \qquad\qquad (4.111)$$

Darüber hinaus machen wir noch die Differentialgleichung mit Hilfe der Koordinatentransformation $\xi = \frac{x}{l}$ dimensionslos. Dabei stellt ξ die auf die untersuchte Trägerlänge l bezogene Längskoordinate x dar. Wegen

$$\vartheta' = \frac{d\vartheta}{dx} = \frac{d\vartheta}{d\xi}\frac{d\xi}{dx} = \frac{1}{l}\frac{d\vartheta}{d\xi}\,, \quad (4.112) \qquad\qquad \vartheta''' = \frac{1}{l^3}\frac{d^3\vartheta}{d\xi^3}\,, \qquad (4.113)$$

erhalten wir aus Gl. (4.111)

$$\frac{d^3\vartheta}{d\xi^3} - \underbrace{\frac{G\,I_T\,l^2}{E\,C_T}}_{=\chi^2}\frac{d\vartheta}{d\xi} = -\frac{T\,l^3}{E\,C_T} = -\mu \quad \Leftrightarrow \quad \frac{d^3\vartheta}{d\xi^3} - \chi^2\frac{d\vartheta}{d\xi} = -\mu\,. \quad (4.114)$$

Die Lösung dieser Differentialgleichung setzt sich aus einem homogenen und einem partikulären Anteil zusammen. Die homogene Lösung ϑ_h bei konstanten Material- und Querschnittsgrößen ist

$$\vartheta_h(\xi) = C_1\,e^{\chi\xi} + C_2\,e^{-\chi\xi} + C_3\,. \qquad\qquad (4.115)$$

Für die partikuläre Lösung ϑ_p ergibt sich bei konstantem Torsionsmoment über die Länge l

$$\vartheta_p(\xi) = \frac{\mu}{\chi^2}\xi\,. \qquad\qquad (4.116)$$

Folglich resultiert

$$\vartheta(\xi) = C_1\,e^{\chi\xi} + C_2\,e^{-\chi\xi} + C_3 + \frac{\mu}{\chi^2}\xi\,. \qquad\qquad (4.117)$$

In dieser Lösung kommen die noch unbekannten Integrationskonstanten C_1, C_2 und C_3 vor. Diese können über die Randbedingungen ermittelt werden. Als Randbedingungen können die in Abb. 4.31 dargestellten Fälle Berücksichtigung finden. Bei einem eingespanntem Trägerende verschwindet sowohl die Verdrehung ϑ als auch die Verdrillung ϑ', d.h. es gilt $\vartheta = 0$ und $\vartheta' = 0$. Ist das Trägerende frei, so verschwindet die Änderung der Verdrillung ϑ''.

Damit können wir nun das anfangs untersuchte I-Profil berechnen. Wir nehmen eine Belastung nach Abb. 4.32 an, d. h. der Träger ist einseitig eingespannt und am freien Ende durch ein Torsionsmoment T belastet. Folglich resultieren die Randbedingungen am linken Rand zu

$$\vartheta(0) = 0\,, \qquad (4.118) \qquad\qquad \vartheta'(0) = 0\,. \qquad (4.119)$$

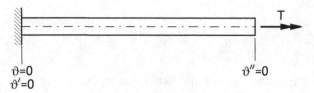

$$\vartheta = 0 \qquad\qquad\qquad\qquad\qquad\qquad \vartheta'' = 0$$
$$\vartheta' = 0$$

Abb. 4.31 Randbedingungen zur Bestimmung der Integrationskonstanten C_i bei Wölbkrafttorsion

Am rechten Rand gilt

$$\vartheta''(1) = 0 \ . \tag{4.120}$$

Um diese Randbedingungen nutzen zu können, müssen wir noch die 1. und 2. Ableitung nach x der Verdrehung aus Gl. (4.117) ermitteln. Es gilt

$$\vartheta'(\xi) = \frac{C_1 \chi}{l} e^{\chi \xi} - \frac{C_2 \chi}{l} e^{-\chi \xi} + \frac{\mu}{l \chi^2} \tag{4.121}$$

und

$$\vartheta''(\xi) = \frac{C_1 \chi^2}{l^2} e^{\chi \xi} + \frac{C_2 \chi^2}{l^2} e^{-\chi \xi} \ . \tag{4.122}$$

Mit den Randbedingungen nach den Gln. (4.118) und (4.119) erhalten wir für die Koeffizienten C_i

$$C_1 = -\frac{\mu}{\chi^3} \frac{e^{-\chi}}{e^{\chi} + e^{-\chi}} \ , \qquad (4.123) \qquad\qquad C_2 = -C_1 \, e^{2\chi} \ , \qquad (4.124)$$

$$C_3 = -\frac{\mu}{\chi^3} \tanh \chi \ . \tag{4.125}$$

Für die Verdrehung ϑ resultiert nach einigen Umformungen

$$\vartheta(\xi) = \frac{\mu}{\chi^3} \left[\chi \xi - \tanh \chi + \frac{\cosh (1 - \xi \chi)}{\cosh \chi} \right] \ . \tag{4.126}$$

Mit Hilfe dieser Verdrehung können ebenfalls das Torsionsmoment nach Saint-Venant T_{SV} und das Biegetorsionsmoment T_W ermittelt werden zu

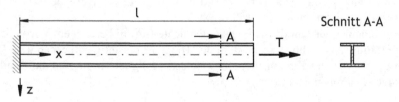

Abb. 4.32 Einseitig eingespannter I-Träger unter Torsionsbelastung T

$$T_{SV} = GI_T\,\vartheta' = \underbrace{\frac{GI_T\,\mu}{l\,\chi^2}}_{=T}\,(\tanh\chi\sinh\chi\xi - \cosh\chi\xi + 1) \qquad (4.127)$$

und

$$T_W = -EC_T\,\vartheta''' = -\underbrace{\frac{EC_T\,\mu}{l^3}}_{-T}\,(\tanh\chi\sinh\chi\xi - \cosh\chi\xi)\ . \qquad (4.128)$$

In Abb. 4.33 sind die beiden Anteile aus Saint-Venantscher Torsion und der Wölb-kraftorsion bezogen auf das Torsionsmoment T für unterschiedliche Werte von χ dargestellt. Beide Anteile addieren sich wegen Gl. (4.110) zum Gesamttorsionsmo-ment T, d. h. in der Abbildung zu eins. Es ist zu erkennen, dass Biegetorsionsmo-mente im Bereich der Einspannung auftreten und in Abhängigkeit von χ zum freien Ende verschieden stark abklingen. Dabei klingt das Biegetorsionsmoment vollstän-dig für $\chi = 20$ und $\chi = 10$ ab. Für konstante Querschnittswerte bedeutet dies, dass bei langen Trägern wegen $\chi \sim l$ Wölbspannungen auf den Einspannbereich beschränkt sind.

In der Differentialgleichung (4.111) für die Wölbkrafttorsion kommt der Wölb-widerstand C_T vor. In der vorherigen Untersuchung des I-Profils haben wir in an-schaulicher Form diesen Wölbwiderstand abgeleitet. Nachfolgend werden wir ein systematisches Vorgehen zur Ermittlung des Wölbwiderstands erarbeiten, das gene-rell bei Bekanntheit der Verwölbungen anwendbar ist. Hierzu betrachten wir erneut einen I-Träger nach Abb. 4.34a) und schneiden aus einem geraden Wandabschnitt

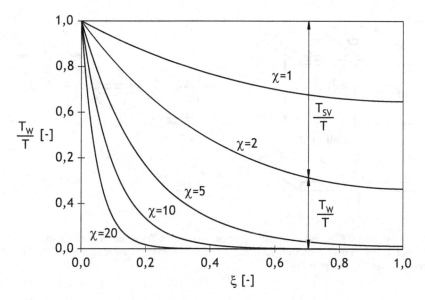

Abb. 4.33 Abklingverhalten des Biegetorsionsmomentes T_W

ein infinitesimales Element heraus. Unter Berücksichtigung einer freien Querkontraktion sowie eines sich nicht ändernden Querschnitts in x-Richtung, liefert das
Gleichgewicht in x-Richtung nach Abb. 4.34b)

$$\left(\sigma_x + \frac{\partial \sigma_x}{\partial x}dx\right)t(s)\,ds - \sigma_x\,t(s)\,ds - q\,t(s)\,dx + \left(q + \frac{\partial q}{\partial s}ds\right)t(s)\,dx = 0$$

(4.129)

$$\Leftrightarrow \quad \frac{\partial q}{\partial s} = -\frac{\partial \sigma_x}{\partial x}\,t(s)\;.$$

Diese Beziehung beschreibt den Zusammenhang zwischen dem Biegemoment - hier
dem Moment aus den Wölbspannungen - und den daraus resultierenden Schubflüssen im Querschnitt, d. h. wir erhalten eine Schubflussverteilung, wenn Wölbspannungen entstehen.

Wenn wir annehmen, dass infolge einer verhinderten Verwölbung aus den resultierenden Wölbspannungen zugleich eine Schubflussverteilung im Profil resultiert,
so können wir das Moment dT_W berechnen, das der Schubfluss auf einem infinitesimalen Wandabschnitt um den Schubmittelpunkt erzeugt. Die Integration über alle
Momente infolge der Schubflussverteilung führt wegen $du^* = r_\perp\,ds$ nach Gl. (4.95)
auf (vgl. dF in Abb. 4.34a))

$$T_W = \int_{T_W} dT_W = \int_F r_\perp\,dF = \int_s r_\perp\,q\,ds = \int_{u^*} q\,du^*\;.$$

(4.130)

Die partielle Integration über den Gesamtquerschnitt mit den Indizes a und e für
Anfang bzw. Ende des Querschnitts liefert

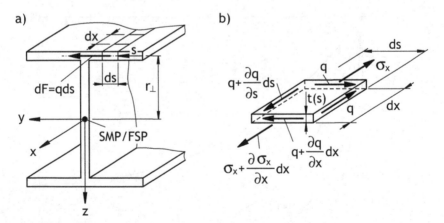

Abb. 4.34 a) Kraft dF auf infinitesimales Element an einem I-Träger mit Schubmittelpunkt SMP
und Flächenschwerpunkt FSP, b) herausgeschnittenes, vergrößertes infinitesimales Element mit
dazugehörigem Spannungszustand

$$T_W = \int_a^e q \, \mathrm{d}u^* = q \, u^* \Big|_a^e - \int_a^e u^* \mathrm{d}q = \underbrace{q_e \, u_e^* - q_a \, u_a^*}_{=0} - \int_a^e u^* \mathrm{d}q \;. \qquad (4.131)$$

Der Term $q \, u^*$ verschwindet dabei sowohl für offene als auch geschlossene Profile; denn bei offenen Profilen ist an den Querschnittsenden der Schubfluss immer null ($q_a = q_e = 0$) und bei geschlossenen ist das Produkt am Anfang und am Ende identisch ($q_a \, u_a^* = q_e \, u_e^*$). Das Biegetorsionsmoment T_W lässt sich daher bei konstantem Querschnitt in Längsrichtung mit Gl. (4.129) berechnen zu

$$T_W = -\int_a^e u^* \mathrm{d}q = -\int_a^e u^* \frac{\partial q}{\partial s} \mathrm{d}s = \int_a^e u^* \frac{\partial \sigma_x}{\partial x} t(s) \mathrm{d}s \;. \qquad (4.132)$$

Da hier nur Längsspannungen σ_x aus der Verwölbung resultieren, erhalten wir mit $\sigma_x = E \frac{\partial u}{\partial x}$ und $u = -u^*(s) \, \vartheta'(x)$ nach Gl. (4.91), die sowohl für offene als auch geschlossene Profile gilt,

$$T_W = \int_a^e u^* E \underbrace{\frac{\partial^2 u}{\partial x^2}}_{=-u^* \vartheta'''} \underbrace{t(s) \mathrm{d}s}_{=\mathrm{d}A} = -E \, \vartheta''' \int_A u^{*2} \mathrm{d}A \;. \qquad (4.133)$$

Vergleichen wir diese Beziehung mit Gl. (4.108), können wir den Wölbwiderstand wie folgt ablesen

$$C_T = \int_A u^{*2} \mathrm{d}A \;. \qquad (4.134)$$

Wir überprüfen diese Definition für den Wölbwiderstand anhand des zuvor untersuchten I-Profils. In Bsp. 4.8 haben wir bereits die Verwölbung ermittelt, die nur in den Flanschen linear variiert. Da das Profil symmetrisch ist, untersuchen wir nur die Verwölbungen des oberen Flansches. Wir können aus Gl. (4.102) wegen Gl. (4.91) die Einheitsverwölbung u^* bestimmen

$$u_1^* = -\frac{u_1(s_1)}{\vartheta'} = -\frac{b \, h}{4} \left(1 - \frac{2 \, s_1}{b}\right) \;. \qquad (4.135)$$

Der Wölbwiderstand kann berechnet werden, indem wir aufgrund der Symmetrie das Quadrat der Einheitsverwölbungen in beiden Flanschen gleichsetzen

$$C_T = \int_A u^{*2} \mathrm{d}A = 2 \int_{A_1} u_1^{*2} \mathrm{d}A_1 = \frac{b^2 h^2}{8} \int_0^b \left(1 - \frac{4 \, s_1}{b} + \frac{4 \, s_1^2}{b^2}\right) t \, \mathrm{d}s_1 = \frac{t \, b^3 \, h^2}{24} \;.$$

Dieses Ergebnis ist identisch mit dem in Gl. (4.109). Es steht eine allgemeingültige Beziehung zur Bestimmung des Wölbwiderstands basierend auf der Einheitsverwölbung zur Verfügung.

4.5 Zusammenfassung

Allgemeine Beziehungen

- Torsionsmoment

$$T = M_x + Q_y\, e_z - Q_z\, e_y$$

- Schubfluss

$$q = \tau(s)\, t(s)$$

- Maximale Schubspannung

$$\tau_{\max} = \frac{T}{W_T}$$

Wölbspannungsfreie Torsion nach Saint-Venant

- Verdrehwinkel $\Delta\vartheta$ ergibt sich aus der Integration der Verdrillung ϑ'

$$\vartheta' = \frac{T}{GI_T}\,, \qquad \Delta\vartheta = \int \frac{T}{GI_T}\mathrm{d}x$$

- Dünnwandige einzellige Querschnitte

$$q = \frac{T}{2\,A_m}\,, \qquad \tau(s) = \frac{T}{2\,A_m\, t(s)}\,, \qquad GI_T = \frac{4\,G\,A_m^2}{\oint \frac{1}{t}\mathrm{d}s}\,, \qquad \tau_{\max} = \frac{T}{2\,A_m\, t_{\min}}$$

- Vorgehen zur Berechnung dünnwandiger n-zelliger Profile

    - In jeder Zelle i wird ein konstanter Schubfluss q_i angesetzt.
    - Gesamttorsionsmoment T aus

$$T = \sum_{i=1}^{n} 2\,A_{m_i}\, q_i$$

    - Verdrillung jeder Zelle i

$$\vartheta_i' = \frac{1}{2\,A_{m_i}} \left(\oint_i \frac{q_i}{G_i\, t_i}\,\mathrm{d}s - \sum_{j \neq i} \int_{ij} \frac{q_j}{G_{ij}\, t_{ij}}\,\mathrm{d}s \right)$$

      mit Schubfluss q_j in angrenzender Zelle j, Index ij kennzeichnet Größen der Wand, die die Zellen i und j verbindet
    - Alle Verdrillungen sind gleich

$$\vartheta_1' = \vartheta_2' = \dots = \vartheta_n' = \vartheta'\,.$$

    - Resultierendes Gleichungssystem für q_i und ϑ' lösen.
    - Resultierende Schubflüsse $\tilde{q}_i$ in allen Zellwänden berechnen.

– Aus den berechneten Größen ergeben sich

$$GI_T = \frac{T}{\vartheta'} , \qquad \tau_i = \frac{\tilde{q}_i}{t_i} , \qquad \tau_{\max} = \max(\tau_1, \tau_2, \dots \tau_n)$$

- Dünnwandige zusammengesetzte offene Profile

$$I_T = \frac{1}{3} \sum_i h_i t_i^3 , \qquad W_T = \frac{1}{3} \frac{\sum_i h_i t_i^3}{t_{\max}} , \qquad \tau_{\max} = \frac{T}{I_T} t_{\max}$$

Verwölbung

- Dünnwandige geschlossene einzellige Querschnitte mit geraden Wandabschnitten konstanter Wandstärke t

$$u(s) = \frac{T}{2 G t A_m} \left(1 - \frac{r_\perp}{2 A_m} \oint \mathrm{d}s\right) s + u_0$$

- Dünnwandige offene Querschnitte

$$u(x,s) = -\vartheta'(x) \left(\int r_\perp \mathrm{d}s + \omega_0\right) = -\vartheta'(x) u^*(s)$$

- Bestimmung der Integrationskonstante u_0 bzw. ω_0 über verschwindende Verwölbung auf Symmetrieachsen des Profils. Bei unsymmetrischen Profilen über

$$\int_A u^* \, \mathrm{d}A = 0$$

Wölbkrafttorsion

- Differentialgleichung der Wölbkrafttorsion

$$T = T_{SV} + T_W = G I_T \vartheta' - E C_T \vartheta'''$$

- Lösung für einseitig eingespannten Träger unter Torsionslast T am freien Ende

$$\vartheta(\xi) = \frac{\mu}{\chi^3} \left[\chi \xi - \tanh \chi + \frac{\cosh(1 - \xi\chi)}{\cosh \chi}\right] ,$$

$$T_{SV} = T \,(\tanh \chi \sinh \chi\xi - \cosh \chi\xi + 1) , \qquad T_W = T - T_{SV}$$

mit

$$\xi = \frac{x}{l} , \qquad \chi = \sqrt{\frac{G I_T}{E C_T}}\, l , \qquad \mu = \frac{T l^3}{E C_T}$$

- Wölbwiderstand

$$C_T = \int_A u^{*2} \, \mathrm{d}A$$

4.6 Verständnisfragen

1. Welche beiden grundlegenden Theorien zur Beschreibung der Torsion unterscheidet man? Worin besteht ihr Hauptunterschied?

2. Wodurch unterscheiden sich das Schnittmoment M_x um eine Trägerlängsachse und das Torsionsmoment T?

3. Was ist die Verwölbung eines Profils?

4. Was versteht man unter der Torsionssteifigkeit und dem Torsionsflächenmoment?

5. Wo treten die maximalen Schubspannungen in dünnwandigen einzelligen Hohlquerschnitten auf? Welchen Verlauf haben die Schubspannungen über die Wanddicke?

6. Wo treten die maximalen Schubspannungen in zusammengesetzten dünnwandigen offenen Querschnitten auf? Welchen Verlauf haben die Schubspannungen über die Wanddicke?

7. Welche dünnwandigen Profile können als wölbfrei betrachtet werden?

8. Was sind Wölbspannungen und wo treten sie gewöhnlich auf?

9. Was beschreiben die Einheitsverwölbung und der Wölbwiderstand?

10. Wie sollte eine dünnwandige auf Torsion beanspruchte Struktur gestaltet sein, um eine hohe Torsionssteifigkeit zu erzielen?

Kapitel 5
Querkraftschub

Lernziele

Die Studierenden sollen für dünnwandige Träger unter Querkraftbelastung

- den Zusammenhang zwischen den Normalspannungen σ_x und den resultierenden Schubbeanspruchungen τ im Querschnitt erklären,
- die Schubspannungen τ bzw. Schubflüsse q in offenen und geschlossenen Querschnitten ermitteln können,
- die Verdrillfreiheit eines Profils definieren und erläutern und
- den Schubmittelpunkt von offenen und geschlossenen Profilen berechnen und seine Relevanz bzgl. Tragfähigkeit erklären sowie
- die Querschubzahlen κ_y, κ_z bestimmen können,
- die Verformung infolge der resultierenden Schubbeanspruchung ermitteln und zugleich abschätzen können, inwieweit eine Schub- im Vergleich zu einer Biegedeformation beachtet werden muss.

5.1 Einführung

In den Kap. 3 und 4 haben wir diejenigen Spannungen und Verformungen des Balkens untersucht, die direkt aus der Wirkung von Biege- und Torsionsmomenten resultieren. Allerdings wird ein Balken gewöhnlich auch durch Kräfte quer zur Balkenachse belastet, die Querkräfte verursachen (vgl. Schnittreaktionen am Balkenelement in Abschnitt 2.3). Querkräfte stellen die Komponenten der Schnittkräfte quer zur Balkenachse dar, die selbst wiederum Spannungen und Verformungen hervorrufen. Diesen Zusammenhang zwischen Querkräften und resultierenden Beanspruchungen werden wir hier näher untersuchen.

Querkräfte sind Resultierende einer am Balkenquerschnitt A wirkenden Schubspannungsverteilung

© Springer-Verlag Berlin Heidelberg 2015

M. Linke, E. Nast, *Festigkeitslehre für den Leichtbau*, DOI 10.1007/978-3-642-53865-0_5

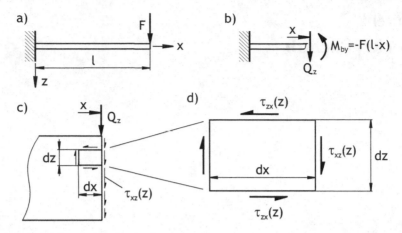

Abb. 5.1 a) Kragarm belastet mit Kraft F am freien Ende, b) resultierende Schnittreaktionen, c) qualitativ resultierende Schubspannungsverteilung τ_{xz} und d) rechteckiges inifinitesimales Element, das an den Schnittquerschnitt grenzt

$$Q_y = \int_A \tau_{xy}\,\mathrm{d}A\,, \qquad (5.1) \qquad\qquad Q_z = \int_A \tau_{xz}\,\mathrm{d}A\,. \qquad (5.2)$$

Beispielhaft wird dies hier anhand eines Kragarms nach Abb. 5.1a) verdeutlicht, der einen rechteckigen Querschnitt haben möge und der an seinem freien Ende durch eine Kraft F belastet ist. Die resultierenden Lasten in einem Schnitt x sind in Abb. 5.1b) dargestellt. Es tritt eine Querkraft Q_z in z-Richtung auf; die Querkraft senkrecht zu dieser ist null. Wird die auf dem Balkenquerschnitt A wirkende Schubspannungsverteilung τ_{xz}, die in Abb. 5.1c) auf der Schnittfläche qualitativ angedeutet ist, über der Querschnittsfläche aufaddiert bzw. integriert, ergibt sich die Querkraft Q_z als Resultierende. Schneiden wir ein infinitesimal kleines Element heraus, das an die Schnittfläche grenzt, so resultiert das in Abb. 5.1d) skizzierte Spannungselement. Aufgrund der Gleichheit der Schubspannungen (vgl. Gl. (2.29)) gilt

$$\tau_{zx} = \tau_{xz}\,. \qquad (5.3)$$

Da die parallel zur Balkenachse wirkenden Schubspannungen an der Balkenober- und -unterseite wegen der freien Oberflächen verschwinden müssen, ist die Schubspannungskomponente senkrecht zur freien Oberfläche immer null. Folglich wird sich ein nichtlinearer Schubspannungsverlauf zwischen den schubspannungsfreien Oberflächen einstellen. Die Bestimmung dieses Schubspannungsverlaufs sowie die daraus resultierende Verformung wird in diesem Kapitel für typische im Leichtbau vorzufindende Profile untersucht. Zu beachten ist dabei, dass die in Kap. 3 für Biegebalken getroffenen Annahmen auch hier weistestgehend gelten, d. h. wir setzen voraus, dass die Normalspannungsverteilung σ_x, die wir auch als Längsspannungsverteilung bezeichnen, linear ist. Darüber hinaus gehen wir grundsätzlich davon aus, dass die Belastungen im Hauptachsensystem vorliegen. Alle in diesem Kapitel verwendeten Koordinatensysteme stellen also Hauptachsensysteme dar.

5.2 Dünnwandige offene Querschnitte

Den Einfluss von Querkraftschub betrachten wir zunächst für Träger mit dünnwandigen offenen Querschnitten, deren Profilform entlang der Trägerachse sich nicht ändert. Dabei liegt ein offener Querschnitt vor, wenn die Profilmittellinie keine geschlossene Kurve beschreibt, d. h. durch einen Schnitt durch eine beliebige Wand entstehen zwei voneinander getrennte Teilquerschnitte. Da Leichtbauprofile gewöhnlich aus dünnen Teilquerschnitten wie rechteckigen Flächenstücken aufgebaut sind, untersuchen wir zunächst einfache symmetrische Vollquerschnitte, um auf deren Basis typische Leichtbauprofile berechnen zu können.

5.2.1 Symmetrische Vollquerschnitte

Die Schubspannungsverteilung untersuchen wir nachfolgend für Balken mit symmetrischen Vollquerschnitten, bei denen die Querkraft in Richtung der Symmetrielinie wirkt, die wir hier als z-Achse bezeichnen. In diesem Fall resultiert ein Biegemoment M_{by} um die y-Achse, die zugleich Hauptachse ist, d. h. es liegt gerade Biegung vor.

Wir starten unsere Betrachtungen an einem elliptischen Profil, das in Abb. 5.2a) mit einem qualitativen Schubspannungsverlauf infolge der Querkraft Q_z dargestellt ist. Auf dem Querschnittsrand muss die Schubspannung parallel zur Berandung verlaufen, da infolge der Gleichheit der Schubspannungen die Balkenoberfläche schubspannungsfrei sein muss. Auf der Symmetrieachse wirkt die Schubspannung vertikal, und auf Ober- wie Unterseite des Balkens bei $y = 0$ muss sie wiederum infolge der Gleichheit der Schubspannung verschwinden.

Um quantitative Aussagen treffen zu können, gehen wir davon aus, dass die Schubspannungskomponente τ_{xz} in Richtung der wirkenden Querkraft Q_z nur von der z-Koordinate abhängt, d. h. auf Profilschnitten senkrecht zur anliegenden Querkraft konstant ist. Wir schneiden einen Trägerabschnitt mit der Stirnfläche A^* aus dem elliptischen Profil nach den Abb. 5.2a) und b) heraus und untersuchen das Kräftegleichgewicht in x-Richtung. Bemerkt sei, dass wir die Vorzeichenkonventionen für Schnittkräfte sowie -momente nach Abschnitt 2.3 und für Spannungen nach Unterabschnitt 2.4.1 verwenden.

Die Normalspannung ändert sich entlang eines Trägerabschnitts dx, weshalb wir für die Änderung der Spannung $\sigma_x(x_0, z)$ mit $x_0 = x + dx$ eine Taylor-Reihenentwicklung, die nach dem linearen Glied abgebrochen ist (vgl. Abschnitt 10.1), ansetzen

$$\sigma_x(x_0, z) = \sigma_x(x + dx, z) \approx \sigma_x(x, z) + \frac{\partial \sigma_x(x, z)}{\partial x} dx \ . \tag{5.4}$$

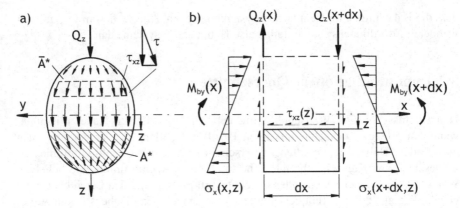

Abb. 5.2 a) Qualitative Schubspannungsverteilung im elliptischen Querschnitt, b) wirkende Kraftgrößen an einem Trägerabschnitt der Länge dx

Wenn wir das Kräftegleichgewicht in x-Richtung untersuchen, müssen wir die Normalspannungen σ_x über die betrachtete Fläche A^* (schraffierte Fläche in Abb. 5.2a)) integrieren, da diese Spannungen infolge der Biegung in Abhängigkeit von der Koordinate z variieren

$$\sum_i F_{ix} = 0 \;\Leftrightarrow\; \int_{A^*} \sigma_x(x+\mathrm{d}x, z)\,\mathrm{d}A - \int_{A^*} \sigma_x(x, z)\,\mathrm{d}A - \tau_{xz}(z)\,b(z)\,\mathrm{d}x = 0 \;. \quad (5.5)$$

Die Breite des Querschnitts, auf dem die Schubspannung $\tau_{xz}(z)$ wirkt, bezeichnen wir dabei mit $b(z)$. Wir erhalten aus dem Gleichgewicht nach Gl. (5.5)

$$\tau_{xz}(z) = \frac{1}{b(z)} \int_{A^*} \frac{\partial \sigma_x(x, z)}{\partial x}\,\mathrm{d}A = \frac{1}{b(z)} \int_{A^*} \frac{\partial \sigma_x}{\partial x}\,\mathrm{d}A \;. \quad (5.6)$$

Bei gerader Biegung um die y-Achse erhalten wir nach Gl. (3.24) mit N, $M_{bz}=0$ und wegen $\frac{\partial M_{by}}{\partial x} = \frac{\mathrm{d}M_{by}}{\mathrm{d}x} = Q_z$ nach Gl. (2.7)

$$\sigma_x = \frac{M_{by}}{I_y}\,z \quad \Rightarrow \quad \frac{\partial \sigma_x}{\partial x} = \frac{z}{I_y}\,\frac{\partial M_{by}}{\partial x} = \frac{z}{I_y}\,\frac{\mathrm{d}M_{by}}{\mathrm{d}x} = \frac{Q_z}{I_y}\,z \;. \quad (5.7)$$

Das partielle Differential haben wir durch das totale ersetzt, da das Biegemoment nur von x abhängt. Setzen wir dieses Ergebnis in Gl. (5.6) ein, resultiert

$$\tau_{xz}(z) = \frac{Q_z}{b(z)\,I_y} \int_{A^*} z\,\mathrm{d}A = \frac{Q_z}{b(z)\,I_y}\,S_y^*(z) \;. \quad (5.8)$$

Das Integral stellt das Statische Moment S_y^* (vgl. Gl. (3.31)) der Teilfläche A^* dar, das in Abhängigkeit von der untersuchten Stelle z, an der wir die vertikale Schubspannung τ_{xz} ermitteln, variiert. Folglich ist der Verlauf der vertikalen Schubspan-

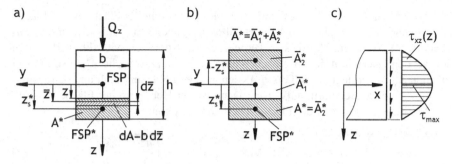

Abb. 5.3 a) Rechteckquerschnitt unter Querkraftbelastung Q_z mit Flächenschwerpunkt FSP* der Teilfläche A^*, b) Rechteckquerschnitt unterteilt in 3 Teilflächen zur Ermittlung des Statischen Momentes und c) resultierender quadratischer Schubspannungsverlauf

nungskomponente τ_{xz} durch das Statische Moment unterhalb der Stelle z und durch die Breite des Profils an dieser Stelle gemäß Gl. (5.8) festgelegt. Zur Kennzeichnung der Abhängigkeit des Statischen Moments von der Koordinate z bzw. der betrachteten Teilfläche A^* benutzen wir den hochgestellten Index $*$.

Anzumerken ist, dass bei Betrachtung der Schubspannung an der gegenüberliegenden Schnittfläche (vgl. $\bar{A}^*$ in Abb. 5.2a)) sich das Vorzeichen von Gl. (5.8) ändert. Da allerdings der Querschnittsteil oberhalb der Stelle z untersucht werden muss und das Statische Moment dieser Fläche negativ ist, erhalten wir wieder die vertikale Schubspannungskomponente mit dem gleichen Vorzeichen. Diesen Sachverhalt werden wir nachfolgend wieder aufgreifen.

Wir untersuchen nun exemplarisch den in Abb. 5.3a) skizzierten Rechteckquerschnitt. Die Querkraft möge in positive z-Richtung weisen und den Betrag Q_z besitzen. Die Höhe h und die Breite b sind bekannt. Das Flächenträgheitsmoment beträgt somit $I_y = \frac{1}{12} b h^3$. Das Statische Moment S_y^* können wir mit Hilfe der Integration über die Fläche A^* ermitteln

$$S_y^*(z) = \int_{A^*} z \underbrace{\mathrm{d}A}_{=b\,\mathrm{d}\bar{z}} = b \int_z^{\frac{h}{2}} \bar{z}\,\mathrm{d}\bar{z} = b \left[\frac{\bar{z}^2}{2}\right]_z^{\frac{h}{2}} = \frac{b}{2}\left(\frac{h^2}{4} - z^2\right) . \tag{5.9}$$

Alternativ können wir das Statische Moment S_y^* auffassen als das Produkt aus Fläche A^* und Flächenschwerpunktsabstand z_s^* (vgl. Abb. 5.3a)), da gilt (vgl. Gl. (3.39))

$$z_s^* A^* = \int_{A^*} z\,\mathrm{d}A . \tag{5.10}$$

Mit dem Schwerpunktsabstand $z_s^* = \frac{1}{2}\left(\frac{h}{2} + z\right)$ und der Teilfläche $A^* = b\left(\frac{h}{2} - z\right)$ resultiert das gleiche Ergebnis wie nach Gl. (5.9)

$$S_y^*(z) = z_s^* A^* = \frac{1}{2}\left(\frac{h}{2} + z\right) b \left(\frac{h}{2} - z\right) = \frac{b}{2}\left(\frac{h^2}{4} - z^2\right) . \tag{5.11}$$

Würden wir zur Berechnung des Statischen Momentes statt der Fläche A^* die Fläche $\bar{A}^*$ verwenden, so erhielten wir betragsmäßig das gleiche Ergebnis jedoch mit umgekehrten Vorzeichen. Um dies zu verdeutlichen, betrachten wir Abb. 5.3b), nach der wir den Querschnitt in 3 Teilflächen untergliedern. Die Fläche $\bar{A}^*$ ist so in zwei Flächen $\bar{A}_1^*$, $\bar{A}_2^*$ zerlegt, dass $\bar{A}_2^*$ und A^* den gleichen Flächeninhalt und betragsmäßig den gleichen Hebelarm aufweisen. Dann ist der Hebelarm der Fläche $\bar{A}_1^*$ null. Das Statische Moment $\bar{S}_y^*$ der Fläche $\bar{A}^*$ erhalten wir somit zu

$$\bar{S}_y^*(z) = 0 \cdot \bar{A}_1^* - z_s^* \, \bar{A}_2^* = -z_s^* \, A^* = -\frac{b}{2}\left(\frac{h^2}{4} - z^2\right) . \tag{5.12}$$

Das Statische Moment der gegenüberliegenden Fläche $\bar{A}^*$ hat erwartungsgemäß den gleichen Betrag jedoch das umgekehrte Vorzeichen.

Wir berücksichtigen das Statische Moment nach Gl. (5.11) in Gl. (5.8). Es folgt die Schubspannung mit der Querschnittsfläche $A = b\,h$ zu

$$\tau_{xz}(z) = \frac{Q_z \, S_y^*(z)}{b \, I_y} = \frac{6\,Q_z}{b\,h^3}\left(\frac{h^2}{4} - z^2\right) = \frac{3}{2}\frac{Q_z}{A}\left(1 - 4\frac{z^2}{h^2}\right) . \tag{5.13}$$

Für schmale Rechteckprofile können wir voraussetzen, dass die resultierende Schubspannung τ, die sich aus den Komponenten τ_{xz} und τ_{yz} zusammensetzt, parallel zur seitlichen Berandung verläuft und somit der vertikalen Schubspannungskomponente τ_{xz} entspricht (d. h. $\tau_{xy} \approx 0$). Wir erhalten daher

$$\tau(z) = \tau_{xz}(z) = \frac{3}{2}\frac{Q_z}{A}\left(1 - 4\frac{z^2}{h^2}\right) . \tag{5.14}$$

Der Verlauf ist in Abb. 5.3c) dargestellt. Generell geben wir die Wirkungsrichtung der Schubspannung mit den Pfeilen an. Der Schubspannungswert ist über der Höhe qualitativ grafisch skizziert. Es ist zu erkennen, dass der Verlauf quadratisch von z abhängt. Der Maximalwert wird auf der neutralen Faserschicht erreicht. Wegen der freien Oberfläche verschwindet die Schubspannung auf der Ober- und Unterseite.

Zu beachten ist, dass der oben ermittelte, über der Breite konstante Schubspannungsverlauf eine gute Näherung für schmale Rechteckprofile ist. Dies lässt sich aus genaueren Analysen ableiten, die im Abschnitt 10.3 ausführlicher beschrieben sind. Hier stellen wir die Ergebnisse dieser Untersuchungen in Form eines Korrekturfaktors η_Q für die Schubspannungen an der Stelle $z = 0$ des Rechteckprofils nach Tab. 5.1 dar, wo die Schubspannung maximal wird. Für die referenzierten Stellen gilt mit dem Korrekturfaktor η_Q

$$\tau_{xz}(z = 0) = \eta_Q \, \frac{3}{2}\frac{Q_z}{A} . \tag{5.15}$$

Es ist zu erkennen, dass für schmale Träger, d. h. ab einem Seitenverhältnis von $\frac{h}{b} > 2$, die Abweichung einer als konstant über der Breite angenommenen Schubspannungsverteilung im Vergleich zum exakten Ergebnis gering ist.

Tab. 5.1 Korrekturfaktor η_Q für die Schubspannung infolge Querkraft an verschiedenen Positionen (FSP, B) eines Rechteckquerschnitts mit Seitenverhältnis $\frac{h}{b}$ und $\nu = 0,3$

$\frac{h}{b}$	∞	4	2	1	$\frac{1}{2}$	$\frac{1}{4}$
FSP	1	0,995	0,981	0,931	0,834	0,775
B	1	1,010	1,038	1,146	1,457	2,140

Wir betrachten noch einmal Gl. (5.14), und zwar um abzuschätzen, inwieweit die Schubspannung bei der Dimensionierung berücksichtigt werden muss; denn der Querkraftschub ist das Resultat einer Biegebeanspruchung und tritt mit dieser zusammen auf. Hierzu untersuchen wir den Kragarm nach Abb. 5.1a) unter den Annahmen, dass der Träger ein Rechteckprofil mit Höhe h sowie Breite b besitzt und dass es sich um einen langen, schlanken Balken handelt (d. h. $h, b \ll l$). Die maximale Schubspannung ergibt sich auf der neutralen Faser nach Gl. (5.14) zu

$$\tau_{\max} = \tau_{xz}(z=0) = \frac{3}{2}\frac{Q_z}{A} = \frac{3}{2}\frac{F}{bh} \ .$$

Die maximale Normalspannung erhalten wir in der Einspannung an der Ober- und Unterseite des Balkens nach Gl. (3.26)

$$|\sigma_b|_{\max} = \frac{|M_{b\max}|}{I_y}|z|_{\max} = \frac{6Fl}{bh^2} \ .$$

Setzen wir beide Maximalspannungen ins Verhältnis, resultiert

$$\frac{\tau_{\max}}{|\sigma_b|_{\max}} = \frac{h}{4l} \ll 1 \ .$$

Folglich wird die Schubspannung nur für sehr kurze Balken in die Größenordnung der Normalspannung kommen. Sie ist bei Vollquerschnitten somit gegenüber der Biegebeanspruchung vernachlässigbar, und zwar solange schlanke Balken untersucht werden.

5.2.2 Querschnitte mit beliebig geformter Profilmittellinie

Wir haben im vorherigen Unterabschnitt gesehen, dass bei Vollquerschnitten die Normalspannung σ_x nahezu ausschließlich die dimensionerende Größe bei Querkraftbiegung ist und dass die infolge einer Querkraft entstehenden Schubspannungen gewöhnlich vernachlässigbar sind. Bei dünnwandigen Profilen des Leichtbaus trifft dies jedoch häufig nicht mehr zu; wir müssen i. Allg. den Schubspannungsanteil beachten, da signifikante Schubspannungsbeanspruchungen im Bereich maximaler Längsspannungen auftreten können. Daher untersuchen wir nachfolgend dünnwandige Profile bei Querkraftschub detaillierter.

Zunächst untersuchen wir, was Dünnwandigkeit für die Schubspannungsverteilung bedeutet. Hierzu betrachten wir das in Abb. 5.4a) dargestellte T-Profil, das durch eine Querkraft Q_z in Richtung der z-Hauptachse belastet ist, d. h. es liegt gerade Biegung vor. Infolge der Querkraft wird sich über der Wandstärke eine Schubspannungsverteilung im Querschnitt einstellen, die in Abb. 5.4b) skizziert ist. Bei dünnwandigen Profilabschnitten mit konstanter Wandstärke wird sich analog zu der Schubspannungsverteilung in schlanken rechteckigen Vollquerschnitten eine über der Wandstärke konstante Schubspannung einstellen, die parallel zur Profilmittellinie verläuft (vgl. auch Skizze in Tab. 5.1). Da diese Schubspannung senkrecht zur Profilmittellinie konstant ist, führen wir hier den Schubfluss q ein (vgl. Abb. 5.4c)), der sich aus dem Produkt von Schubspannung τ und Wandstärke t ergibt

$$q = \tau\, t \,. \tag{5.16}$$

Die Annahme konstanter Schubspannungen ist dabei nicht nur auf gerade Profilabschnitte beschränkt, sondern auf dünnwandige beliebig geformte offene Profile übertragbar (vgl. unten geschlitztes Kreisringprofil in Abb. 5.4d)). Einzig in Ecken eines Profils oder an Stellen mit einer Wandstärkenänderung wird sich eine komplexere Schubspannungsverteilung einstellen.

Um nun für dünnwandige offene Querschnitte den Schubfluss- bzw. Schubspannungsverlauf abzuleiten, untersuchen wir das T-Profil weiter. Hierzu schneiden wir aus dem T-Profil ein infinitesimal langes Wandelement nach Abb. 5.5a) so gedank-

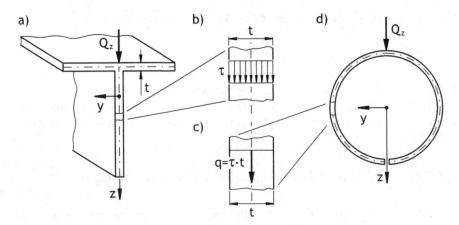

Abb. 5.4 a) Dünnwandiges T-Profil unter Querkraftbelastung, b) resultierende Schubspannungen über Wandstärke, c) Schubflussidealisierung, d) geschlitzter Kreisringquerschnitt

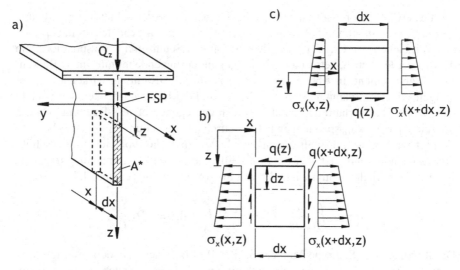

Abb. 5.5 a) Infinitesimales Wandelement eines T-Profils bei gerader Biegung, korrespondierende Kräftegleichgewichte am b) negativen sowie c) positiven Schnittufer in z-Richtung

lich heraus, dass eine Kante des Elements dem freien Profilende entspricht. Da an freien Oberflächen die Schubspannungen verschwinden, muss dort auch der Schubfluss null sein. Weil ferner bei Biegebalken nur Normalspannungen in Trägerlängsrichtung auftreten, resultieren die in den Abbn. 5.5b) und c) dargestellten Spannungen. Statt der Schubspannung haben wir jetzt den Schubfluss q berücksichtigt, dessen Richtung wir so wählen, dass im Steg der Schubfluss in positive z-Richtung weist. Diese Vorzeichenwahl steht im Einklang mit unserer Vorzeichenkonvention für Spannungen nach Unterabschnitt 2.4.1. Das Kräftegleichgewicht in x-Richtung führt auf

$$\int_{A^*} \sigma_x(x + dx)\, dA - \int_{A^*} \sigma_x(x)\, dA - q\, dx = 0 \tag{5.17}$$

und mit einer Taylor-Reihenentwicklung bis zum linearen Glied für $\sigma_x(x + dx)$ zu

$$q = \int_{A^*} \frac{\partial \sigma_x}{\partial x}\, dA . \tag{5.18}$$

Unter Beachtung gerader Biegung um die y-Achse (vgl. Gl. (5.7) bei symmetrischen Vollquerschnitten) finden wir mit dem Statischen Moment S_y^* der freigeschnittenen Profilfläche A^* die *Schubflussformel*

$$q = \frac{Q_z}{I_y} \int_{A^*} z\, dA = Q_z \frac{S_y}{I_y} , \tag{5.19}$$

die auch als *QSI-Formel* (sprich *Kusinenformel*) bezeichnet wird. Diese unterscheidet sich von Gl. (5.8) für die Schubspannungsberechnung von Vollquerschnitten lediglich durch die gesuchte Kraftgröße (d. h. q statt τ). Da das Statische Moment

für die gewählte Profilfläche positiv ist, ist demnach auch der Schubfluss positiv und
verläuft in die in Abb. 5.5b) eingezeichnete Richtung. Zu beachten ist dabei, dass
das Vorzeichen von Gl. (5.19) mit dem gewählten Schnittufer korrespondiert. Um
dies zu verdeutlichen, betrachten wir das gegenüberliegende infinitesimale Balken-
bzw. Wandelement. In Abb. 5.5c) sind hierzu die in x-Richtung wirkenden Spannungen skizziert. Spannungen in y-Richtung sind der Übersichtlichkeit halber nicht
dargestellt. Jetzt verläuft der Schubfluss q in entgegengesetzte x-Richtung. Da das
Vorzeichen der Längsspannungen jedoch durch die Beziehung in Gl. (5.7) berücksichtigt wird, muss im Kräftegleichgewicht lediglich das Vorzeichen des Schubflusses geändert und jetzt über die Profilteilfläche $\bar{A}^*$ die Längsspannung integriert
werden. Wir erhalten somit Gl. (5.19) mit umgekehrtem Vorzeichen, d. h.

$$q = -\int_{\bar{A}^*} \frac{\partial \sigma_x}{\partial x} \, dA = -\frac{Q_z}{I_y} \int_{\bar{A}^*} z \, dA = -Q_z \frac{\bar{S}_y^*}{I_y} \, . \tag{5.20}$$

Da allerdings das Statische Moment $\bar{S}_y^*$ der Profilteilfläche $\bar{A}^*$ dem Betrage nach
dem der Fläche A^* entspricht, es jedoch ein umgekehrtes Vorzeichen besitzt, resultiert wiederum ein positiver Schubfluss q wie zuvor. Folglich spiegelt das Vorzeichen der QSI-Formel das untersuchte Schnittufer wider.

Um diesem Sachverhalt Rechnung zu tragen, werden wir im Folgenden lokale
Koordinatensysteme definieren, die entlang der Profilmittellinie verlaufen. Schubflüsse werden in positive Richtung der eingeführten Koordinaten als positiv angenommen. Die Schubflüsse bestimmen wir mit der QSI-Formel. Da auch Biegung um
die z-Achse auftreten kann, erhalten wir nicht nur die Schubflussformel für gerade
Biegung um die y-, sondern analog auch um die z-Hauptachse wie folgt

$$q = \pm Q_z \frac{S_y}{I_y} \, , \qquad (5.21) \qquad\qquad q = \pm Q_y \frac{S_z}{I_z} \, . \qquad (5.22)$$

Ein negatives Vorzeichen wählen wir, wenn wir das Statische Moment für die mit
der gewählten Koordinate überstrichene Teilfläche ermitteln. Resultiert dann insgesamt ein negativer Schubfluss, so verläuft er entgegen der gewählten Koordinatenrichtung. Der Einfachheit halber verwenden wir die bisher genutzte Indexierung
beim Statischen Moment zur Kennzeichnung der jeweilig untersuchten Teilfläche
nicht weiter.

Anhand des in Abb. 5.6a) dargestellten symmetrischen dünnwandigen T-Profils
mit konstanter Wandstärke t, das durch eine Querkraft $Q_z = F$ belastet ist, werden
wir das zuvor skizzierte Berechnungsvorgehen demonstrieren. Wir führen drei Koordinaten s_i entlang der Profilmittellinie ein. Das Flächenträgheitsmoment beträgt
$I_y = \frac{5}{3} a^3 t$. Wir starten mit der Schubflussberechnung im rechten oberen Flansch.

Die Teilfläche A^*, die wir in Abhängigkeit von der Koordinate s_1 mit $0 \leq s_1 \leq a$
untersuchen, ist in Abb. 5.6b) skizziert. Das Statische Moment S_{y1} der Fläche A^*
im Bereich 1 ergibt sich aus dem Produkt von Hebelarm $z_s^* = -\frac{h}{4} = -\frac{a}{2}$ und Fläche
$A^* = t \, s_1$ zu

$$S_{y1}(s_1) = -\frac{a t s_1}{2} \, . \tag{5.23}$$

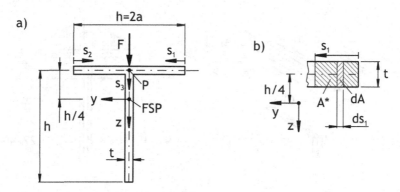

Abb. 5.6 a) Symmetrisches T-Profil mit konstanter Wandstärke t und Koordinatensystem im Flächenschwerpunkt (FSP), b) geometrische Verhältnisse zur Ermittlung des Statischen Momentes

Alternativ können wir das Statische Moment mit Hilfe der Integralschreibweise gewinnen. In diesem Fall führen wir eine infinitesimale Fläche dA auf dem Flansch ein (vgl. Abb. 5.6b)). Mit $dA = t\,ds_1$ und dem konstanten Abstand $z_s^* = -\frac{a}{2}$ zum Flächenschwerpunkt folgt

$$S_{y1}(s_1) = \int_{A^*} z\,dA = -\frac{t\,a}{2}\int ds_1 = -\frac{a\,t\,s_1}{2} + C_1 . \qquad (5.24)$$

Die Integrationskonstante C_1 bestimmen wir über die schubflussfreie Oberfläche bei $s_1 = 0$. Wegen $S_{y1}(s_1 = 0) = 0$ ist die Integrationskonstante gleich null, und es resultiert das bereits in Gl. (5.23) berechnete Statische Moment. Damit erhalten wir im Bereich 1 den Schubfluss

$$q_1(s_1) = -Q_z\frac{S_{y1}}{I_y} = \frac{3}{10}\frac{F}{a}\frac{s_1}{a} . \qquad (5.25)$$

Der Schubfluss q_1 ist positiv und weist in die Richtung der eingeführten Koordinate s_1. Ferner besitzt der Schubfluss einen linearen Verlauf.

Im nächsten Schritt untersuchen wir in gleicher Weise wie zuvor den linken oberen Flansch. In einem Schnitt an der Stelle s_2 mit $0 \leq s_2 \leq a$ erhalten wir

$$S_{y2}(s_2) = -\frac{a\,t\,s_2}{2} , \qquad (5.26) \qquad q_2(s_2) = \frac{3}{10}\frac{F}{a}\frac{s_2}{a} . \qquad (5.27)$$

Der Schubfluss q_2 besitzt den gleichen Verlauf wie q_1. Nur seine Richtung ist entgegensetzt zu q_1. Er weist wegen des positiven Vorzeichens von links nach rechts.

Im letzten Schritt untersuchen wir den Bereich 3. Hierfür betrachten wir zunächst den Verbindungspunkt P der beiden Flansche und des Stegs. Dieser Verbindungspunkt ist in Abb. 5.7a) freigeschnitten. Die Schubflüsse $q_1(s_1 = a)$ und $q_2(s_2 = a)$ kennen wir bereits. Mit Hilfe des Kräftegleichgewichts in x-Richtung für diesen Verbindungspunkt können wir den Schubfluss $q_3(s_3 = 0)$ ermitteln. Es folgt

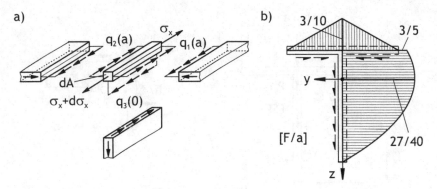

Abb. 5.7 a) Kraftgrößenverhältnisse im Punkt P und b) Schubflussverlauf im T-Profil nach Abb. 5.6a)

$$\sum_i F_{ix} = 0 = dA \left(\sigma_x + \frac{\partial \sigma_x}{\partial x} dx \right) - dA\,\sigma_x + q_3(0)\,dx - q_2(a)\,dx - q_1(a)\,dx$$

$$\text{(5.28)}$$

$$\Leftrightarrow \quad q_3(0) = q_2(a) + q_1(a) - dA \frac{\partial \sigma_x}{\partial x}\;.$$

Da wir für dünnwandige Profile davon ausgehen dürfen, dass der Verbindungspunkt P eine vernachlässigbare Fläche dA besitzt, resultiert

$$q_3(0) = q_2(a) + q_1(a) = \frac{3}{5}\frac{F}{a}\;.\qquad\text{(5.29)}$$

Dies stellt das *Kontinuitäts-* bzw. *Verzweigungsgesetz für Schubflüsse* dar. Es besagt, dass die Summe der Schubflüsse, die in einen Knoten hineinfließen, der Summe der herausfließenden Schubflüsse entsprechen muss.

Im Fall des T-Profils können wir somit für den Bereich 3 bei $s_3 = 0$ das Statische Moment ermitteln

$$q_3(0) = \frac{3}{5}\frac{F}{a} = -\frac{Q_z}{I_y} S_{y3}(s_3 = 0) \quad \Leftrightarrow \quad S_{y3}(s_3 = 0) = -a^2 t\;.\qquad\text{(5.30)}$$

Folglich können wir auch die Statischen Momente - analog zum Kontinuitätsgesetz - in Knoten aufsummieren, wenn wir beachten, welche Schubflüsse in den Knoten hinein- und welche hinausströmen.

Der Schubflussverlauf im Bereich 3 ($0 \le s_3 \le 2a$) lässt sich ermitteln mit der Koordinatentransformation $z = s_3 - \frac{a}{2}$ und $dA = t\,ds_3$

$$S_{y3}(s_3) = \int_{A^*} z\,dA = t \int \left(s_3 - \frac{a}{2} \right) ds_3 = \frac{t\,s_3}{2}\,(s_3 - a) + C_2\;.\qquad\text{(5.31)}$$

Die Integrationskonstante C_2 kann über $S_{y3}(s_3 = 0) = -a^2 t$ bestimmt werden. Angemerkt sei, dass das Statische Moment alternativ auch wieder über das Produkt aus Hebel und Teilfläche berechnet werden kann. Wir erhalten den Schubfluss im Bereich 3 zu

$$q(s_3) = \frac{3\,F}{10\,a^3}\left(2\,a^2 + a\,s_3 - s_3^2\right)\,. \tag{5.32}$$

Wie zu erwarten ist, verschwindet das Statische Moment am Profilende ($s_3 = 2\,a$). Der Verlauf ist parabolisch mit einem betragsmäßigen Maximum, das auf der zu Q_z bzw. zur Biegebeanspruchung korrespondierenden Hauptachse auftritt, d. h. für $s_3 = \frac{a}{2}$. Dies gilt nicht nur für das untersuchte T-Profil, sondern generell, da beim Überschreiten der korrespondierenden Hauptachse die Änderung des Statischen Moments das Vorzeichen ändert. Der Vorzeichenwechsel bedeutet aber, dass auf der Hauptachse bei $z = 0$ die Änderung null sein muss

$$\frac{\mathrm{d}q(z=0)}{\mathrm{d}s_3} = -\frac{\mathrm{d}}{\mathrm{d}s_3}\left(Q_z\frac{S_y(z=0)}{I_y}\right) = -\frac{Q_z}{I_y}\underbrace{\frac{\mathrm{d}S_y(z=0)}{\mathrm{d}s_3}}_{=0} = 0\,. \tag{5.33}$$

Der sich insgesamt für das T-Profil einstellende Schubflussverlauf ist in Abb. 5.7b) entlang der Profilmittellinie dargestellt. Diese Darstellungsform werden wir jetzt generell verwenden, d. h. der Wert des Schubflusses wird mit einem qualitativen Verlauf entlang der Profilmittellinie skizziert. Die Wirkungsrichtung wird mit den Pfeilen angegeben, die neben der Profilmittellinie gezeichnet sind. Zu beachten ist, dass der Schubfluss tatsächlich in der y-z-Ebene auf der Vorderseite des Profils wirkt.

Beispiel 5.1 Das in Abb. 5.8a) dargestellte dünnwandige U-Profil ist durch eine Querkraft F belastet. Die Wandstärke t ist konstant. Das skizzierte Koordinatensystem stellt das Hauptachsensystem dar. Wir nehmen an, dass die Querkraft so am Profil angreift, dass Schubflüsse lediglich infolge der Querkraft auftreten.

Gegeben Abmessungen a, t; Flächenträgheitsmomente $I_y = \frac{8}{3}a^3\,t$, $I_z = \frac{5}{12}a^3\,t$; Kraft F; Winkel $\alpha = 30°$

Gesucht Ermitteln Sie den Schubflussverlauf. Stellen Sie diesen grafisch dar.

Lösung Da die Querkraft F Komponenten in Richtung beider Hauptachsen besitzt, handelt es sich um schiefe Biegung. Wir zerlegen daher die Belastung zunächst in Richtung der Hauptachsen und untersuchen diese getrennt. Es folgt

$$Q_y = F\sin\alpha \quad \text{und} \quad Q_z = F\cos\alpha\,.$$

Wir ermitteln im ersten Schritt die Schubflüsse infolge der Querkraft Q_z für die in Abb. 5.8a) dargestellten lokalen Koordinaten s_i. Da das Profil symmetrisch ist, betrachten wir lediglich die Bereiche 1 und 2.

Für den Bereich 1 mit $0 \le s_1 \le a$ resultiert nach Gl. (5.21) mit $S_{y1}(s_1) = -a\,t\,s_1$

$$q_{z1}(s_1) = \frac{3\,F\cos\alpha}{8\,a}\frac{s_1}{a}\,. \tag{5.34}$$

Dabei kennzeichnen wir mit dem Index z, dass es sich um die Schubflüsse infolge der Querkraft Q_z handelt. Der Schubfluss steigt von null ausgehend linear auf den Maximalwert bei $s_1 = a$ an.

Im Bereich 2 mit $0 \leq s_2 \leq 2\,a$ bestimmen wir zunächst den Verlauf des Statischen Moments. Es resultiert mit $z = s_2 - a$ und $dA = t\,ds_2$

$$S_{y2}(s_1) = \int_{A^*} z\,dA = \int (s_2 - a)\,t\,ds_2 = t\left(\frac{s_2^2}{2} - a\,s_2\right) + C\,.$$

Die Integrationskonstante C bestimmen wir über das Statische Moment aus dem Bereich 1 bei $s_1 = a$, da dort die Schubflüsse wegen des Kontinuitätsgesetzes gleich sind. Folglich erhalten wir mit $C = -a^2\,t$

$$q_{z2}(s_2) = \frac{3\,F\,\cos\alpha}{8\,a^3}\left(-\frac{s_2^2}{2} + a\,s_2 + a^2\right)\,. \tag{5.35}$$

Im Steg verläuft daher der Schubfluss parabelförmig. Er erreicht sein Maximum auf der y-Achse mit

$$q_{z2}(s_2 = a) = \frac{9\,F\,\cos\alpha}{16\,a} \approx 0,4871\frac{F}{a}\,.$$

Die Verläufe und die Richtung der Schubflüsse sind in Abb. 5.8b) entlang der Profilmittellinie dargestellt. Da es sich um ein symmetrisches Profil handelt, sind die Verläufe im Bereich für $z > 0$ aus den zuvor berechneten zu übertragen.

Im zweiten Schritt berechnen wir nun die Schubflüsse infolge der Querkraft Q_y. Aufgrund der Symmetrie untersuchen wir wieder nur das Profil für $z \leq 0$.

Im Bereich 1 lässt sich das Statische Moment mit dem Hebel $-\frac{3a}{4} + \frac{s_1}{2}$ der Fläche $s_1\,t$ ermitteln zu

$$S_{z1}(s_1) = -\frac{t}{4}\left(3\,a\,s_1 - 2\,s_1^2\right)\,.$$

Es folgt der Schubfluss

$$q_{y1}(s_1) = \frac{3\,F\,\sin\alpha}{5\,a^3}\left(3\,a\,s_1 - 2\,s_1^2\right)\,,$$

der einen parabolischen Verlauf besitzt und der beim Kreuzen der z-Achse sein Maximum erreicht

$$q_{y1}(s_1 = \frac{3\,a}{4}) = \frac{27\,F\,\sin\alpha}{40\,a} = 0,3375\frac{F}{a}\,.$$

Für den Bereich 2 verläuft das statische Moment linear. Mit dem Anfangswert $S_{z2}(s_2 = 0) = S_{z1}(s_1 = a)$ resultiert

$$S_{z2}(s_2) = \frac{a}{4}\,t\,s_2 - \frac{a^2\,t}{4} = \frac{a\,t}{4}(s_2 - a)\,,$$

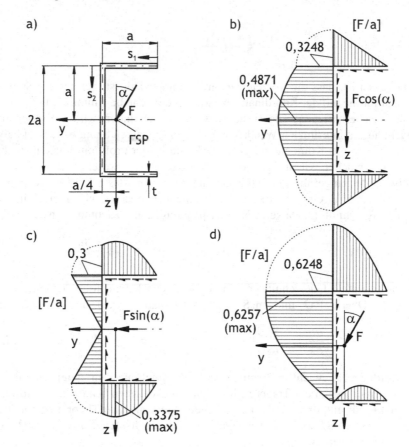

Abb. 5.8 a) U-Profil mit Querkraft F belastet, b) Schubflüsse infolge Querkraft in z-Richtung, c) Schubflüsse infolge Querkraft in y-Richtung, d) resultierende Schubflüsse

und demnach gilt für den Schubfluss

$$q_{y2}(s_2) = \frac{3\,F\sin\alpha}{5\,a^2}\,(a - s_2)\ .$$

Die resultierenden Schubflussverläufe sind in Abb. 5.8c) dargestellt.

Da bei dünnwandigen Profilen die Schubflüsse infolge Querlasten immer parallel zur Berandung verlaufen, dürfen wir die beiden erzielten Schubflussverläufe überlagern bzw. addieren. Als Folge erhalten wir den Gesamtschubfluss nach Abb. 5.8d).

Den Gesamtschubflussverlauf haben wir im vorherigen Beispiel durch Überlagerung der Einzelschubflussverläufe erzielt. Dies dürfen wir grundsätzlich bei dünnwandigen Querschnitten tun, daher gilt

$$q = -Q_z \frac{S_y}{I_y} - Q_y \frac{S_z}{I_z} \; .$$ (5.36)

Zu beachten ist, dass die Vorzeichenkonvention gewählt ist, bei der das Statische Moment für die mit der Koordinate überstrichene Fläche bestimmt wird.

Die oben beschriebene Theorie haben wir abgeleitet, indem wir das Kräftegleichgewicht am infinitesimalen Wandelement in Trägerlängsrichtung betrachtet haben. Unbeachtet ist das Kräftegleichgewicht in Richtung der Profilmittellinie geblieben. Dieses untersuchen wir nun genauer, da wir daraus eine wesentliche Aussage zur Gültigkeit der eingeführten Theorie gewinnen können. Das z-Kräftegleichgewicht des in Abb. 5.5b) freigeschnittenen Wandelements betrachten wir für einen infinitesimalen Ausschnitt dz. Da keine Normalspannungen in z-Richtung existieren, folgt

$$q(x + dx)\,dz - q\,dz \approx \left(q + \frac{\partial q}{\partial x} dx \right) dz - q\,dz = 0 \quad \Leftrightarrow \quad \frac{\partial q}{\partial x} = 0 \; .$$ (5.37)

Da wir konstante Querschnittsgrößen vorausgesetzt haben, folgt bei einer einzig wirkenden Querkraft Q_z mit dem Schubfluss q gemäß Gl. (5.21) und wegen Gl. (2.6)

$$\frac{\partial q}{\partial x} = \pm \frac{S_y}{I_y} \frac{\partial Q_z}{\partial x} = 0 \quad \Leftrightarrow \quad \frac{\partial Q_z}{\partial x} = -q_z = 0 \; .$$ (5.38)

Das Kräftegleichgewicht in Richtung der Profilmittellinie kann demnach nur dann erfüllt werden, wenn der Träger nicht durch Streckenlasten beansprucht wird. Dies gilt analog für eine in y-Richtung wirkende Querkraft. Die Theorie ist somit nur dann widerspruchsfrei gültig, wenn Querlasten durch diskrete Einzellasten Q_y oder Q_z eingeleitet werden.

5.2.3 Schubmittelpunkt

Bei den Überlegungen zum Querkraftschub sind wir bisher davon ausgegangen, dass Balken lediglich durch Querkräfte und Biegemomente beansprucht werden, jedoch Torsionsbeanspruchungen nicht auftreten. Dies können wir hinsichtlich der Wirkung von Querkräften allerdings nur dann annehmen, wenn sie in einem bestimmten Punkt, dem *Schubmittelpunkt* des Profils, angreifen. Der Schubfluss als Resultierende der Querkraft verursacht in diesem Punkt kein Moment, das den Querschnitt verdrehen bzw. tordieren würde.

Bei dünnwandigen unsymmetrischen Profilen, die wir im Leichtbau vorfinden können, fällt der Schubmittelpunkt i. Allg. nicht mit dem Flächenschwerpunkt zusammen. Wie wir bereits in Kap. 4 gesehen haben (vgl. insbesondere Bsp. 4.5), sind dünnwandige offene Profile aber kaum geeignet Torsionsmomente aufzunehmen, weshalb wir bei solchen Profilen Querkräfte nur im Schubmittelpunkt angreifen lassen sollten.

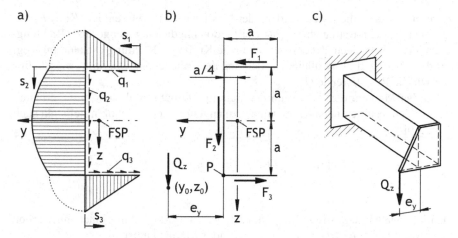

Abb. 5.9 a) Schubflüsse im U-Profil nach Bsp. 5.1 bei Querkraftbelastung Q_z, b) resultierende Kräfte F_i entlang der Profilmittellinie und Kraftangriffspunkt (y_0, z_0) der Querkraft Q_z, c) Lasteinleitung im Schubmittelpunkt

Die Bedingung, dass die aus der Querkraft resultierenden Schubflüsse kein Moment und damit auch keine Verdrehung des Profils erzeugen dürfen, nutzen wir hier, um den Schubmittelpunkt zu ermitteln. Wir untersuchen zunächst das U-Profil aus Bsp. 5.1, das einzig durch eine Querkraft Q_z belastet ist. In diesem Fall erhalten wir die folgenden Schubflüsse (vgl. die Gln. (5.34) und (5.35))

$$q_1(s_1) = \frac{3 Q_z}{8 a} \frac{s_1}{a} \quad \text{und} \quad q_2(s_2) = \frac{3 Q_z}{8 a} \left(1 + \frac{s_2}{a} - \frac{s_2^2}{2 a^2} \right) .$$

Der Schubflussverlauf entlang der Profilmittellinie ist schematisch in Abb. 5.9a) skizziert. Da der Schubfluss q_3 im Bereich 3 symmetrisch zu dem im Bereich 1 verläuft, ist dieser hier nicht formelmäßig angegeben.

Zur Ermittlung des Schubmittelpunkts lassen wir nun die Querkraft Q_z in dem noch unbekannten Schubmittelpunkt (y_0, z_0) angreifen (vgl. Abb. 5.9b)). Jeder einzelne Schubfluss auf dem Profil liefert dann einen Beitrag zum Gesamtmoment um diesen Punkt, das jedoch bei einem vorliegenden Schubmittelpunkt verschwinden muss. Da in allen drei Querschnittsbereichen jeweils der Hebel der Profilmittellinie um den gesuchten Punkt konstant ist, können wir die Schubflüsse zu Einzelkräften

$$F_1 = \int_0^a q_1(s_1) \, ds_1 = \frac{3 Q_z}{8 a^2} \int_0^a s_1 \, ds_1 = \frac{3 Q_z}{16} = F_3$$

und

$$F_2 = \int_0^{2a} q_2(s_2) \, ds_2 = \frac{3 Q_z}{8 a} \int_0^{2a} \left(1 + \frac{s_2}{a} - \frac{s_2^2}{2 a^2} \right) ds_1 = Q_z$$

zusammenfassen, die jeweils entlang der Profilmittellinie wirken. Die Kraft F_3 besitzt den gleichen Betrag wie F_1; sie weist jedoch in die entgegengesetzte Richtung, so dass erwartungsgemäß keine resultierende Kraft in y-Richtung entsteht. Im Steg, auf dem die Schubflüsse alleine in Richtung der anliegenden Querkraft weisen, finden wir die Resultierende Q_z.

Da das Moment der Kräfte um den Schubmittelpunkt null sein muss, erhalten wir mit den resultierenden Kräften und dem angenommenen Schubmittelpunkt nach Abb. 5.9b)

$$F_1\,(a + z_0) - \underbrace{F_2\left(y_0 - \frac{a}{4}\right)}_{=\,e_y} + F_3\,(a - z_0) = 0 \quad \Leftrightarrow \quad e_y = 2\,a\,\frac{F_1}{F_2} = \frac{3\,a}{8}\;.$$

Damit haben wir den Abstand e_y gefunden, der die Wirkungslinie einer anliegenden Querkraft Q_z festlegt, damit kein resultierendes Moment entsteht.

Das angewendete Vorgehen ist allerdings insoweit aufwendig, da immer die Wirkung aller Schubflüsse beachtet werden muss. Als wesentlich effektiver stellt sich gewöhnlich die Momentenbestimmung bzgl. eines Punktes dar, um den möglichst viele Schubflüsse keinen Hebelarm besitzen und folglich auch nicht berechnet werden müssen. Punkt P nach Abb. 5.9b) stellt eine solch ausgezeichnete Position dar, da die Resultierende des Stegs F_2 und die des unteren Flansches F_3 kein Moment verursachen. Die Lage des Schubmittelpunkts können wir nun mit Hilfe einer Äquivalenzbeziehung bzw. mit der *Momentengleichheit* zwischen anliegender Querkraft und den Schubflüssen berechnen. Wir müssen dabei die Momentengleichheit und nicht das Gleichgewicht aufstellen, da die Schubflüsse die resultierende Beanspruchung infolge der Querkraft und nicht gleichgewichthaltende Größen sind. Es folgt erwartungsgemäß das gleiche Ergebnis wie zuvor

$$Q_z\,e_y = 2\,a\,F_1 \quad \Leftrightarrow \quad e_y = 2\,a\,\frac{F_1}{Q_z} = \frac{3\,a}{8}\;.$$

Um nun keine Verdrehung des U-Profils infolge der Last Q_z zu erzeugen, lassen wir die Querkraft auf der ermittelten Linie angreifen, die den Abstand e_y zum Steg des U-Profils besitzt. In Abb. 5.11c) ist hierfür eine konstruktive Lösung skizziert.

Da der Abstand e_y die Wirkungslinie einer Querkraft Q_z darstellt, ist der Schubmittelpunkt allerdings noch nicht eindeutig als Punkt definiert. Wir können jedoch analog bei einer Belastung Q_y in Richtung der zweiten Hauptachse vorgehen. Wir können auch für diese Querkraftbelastung eine Wirkungslinie ermitteln, auf der die Querkraft Q_y wirken muss, damit das Profil sich nicht verdrehen wird. Der Schnittpunkt beider Wirkungslinien ist dann der gesuchte Schubmittelpunkt.

Besitzt das Profil eine Symmetrielinie, so liegt der Schubmittelpunkt immer auf dieser Symmetrieachse. Für das bisher untersuchte U-Profil ist dies am Schubflussverlauf infolge der Querkraft Q_y in Abb. 5.8c) des Bsp. 5.1 gut zu erkennen. Der Schubflussverlauf ist symmetrisch zur y-Achse. Folglich erzeugen die Schubflüsse oberhalb der y-Achse das gleiche Moment um einen Punkt auf der Symmetrieachse wie die Schubflüsse unterhalb der y-Achse aber mit entgegengesetzter

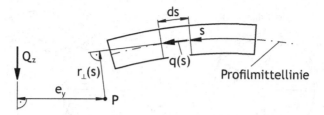

Abb. 5.10 Geometrische Verhältnisse zur Schubmittelpunktsermittlung für Querschnitt mit belie biger Profilmittellinie

Drehrichtung. Der Schubmittelpunkt für das U-Profil ergibt sich somit zu

$$y_0 = \frac{a}{4} + e_y = \frac{5\,a}{8} \quad \text{und} \quad z_0 = 0 \;.$$

Um die Bestimmung des Schubmittelpunkts auf beliebige dünnwandige Querschnitte mit beliebiger Profilmittellinie zu verallgemeinern, betrachten wir einen Wandabschnitt auf einem gekrümmten Profil nach Abb. 5.10. Der Schubfluss $q(s)$ wirkt auf der infinitesimalen Länge ds und erzeugt die Kraft $dF = q(s)\,ds$. Diese infinitesimal kleine Kraft besitzt den Hebelarm $r_\perp(s)$ um den Punkt P, woraus das Moment $dM = r_\perp(s)\,dF$ entsteht. Wenn wir dieses infinitesimale Moment über die gesamte Profilmittellinie des zu untersuchenden Profils integrieren, ergibt sich die Lage des Schubmittelpunkts aus der Momentengleichheit wie folgt

$$M = \int_M dM = \int r_\perp(s)\,q(s)\,ds = Q_z\,e_y \;. \tag{5.39}$$

Analog können wir auch für die y-Richtung vorgehen; in diesem Fall ändert sich in der vorherigen Beziehung das Moment der anliegenden Querkraft zu $Q_y\,e_z$.

Beispiel 5.2 Das in Abb. 5.11a) dargestellte dünnwandige, geschlitzte Kreisringprofil ist durch eine Querkraft Q_z belastet. Die Wandstärke t ist konstant.

Gegeben Radius r; Wanddicke t; Flächenträgheitsmoment $I_y = \pi\,r^3\,t$

Gesucht Berechnen Sie den Schubmittelpunkt.

Lösung Wir bestimmen zunächst den Schubfluss im Profil nach Gl. (5.21). Das Statische Moment S_y ermitteln wir in Abhängigkeit vom Winkel φ nach Abb. 5.11a) mit $z = -r\,\sin\varphi$ zu

$$S_y(\varphi) = \int_{A^*} z\,\underbrace{dA}_{=t\,r\,d\varphi} = \int (-r\,\sin\varphi)t\,r\,d\varphi = r^2\,t\cos\varphi + C \;.$$

Die Integrationskonstante C bestimmen wir an der freien Oberfläche bei $\varphi = 0$

$$S_y(\varphi = 0) = r^2\,t + C \quad \Leftrightarrow \quad C = -r^2\,t \;.$$

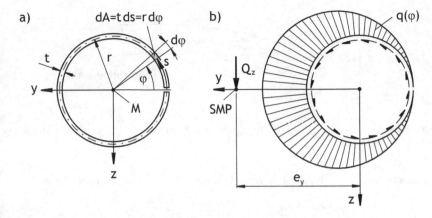

Abb. 5.11 a) Geschlitzter Kreisringquerschnitt, b) resultierender Schubfluss q und Schubmittelpunkt (SMP)

Für den Schubfluss folgt somit

$$q = q(\varphi) = \frac{Q_z}{\pi\, r}\,(1 - \cos\varphi)\ .$$

Der Schubfluss ist in Abb. 5.11b) qualitativ grafisch dargestellt.

Als Bezugspunkt für die Momentengleichheit bei der Schubmittelpunktsberechnung wählen wir den Mittelpunkt M des Kreisrings, da alle Schubflüsse dann den gleichen Hebel r haben. Die Momentengleichheit liefert

$$Q_z\, e_y = \int_0^{2\pi r} r\, q\, \mathrm{d}s = \frac{Q_z\, r}{\pi} \int_0^{2\pi} (1 - \cos\varphi)\, \mathrm{d}\varphi = 2\, Q_z\, r \quad \Leftrightarrow \quad e_y = 2\, r\ .$$

Da das Profil symmetrisch zur y-Achse ist, liegt der Schubmittelpunkt auf der Symmetrielinie bei $y_{SMP} = e_y = 2\, r$ nach Abb. 5.11b).

5.3 Dünnwandige geschlossene Querschnitte

Beim dünnwandigen offenen Profil existiert immer ein freier Rand, an dem der Schubfluss verschwindet. Unter Beachtung des Kräftegleichgewichts in Trägerlängsrichtung kann daher der Schubfluss unter der Voraussetzung der Gültigkeit der linearen Längsspannungsverteilung für offene Querschnitte ermittelt werden.

Bei einem geschlossenen Profil liegt kein freier Rand vor, weshalb in den Gleichgewichtsbeziehungen für geschlossene Profile ein unbekannter Schubfluss verbleibt. Um dies zu verdeutlichen, betrachten wir das infinitesimale Wandelement, das aus einem dünnwandigen geschlossenen Profil nach Abb. 5.12 herausgeschnitten ist. Der zylindrische Träger ist durch gerade Biegung infolge einer Querkraft Q_z belastet. Wir setzen basierend auf der Balkentheorie voraus, dass nur Normalspannun-

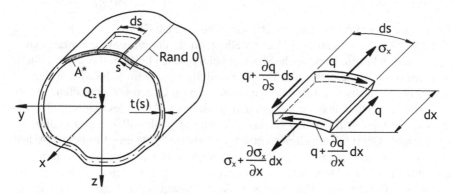

Abb. 5.12 Dünnwandiger geschlossener Querschnitt mit infinitesimalem Wandelement

gen in Trägerlängsrichtung auftreten. Wir nehmen zunächst an, dass der Schubfluss q von der Umfangskoordinate s und der Trägerlängsachse x abhängig sein kann.

Aus dem Kräftegleichgewicht in Umfangsrichtung folgt

$$\left(q + \frac{\partial q}{\partial x}dx\right) ds - q\,ds = 0 \quad \Leftrightarrow \quad \frac{\partial q}{\partial x} = 0 . \tag{5.40}$$

Demnach ändert sich der Schubfluss in Trägerlängsrichtung nicht. Es reicht aus, einzig eine Abhängigkeit von der Umfangskoordinate s zu berücksichtigen.

Das Kräftegleichgewicht in x-Richtung liefert

$$\left(\sigma_x + \frac{\partial \sigma_x}{\partial x}dx\right) \underbrace{dA}_{=t\,ds} -\sigma_x\,dA + \left(q + \frac{\partial q}{\partial s}ds\right) dx - q\,dx = 0 , \tag{5.41}$$

woraus mit $\sigma_x = \frac{M_{by}}{I_y} z$ (vgl. gerade Biegung um die y-Achse mit N, $M_{bz}=0$ nach Gl. (3.24)) und mit den Differentialbeziehungen für das Gleichgewicht am Balkenelement nach Gl. (2.7) folgt

$$\frac{\partial q}{\partial s} = -t\frac{\partial \sigma_x}{\partial x} = -t\frac{Q_z}{I_y} z . \tag{5.42}$$

Da der Schubfluss nur von der Umfangskoordinate s abhängt, dürfen wir das partielle durch das totale Differential ersetzen und erhalten

$$dq = -\frac{Q_z}{I_y} z \underbrace{t\,ds}_{=dA} = -\frac{Q_z}{I_y} z\,dA . \tag{5.43}$$

Integrieren wir dies ausgehend vom Rand 0 bis s, folgt der Schubfluss $q(s)$

$$\int_{q_0}^{q(s)} dq = -\frac{Q_z}{I_y} \int_{A^*} z\,dA \quad \Leftrightarrow \quad q(s) = -\frac{Q_z}{I_y} \int_{A^*} z\,dA + q_0 . \tag{5.44}$$

Im Vergleich zur QSI-Formel des offenen Profils gemäß Gl. (5.21) tritt jetzt zusätzlich ein Schubfluss q_0 auf, der in der Stelle wirkt, in der wir unsere Umfangskoordinate starten lassen. Dieser Schubfluss ist beim offenen Profil null, wenn die Stelle 0 einem freien Ende entspricht. Da der Schubfluss in einem Schnitt, d. h. hier an der Stelle 0, konstant ist, tritt beim geschlossenen im Gegensatz zum offenen Profil zusätzlich ein Schubfluss auf, der auf dem gesamten Umfang des Querschnitts konstant ist. Ein auf dem Umfang konstanter Schubfluss führt allerdings zu keiner resultierenden Querkraft, sondern zu einem resultierenden Moment um die x-Achse. Folglich kann das geschlossene Profil neben Querkräften auch Torsionsmomente aufnehmen, so dass Querkräfte nicht notwendigerweise im Schubmittelpunkt wie bei offenen Profilen angreifen müssen. Welche Konsequenzen daraus für die Schubflussberechnung folgen, werden wir in den nachfolgenden Unterabschnitten klären.

5.3.1 Einzellige Querschnitte

Wie in den einleitenden Ausführungen zu geschlossenen Profilen gezeigt, unterteilt sich der im Querschnitt resultierende Schubfluss in zwei Anteile, und zwar in einen variablen und einen konstanten Schubflussanteil. Der besseren Unterscheidbarkeit halber bezeichnen wir die in Gl. (5.44) auftretenden Anteile wie folgt

$$q(s) = \underbrace{-\frac{Q_z}{I_y} \int_{A^*} z \, dA}_{=q'(s)} + q_0 = q'(s) + q_0 \, . \tag{5.45}$$

Der gestrichene Anteil $q'(s)$ kennzeichnet den variablen, von der Umfangskoordinate abhängigen und q_0 den konstanten Schubfluss.

Den variablen Schubfluss $q'(s)$ können wir ermitteln, indem wir annehmen, dass der konstante Anteil nicht auf der Struktur wirkt, d. h. dass er null ist. Diese Annahme korrespondiert anschaulich mit einem nun offenen Profil. Demnach schneiden wir das geschlossene Profil an einer beliebigen Stelle auf und lassen von dort unsere Umfangskoordinate s starten. Die Gleichungen zur Bestimmung des Schubflusses von offenen Profilen nach Abschnitt 5.2 sind dann ohne Einschränkungen anwendbar. Als Ergebnis erhalten wir den variablen Schubfluss $q'(s)$ und den Angriffspunkt der äußeren Querkraft bzw. den Schubmittelpunkt des offenen Profils.

Der konstante Schubfluss q_0 erzeugt im Gegensatz zum variablen Anteil keine Querkraft, sondern ein Torsionsmoment. Die Beziehung zwischen einem auf dem Umfang eines einzelligen Trägers konstanten Schubflusses q_0 und dem wirkenden Torsionsmoment T haben wir bereits im Unterabschnitt 4.2.2 kennen gelernt. Der Zusammenhang ist in der 1. Bredtschen Formel berücksichtigt. Es folgt

$$T = 2 \, A_m \, q_0 \, . \tag{5.46}$$

Die Größe A_m stellt dabei die von der Profilmittellinie umschlossene Fläche dar.

Mit Gl. (5.46) können wir nun den noch unbekannten konstanten Schubfluss q_0 ermitteln. Dieser hängt vom Torsionsmoment ab, das auf der Struktur wirkt. Ein Torsionsmoment wirkt allerdings nur dann, wenn die Querkraft nicht im Schubmittelpunkt angreift, der sich aus der variablen Schubflussverteilung $q'(s)$ ergibt. Anders ausgedrückt bedeutet dies, dass wir das Torsionsmoment nur berücksichtigen müssen, wenn die Querkraft außerhalb des Schubmittelpunkts des offenen Profils angreift.

Wir demonstrieren das Vorgehen zur Schubflussberechnung von einzelligen geschlossenen Profilen anhand des in Abb. 5.13a) dargestellten Kreisringquerschnitts, der exzentrisch durch eine Querkraft Q_z belastet ist. Der Radius ist r, und die Wandstärke t ist konstant.

Wir schneiden das Profil auf der rechten Seite gemäß Abb. 5.13b) so auf, dass die Bestimmung des variablen Schubflusses $q'(s)$ identisch mit der Schubflussberechnung für den geschlitzten Kreisringquerschnitt nach Bsp. 5.2 ist. Wir können das Ergebnis für den Schubfluss und den Schubmittelpunkt daher direkt übernehmen

$$q'(\varphi) = \frac{Q_z}{\pi r}(1 - \cos\varphi), \quad (5.47) \qquad\qquad e_y = 2r. \quad (5.48)$$

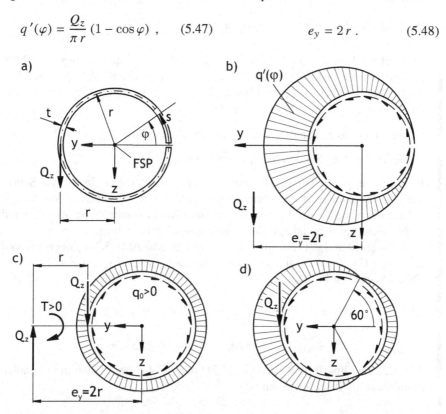

Abb. 5.13 a) Dünnwandiger Kreisringquerschnitt unter exzentrischer Querkraft Q_z, b) Schubfluss q' des geöffneten Kreisringquerschnitts, c) wirkendes Torsionsmoment T und daraus resultierender konstanter Schubfluss q_0, d) insgesamt resultierender Schubflussverlauf infolge der Querkraft Q_z

Den konstanten Schubfluss ermitteln wir nun, indem wir die im Schubmittelpunkt angreifende Querkraft in den tatsächlichen Angriffspunkt durch Aufbringung eines Momentes gemäß Abb. 5.13c) verschieben. Für das resultierende Moment gilt

$$T = -\left(e_y - r\right) Q_z = -r\, Q_z .$$

Das negative Vorzeichen ergibt sich, da das Moment entgegen der als positiv angenommenen Drehrichtung um die x-Achse wirkt. Mit Gl. (5.46) folgt der konstante Anteil

$$T = -r\, Q_z = 2\, A_m\, q_0 = 2\, \pi\, r^2\, q_0 \quad \Leftrightarrow \quad q_0 = -\frac{Q_z}{2\pi\, r} ,$$

der in Abb. 5.13c) für $q_0 > 0$ skizziert ist.

Die Überlagerung beider Schubflussanteile führt auf

$$q(\varphi) = q'(\varphi) + q_0 = \frac{Q_z}{\pi\, r}\, (1 - \cos\varphi) - \frac{Q_z}{2\pi\, r} = \frac{Q_z}{\pi\, r}\left(\frac{1}{2} - \cos\varphi\right) .$$

Der resultierende Schubflussverlauf ist in Abb. 5.13d) dargestellt.

Beispiel 5.3 Das in Abb. 5.14a) dargestellte dünnwandige geschlossene Halbkreisprofil mit konstanter Wandstärke t ist durch eine Querkraft F belastet. Wir dürfen davon ausgehen, dass nur lineare Normalspannungen infolge gerader Biegung um die gegebene y-Achse auftreten.

Gegeben Radius r; Wandstärke t; Flächenträgheitsmoment I_y; Kraft F

Gesucht Ermitteln Sie den Schubflussverlauf.

Lösung Wir gehen bei der Lösung in zwei Schritten vor. Im ersten Schritt wird das Profil an einer geeigneten Stellen aufgeschnitten und dann der variable Schubfluss q' bestimmt. Im zweiten Schritt wird der konstante Schubflussanteil q_0 basierend auf dem anliegenden Torsionsmoment berechnet.

Wir schneiden das Profil im ersten Schritt gemäß Abb. 5.14b) oben auf und führen die Umfangskoordinaten s_i ein. Wir beachten dabei $s_2 = r\,\varphi$ und erhalten für die Statischen Momente

$$S_{y1}(s_1) = -\frac{t\, r\, s_1}{2}\left(2 - \frac{s_1}{r}\right) \quad \text{für} \quad 0 \le s_1 \le 2\, r ,$$

$$S_{y2}(\varphi) = -t\, r^2 \sin\varphi \quad \text{für} \quad 0 \le \varphi \le \pi .$$

Mit der Schubflussformel nach Gl. (5.21) bzw. (5.44) lassen sich die variablen Schubflüsse q_i' bestimmen mit

$$q_1'(s_1) = \frac{t\, r\, F\, s_1}{2\, I_y}\left(2 - \frac{s_1}{r}\right) \quad \text{und} \quad q_2'(\varphi) = \frac{t\, r^2\, F}{I_y}\sin\varphi .$$

Die Verläufe sind in Abb. 5.14b) skizziert.

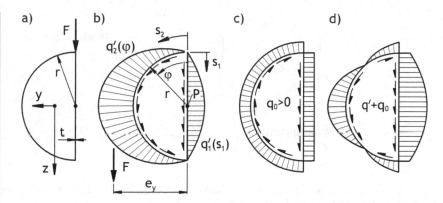

Abb. 5.14 a) Dünnwandiges geschlossenes Halbkreisprofil unter Querkraft F, b) variable Schubflussverteilung q', c) konstanter Schubfluss q_0 und d) überlagerte Schubflussverteilung $q' + q_0$ im Querschnitt

Im zweiten Schritt bestimmen wir den konstanten Schubflussanteil q_0. Hierzu benötigen wir zunächst den Schubmittelpunkt des offenen Profils. Wir setzen die Momentengleichheit um den Punkt P nach Abb. 5.14b) an. Vorteilhaft an diesem Bezugspunkt ist, dass die Schübflusse $q'_1(s_1)$ keinen Hebelarm und $q'_2(\varphi)$ alle denselben Hebelarm r besitzen. Es resultiert

$$e_y = \frac{1}{F} \int_0^\pi r\, q'_2(\varphi)\, r\, \mathrm{d}\varphi = \frac{t\, r^4}{I_y} \int_0^\pi \sin\varphi\, \mathrm{d}\varphi = \frac{t\, r^4}{I_y}\Big[-\cos\varphi\Big]_0^\pi = \frac{2\, t\, r^4}{I_y}\ .$$

Den konstanten Schubfluss ermitteln wir nach Gl. (5.46) mit $A_m = \frac{\pi r^2}{2}$ zu

$$T = -F\, e_y = -\frac{2\, t\, r^4\, F}{I_y} = 2\, q_0\, A_m = \pi\, r^2\, q_0 \quad \Leftrightarrow \quad q_0 = -\frac{2\, t\, r^2\, F}{\pi\, I_y}\ .$$

Das negative Vorzeichen kennzeichnet, dass der Schubfluss entgegen der positiven Drehrichtung um die x-Achse - d. h. im Uhrzeigersinn - wirkt (vgl. Abb. 5.14c)). Der resultierende Schubfluss ist in Abb. 5.14d) qualitativ skizziert.

Die oben dargestellte Berechnung des Schubflussverlaufs ist - wie eingangs zu diesem Kapitel angemerkt - nur dann anwendbar, wenn die Längsspannungsverteilung linear ist. Dies setzt jedoch voraus, dass Querkräfte keine Wölbspannungen hervorrufen, d. h. dass der Querschnitt wölbspannungsfrei bleibt. Da wir uns mit diesem Thema in Kap. 4 ausführlich befassen, sei an dieser Stelle auf die entsprechenden Ausführungen hingewiesen. Allerdings können wir hier grundsätzlich von der Anwendbarkeit der abgeleiteten Beziehungen ausgehen, sofern Querkräfte im Schubmittelpunkt angreifen, da in diesem Fall reine Biegung ohne Torsionswirkung auftritt. Wir untersuchen daher nachfolgend detailliert die Schubmittelpunktsberechnung des geschlossenen Profils. Da die nachfolgende Analyse sehr wesentlich auf den Grundzusammenhängen der Torsion bzw. der Bredtschen Formeln basiert, ist

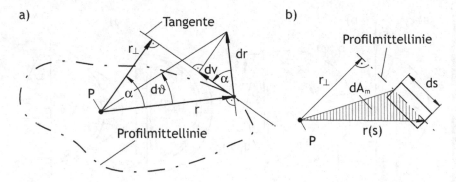

Abb. 5.15 Geometrische Beziehungen a) bei Verdrehung $\mathrm{d}\vartheta$ eines dünnwandigen geschlossenen Profils und b) am infinitesimalen Umfangsabschnitt

es ratsam, zumindest mit der Torsion einzelliger Profile vertraut zu sein (vgl. Unterabschnitt 4.2.2).

Bei der reinen Biegung des geschlossenen Profils greifen Querkräfte im Schubmittelpunkt an, und es tritt keine Verdrillung des Profils auf, d. h. die Verdrehung ϑ pro Längeneinheit ist null. Für die Verdrillung gilt

$$\vartheta' = \frac{\mathrm{d}\vartheta}{\mathrm{d}x} . \tag{5.49}$$

Um basierend auf der Verdrillfreiheit mit $\vartheta' = 0$ nutzbare Beziehungen zur Schubmittelpunktsberechnung abzuleiten, betrachten wir die infinitesimale Verdrehung $\mathrm{d}\vartheta$ eines beliebigen geschlossenen Querschnitts nach Abb. 5.15a). Wir nehmen an, dass der Querschnitt bei dieser Drehung um den Punkt P, der hier zugleich der Schubmittelpunkt des geschlossenen Profils sein möge, seine Form beibehält.

Die Verschiebung $\mathrm{d}r$ infolge der Verdrehung $\mathrm{d}\vartheta$ steht senkrecht auf dem Abstand r zum Drehpol P, weshalb $\mathrm{d}r = r\,\mathrm{d}\vartheta$ gilt. Die tangentiale Verschiebung entlang der Profilmittellinie ist mit $\mathrm{d}v$ gekennzeichnet. Auf der Basis der Winkelbeziehungen in den skizzierten rechtwinkligen Dreiecken folgt

$$\cos\alpha = \frac{\mathrm{d}v}{r\,\mathrm{d}\vartheta} = \frac{r_\perp}{r} \quad \Leftrightarrow \quad \mathrm{d}v = r_\perp \mathrm{d}\vartheta . \tag{5.50}$$

Wir dürfen unter Berücksichtigung unveränderlicher Querschnittsgrößen und wegen Gl. (5.49) schreiben

$$\frac{\partial v}{\partial x} = r_\perp \frac{\mathrm{d}\vartheta}{\mathrm{d}x} = r_\perp \vartheta' . \tag{5.51}$$

Einen Zusammenhang zwischen der Verdrillung ϑ' und dem Schubfluss $q(s)$ können wir nun über das Hookesche Gesetz und die Verschiebungs-Verzerrungs-Beziehungen herstellen

$$\frac{\tau}{G} = \frac{q(s)}{G\,t(s)} = \gamma = \frac{\partial v}{\partial x} + \frac{\partial u}{\partial s} = r_\perp \vartheta' + \frac{\partial u}{\partial s} . \tag{5.52}$$

Dabei stellt u die Verschiebung eines Querschnittspunkts in x-Richtung dar. Wenn wir diese Beziehung über dem gesamten Umfang integrieren, resultiert

$$\oint \frac{q(s)}{G\,t(s)}\,\mathrm{d}s = \vartheta'\oint r_\perp(s)\mathrm{d}s + \underbrace{\oint \frac{\partial u}{\partial s}\,\mathrm{d}s}_{=0}\;. \tag{5.53}$$

Das Umfangsintegral des Ausdrucks $\frac{\partial u}{\partial s}$ verschwindet, da der Start- und der Endpunkt s_a bzw. s_e der Integration zusammenfallen, d. h. es gilt wegen $u(s_a) = u(s_e)$

$$\oint \frac{\partial u}{\partial s}\,\mathrm{d}s = \int_{s_a}^{s_e} \frac{\partial u}{\partial s}\,\mathrm{d}s = u(s_e) - u(s_a) = 0\;. \tag{5.54}$$

Es treten also keine Klaffungen oder Durchdringungen auf dem Umfang auf.

Wenn wir zudem die geometrischen Beziehungen an einem infinitesimalen Umfangsabschnitt der Länge $\mathrm{d}s$ auf der Profilmittellinie nach Abb. 5.15b) wie folgt beachten

$$\mathrm{d}A_m = \frac{1}{2}r_\perp(s)\,\mathrm{d}s \tag{5.55}$$

(vgl. Gl. (4.16), insbesondere die Herleitungen zu den Bredtschen Formeln nach Unterabschnitt 4.2.2), erhalten wir letztlich

$$\oint \frac{q(s)}{G\,t(s)}\,\mathrm{d}s = \vartheta'\oint r_\perp(s)\mathrm{d}s = \vartheta'\oint 2\,\mathrm{d}A_m = 2\,\vartheta' A_m\;. \tag{5.56}$$

Der Schubfluss $q(s)$ in Gl. (5.56) setzt sich wieder aus der Überlagerung eines variablen Anteils $q'(s)$ und eines konstanten Anteils $q_{0\mathrm{SMP}}$ zusammen

$$q(s) = q'(s) + q_{0\mathrm{SMP}}\;. \tag{5.57}$$

Um zu kennzeichnen, dass die Querkraft im Schubmittelpunkt des geschlossenen Profils angreift, ist der konstante Anteil mit dem Index SMP markiert. Der variable Anteil ist mit der Schubflussformel nach Gl. (5.21) oder (5.22) berechenbar. Dadurch können wir aus der Bedingung der Verdrillfreiheit mit $\vartheta' = 0$ die Gl. (5.56) so umformulieren, dass wir den noch unbekannten Schubfluss $q_{0\mathrm{SMP}}$ bestimmen können

$$\frac{1}{G}\oint \frac{q'(s) + q_{0\mathrm{SMP}}}{t(s)}\,\mathrm{d}s = \frac{1}{G}\oint \frac{q'(s)}{t(s)}\,\mathrm{d}s + \frac{q_{0\mathrm{SMP}}}{G}\oint \frac{1}{t(s)}\,\mathrm{d}s = 2\,\vartheta' A_m = 0\;. \tag{5.58}$$

Die Umformung nach dem gesuchten Schubfluss $q_{0\mathrm{SMP}}$ führt auf

$$q_{0\mathrm{SMP}} = -\frac{\oint \dfrac{q'(s)}{t(s)}\,\mathrm{d}s}{\oint \dfrac{1}{t(s)}\,\mathrm{d}s}\;. \tag{5.59}$$

Bei der Berechnung dieses Schubflusses ist der korrekten Berücksichtigung des Vorzeichens - d. h. hinsichtlich des Integrals im Zähler - besondere Beachtung zu schenken. Die Lösung des Integrals im Zähler wird positiv gewertet, wenn die Integrationsrichtung und die Richtung des variablen Schubflusses q' übereinstimmen. Erhalten wir dann ein positives Ergebnis für $q_{0\mathrm{SMP}}$, dann verläuft dieser Schubfluss auch in Integrationsrichtung.

Zur Veranschaulichung untersuchen wir Gl. (5.59) zunächst für den oben behandelten geschlossenen Kreisringquerschnitt mit dem Radius r. Seine Wandstärke t ist konstant, weshalb wir aus Gl. (5.59) die Wandstärke herauskürzen. Es verbleiben zwei Umfangsintegrale. Mit dem Umfangsintegral im Nenner wird die infinitesimale Länge ds auf dem gesamten Umfang integriert. Das Integral beschreibt folglich den Umfang der Profilmittellinie

$$\oint \mathrm{d}s = 2\pi r \ . \tag{5.60}$$

Für das Umfangsintegral im Zähler benötigen wir den variablen Schubfluss. Dieser ist bereits mit Gl. (5.47) bestimmt. Sein Verlauf ist in Abb. 5.16a) skizziert. Er lautet

$$q'(\varphi) = \frac{Q_z}{\pi r}\,(1 - \cos\varphi) \quad \text{für} \quad 0 \le \varphi < 2\pi \ . \tag{5.61}$$

Da die Integrationsrichtung und die Richtung des Schubflusses übereinstimmen, wird das Umfangsintegral im Zähler für $Q_z > 0$ positiv sein. Die Integration führt auf

$$\oint q'(\varphi)\,\mathrm{d}s = \frac{Q_z}{\pi r}\int_0^{2\pi} (1 - \cos\varphi)\, r\,\mathrm{d}\varphi = 2\,Q_z \ . \tag{5.62}$$

Demnach resultiert für den konstanten Schubfluss $q_{0\mathrm{SMP}}$ und den überlagerten Schubfluss $q = q' + q_{0\mathrm{SMP}}$ bei Verdrillfreiheit

$$q_{0\mathrm{SMP}} = -\frac{Q_z}{\pi r} \ , \qquad (5.63) \qquad q(\varphi) = -\frac{Q_z}{\pi r}\cos\varphi \ . \qquad (5.64)$$

Die Verläufe sind in den Abbn. 5.16b) und c) dargestellt.

Wir kennen somit den Schubflussverlauf, wenn die Querkraft im Schubmittelpunkt des geschlossenen Profils angreift. Allerdings ist dieser Angriffspunkt noch nicht bestimmt. Wir können ihn jedoch über die Momentengleichheit berechnen. Dies bedeutet, dass das Moment aus dem resultierenden Schubfluss demjenigen der Querkraft entsprechen muss, wenn diese im Schubmittelpunkt angreift. Mit dem Schubmittelpunktsabstand e_{y_g} des geschlossenen Profils ergibt sich allgemein

$$Q_z\,e_{y_g} = \int r_\perp(s)\,q'(s)\,\mathrm{d}s + q_{0\mathrm{SMP}}\int r_\perp(s)\,\mathrm{d}s = Q_z\,e_y + 2\,A_m\,q_{0\mathrm{SMP}} \ , \tag{5.65}$$

woraus mit dem Schubfluss $q_{0\mathrm{SMP}}$ nach Gl. (5.59) folgt

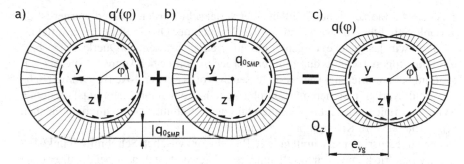

Abb. 5.16 a) Variabler Schubfluss $q'(\varphi)$, b) konstanter Schubfluss $q_{0\mathrm{SMP}}$, c) resultierender Schubfluss im geschlossenen Kreisringquerschnitt, wenn Querkraft Q_z im Schubmittelpunkt angreift

$$e_{y_g} = e_y + \frac{2\,A_m}{Q_z}\,q_{0\mathrm{SMP}} = e_y - \frac{2\,A_m}{Q_z}\,\frac{\oint \dfrac{q'(s)}{t(s)}\,\mathrm{d}s}{\oint \dfrac{1}{t(s)}\,\mathrm{d}s}. \qquad (5.66)$$

Wenden wir dies auf den oben untersuchten geschlossenen Kreisringquerschnitt an, so erhalten wir mit der Schubmittelpunktslage e_y des offenen Profils nach Gl. (5.48), mit der von der Profilmittellinie eingeschlossenen Fläche $A_m = \pi\,r^2$ und mit dem Schubfluss $q_{0\mathrm{SMP}}$ nach Gl. (5.63)

$$e_{y_g} = 2\,r - \frac{2\,\pi\,r^2}{Q_z}\,\frac{Q_z}{\pi\,r} = 0\,. \qquad (5.67)$$

Demnach befindet sich der Schubmittelpunkt auf der z-Achse des Kreisringquerschnitts, auf der der Schubfluss verschwindet (vgl. Abb. 5.16c).

Alternativ zum vorherigen Vorgehen basierend auf Gl. (5.66) können wir aus dem resultierenden Schubfluss $q(\varphi)$ mit Hilfe der Momentengleichheit den Schubmittelpunkt des geschlossenen Profils ermitteln. Mit $q(\varphi)$ nach Gl. (5.64) bestimmen wir das resultierende Moment um den Kreismittelpunkt, da dann der Hebel für alle Schubflüsse gleich ist

$$T = \int_0^{2\pi} q(\varphi)r^2\,\mathrm{d}\varphi = -\frac{Q_z\,r^2}{\pi\,r}\int_0^{2\pi}\cos\varphi\,r^2\,\mathrm{d}\varphi = -\frac{Q_z\,r^2}{\pi\,r}\Big[\sin\varphi\Big]_0^{2\pi} = 0\,. \quad (5.68)$$

Das Moment um den Kreismittelpunkt verschwindet folglich. Daher muss auch die Querkraft im Kreismittelpunkt wegen $T = Q_z\,e_{y_g} = 0$ angreifen.

Eine analoge Untersuchung des Schubmittelpunkts für drillfreie Biegung um die 2. Hauptachse führt auf die gleichen Beziehungen. Daher sei an dieser Stelle der Einfachheit halber auf Gl. (5.66) verwiesen, in der dann bei reiner Biegung um die

z-Achse die Indizes y und z miteinander vertauscht werden müssen. Ferner ist der variable Schubfluss q' basierend auf der Wirkung der Querkraft Q_y zu ermitteln.

Wenn wir das gleiche Vorgehen mit einer einzig wirkenden Querkraft Q_y bzgl. des Kreisringquerschnitts durchführen würden, so würde bei Angreifen dieser Querkraft im Schubmittelpunkt des geschlossenen Profils ein zur y-Achse symmetrischer Schubflussverlauf resultieren, wodurch ebenfalls die Schubmittelpunktslage auf der Symmetrielinie festgelegt ist. Folglich fällt der Schubmittelpunkt mit dem Flächenschwerpunkt beim Kreisringprofil zusammen.

Die am Kreisringquerschnitt gültige Beziehung zwischen Schubmittelpunktslage und Symmetrie können wir verallgemeinern. Dies bedeutet, dass bei drillfreier Biegung die Querkraft sich immer in der Symmetrielinie des geschlossenen Profils befinden muss und dass auf der Symmetrielinie der Schubfluss null ist. Handelt es sich um einen doppeltsymmetrischen Querschnitt, so liegt der Schubmittelpunkt im Schnittpunkt der Symmetrieachsen.

Beispiel 5.4 Das in Bsp. 5.3 behandelte geschlossene Halbkreisprofil untersuchen wir hier hinsichtlich seiner Schubmittelpunktslage weiter. Wir greifen auf die Ergebnisse des genannten Beispiels zurück.

Gegeben Radius r; konstante Wandstärke t; Kraft F; Flächenträgheitsmoment $I_y = \frac{1}{6}(4 + 3\pi)\, r^3 t$; Schubmittelpunkt des offenen Profils $e_y = \frac{12r}{4+3\pi}$; variable Schubflüsse q'_i (vgl. Abb. 5.14b))

$$q'_1(s_1) = \frac{t\,r\,F\,s_1}{2\,I_y}\left(2 - \frac{s_1}{r}\right) \quad \text{und} \quad q'_2(\varphi) = \frac{t\,r^2\,F}{I_y}\sin\varphi$$

mit $0 \le s_1 \le 2r$ sowie $0 \le \varphi \le \pi$

Gesucht Berechnen Sie die Schubmittelpunktslage.

Lösung Da der Schubmittelpunkt des offenen Querschnitts wie auch die variablen Schubflüsse bekannt sind, formulieren wir direkt die Momentengleichheit

$$F\,e_{y_g} = F\,e_y + 2\,A_m\,q_{0\text{SMP}}\ .$$

Unbekannt ist darin lediglich der konstante Schubfluss $q_{0\text{SMP}}$, den wir auf der Basis von Gl. (5.59) bestimmen. Wir ermitteln zunächst das Umfangsintegral im Nenner

$$\oint \frac{1}{t}\,\mathrm{d}s = \frac{r}{t}(\pi + 2)\ .$$

Das Umfangsintegral im Zähler integrieren wir im Gegenuhrzeigersinn. In diesem Fall wird der Schubfluss $q_{0\text{SMP}}$ im Gegenuhrzeigersinn orientiert sein, wenn er ein positives Vorzeichen besitzt. Ferner unterteilen wir das Integral in den Bereich des Halbkreises und des geraden Stegs. Für den Halbkreis folgt

$$\frac{1}{t}\int_0^\pi q'_2(\varphi)\,r\,\mathrm{d}\varphi = \frac{r^3 F}{I_y}\int_0^\pi \sin\varphi\,\mathrm{d}\varphi = \frac{r^3 F}{I_y}\left[-\cos\varphi\right]_0^\pi = \frac{2\,r^3 F}{I_y}\ .$$

Die Integration auf dem geraden Steg führen wir von unten nach oben aus, damit wir das Umfangsintegral insgesamt im Gegenuhrzeigersinn lösen können. Dadurch dreht sich automatisch das Vorzeichen des Integrals im Vergleich zur Integration von oben nach unten, da für eine Funktion $f(x)$ allgemein gilt

$$\int_a^b f(x)\,dx = -\int_b^a f(x)\,dx .$$

Wir berücksichtigen somit das korrekte Vorzeichen, wenn wir schreiben

$$\frac{1}{t}\int_{2r}^0 q'_1(s_1)\,ds_1 = \frac{rF}{2I_y}\int_{2r}^0\left(2s_1 - \frac{s_1^2}{r}\right)ds_1 = \frac{rF}{2I_y}\left[s_1^2 - \frac{s_1^3}{3r}\right]_{2r}^0 = -\frac{2r^3F}{3I_y} .$$

Das Integral im Zähler ergibt folglich

$$\oint \frac{q'}{t}\,ds = \frac{2r^3F}{I_y} - \frac{2r^3F}{3I_y} = \frac{4r^3F}{3I_y} .$$

Damit erhalten wir den gesuchten Schubfluss nach Gl. (5.59) mit dem gegebenen Flächenträgheitsmoment zu

$$q_{0\mathrm{SMP}} = -\frac{4r^3F}{3I_y}\frac{t}{r(\pi+2)} = -\frac{8F}{r}\frac{1}{(4+3\pi)(2+\pi)} .$$

Das negative Vorzeichen gibt dabei an, dass der Schubfluss $q_{0\mathrm{SMP}}$ entgegen der Integrationsrichtung wirkt.

Mit $A_m = \frac{\pi r^2}{2}$ folgt der Schubmittelpunkt des geschlossenen Profils aus

$$e_{y_g} = e_y - \frac{8\pi r}{(4+3\pi)(2+\pi)} = \frac{12r}{4+3\pi} - \frac{8\pi r}{(4+3\pi)(2+\pi)} \approx 0{,}5298\,r .$$

Da das Profil symmetrisch zur y-Achse ist, liegt damit der Schubmittelpunkt auf der Symmetrielinie.

5.3.2 Mehrzellige Querschnitte

Das Vorgehen zur Berechnung mehrzelliger Querschnitte kann angelehnt werden an das einzelliger Profile. Wir unterteilen daher den im Profil wirkenden Schubfluss wieder in einen variablen und einen konstanten Anteil. Wir nehmen hier jedoch an, dass diese Anteile einzig aus einer reinen Biegebeanspruchung resultieren. Torsionslasten, die mehrzellige Profile ebenfalls aufnehmen können, behandeln wir an dieser Stelle nicht, sondern verweisen auf Unterabschnitt 4.2.3, in dem dieses Thema detailliert diskutiert wird. Wir konzentrieren uns vielmehr auf die Ermittlung des Schubmittelpunkts des geschlossenen Mehrzellers, in dem wir Querkräfte idealerweise angreifen lassen sollten, da dann das Profil nicht verdrillt.

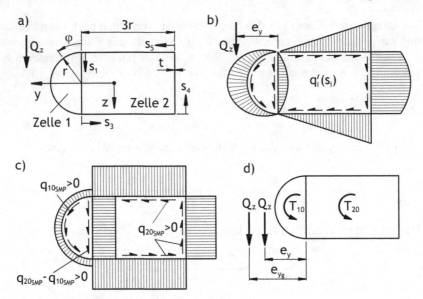

Abb. 5.17 a) Zweizelliges Profil unter Querkraftbelastung Q_z, b) qualitative Verteilung des variablen Schubflusses, c) qualitative Verteilung des konstanten Schubflusses, d) Verhältnisse zur Bestimmung des Schubmittelpunkts

Wir untersuchen beispielhaft das in Abb. 5.17a) dargestellte zweizellige Profil mit konstanter Wandstärke t belastet durch die Querkraft Q_z. Den variablen Schubfluss im Profil können wir wieder ermitteln, indem wir das Profil so aufschneiden, dass keine geschlossene Zelle mehr existiert. Wir machen daher zwei geeignete Schnitte, und zwar direkt in den oberen Zellenecken, die an den mittleren Steg grenzen. Damit liegt ein offenes Profil vor, und wir können in gewohnter Weise den variablen Schubfluss bestimmen. Mit den in Abb. 5.17a) eingeführten Koordinaten folgt

$$q'_{1,1}(s_1) = q'_{2,1}(s_1) = \frac{t\,r\,Q_z\,s_1}{2\,I_y}\left(2 - \frac{s_1}{r}\right) \quad \text{mit} \quad 0 \le s_1 \le 2r\,, \tag{5.69}$$

$$q'_{1,2}(\varphi) = \frac{t\,r^2\,Q_z}{I_y}\sin\varphi \quad \text{mit} \quad 0 \le \varphi \le \pi\,, \tag{5.70}$$

$$q'_{2,3}(s_3) = -\frac{t\,r\,Q_z\,s_3}{I_y} \quad \text{mit} \quad 0 \le s_3 \le 3r\,, \tag{5.71}$$

$$q'_{2,4}(s_4) = \frac{t\,r\,Q_z\,s_4}{2\,I_y}\left(2 - \frac{s_4}{r}\right) - \frac{3\,t\,r^2\,Q_z}{I_y} \quad \text{mit} \quad 0 \le s_4 \le 2r\,, \tag{5.72}$$

$$q'_{2,5}(s_5) = \frac{t\,r\,Q_z\,s_5}{I_y} - \frac{3\,t\,r^2\,Q_z}{I_y} \quad \text{mit} \quad 0 \le s_5 \le 3r\,. \tag{5.73}$$

Der erste Index i des Schubflusses $q_{i,j}$ kennzeichnet dabei die Zelle und der zweite j die gewählte Koordinate. Diese variablen Schubflüsse sind in Abb. 5.17b) skizziert.

Da die Beanspruchung in jeder Zelle des Trägers infolge des Aufschneidens jeweils um einen konstanten Schubfluss reduziert ist, müssen wir in jeder Zelle i einen konstanten Schubfluss $q_{i\,0\mathrm{SMP}}$ dem variablen Anteil überlagern. Da dies der konstante Anteil ist, der bei Verdrillfreiheit vorliegt, haben wir ihn mit dem Index SMP markiert. Die Richtung der Schubflüsse ist in Übereinstimmung mit der positiven Drehrichtung eines Torsionsmomentes gewählt und in Abb. 5.17c) dargestellt. Zu beachten ist, dass die Schubflüsse sich in der Verbindungswand der Zellen überlagern und dass bei $q_{2\,0\mathrm{SMP}} - q_{1\,0\mathrm{SMP}} > 0$ der resultierende Schubfluss nach unten weist.

Da wir jetzt zwei unbekannte Schubflüsse $q_{i\,0\mathrm{SMP}}$ eingeführt haben, benötigen wir eine zusätzliche Bedingung im Vergleich zum einzelligen Querschnitt. Beim Einzeller sind wir davon ausgegangen, dass sich seine Gestalt infolge einer Verdrehung nicht ändert, d. h. dass seine Verdrillung $\vartheta\,'$ im Querschnitt konstant ist. Diese Verformungsannahme verwenden wir auch für einen mehrzelligen Querschnitt. Die zusätzliche Verformungsbedingung lautet demnach

$$\vartheta\,' = \vartheta\,'_i \quad \text{bzw. beim Zweizeller} \quad \vartheta\,' = \vartheta\,'_1 = \vartheta\,'_2 \,. \tag{5.74}$$

Damit können wir die fehlenden Beziehungen zur Ermittlung der konstanten Schubflüsse $q_{i\,0\mathrm{SMP}}$ aufstellen. Da die Bedingung der Verdrillfreiheit mit $\vartheta\,' = 0$ in jeder Zelle erfüllt sein muss, folgt mit Gl. (5.56)

$$\frac{1}{2\,A_{mi}\,G} \oint \frac{q_i(s)}{t(s)}\mathrm{d}s = \vartheta\,'_i = 0 \,. \tag{5.75}$$

Der Schubfluss q_i setzt sich dabei aus dem variablen Anteil $q\,'_i$ der Zelle i sowie aus allen konstanten Anteilen, die auf die Wände der Zelle i wirken, zusammen. Für jede Zelle i folgt also eine Gleichung in der folgenden Form

$$\oint \frac{q\,'_i(s) + q_{i\,0\mathrm{SMP}}}{t(s)}\mathrm{d}s - \sum_{j \neq i} \int_{ij} \frac{q_{j\,0\mathrm{SMP}}}{t_{ij}(s)}\mathrm{d}s = 0 \,. \tag{5.76}$$

Das Umfangsintegral beschreibt die Wirkung des in der Zelle i wirkenden Gesamtschubflusses, der sich aus dem variablen Anteil $q\,'_i$ und dem konstant angenommenen, umlaufenden Anteil $q_{i\,0\mathrm{SMP}}$ der Zelle i zusammensetzt. Da allerdings in den angrenzenden Zellen jeweils auch ein konstanter Schubfluss $q_{j\,0\mathrm{SMP}}$ wirkt, müssen alle außerhalb der Zelle i konstanten Schubflüsse abgezogen werden, die an die Zelle i grenzen. Dies wird mit dem Summenzeichen in Gl. (5.76) erzielt. Dabei kennzeichnet der Index ij die Wand, die sich die Zellen i und j teilen.

Wenden wir die Bedingung der Verdrillfreiheit auf unser zweizelliges Profil an, erhalten wir

$$\frac{1}{t} \oint q'_1(s)\,\mathrm{d}s + \frac{q_{10\mathrm{SMP}}}{t} \underbrace{\oint \mathrm{d}s}_{=2r+\pi r} - \frac{q_{20\mathrm{SMP}}}{t} \underbrace{\int_0^{2r} \mathrm{d}s}_{=2r} = 0 \,, \qquad (5.77)$$

$$\frac{1}{t} \oint q'_2(s)\,\mathrm{d}s + \frac{10\,r}{t} q_{20\mathrm{SMP}} - \frac{2\,r}{t} q_{10\mathrm{SMP}} = 0 \,. \qquad (5.78)$$

Da die Wandstärke hier konstant ist, haben wir die Größe t jeweils vor das Integral gezogen. Zudem haben wir die konstanten Schubflüsse im Gegenuhrzeigersinn positiv angenommen. Dies korrespondiert mit einem positiven Moment um die x-Achse. Die Umfangsintegrale mit den variablen Schubflüssen als Integranden können wir unter Beachtung der Beziehungen in den Gln. (5.69) bis (5.73) berechnen. Die Ermittlung des Integrals in Zelle 1 findet sich in Bsp. 5.4. Das Ergebnis ist

$$\oint q'_1(s)\,\mathrm{d}s = \frac{4\,t\,r^3\,Q_z}{3\,I_y} \,. \qquad (5.79)$$

Das Umfangsintegral über den variablen Schubfluss in Zelle 2 führt auf

$$\oint q'_2\mathrm{d}s = \int_0^{2r} q'_{2,1}\mathrm{d}s_1 + \int_0^{3r} q'_{2,3}\mathrm{d}s_3 + \int_0^{2r} q'_{2,4}\mathrm{d}s_4 + \int_0^{3r} q'_{2,5}\mathrm{d}s_5$$
$$= -\frac{15\,t\,r^3\,Q_z}{I_y} \,. \qquad (5.80)$$

Angemerkt sei an dieser Stelle, dass wir in Kap. 7 eine effektive Integrationsmethodik einführen, mit der für Polynomfunktionen niedriger Ordnung schnell das exakte Ergebnis gefunden werden kann.

Mit den gelösten Integralen erhalten wir nun zwei Gleichungen für die beiden unbekannten Schubflüsse $q_{i\,0\mathrm{SMP}}$

$$\frac{4\,t\,r^2\,Q_z}{3\,I_y} + (2+\pi)\,q_{10\mathrm{SMP}} - 2\,q_{20\mathrm{SMP}} = 0 \,, \qquad (5.81)$$

$$-\frac{15\,t\,r^2\,Q_z}{3\,I_y} + 10\,q_{20\mathrm{SMP}} - 2\,q_{10\mathrm{SMP}} = 0 \,. \qquad (5.82)$$

Multiplizieren wir Gl. (5.81) mit dem Faktor 5 und addieren Gl. (5.82) hinzu, findet man schnell die Lösung

$$q_{10\mathrm{SMP}} = \frac{25\,t\,r^2\,Q_z}{3\,I_y\,(8+5\,\pi)} \,, \qquad (5.83) \qquad q_{20\mathrm{SMP}} = \frac{t\,r^2\,Q_z\,(82+45\,\pi)}{6\,I_y\,(8+5\,\pi)} \,. \qquad (5.84)$$

Wir kennen somit den Schubflussverlauf im Profil, wenn die Querkraft im Schubmittelpunkt des geschlossenen Profils angreift. Dieser ist in Abb. 5.17c) skizziert.

Zur Berechnung der Schubmittelpunktslage nutzen wir die Momentengleichheit

$$Q_z\,e_{y_g} = Q_z\,e_y + \sum_i T_{i0} = Q_z\,e_y + 2\sum_i A_{mi}\,q_{i\,0\mathrm{SMP}} \qquad (5.85)$$

bzw. für das zweizellige Profil (vgl. Abb. 5.17c))

$$Q_z\,e_{y_g} = Q_z\,e_y + 2\,A_{m1}\,q_{10_{\text{SMP}}} + 2\,A_{m2}\,q_{20_{\text{SMP}}}\,. \tag{5.86}$$

Die Größe e_y stellt die Schubmittelpunktslage des offenen Profils dar, und die Momente aus den konstanten Schubflussanteilen sind mit Gl. (5.46) berechenbar.

Wir untersuchen die Momente im offenen Querschnitt um den Punkt P nach Abb. 5.17b). Es folgt

$$Q_z\,e_y = \int_0^\pi r\,q'_{1,2}\mathrm{d}\varphi + 2\int_0^{3r} r\,q'_{2,3}\mathrm{d}s_3 + \int_0^{2r} 3r\,q'_{2,4}\mathrm{d}s_4 = -\frac{27\,t\,r^4\,Q_z}{I_y}\,. \tag{5.87}$$

Aus Gl. (5.86) und mit $I_y = \frac{t\,r^3}{6}\,(56 + 3\,\pi)$ resultiert die Schubmittelpunktslage des geschlossenen Profils

$$e_{y_g} = -\frac{2\,t\,r^4\,(78 + 55\,\pi)}{3\,I_y\,(8 + 5\,\pi)} = -\frac{4\,(78 + 55\,\pi)\,r}{(56 + 3\,\pi)\,(8 + 5\,\pi)} \approx -0{,}6467\,r\,. \tag{5.88}$$

Das Minuszeichen besagt, dass e_{y_g} entgegen der angenommenen Richtung liegt. Der Schubmittelpunkt befindet sich also in Zelle 2. Da es sich ferner um ein symmetrisches Profil handelt, befindet sich der Schubmittelpunkt auf der y-Achse.

Abschließend sei bemerkt, dass bei einer Querkraft, die nicht im Schubmittelpunkt angreift, zusätzlich ein Torsionsmoment entsteht, das den Querschnitt verdrillt. Unter bestimmten Bedingungen können dadurch Längsspannungen (sogenannte Wölbspannungen) resultieren, die in Widerspruch zu der hier vorausgesetzten linearen Längsspannungsverteilung stehen. Aus diesem Grunde sei hier auf Kap. 4 verwiesen, in dem die Berechnung und Bewertung von Beanspruchungen infolge von Torsionslasten ausführlich behandelt wird.

5.4 Absenkung des schubweichen Balkens

In den vorherigen Abschnitten haben wir uns intensiv mit der Schubfluss- bzw. Schubspannungsberechnung infolge von Querkräften beschäftigt. Wir werden nun den Einfluss dieser Schubspannungen auf die Verformung eines Trägers näher untersuchen. Dabei gehen wir grundsätzlich von der Gültigkeit der Balkentheorie bei linearen Längsspannungen aus. Allerdings ist die Bernoulli-Hypothese (vgl. Abschnitt 3.1) nicht mehr anwendbar, da bei einer auftretenden Schubverformung eines Balkens die Querschnitte nicht mehr senkrecht auf der verformten Balkenachse stehen können. Wir werden also die Balkentheorie bzgl. der Verformung modifizieren. Hierzu untersuchen wir die infolge einer Querkraft Q_z nach Abb. 5.18a) hervorgerufenen einzelnen Verformungsanteile für einen Balken mit Rechteckprofil, d. h. wir teilen die Gesamtverformung in eine Biege- und eine Schubverformung auf.

Wir untersuchen zunächst den uns bereits bekannten reinen Biegelastfall, der in Abb. 5.18b) dargestellt ist. Für den reinen Biegelastfall setzen wir die Bernoulli-

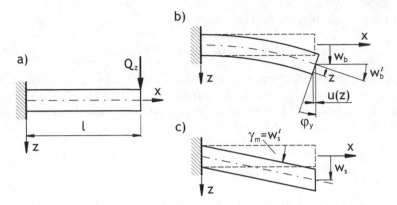

Abb. 5.18 a) Balken unter Querkraft Q_z, b) Biege- und c) Schubdeformation infolge Q_z

Hypothese voraus. Wir nehmen also erstens an, dass die Form der Querschnitte erhalten bleibt, weshalb die Absenkung nur eine Funktion der Längskoordinate ist, also $w_b = w_b(x)$. Den Index b nutzen wir dabei zur Kennzeichnung des Biegelastfalls. Zweitens bleiben die Querschnitte eben, wodurch eine lineare Beziehung zwischen der Längsverschiebung u und der Querschnittsverdrehung φ_y mit $u(z) = z\,\varphi_y$ resultiert. Drittens stehen Querschnitte auch nach der Verformung noch senkrecht auf der jetzt verformten Balkenachse. Aus diesem Grunde kann rein geometrisch die Verdrehung φ_y mit der Änderung der Absenkung des Balkens $w' = w_b'$ über $\varphi_y = -w' = -w_b'$ in Beziehung gesetzt werden. Aus den Verschiebungs-Verzerrungs-Beziehungen und dem Hookeschen Gesetz nach den Gln. (2.54) und (2.72) ergibt sich folglich die Schubspannungsfreiheit wegen

$$\tau = \tau_{xz} = G\,\gamma_{xz} = G\left(\frac{\partial w_b}{\partial x} + \frac{\partial u}{\partial z}\right) = G\big(w_b' + \underbrace{\varphi_y}_{=-w_b'}\big) = 0 . \tag{5.89}$$

Bei Betrachtung der reinen Schubverformung des Balkens nach Abb. 5.18c) wird deutlich, dass die Querschnitte zwar noch eben bleiben, aber nicht mehr senkrecht auf der verformten Balkenachse stehen. Die Verdrehung des Querschnitts φ_y bei Absenkung ist null. Mit den Gln. (2.54) und (2.72) erhalten wir jetzt eine konstante Schubspannung im Querschnitt

$$\gamma_m = \frac{\partial w_s}{\partial x} + \frac{\partial u}{\partial z} = w_s' + \underbrace{\varphi_y}_{=0} = w_s' = \text{konst.} \quad \Rightarrow \quad \tau_m = G\,\gamma_m = \text{konst.} \tag{5.90}$$

Der Schubeinfluss ist dabei mit dem Index s gekennzeichnet.

Die Superposition der beiden zuvor diskutierten Beanspruchungen aus Durchbiegung und Schubabsenkung ermöglicht die Berechnung der Biegelinie des schubweichen Balkens. Im Gegensatz zum schubstarren Balken (vgl. hierzu Abschnitt 3.4)

Infobox 6 zu Stepan Prokofyevich TIMOSHENKO (1878-1972, ukrainischer Bauingenieur und Mechaniker) [1]

Timoshenko studierte Ingenieurwissenschaften am Institut für Verkehrswegebau in St. Petersburg (1896-1901) und an der Universität Göttingen (1904-1906). Ab dem Jahr 1902 war er als Dozent am Polytechnischen Institut in St. Petersburg tätig. Von 1906 bis 1911 wirkte er als Professor am Polytechnischen Institut in Kiew (damals Russland). Die Vorstellungen Timoshenkos von freier Lehre und Wissenschaft wurden u. a. aufgrund der gesellschaftlichen Auseinandersetzungen und Veränderungen in Russland Anfang des 20. Jahrhunderts immer kritischer von den Behörden gesehen, was 1911 zu seiner Entlassung führte. 1913 wurde er rehabilitiert und übernahm am Polytechnischen Institut in St. Petersburg eine Professur für Technische Mechanik. 1920 floh Timoshenko nach Kroatien, wo er zwei Jahre als Professor in Zagreb lehrte. 1922 ging er in die USA. U. a. lehrte er als Professor an der Michigan University in Ann Arbor (1928-1935) und an der Standford University in Palo Alto (1936-1944).

Timoshenko hat die angewandte Mechanik nicht nur wesentlich durch seine wissenschaftlichen Beiträge (z. B. „Theory of Elasticity" oder „Strength of Materials") beeinflusst, sondern auch durch sein leidenschaftliches Engagement und seine herausragenden Fähigkeiten als Lehrer in der Ingenieurausbildung. Seine Leistungen wurden durch eine Vielzahl von Auszeichnungen honoriert. Seit 1957 wird ihm zu Ehren jährlich die Timoshenko-Medaille von der American Society of Mechanical Engineers verliehen, die als eine der renommiertesten internationalen Preise auf dem Gebiet der Mechanik gilt.

[1] Soderberg C. R.: Stephen P. Timoshenko. In: National Academy of Sciences (Hrsg.): Biographical Memoirs V.53, The National Academies Press, 1982, S. 322-349.

werden wir jetzt also Schubverformungen beachten. Die Überlagerung der beiden dargestellten Beanspruchungsfälle führt mit der Gesamtabsenkung $w = w_b + w_s$, die sich aus dem Biege- und Schubanteil zusammensetzt, auf eine mittlere Schubverzerrung γ_m. Da nur eine Abhängigkeit von der x-Achse vorliegt, ersetzen wir das partielle durch das totale Differential und es folgt

$$\gamma_m = \frac{dw_s}{dx} + \frac{dw_b}{dx} + \varphi_y = \frac{dw}{dx} + \varphi_y = \text{konst.} \tag{5.91}$$

Hinsichtlich der getroffenen Annahmen bedeutet dies, dass wir weiterhin das Ebenbleiben der Querschnitte voraussetzen, jedoch verformte Querschnitte nicht mehr senkrecht auf der Balkenachse stehen müssen. Die daraus resultierende Balkentheorie wird gewöhnlich nach Stepan Timoshenko (vgl. Infobox 6, S. 181) mit *Timoshenko-Balkentheorie* bezeichnet.

Anzumerken ist an dieser Stelle insbesondere, dass die Annahmen der Schubdeformation zu einer konstanten Schubspannung im Querschnitt führen. Die Schubspannungs- bzw. Schubflussberechnung erfordert keine Verformungsvoraussetzungen und führt auf nicht konstante Schubspannungen, was in Widerspruch zu den zuvor erläuterten Deformationsannahmen steht. Mit dieser Inkonsistenz werden wir uns im folgenden Unterabschnitt intensiver beschäftigen, so dass wir darauf aufbauend die Biegeline des schubweichen Balkens abschließend behandeln können.

5.4.1 Elastizitätsgesetz der Querkraft und Querschubzahl

Greifen Schubspannungen an einem Schnittelement eines Balkens an, so wird sich wegen des Hookeschen Gesetzes $\gamma = \frac{\tau}{G}$ eine Scherung γ ergeben, die den gleichen qualitativen Verlauf über dem Querschnitt aufweist wie die Schubspannung; der Verlauf ist nicht konstant, sondern parabelförmig.

Exemplarisch ist für ein Balkenelement mit Rechteckprofil die Querschnittsverformung infolge von Schub schematisch in Abb. 5.19 dargestellt. An den freien Oberflächen verschwinden die Schubspannungen, weshalb sich dort auch keine Schubdeformation für ein Element mit infinitesimaler Dicke dz ergibt. Zwischen den schubspannungsfreien Oberflächen stellt sich eine veränderliche Scherung ein, die in Richtung der neutralen Faser größer wird. Die Balkenquerschnitte bleiben somit nicht mehr eben, sondern es resultiert eine Verwölbung aufgrund der Querkraftwirkung, die in Widerspruch zur konstanten Schubverzerrung gemäß der oben zitierten Timoshenko-Balkentheorie steht.

Wir können allerdings eine mittlere Schubverzerrung γ_m sowie eine mittlere Schubspannung τ_m derart definieren, dass zum einen die Gleichgewichtsbeziehungen am Balken nicht verletzt werden. Zum anderen entspricht dann die durch die mittleren Größen im Balken gespeicherte Formänderungsenergie (vgl. hierzu insbesondere Kap. 7) derjenigen, die durch den ungleichförmigen Schubspannungs- bzw. Schubflussverlauf hervorgerufen wird. Für das Gleichgewicht der Querkraft Q_z nehmen wir deshalb an, dass die mittlere Schubspannung τ_m nicht auf der tatsächlichen Querschnittsfläche A, sondern auf der *querschubtragenden Fläche* A_{Q_z} wirkt. Wir bezeichnen diese Fläche daher auch als *Querschubfläche* und erhalten

$$Q_z = \tau_m \, A_{Q_z} = G \, \gamma_m \, A_{Q_z} \qquad \Leftrightarrow \qquad \gamma_m = \frac{Q_z}{G \, A_{Q_z}} \; . \qquad (5.92)$$

Mit Gl. (5.91) resultiert das *Elastizitätsgesetz der Querkraft*

$$Q_z = G \, A_{Q_z} \left(\frac{\partial w}{\partial x} + \varphi_y \right) = G \kappa_z \, A \left(\frac{\partial w}{\partial x} + \varphi_y \right) \; . \qquad (5.93)$$

Die Größe $G A_{Q_z}$ bezeichnen wir als *Schubsteifigkeit* bzw. *Querschubsteifigkeit*. Außerdem haben wir das Verhältnis von tatsächlicher Querschnittsfläche A zu tragender Querschubfläche A_{Q_z} durch die sogenannte *Querschubzahl* κ_z gemäß

$$A_{Q_z} = \kappa_z \, A \qquad (5.94)$$

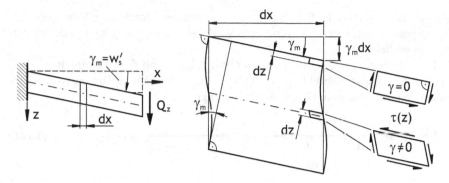

Abb. 5.19 Angenommene mittlere Schubverzerrung γ_m am Balken

ersetzt, die wir durch eine energetische Äquivalenzbetrachtung bestimmen werden.

Die durch die Querkraft in einem infinitesimalen Element der Länge dx gespeicherte Formänderungsenergie beträgt für kleine Scherungen wegen $\tan \gamma_m \approx \gamma_m$ (vgl. Abb. 5.19) mit Gl. (5.92)

$$dU_{i_m} = \frac{1}{2} Q_z \gamma_m \, dx = \frac{Q_z^2}{2 G A_{Q_z}} \, dx \, . \tag{5.95}$$

Der ungleichförmige Schubspannungsverlauf τ und die damit korrespondierenden Verzerrungen γ verursachen demgegenüber unter Beachtung des Hookeschen Gesetzes $\tau = G \gamma$

$$dU_i = \frac{1}{2} \int_A \tau \gamma \, dA \, dx = \frac{1}{2G} \int_A \tau^2 \, dA \, dx \, . \tag{5.96}$$

Setzen wir die Formänderungsenergien nach den Gln. (5.95) und (5.96) gleich, folgt

$$\frac{Q_z^2}{A_{Q_z}} = \int_A \tau^2 \, dA \, . \tag{5.97}$$

Unter Berücksichtigung von Gl. (5.94) erhalten wir eine Bestimmungsgleichung für die Querschubzahl

$$\kappa_z = \frac{Q_z^2}{A \int_A \tau^2 \, dA} \, . \tag{5.98}$$

Wenden wir das gleiche Vorgehen für die Querkraftbelastung Q_y an, erhalten wir analog die Querschubzahl κ_y sowie das Elastizitätsgesetz

$$\kappa_y = \frac{A_{Q_y}}{A} = \frac{Q_y^2}{A \int_A \tau^2 \, dA} \, , \tag{5.99} \qquad Q_y = G \kappa_y A \left(\frac{\partial v}{\partial x} - \varphi_z \right) \, . \tag{5.100}$$

Zu beachten ist, dass die Schubspannung τ jeweils nur durch die alleine wirkende korrespondierende Querkraft verursacht wird, also gerade Biegung um die Hauptachsen vorliegt.

Für ein symmetrisches Rechteckprofil (wie z. B. in Abb. 5.3a)) ermitteln wir beispielhaft die Querschubzahl κ_z. Nach Gl. (5.13) ist der Schubspannungsverlauf bekannt. Wir setzen dies in Gl. (5.98) ein. Es folgt

$$\kappa_z = \frac{Q_z^2}{A \int_A \tau^2 \, dA} = \frac{4h}{9 \int_{-\frac{h}{2}}^{\frac{h}{2}} \left(1 - 8\frac{z^2}{h^2} + 16\frac{z^4}{h^4}\right) dz} = \frac{5}{6} \, . \tag{5.101}$$

5.4.2 Differentialgleichung des schubweichen Balkens

Beim schubweichen Balken erhalten wir die Gesamtabsenkung w durch Superposition der Biege- und Schubdeformation

$$w = w_b + w_s \, . \tag{5.102}$$

Die Indizes b bzw. s kennzeichnen dabei den Biege- bzw. Schubanteil.

Für die Durchbiegung gilt weiterhin Gl. (3.76)

$$w''_b = -\frac{M_{by}}{EI_y} \, . \tag{5.103}$$

Wegen der konstanten Schubverzerrung gilt

$$w'_s = \gamma_m = \frac{Q_z}{GA_{Q_z}} \, . \tag{5.104}$$

Wenn wir Gl. (5.102) viermal differenzieren und die beiden vorherigen Gleichungen beachten, folgt bei konstanten Biege- und Schubsteifigkeiten

$$w^{(IV)} = w_b^{(IV)} + w_s^{(IV)} = -\frac{1}{EI_y} \frac{d^2 M_{by}}{dx^2} + \frac{1}{GA_{Q_z}} \frac{d^3 Q_z}{dx^3} \, . \tag{5.105}$$

Unter Berücksichtigung des Gleichgewichts am infinitesimalen Balkenelement nach den Gln. (2.6) und (2.7) ergibt sich die *Differentialgleichung des schubweichen Balkens*

$$w^{(IV)} = \frac{q_z}{EI_y} - \frac{q''_z}{GA_{Q_z}} \, . \tag{5.106}$$

Falls die Streckenlast q_z konstant oder linear veränderlich ist, erhalten wir wegen $q_z'' = 0$ wieder die Differentialgleichung des schubstarren Balkens (vgl. Gl. (3.78)). Folglich unterscheidet sich die allgemeine Lösung zwischen dem schubstarren und dem schubweichen Balken in diesem Fall nicht. Das unterschiedliche Verformungsverhalten wird vielmehr durch die Bestimmung der Integrationskonstanten über die Randbedingungen berücksichtigt.

Zur Definition der Randbedingungen verwenden wir die gleichen Größen wie beim schubstarren Balken. Allerdings müssen wir jetzt unterscheiden, ob die Randbedingungen dem Biege- oder Schubeinfluss zugeordnet sind. Für die Querschnittsverdrehung gilt nun

$$w'_b = \frac{dw}{dx} - \gamma_m = w' - w'_s = -\varphi_y \,, \tag{5.107}$$

d. h. die Querschnittsverdrehung ist unabhängig vom Schubanteil. Darüber hinaus gilt bei konstanter Biegesteifigkeit des Trägers

$$M_{by} = -EI_y \, w''_b \,, \tag{5.108} \qquad\qquad Q_z = -EI_y \, w'''_b \,. \tag{5.109}$$

Hinsichtlich der Querkraft müssen wir nur noch den Schubanteil beachten

$$Q_z = GA_{Q_z} \, w'_s \,. \tag{5.110}$$

Der Übersicht halber sind die Randbedingungen in Tab. 5.2 zusammengefasst. Um den Einfluss der Schubdeformation auf die Absenkung eines Balkens zu ermitteln, untersuchen wir den bereits in Bsp. 3.5 als schubstarren Balken behandelten einseitig eingespannten T-Träger nun als schubweiche Struktur. Die Belastung und die geometrischen Verhältnisse sind bereits in Abb. 3.4a) dargestellt. Nach Bsp. 3.5, Gl. (3.81), ergibt sich die Durchbiegung beim schubstarren Balken bzw. der Biegeanteil w_b an der Gesamtverformung zu

$$w_b(x) = \frac{F l^3}{6 E I_y} \left(\frac{x}{l}\right)^2 \left(3 - \frac{x}{l}\right) \,. \tag{5.111}$$

Wir müssen demnach nur noch den Schubanteil ermitteln, der durch Gl. (5.110) beschrieben wird. Wir integrieren Gl. (5.110) und erhalten mit $Q_z = F$

$$w_s(x) = \frac{F}{GA_{Q_z}} x + C \,. \tag{5.112}$$

Die Integrationkonstante C ermitteln wir unter Beachtung der Einspannbedingung nach Tab. 5.2 zu

$$w(x = 0) = w_b(x = 0) + w_s(x = 0) = 0 = C \,. \tag{5.113}$$

Somit ist auch der Schubanteil eindeutig bestimmt. Die Überlagerung der beiden Verformungsanteile führt auf

$$w(x) = w_b(x) + w_s(x) = \frac{F l^3}{6 E I_y} \left(\frac{x}{l}\right)^2 \left(3 - \frac{x}{l}\right) + \frac{F}{GA_{Q_z}} x \,. \tag{5.114}$$

Tab. 5.2 Randbedingungen bei $x = 0$ für schubweiche Biegebalken mit konstanten Steifigkeiten

Lagerungsform	$w_b + w_s$ $= w$	$w_b{}'$	$-EI_y\, w_b{}''$ $= M_{by}$	$-EI_y\, w_b{}'''$ $= GA_{Q_z}\, w_s{}'$ $= Q_z$
Gelenkiges Lager 	$= 0$	$\neq 0$	$= 0$	$\neq 0$
Einspannung 	$= 0$	$= 0$	$\neq 0$	$\neq 0$
Mit Querkraft F belastetes Ende 	$\neq 0$	$\neq 0$	$= 0$	$= F$

Den Anteil der Schubdeformation an der Gesamtverformung betrachten wir am freien Ende des Trägers. In diesem Fall gilt

$$w(x = l) = \underbrace{\frac{F\,l^3}{3\,E\,I_y}}_{=w_b(x=l)} + \underbrace{\frac{F\,l}{GA_{Q_z}}}_{=w_s(x=l)} . \tag{5.115}$$

Der 2. Summand beschreibt den Einfluss des Schubes auf die Absenkung. Ergänzt sei, dass wir die Lösung für den schubstarren Balken daraus gewinnen können, wenn wir die Schubsteifigkeit sehr groß werden lassen. Dann tritt keine Schubdeformation auf und wir erhalten das Ergebnis für den schubstarren Balken wie folgt

$$\lim_{GA_{Q_z} \to \infty} w(x = l) = \frac{F\,l^3}{3\,E\,I_y} + \lim_{GA_{Q_z} \to \infty} \frac{F\,l}{GA_{Q_z}} = \frac{F\,l^3}{3\,E\,I_y} . \tag{5.116}$$

Um den Einfluss des Schubes auf die Absenkung genauer untersuchen zu können, berücksichtigen wir die tragende Querschubfläche nach Gl. (5.94), den Zusammenhang zwischen dem Flächenträgheitsmoment I_y und dem Trägheitsradius i_y (d. h. $I_y = i_y^2\,A$ nach Gl. (3.36)) und die Beziehung $E = 2\,G\,(1 + \nu)$ für isotropes Material. Dann erhalten wir für die Gesamtabsenkung

$$w(x = l) = \frac{F \, l^3}{3 \, E \, I_y} \left[1 + \frac{3 \, E \, I_y}{G A_{Q_z} l^2} \right] = \frac{F \, l^3}{3 \, E \, I_y} \left[1 + \frac{6 \, (1 + \nu)}{\kappa_z} \frac{1}{\lambda^2} \right]. \qquad (5.117)$$

Der erste Summand in der eckigen Klammer stellt den Einfluss der Durchbiegung des schubstarren Balkens dar und der zweite beschreibt den der Schubdeformation. Zudem haben wir den *Schlankheitsgrad* λ eingeführt, der das Verhältnis von Balkenlänge zu Trägheitsradius darstellt

$$\lambda = \frac{l}{i_y} = l \sqrt{\frac{A}{I_y}} \qquad \text{oder} \qquad \lambda = \frac{l}{i_z} = l \sqrt{\frac{A}{I_z}}. \qquad (5.118)$$

Damit wird die Balkenlänge in Bezug zu einer theoretischen Abmessung des Querschnitts gesetzt. Es handelt sich somit um ein Maß für die Schlankheit des Balkens. Zur Abschätzung des Schubeinflusses auf die Gesamtabsenkung berechnen wir noch das Verhältnis von Schub- zur Gesamtverformung

$$\frac{w_s(x = l)}{w(x = l)} = \frac{\frac{6(1+\nu)}{\kappa_z} \left(\frac{i_y}{l} \right)^2}{1 + \frac{6(1+\nu)}{\kappa_z} \left(\frac{i_y}{l} \right)^2} = \frac{1}{1 + \frac{\kappa_z \, \lambda^2}{6 \, (1 + \nu)}}. \qquad (5.119)$$

In Abb. 5.20 ist der Schubanteil an der Gesamtverformung eines Balkens in Abhängigkeit vom Schlankheitsgrad für verschiedene Profile dargestellt. Es ist zu erkennen, dass dieser Anteil bei leichtbautypischen Profilen für Schlankheitsgrade $\lambda > 25$

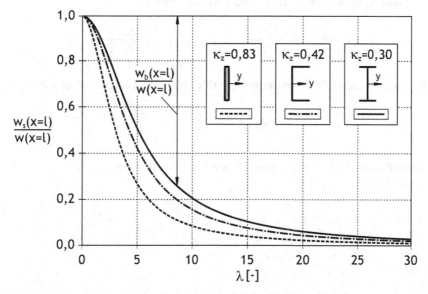

Abb. 5.20 Anteil der Schubdeformation w_s an der Gesamtverformung w eines einseitig eingespannten Balkens unter Querkraftbelastung am freien Ende für verschiedene Profile

weniger als 3 % an der Gesamtverformung ausmacht und daher vernachlässigbar ist. Dies korrespondiert beispielsweise mit einem Längen- zu Höhenverhältnis von ca. 7 bei einem Rechteckprofil. Wir können folglich den Schubanteil an der Gesamtdeformation i. Allg. bei Leichtbaustrukturen vernachlässigen, da bei ihnen das Verhältnis zwischen Trägerlänge und größter Querschnittsabmessung gewöhnlich sehr groß ist.

Wenden wir das oben für die x-z-Ebene dargestellte Vorgehen auf die x-y-Ebene an, so resultiert bei unveränderlichen Querschnittsgrößen die Differentialgleichung des schubweichen Balkens durch Superposition $v = v_b + v_s$ zu

$$v^{(IV)} = v_b^{(IV)} + v_s^{(IV)} = \frac{q_y}{EI_z} - \frac{q_y''}{GA_{Q_y}} \,. \tag{5.120}$$

Analog zu den Randbedingungen in Tab. 5.2 müssen wir den Biege- und Schubanteil über folgende Zusammenhänge bestimmen

$$M_{bz} = EI_z v_b'' \,, \quad (5.121) \qquad Q_y = -EI_z v_b''' \,, \quad (5.122) \qquad Q_y = GA_{Q_y} v_s' \,. \quad (5.123)$$

5.5 Zusammenfassung

Alle Angaben gelten für die Verwendung des kartesischen Hauptachsensystems mit den Koordinaten y und z im Trägerquerschnitt.

Schubspannungen τ_{xy} und τ_{xz} in Vollquerschnitten

$$\tau_{xy}(y) = \frac{Q_y \, S_z(y)}{b(y) \, I_z} \quad \text{und} \quad \tau_{xz}(z) = \frac{Q_z \, S_y(z)}{b(z) \, I_y}$$

Schubfluss q' und Schubspannung τ in dünnwandigen offenen Profilen

$$q' = \pm Q_z \frac{S_y}{I_y} \pm Q_y \frac{S_z}{I_z} \,, \quad \tau = \frac{q'}{t}$$

Schubmittelpunktslage e_y, e_z von offenen Profilen: Berechnung über die Momentengleichheit

$$Q_y \, e_z = \int r_\perp \, q' \, \mathrm{d}s \quad \text{bzw.} \quad Q_z \, e_y = \int r_\perp \, q' \, \mathrm{d}s$$

Schubfluss q in geschlossenen Profilen mit Querkraft im Schubmittelpunkt

- Überlagerung eines variablen Anteils q' für offenes Profil mit einem konstanten Anteil $q_{0\mathrm{SMP}}$ für geschlossenes Profil mit Querkraft im Schubmittelpunkt

$$q = q' + q_{0\mathrm{SMP}}$$

- Berechnung des konstanten Schubflussanteils $q_{0\mathrm{SMP}}$ des geschlossenen Profils

$$q_{0\mathrm{SMP}} = -\frac{\oint \dfrac{q'(s)}{t(s)}\,\mathrm{d}s}{\oint \dfrac{1}{t(s)}\,\mathrm{d}s}$$

Schubmittelpunktslage e_{y_g}, e_{z_g} von geschlossenen einzelligen Profilen

- Ermittlung der Schubmittelpunktslage e_y, e_z des aufgeschnittenen offenen Profils
- Berechnung des konstanten Schubflussanteils $q_{0\mathrm{SMP}}$ im geschlossenen Profil
- Bestimmung der Schubmittelpunktslage e_{y_g}, e_{z_g} über Momentengleichheit

$$e_{y_g} = e_y + \frac{2\,A_m}{Q_z}\,q_{0\mathrm{SMP}} \qquad \text{bzw.} \qquad e_{z_g} = e_z + \frac{2\,A_m}{Q_y}\,q_{0\mathrm{SMP}}$$

Schubmittelpunktslage e_{y_g}, e_{z_g} von geschlossenen mehrzelligen Profilen

- Ermittlung des variablen Schubflusses q' und der Schubmittelpunktslage e_y bzw. e_z des aufgeschnittenen offenen Profils
- Aufstellung eines Gleichungssystems für konstante Schubflussanteile $q_{i\,0\mathrm{SMP}}$ über Verdrillfreiheit

$$\oint \frac{q_i'(s) + q_{i\,0\mathrm{SMP}}}{t(s)}\,\mathrm{d}s - \sum_{j \neq i} \int_{ij} \frac{q_{j\,0\mathrm{SMP}}}{t_{ij}(s)}\,\mathrm{d}s = 0$$

mit Zelle i und Wand ij, die an Zelle i grenzt und auf die $q_{j\,0\mathrm{SMP}}$ der Zelle j wirkt

- Lösung des resultierenden Gleichungssystems für alle $q_{i\,0\mathrm{SMP}}$
- Bestimmung der Schubmittelpunktslage e_{y_g}, e_{z_g} über Momentengleichheit

$$Q_z\,e_{y_g} = Q_z\,e_y + 2\sum_i A_{mi}\,q_{i\,0\mathrm{SMP}} \qquad \text{bzw.} \qquad Q_y\,e_{z_g} = Q_y\,e_z + 2\sum_i A_{mi}\,q_{i\,0\mathrm{SMP}}$$

Absenkung des schubweichen Balkens

- Überlagerung der Biege- und Schubdeformation mit Index b bzw. s

$$v = v_b + v_s \qquad \text{bzw.} \qquad w = w_b + w_s$$

- Querschubzahlen κ_y, κ_z

$$\kappa_y = \frac{A_{Q_y}}{A} = \frac{Q_y^2}{A \int_A \tau^2 \, dA} \quad \text{und} \quad \kappa_z = \frac{A_{Q_z}}{A} = \frac{Q_z^2}{A \int_A \tau^2 \, dA}$$

- Differentialgleichungen für die Absenkung v und w in y- bzw. z-Richtung

$$v^{(IV)} = \frac{q_y}{EI_z} - \frac{q''_y}{GA_{Q_y}} \quad \text{und} \quad w^{(IV)} = \frac{q_z}{EI_y} - \frac{q''_z}{GA_{Q_z}}$$

5.6 Verständnisfragen

1. Nennen Sie die Voraussetzungen, unter denen die Schubspannungs- bzw. Schubflussberechnung von dünnwandigen offenen Profilen basierend auf der sogenannten QSI-Formel seine Gültigkeit besitzt. Wieso wird diese Formel so bezeichnet?

2. Wie ist der Verlauf von Schubspannungen in Dickenrichtung von dünnwandigen Profilen? Skizzieren Sie deren Verlauf.

3. Welche Beziehung zwischen Schubspannung und Schubfluss besteht? Definieren Sie diese und erläutern Sie die getroffenen Annahmen, die dieser Beziehung zugrunde liegen.

4. Wieso wird zur Schubflussberechnung infolge einer Querkraft der Schubfluss in 2 Anteile unterschieden? Erläutern Sie, was diese beiden Anteile beschreiben.

5. Warum sollten Querkräfte im Schubmittelpunkt eines belasteten Profils angreifen? Gehen Sie darauf ein, welche Konsequenzen hinsichtlich der Tragfähigkeit von offenen Profilen resultieren können, wenn dies nicht beachtet wird.

6. Grenzen Sie die Biege- von der Schubverformung eines Balkens mit Hilfe einer Skizze voneinander ab.

7. Aus welchem Grunde werden bei der Deformationsberechnung von schubweichen Balken Querschubzahlen eingeführt?

8. Wann entsprechen sich die Differentialgleichungen der Absenkung beim schubstarren und schubweichen Balken?

9. Grenzen Sie den schubstarren vom schubweichen Balken hinsichtlich der modellierten Verformungsanteile voneinander ab.

10. Was beschreibt der Schlankheitsgrad λ? Ab welchem Schlankheitsgrad kann bei typischen Leichtbauprofilen die Schubdeformation vernachlässigt werden? Welches Verhältnis von größter Querschnittsabmessung zu Balkenlänge gilt dann?

Kapitel 6
Kombinierte Beanspruchung

Lernziele

Die Studierenden sollen

- das Superpostionsprinzip erklären und auf Strukturen unter kombinierter Beanspruchung anwenden und
- resultierende Spannungszustände bei kombinierter Beanspruchung bestimmen können,
- die wesentlichen Festigkeitshypothesen und deren jeweiliges Anwendungsgebiet benennen und
- die Versagengrenzen bzw. die Sicherheit gegen Versagen bei kombinierter Beanspruchung bestimmen können.

6.1 Einführung

In den vorangehenden Kapiteln haben wir die Grundbeanspruchungen von balkenförmigen Bauteilen einzeln untersucht. Es handelt sich um Zug-/Druckbeanspruchungen infolge der Längskraft N, Biegebeanspruchungen durch die Momente M_{by} sowie M_{bz} und um Schubbeanspruchungen infolge von Querkräften (Q_y sowie Q_z) und eines Torsionsmomentes T. In realen Strukturen treten diese Beanspruchungen gewöhnlich gemeinsam auf. Um die Tragfähigkeit einer Struktur bewerten zu können, müssen wir daher die einzelnen Beanspruchungen überlagern bzw. miteinander kombinieren. Da wir bisher lineares Strukturverhalten vorausgesetzt haben, können wir das *Superpositionsprinzip* anwenden. Dieses besagt, dass wir lineare Beanspruchungen, die aus verschiedenen äußeren Belastungen resultieren, addieren dürfen. Beispielsweise addieren wir die Normalspannungen aus einer reinen Zug- und einer Biegebeanspruchung zu einer Gesamtspannung. Als Folge erhalten wir also die Beanspruchung der Struktur unter allen aufgebrachten Lasten. Analog können wir das Superpositionsprinzip bei der Ermittlung der Gesamtverformung der

© Springer-Verlag Berlin Heidelberg 2015

M. Linke, E. Nast, *Festigkeitslehre für den Leichtbau*, DOI 10.1007/978-3-642-53865-0_6

Struktur anwenden, d. h. die Gesamtverformung resultiert wieder aus der Überlagerung der einzelnen Verformungen. Wir konzentrieren uns an dieser Stelle jedoch auf die Tragfähigkeit von Strukturen bzw. auf die Superposition von Kraftgrößen, da wir den Spannungszustand zur Beurteilung der Tragfähigkeit heranziehen werden. Wir betrachten hier also Festigkeitsprobleme und lassen weitere Versagensphänomene z. B. infolge von Stabilitätseffekten (vgl. hierzu Kap. 8) zunächst unbeachtet.

Bei der Vorhersage der Tragfähigkeit infolge eines Festigkeitsproblems stellt die Überlagerung der Einzelbeanspruchungen nur den ersten Schritt dar. In einem zweiten Schritt müssen wir die Frage klären, bei welcher kombinierten Beanspruchung und damit einhergehendem resultierenden Spannungszustand Versagen der Struktur auftritt. Diese Frage lässt sich nicht allgemeingültig für beliebige Beanspruchungskombinationen und Werkstoffe beantworten. Aus diesem Grunde behilft man sich mit sogenannten *Festigkeitshypothesen*, die eine Beziehung zwischem dem Spannungszustand in der untersuchten Struktur und einer zulässigen Spannung herstellen. Die zulässige Spannung wird dabei gewöhnlich in einem einachsigen Belastungsversuch ermittelt.

Das zuvor beschriebene Vorgehen zur Bewertung der Tragfähigkeit einer Struktur werden wir hier exemplarisch anhand des bereits in der Einleitung vorgestellten Flugzeugflügels demonstrieren. Die Flügelstruktur und die Anbindung des Flügels an den Rumpf sind in Abb. 6.1 dargestellt. Die Flugrichtung ist durch die positive $\bar{y}$-Richtung gekennzeichnet. Die Struktur ist über gelenkige Lagerungen in den Punkten A und B sowie über eine Flügelstütze zwischen den Punkten E und F mit dem Rumpf verbunden. Der Flügelquerschnitt möge sich wölbspannungsfrei verformen können. Die angenommene äußere Belastung bzw. die Luftkraft q_L ist ebenfalls

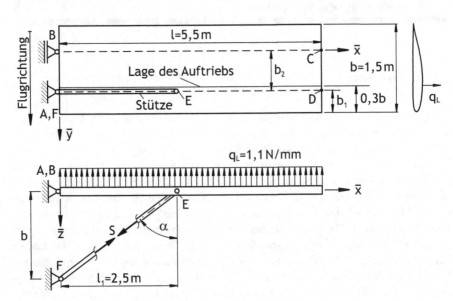

Abb. 6.1 Flügelstruktur und Rumpfanbindung sowie äußere Luftlast q_L und Stabkraft S

dargestellt. Sie möge konstant entlang der $\bar{x}$-Achse sein, der Einfachheit halber momentenfrei bei 30 % der Flügeltiefe b wirken und in negative $\bar{z}$-Richtung weisen. Folglich lassen wir hier die Widerstandsanteile in der Luftkraft unberücksichtigt. Darüber hinaus vernachlässigen wir das Gewicht des Flügels, um die mechanischen Zusammenhänge möglichst übersichtlich zu halten. Bemerkt sei außerdem, dass die Bezeichnungen für die Achsen des verwendeten Koordinatensystems in Übereinstimmung mit der Definition der Achsen für Balkenstrukturen nach Kap. 3 gewählt sind, d. h. die $\bar{x}$-Achse weist in Flügelspannweitenrichtung. Es handelt sich also nicht um ein übliches Flugzeugkoordinatensystem.

Die beschriebene Flügelidealisierung weist alle Grundbeanspruchungen infolge der äußeren Luftlast auf und eignet sich daher zur Veranschaulichung des Superpositionsprinzips im Abschnitt 6.2. Basierend auf der ermittelten kombinierten Beanspruchung werden wir dann Festigkeitshypothesen im Abschnitt 6.3 kennen lernen, um die Tragfähigkeit dieser Struktur abzuschätzen.

6.2 Superpositionsprinzip

Das Superpositionsprinzip wenden wir auf den Tragflügel mit dem Profil gemäß Abb. 6.2a) an. Es handelt sich um einen Rechteckflügel, dessen tragende Struktur aus einer Zelle besteht. Um die nachfolgenden Ableitungen möglichst übersichtlich zu gestalten, modellieren wir diese Zelle als dünnwandige, symmetrische Struktur, wie sie in Abb. 6.2b) skizziert ist. Die Versteifungsprofile auf der Ober- und Unterseite werden aus Stabilitätsgründen verwendet. Da wir in diesem Kapitel Stabilitätsphänomene nicht betrachten, verschmieren wir die Profilflächen auf die Deckbleche

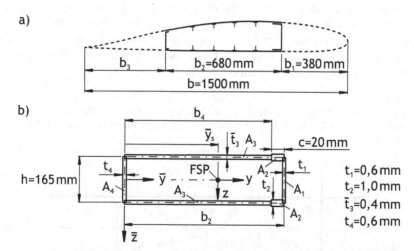

Abb. 6.2 a) Flügelquerschnitt, b) idealisierte Struktur unter Beachtung leichtbaugerechter Vereinfachungen mit x-y-z-Koordinatensystem im Flächenschwerpunkt (FSP)

(vgl. Kap. 8 zur Berücksichtigung von Stabilitätseffekten). Die Wandstärke der Bleche auf der Ober- und Unterseite wird daher als gestrichene Größe gekennzeichnet. Darüber hinaus idealisieren wir eine Verrippung des Flügels nicht. Wir gehen allerdings davon aus, dass der Profilquerschnitt bei Belastung erhalten bleibt. Aufgrund der Dünnwandigkeit der Struktur werden wir leichtbautypische Vereinfachungen bei der Berechnung nutzen (vgl. hierzu Abschnitt 3.5).

Zunächst werden wir Querschnittsgrößen (Flächenschwerpunkt, Schubmittelpunkt, Flächenträgheitsmomente) ermitteln, da wir diese Größen u. a. benötigen, um das resultierende Torsionsmoment bestimmen zu können. Darauf aufbauend berechnen wir die Schnittreaktionen, die wir zur Ermittlung der einzelnen Grundbeanspruchungen verwenden werden. Abschließend superponieren wir die Grundbeanspruchungen zu überlagerten Spannungszuständen.

6.2.1 Flächenschwerpunkt und Flächenträgheitsmomente

Um entkoppelte Beziehungen zwischen den Biegemomenten und der Normalkraft zu erhalten (vgl. zu entkoppelten Gleichungen Abschnitt 3.2), legen wir unser Koordinatensystem in den Flächenschwerpunkt. Wenn wir dann die y-Achse in der Symmetrielinie des Profils positionieren, findet die Biegung um die Hauptachsen statt. Das Deviationsmoment ist somit null. Aus diesem Grunde werden wir zunächst den Flächenschwerpunkt ermitteln, um darauf aufbauend die Hauptträgheitsmomente angeben zu können.

Da das Profil symmetrisch zur $\bar{y}$-Achse ist, ist die $\bar{z}_s$-Koordinate null, d. h. der Flächenschwerpunkt befindet sich in der Symmetrielinie. Die $\bar{y}_s$-Koordinate berechnen wir, indem wir mehrere Teilflächen unter Beachtung leichtbautypischer Vereinfachungen unterscheiden. Anzumerken ist, dass wir die Flächen A_2 und A_3 aufgrund der Symmetrie jeweils doppelt berücksichtigen (vgl. Abb. 6.2b)). Dadurch müssen wir die Ober- und Unterseite nicht einzeln aufführen. Die resultierenden Querschnittsgrößen zur Berechnung des Flächenschwerpunkts sind systematisch in Tab. 6.1 zusammengestellt. Es resultiert

Tab. 6.1 Querschnittsgrößen zur Bestimmung des Flächenschwerpunkts (FSP) im $\bar{y}$-$\bar{z}$-Koordinatensystem nach Abb. 6.2b); der Index si kennzeichnet Größen in Bezug zum Flächenschwerpunkt der Teilfläche i

i	1	2	3	4
$\bar{y}_{si}$	b_2	$b_2 - \frac{c}{2}$	$\frac{b_2-c}{2}$	0
A_i	$h\,t_1$	$2\,c\,t_2$	$2\,(b_2 - c)\,\bar{t}_3$	$h\,t_4$
$\bar{y}_{si}\,A_i$	$b_2\,h\,t_1$	$c\,t_2\,(2\,b_2 - c)$	$\frac{\bar{t}_3}{2}\,(b_2 - c)^2$	0

$$\bar{y}_s = \frac{\sum_i \bar{y}_{si} A_i}{\sum_i A_i} = \frac{2{,}6836 \cdot 10^5 \, \text{mm}^3}{766 \, \text{mm}^2} = 350{,}34 \, \text{mm} \; .$$

Die Lage des Flächenschwerpunkts ist damit bekannt. Das x-y-z-Koordinatensystem im Flächenschwerpunkt erhalten wir durch Parallelverschiebung des gestrichenen Koordinatensystems, d. h. es gilt

$$x = \bar{x} \, , \quad y = \bar{y} - \bar{y}_s \, , \quad z = \bar{z} \; .$$

Das y-z-Hauptachsensystem ist somit gefunden.

Wir ermitteln nun die Flächenträgheitsmomente. Hierzu nutzen wir Tab. 6.2, in der alle relevanten Größen aufgeführt sind. Wenn wir jeweils die Eigen- und Steiner-Anteile summieren, erhalten wir die Hauptträgheitsmomente zu

$$I_y = \sum_i I_{ysi} + \sum_i z_{si}^2 A_i = 4{,}3152 \cdot 10^6 \, \text{mm}^4 \, ,$$

$$I_z = \sum_i I_{zsi} + \sum_i y_{si}^2 A_i = 4{,}6383 \cdot 10^7 \, \text{mm}^4 \; .$$

Tab. 6.2 Querschnittsgrößen zur Bestimmung der Flächenträgheitsmomente I_y und I_z; der Index si kennzeichnet Größen in Bezug zum Flächenschwerpunkt der Teilfläche i

i	1	2	3	4
y_{si}	$b_2 - \bar{y}_s$	$b_2 - \bar{y}_s - \frac{1}{2} c$	$\frac{1}{2} b_4 - \bar{y}_s$	$-\bar{y}_s$
z_{si}	0	$\pm \frac{1}{2} h$	$\pm \frac{1}{2} h$	0
A_i	$h \, t_1$	$2 c \, t_2$	$2 b_4 \, \bar{t}_3$	$h \, t_4$
I_{ysi}	$\frac{1}{12} h^3 t_1$	≈ 0	≈ 0	$\frac{1}{12} h^3 t_4$
I_{zsi}	≈ 0	$\frac{1}{6} c^3 t_2$	$\frac{1}{6} b_4^3 \, \bar{t}_3$	≈ 0
$y_{si}^2 A_i$	$(b_2 - \bar{y}_s)^2 \, h \, t_1$	$2 c \, t_2 \left(b_2 - \bar{y}_s - \frac{c}{2} \right)^2$	$2 b_4 \, \bar{t}_3 \left(\frac{1}{2} b_4 - \bar{y}_s \right)^2$	$\bar{y}_s^2 \, h \, t_4$
$z_{si}^2 A_i$	0	$\frac{1}{2} h^2 c \, t_2$	$\frac{1}{2} h^2 b_4 \, \bar{t}_3$	0

6.2.2 Schubmittelpunkt des offenen Profils

Zur Ermittlung des Schubmittelpunkts schneiden wir das Profil in der rechten unteren Ecke nach Abb. 6.3a) auf, wodurch wir eine freie Oberfläche erhalten, an der die Schubspannung bzw. der Schubfluss verschwindet. Wir wählen die lokalen Umfangskoordinaten s_i entlang der Profilmittellinie gemäß Abb. 6.3a). Da wir den Schubmittelpunkt über einen variablen Schubfluss q' im Querschnitt berechnen müssen, nutzen wir die Kusinenformel (vgl. die Gln. (5.21) und (5.45)). Aufgrund der Symmetrie des Trägers wird der Schubmittelpunkt auf der y-Achse liegen. Wir ermitteln daher lediglich den Schubfluss infolge der Querkraft Q_z

$$q'_i = -\frac{Q_z}{I_y} S_y \ .$$

Das Minuszeichen wählen wir, da wir die mit der lokalen Umfangskoordinate überstrichene Fläche zur Bestimmung des Statischen Moments S_y verwenden. Wir erhalten einen Schubfluss q'_i, der in Richtung der gewählten Umfangskoordinate weist, wenn sein Vorzeichen positiv ist. Für die Schubflüsse folgt

$$q'_1(s_1) = -\frac{t_1\,s_1\,Q_z}{2\,I_y}\,(h - s_1) \qquad \text{mit} \quad 0 \le s_1 \le h \ , \tag{6.1}$$

$$q'_2(s_2) = \frac{t_2\,s_2\,h\,Q_z}{2\,I_y} \qquad \text{mit} \quad 0 \le s_2 \le c \ , \tag{6.2}$$

$$q'_3(s_3) = \frac{h\,Q_z}{2\,I_y}\,(\bar{t}_3\,s_3 + t_2\,c) \qquad \text{mit} \quad 0 \le s_3 \le b_4 \ , \tag{6.3}$$

$$q'_4(s_4) = \frac{Q_z}{2\,I_y}\left[t_4\,s_4\,(h - s_4) + \bar{t}_3\,b_4\,h + t_2\,c\,h\right] \qquad \text{mit} \quad 0 \le s_4 \le h \ , \tag{6.4}$$

$$q'_5(s_5) = \frac{Q_z}{2\,I_y}\left[(b_4 - s_5)\,\bar{t}_3\,h + t_2\,c\,h\right] \qquad \text{mit} \quad 0 \le s_5 \le b_4 \ , \tag{6.5}$$

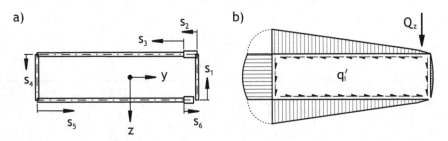

Abb. 6.3 a) Geöffnetes Profil und gewählte Umfangskoordinaten, b) qualitativer Schubflussverlauf infolge der Querkraft $Q_z > 0$

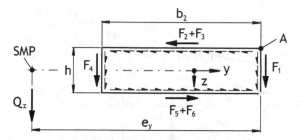

Abb. 6.4 Verhältnisse zur Berechnung der Schubmittelpunktslage (SMP)

$$q'_6(s_6) = \frac{t_2\,h\,Q_z}{2\,I_y}\,(c - s_6) \quad \text{mit} \quad 0 \le s_6 \le c\,. \tag{6.6}$$

Der resultierende Schubflussverlauf ist qualitativ in Abb. 6.3b) dargestellt. Der Schubfluss ist als Betrag gekennzeichnet und seine tatsächliche Richtung für $Q_z > 0$ durch die Pfeile angegeben.

Mit den bekannten variablen Schubflüssen können wir den Schubmittelpunkt des geöffneten Profils ermitteln. Dazu positionieren wir die Querkraft Q_z im Schubmittelpunkt und formulieren die Momentengleichheit zwischen den Schubflüssen q'_i und der Querkraft Q_z um den Punkt A nach Abb. 6.4. Um den Punkt A produzieren nur die Schubflüsse in den Bereichen 4, 5 und 6 Momente. Die aufsummierten Schubflüsse ergeben in diesen Bereichen wegen $F_i = \int q'_i\,\mathrm{d}s_i$ die Kräfte

$$F_4 = 0{,}9479\,Q_z\,, \qquad F_5 = 1{,}9180\,Q_z\,, \qquad F_6 = 0{,}0038\,Q_z\,.$$

Die Momentengleichheit um Punkt A liefert

$$Q_z\,e_y = F_4\,b_2 + (F_5 + F_6)\,h \quad \Leftrightarrow \quad e_y = 961{,}70\,\mathrm{mm}\,,$$

wodurch der Schubmittelpunkt auf der Symmetrielinie festliegt (vgl. Abb. 6.4).

6.2.3 Schnittreaktionen

Der Flügel ist statisch bestimmt gelagert (vgl. Abb. 6.1), so dass wir mit Hilfe der Gleichgewichtsbedingungen die unbekannten Lagerkräfte sowie Schnittreaktionen ermitteln können. Da der Flügel als ein über den Stab EF abgestützter Kragarm aufgefasst werden kann, müssen wir nur die Stabkraft als unbekannte äußere Lagerkraft ermitteln. Wir nutzen den Freischnitt der Stabkraft S nach Abb. 6.1 und berechnen das Momentengleichgewicht um die $\bar{y}$-Achse. Wir erhalten mit $q_L = 1{,}1\,\frac{\mathrm{N}}{\mathrm{mm}}$

$$\sum_i M_{i\bar{y}} = 0 \quad \Leftrightarrow \quad S\cos\alpha\,l_1 - q_L\,\frac{l^2}{2} = 0 \quad \Leftrightarrow \quad S = \frac{l^2\,q_L}{2\,l_1\cos\alpha} \approx 12{,}935\,\mathrm{kN}\,.$$

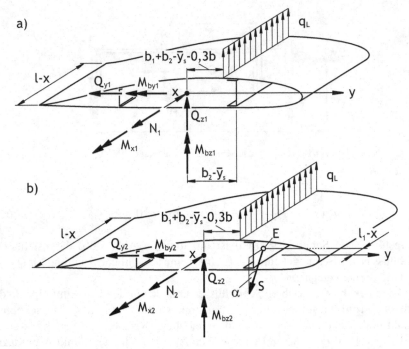

Abb. 6.5 Negative Schnittufer am Flügel mit resultierenden Schnittreaktionen im a) Außenflügel-
bereich und b) zwischen Rumpfanbindung und Flügelstütze

Unter Beachtung des berechneten Flächenschwerpunkts liefern die Gleichgewichtsbeziehungen im Bereich 1 mit $l_1 \leq x \leq l$ am negativen Schnittufer nach Abb. 6.5a)

$$N_1, Q_{y1}, M_{bz1} = 0, \quad Q_{z1} = -q_L \, (l - x) \,, \quad M_{by1} = \frac{q_L}{2} \, (l - x)^2 \quad \text{und}$$

$$M_{x1} = -q_L \, (l - x) \, (b_1 + b_2 - \bar{y}_s - 0,3 \, b) \;.$$

Die Schnittreaktion M_{x1} stellt nicht die Torsionsbeanspruchung dar. Vielmehr müssen wir diesem Moment noch das Moment $M_{Q_{z1}}$ überlagern, das aus der Querkraft
Q_z resultiert, da diese nach unserer Definition im Flächenschwerpunkt, aber nicht
im Schubmittelpunkt angreift. Unter Beachtung von Abb. 6.6 können wir schreiben

$$T_1 = M_{x1} + M_{Q_{z1}} = M_{x1} + Q_{z1} \left(e_y - b_2 + \bar{y}_s \right) \;.$$

Im Bereich 2 mit $0 \leq x \leq l_1$ ergeben sich veränderte Verhältnisse infolge der Lasteinleitung über die Stütze (vgl. Abb. 6.5b)). Wir erhalten dann

$$N_2 = -S \sin \alpha \,, \quad Q_{y2} = 0 \,, \quad Q_{z2} = S \cos \alpha - q_L \, (l - x) \,,$$

$$M_{bz2} = (b_2 - \bar{y}_s) \, S \sin \alpha \,, \quad M_{by2} = \frac{q_L}{2} \, (l - x)^2 - S \cos \alpha \, (l_1 - x) \,,$$

$$M_{x2} = S \cos \alpha \, (b_2 - \bar{y}_s) - q_L \, (l - x) \, (b_1 + b_2 - \bar{y}_s - 0,3 \, b)$$

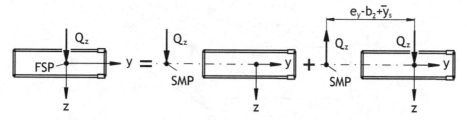

Abb. 6.6 Verhältnisse am positiven Schnittufer zur Bestimmung der Torsionsbeanspruchung an der tragenden Flügelstruktur mit Flächenschwerpunkt FSP und Schubmittelpunkt SMP

und damit für das Torsionsmoment

$$T_2 = M_{x2} + M_{Q_{z2}} = M_{x2} + Q_{z2} \left(e_y - b_2 + \bar{y}_s \right) \ .$$

Die Auswertung der Schnittreaktion führt auf die in Abb. 6.7 dargestellten Verläufe. Der am höchsten belastete Querschnitt befindet sich im Bereich 2, wo die Stütz-

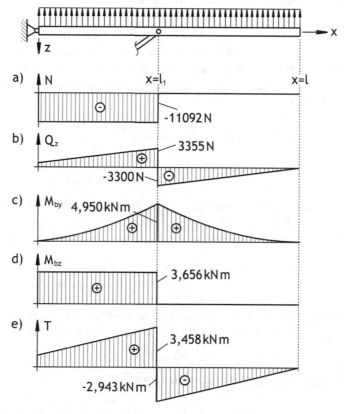

Abb. 6.7 Qualitative Verläufe der Schnittreaktionen: a) Normalkraft N, b) Querkraft Q_z, c) Biegemoment M_{by}, d) Biegemoment M_{bz} und e) Torsionsmoment T

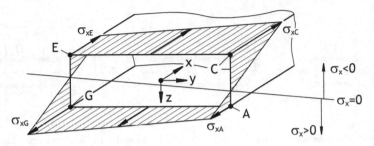

Abb. 6.8 Normalspannungen in der Tragstruktur bei $x = l_1$ zwischen Flügelstütze und Rumpfanbindung sowie Spannungsnulllinie $\sigma_x = 0$

kraft S in den Tragflügel eingeleitet wird. Wir untersuchen daher diesen Querschnitt hinsichtlich der auftretenden Spannungen.

6.2.4 Normalspannungsbeanspruchung

Auf der Basis der zuvor ermittelten Schnittreaktionen lassen sich die Normalspannungen im Träger bestimmen. Wir untersuchen beispielhaft den Flügelquerschnitt, in dem die Stützkraft in den Flügel eingeleitet wird, da hier die maximalen Normalspannungen auftreten. Dies ist zugleich auch der Bereich, in dem zuerst Versagen auftreten wird. Mit Gl. (3.24) erhalten wir

$$\sigma_x(x = l_1, y, z) = \frac{N_2(l_1)}{A} - \frac{M_{bz2}(l_1)}{I_z} y + \frac{M_{by2}(l_1)}{I_y} z$$
$$= -14,48\,\text{MPa} + \left[1,1471\,z - 0,0788\,y\right]\frac{\text{MPa}}{\text{mm}}\,.$$

Wir werten diese Gleichung systematisch für die Eckpunkte des Profils aus. Es folgt der in Abb. 6.8 skizzierte Normalspannungsverlauf. Die Spannungsnulllinie ist ebenfalss mit $\sigma_x = 0$ gekennzeichnet. Die Spannungen in den Ecken lauten

$$\sigma_{xA} = 54,17\,\text{MPa}\,, \qquad \sigma_{xC} = -135,10\,\text{MPa}\,,$$
$$\sigma_{xE} = -81,50\,\text{MPa} \quad \text{und} \quad \sigma_{xG} = 107,78\,\text{MPa}\,.$$

Da die Normalspannungen im Querschnitt linear variieren, tritt die maximale Normalspannung in der Ecke C mit $|\sigma_{x\max}| = |\sigma_{xC}| = 135,10\,\text{MPa}$ auf.

6.2.5 Schubspannungsbeanspruchung

Die Schubspannungen im Profilquerschnitt entstehen aus der anliegenden Querkraft- sowie der Torsionsbelastung. Die Torsion resultiert aus der Tatsache, dass die

angreifende Querkraft infolge der Luftlasten nicht notwendigerweise im Schubmittelpunkt des Profils angreift. Während des Fluges wandert ihr Kraftangriffspunkt
und somit auch die Torsionsbelastung. Aus Auslegungsgründen ist die Lage der
Luftkraft in unserem Berechnungsfall festgelegt und schwankt daher nicht (vgl. die
Abbn. 6.5a) und b)). Die Torsionsbeanspruchung des Profils kennen wir bereits gemäß Unterabschnitt 6.2.3. Wir ermitteln hier den Schubflussverlauf für die am höchsten belastete Stelle bei $x = l_1$.

Der Schubflussverlauf kann bei einem geschlossenen einzelligen Querschnitt in
einen veränderlichen und einen konstanten Anteil q'_i bzw. q_0 unterschieden werden

$$q_i = q'_i + q_0 \, .$$

Der variable Anteil steht uns bereits durch die Ermittlung der Schubmittelpunktslage nach den Gln. (6.1) bis (6.6) in Abhängigkeit von Q_z zur Verfügung. Da keine
Querkraft Q_y wirkt, beschreiben diese Gleichungen auch die Schubflüsse q'_i (vgl.
qualitativer Verlauf nach Abb. 6.3b)). Wir müssen lediglich die Querkraft an der
Stelle $x = l_1$ mit $Q_{z2}(x = l_1)$ berücksichtigen.

Den konstanten Schubflussanteil ermitteln wir unter Nutzung der 1. Bredtschen
Formel (vgl. die Gln. (4.18) und (4.19)) aus dem anliegenden Torsionsmoment T.
Der konstant im Profil umlaufende Schubfluss q_0 folgt mit der von der Profilmittel-

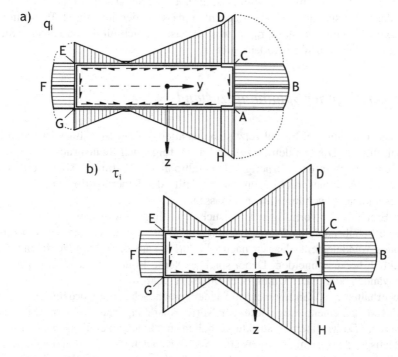

Abb. 6.9 Qualitativer Verlauf der resultierenden a) Schubflüsse q_i und b) Schubspannungen τ_i

Tab. 6.3 Schubflüsse und maximale Schubspannungen an einzelnen Profilpunkten sowie ihre jeweilige Wirkungsrichtung nach den Abbn. 6.9a) und b)

	A	B	C	D	E	F	G	H
q_i [$\frac{\text{N}}{\text{mm}}$]	15.41	17,00	15,41	14,12	2,81	4,40	2,81	14,12
$\tau_{\max}$ [MPa]	25,68	28,33	25,68	35,31	7,02	7,33	7,02	35,31

linie umschlossenen Fläche A_m zu

$$q_0 = \frac{T_2(x = l_1)}{2\,A_m} = \frac{T_2(x = l_1)}{2\,h\,b_2} = 15,41\,\frac{\text{N}}{\text{mm}}\ .$$

Das positive Vorzeichen kennzeichnet, dass dieser Schubfluss entlang der Profilmittellinie ein Moment mit positiver Wirkungsrichtung um die x-Achse erzeugt.

Damit kann der resultierende Schubfluss q_i aus den Anteilen $q\,'_i$ und q_0 überlagert bzw. superponiert werden. Der Übersichtlichkeit halber stellen wir diese Ergebnisse qualitativ in den Abbn. 6.9a) und b) dar. Für die dort gekennzeichneten Punkte A bis H sind in Tab. 6.3 sowohl die Schubflüsse als auch die Schubspannungen angegeben. Bzgl. der Schubspannungen ist zu beachten, dass für den jeweiligen Punkt immer die maximale Schubspannung $\tau_{\max}$ aufgeführt ist, die sich für die untersuchte Stelle infolge der kleineren Wandstärke ergibt.

6.2.6 Überlagerter Spannungszustand

Die Beanspruchung im Flügel setzt sich aus allen auf der Struktur wirkenden Lasten zusammen. Die aus den einzelnen Lasten folgenden Beanspruchungen haben wir exemplarisch in den vorherigen Unterabschnitten bestimmt. Hier werden wir diese einzelnen Beanspruchungen nun mit Hilfe des Superpositionsprinzips zu einer Gesamtbeanspruchung zusammenfassen.

Als Ergebnis der vorherigen Untersuchungen liegt eine Normalspannungs- sowie eine Schubspannungsbeanspruchung vor. Diese betrachten wir für ein infinitesimales Wandelement, das wir nach Abb. 6.10a) aus dem dünnwandigen Träger gedanklich herausschneiden. Dabei spielt es keine Rolle, ob das Element in den Seitenwänden oder in der Unter- oder Oberseite analysiert wird.

Wir erhalten ein Wandelement mit einer reinen Schubbeanspruchung τ gemäß Abb. 6.10a) und einer einzig wirkenden Normalspannung σ_x, wie sie in Abb. 6.10b) skizziert ist. Da wir lineares Strukturverhalten annehmen, beeinflussen sich die beiden Beanspruchungen nicht gegenseitig. Wir dürfen daher die beiden Spannungszustände addieren. Der in Abb. 6.10c) dargestellte Spannungszustand beschreibt demnach die Beanspruchung infolge aller anliegenden Belastungen.

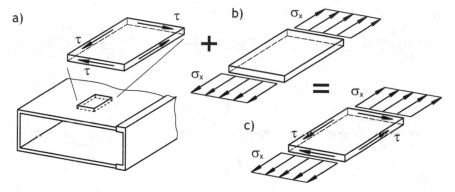

Abb. 6.10 a) Infinitesimales Wandelement und reine Schubbeanspruchung, b) reine Normalspannungsbeanspruchung, c) kombinierte Beanspruchung aus Schub- und Normalspannung

6.3 Festigkeitshypothesen

Strukturbauteile sind gewöhnlich komplexen Spannungszuständen unterworfen, die ab einer bestimmten Grenze zu einem Versagen des eingesetzten Werkstoffs führen. Die Vorhersage sicherer Betriebsgrenzen bei kombinierter Beanspruchung erfordert, dass die im Bauteil auftretenden Spannungszustände, d. h. Kombinationen aus Normal- und Schubspannungen, hinsichtlich plastischem Fließen oder Bruch bewertet werden. Alternativ kann statt dem Spannungs- auch der Verzerrungszustand zur Vorhersage der Tragfähigkeit herangezogen werden. Wir beschränken uns hier jedoch der Anschaulichkeit halber auf die Beurteilung von Spannungszuständen.

Dem Versagensverhalten werden wir uns hier phänomenologisch nähern, d. h. wir verdeutlichen das Materialverhalten anhand experimentell gewonnener Erkenntnisse. Hierzu betrachten wir drei unterschiedliche Spannungszustände nach den Abbn. 6.11a) bis c). Es möge sich um ein duktiles Material handeln, das wir mit ideal elasto-plastischem Verhalten beschreiben können. Dies bedeutet, dass sich einem linear-elastischen Bereich in der Spannungs-Dehnungs-Beziehung ein plastischer Bereich mit konstanter Spannung anschließt, die wir hier mit der Fließspannung σ_F gleichsetzen. Exemplarisch ist dieser Verlauf in Abb. 6.11a) für einen einachsig belasteten Zugstab dargestellt. Wir können den Elastizitätsmodul E ablesen, der die Steigung der Kurve im linearen Bereich darstellt. Außerdem beginnt das Fließen des Materials, wenn die Spannung σ_x die Fließgrenze erreicht.

Wir nehmen weiter an, dass der einachsige Spannungszustand des Zugstabes aus dem vorherigen Beispiel jetzt mit einem Querdruck σ_y überlagert wird, der betragsmäßig so groß ist wie die Zugspannung σ_x, d. h. es gilt $\sigma_y = -\sigma_x$. Experimentell können wir diesen Zustand in einem dünnwandigen Kreisringstab, der durch ein Torsionsmoment belastet ist, unter $45°$ zur Stabachse finden. Wir erhalten dann eine Spannungs-Dehnungs-Beziehung gemäß Abb. 6.11b). Wir beobachten jetzt, dass

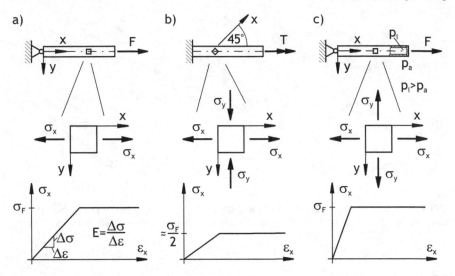

Abb. 6.11 a) Einachsiger Spannungszustand infolge von Zug, b) zweiachsiger Spannungszustand infolge von Zug sowie Querdruck, c) zweiachsiger Spannungszustand bei Zug in 2 Richtungen

das Material bereits bei einer Spannung σ_x zu fließen beginnt, die ca. 50 % niedriger ist als beim einachsigen Zugversuch.

Betrachten wir das dritte Beispiel in Abb. 6.11c). In diesem Fall liegt statt einer Querdruck- eine Querzugbeanspruchung σ_y vor, die betragsmäßig so groß ist wie die Zugbelastung σ_x. Experimentell ließe sich dieser Spannungszustand bei einem dünnwandigen Kreisringstab unter Innendruck p_i bei gleichzeitiger Zugbelastung realisieren. Wir beobachten jetzt, dass die Fließgrenze im Vergleich zum reinen Zugstab bei praktisch unveränderter Zugspannung σ_x auftritt.

Wir erkennen an diesen Beispielen, dass verschiedene Spannungszustände zu sehr unterschiedlichem Versagensverhalten führen können. Da die Gestaltung von Bauteilen nicht eingeschränkt sein sollte bzw. grundsätzlich beliebig ist, müssen somit auch beliebige Spannungszustände hinsichtlich Versagen bewertet werden. Dies ist aber experimentell praktisch nicht umsetzbar. Wir müssen vielmehr einen allgemeinen Zusammenhang zwischen einem potentiell beliebigen Spannungszustand und dem beobachtbaren Versagen herstellen. Dies erfolgt i. Allg. durch die Anwendung von sogenannten *Festigkeitshypothesen* bzw. *Festigkeitskriterien*, bei denen der vorliegende Spannungszustand zu einer einzigen Spannung, der sogenannten *Vergleichsspannung* σ_V, zusammengefasst wird. Bei isotropem Material kann eine funktionale Abhängigkeit der Vergleichsspannung von den Hauptspannungen des räumlichen Spannungszustands σ_1, σ_2 und σ_3 wie folgt formuliert werden

$$\sigma_V = f(\sigma_1, \sigma_2, \sigma_3) \; . \tag{6.7}$$

Als Folge ist ein dreidimensionaler Spannungszustand auf eine einzige Spannung zurückgeführt und kann somit mit einer einfachen einachsigen Versuchsanordnung wie einem Zugversuch verglichen werden. Die Tragfähigkeit gilt dann als nicht überschritten, solange die Vergleichsspannung σ_V unter einer *zulässigen Spannung* σ_{zul} bleibt, die das Versagen in Form einer Fließ- oder Bruchgrenze beschreibt,

$$\sigma_V \leq \sigma_{zul} \, . \tag{6.8}$$

Es müssen daher nicht mehr beliebig viele experimentelle Tests durchgeführt werden, sondern nur noch eine sehr limitierte Anzahl. Gleichzeitig kann mit dieser Beschreibung festgestellt werden, wie weit der vorliegende Spannungszustand noch erhöht werden kann, bis Versagen auftritt. Beziehen wir die zulässige Spannung auf die Vergleichsspannung, so erhalten wir die *Sicherheit*

$$S = \frac{\sigma_{zul}}{\sigma_V} \, , \tag{6.9}$$

die angibt, um welchen Faktor wir die Belastung noch erhöhen können, ohne dass Versagen auftritt.

Wir werden nachfolgend zunächst ausführlich die Transformation von räumlichen Spannungszuständen diskutieren. Dies geschieht vor dem Hintergrund, dass zum einen die Vergleichsspannung σ_V bei dreidimensionalen Festigkeitshypothesen ebenfalls die Hauptspannung σ_3 in die dritte Koordinatenrichtung berücksichtigt, wir aber bisher nur ebene Spannungstransformationen betrachtet haben (vgl. Unterabschnitt 2.4.3). Zum anderen lassen sich die hier behandelten Festigkeitshypothesen (Normalspannungs-, Schubspannungs- sowie Gestaltänderungsenergiehypothese) leichter verstehen, wenn wir vom dreidimensionalen Hauptspannungszustand ausgehen, den wir aus der Transformation eines beliebigen dreidimensionalen Spannungszustandes ermitteln können. Basierend auf dem dreidimensionalen Hauptspannungszustand werden wir dann Festigkeitshypothesen für isotrope Werkstoffe diskutieren.

6.3.1 Räumliche Spannungstransformation

Als Ausgangspunkt unserer Überlegungen rufen wir uns den Spannungstensor σ aus Unterabschnitt 2.4.1 in Erinnerung. Dieser Tensor legt den Zusammenhang zwischen dem an einem beliebigen infinitesimalen Flächenelement angreifenden Spannungsvektor t und dem Normalenvektor n vollständig fest

$$t = \sigma \, n = \begin{bmatrix} \sigma_x & \tau_{xy} & \tau_{xz} \\ \tau_{xy} & \sigma_y & \tau_{yz} \\ \tau_{xz} & \tau_{yz} & \sigma_z \end{bmatrix} \begin{pmatrix} n_x \\ n_y \\ n_z \end{pmatrix} \, . \tag{6.10}$$

Hauptspannungen treten in denjenigen Flächenelementen auf, in denen die Schubspannungskomponenten des zugehörigen Spannungsvektors verschwinden. Dies ist aber damit gleichbedeutend, dass der Spannungsvektor in Richtung des Normalenvektors des Flächenelementes zeigt. Wir können demnach die vorherige Gleichung für eine unbekannte Hauptspannung σ_i, die in Richtung des Normalenvektors $\boldsymbol{n}_i$ auftritt, umformulieren zu

$$\boldsymbol{t} = \boldsymbol{\sigma}\,\boldsymbol{n}_i = \sigma_i\,\boldsymbol{n}_i \; . \tag{6.11}$$

Bei Gl. (6.11) handelt es sich um ein Eigenwertproblem, das wir auch mit der Einheitsmatrix $\boldsymbol{E}$ wie folgt angeben können

$$(\boldsymbol{\sigma} - \sigma_i\,\boldsymbol{E})\,\boldsymbol{n}_i = \boldsymbol{0} \quad \Leftrightarrow \quad \begin{bmatrix} \sigma_x - \sigma_i & \tau_{xy} & \tau_{xz} \\ \tau_{xy} & \sigma_y - \sigma_i & \tau_{yz} \\ \tau_{xz} & \tau_{yz} & \sigma_z - \sigma_i \end{bmatrix} \begin{pmatrix} n_x \\ n_y \\ n_z \end{pmatrix}_i = \begin{pmatrix} 0 \\ 0 \\ 0 \end{pmatrix} . \tag{6.12}$$

Da der Spannungstensor $\boldsymbol{\sigma}$ symmetrisch ist, existieren drei reelle Werte bzw. Hauptspannungen σ_i, die das Gleichungssystem lösen und die als Eigenwerte des Eigenwertproblems bezeichnet werden. Die zu den Hauptspannungen σ_i gehörenden Normalenvektoren $\boldsymbol{n}_i$ sind ebenfalls reellwertig. Sie stellen Eigenvektoren des Eigenwertproblems dar. Sie stehen senkrecht aufeinander und definieren die Hauptspannungsrichtungen, d. h. sie spannen das Hauptachsensystem auf.

Das Gleichungssystem (6.12) besitzt nur dann nicht-triviale Lösungen, wenn die Determinante des Systems verschwindet

$$\begin{vmatrix} \sigma_x - \sigma_i & \tau_{xy} & \tau_{xz} \\ \tau_{xy} & \sigma_y - \sigma_i & \tau_{yz} \\ \tau_{xz} & \tau_{yz} & \sigma_z - \sigma_i \end{vmatrix} = 0 \; . \tag{6.13}$$

Daraus erhalten wir die folgende kubische Gleichung

$$\sigma_i^3 - I_{\sigma_1}\sigma_i^2 + I_{\sigma_2}\sigma_i - I_{\sigma_3} = 0 \; , \tag{6.14}$$

deren Koeffizienten I_{σ_1}, I_{σ_2} und I_{σ_3} wir als *Invarianten des Spannungstensors* bezeichnen. Diese nennen wir so, weil sie nicht vom gewählten Koordinatensystem abhängen, sie also invariant sind. Für diese Größen resultiert

$$I_{\sigma_1} = \sigma_x + \sigma_y + \sigma_z \; , \tag{6.15}$$

$$I_{\sigma_2} = \sigma_x\,\sigma_y + \sigma_y\,\sigma_z + \sigma_x\,\sigma_z - \tau_{yz}^2 - \tau_{xz}^2 - \tau_{xy}^2 \; , \tag{6.16}$$

$$I_{\sigma_3} = \sigma_x\,\sigma_y\,\sigma_z + 2\,\tau_{xy}\,\tau_{xz}\,\tau_{yz} - \sigma_x\,\tau_{yz}^2 - \sigma_y\,\tau_{xz}^2 - \sigma_z\,\tau_{xy}^2 \; . \tag{6.17}$$

Die kubische Gl. (6.14) kann entweder numerisch oder mit Hilfe der cardanischen Formeln, die nach Gerolamo Cardano (1501-1576, italienischer Mathematiker) benannt sind, gelöst werden (vgl. zu cardanischen Formeln z. B. [2]). Ihre Lösung ergibt die Hauptspannungen σ_1, σ_2 und σ_3, die wir unter Beachtung von

$\sigma_1 \geq \sigma_2 \geq \sigma_3$ zuordnen. Für das resultierende Hauptachsensystem reduziert sich dann der Spannungstensor zu

$$\sigma = \begin{bmatrix} \sigma_1 & 0 & 0 \\ 0 & \sigma_2 & 0 \\ 0 & 0 & \sigma_3 \end{bmatrix} . \tag{6.18}$$

Dieser und der ursprüngliche Spannungstensor nach Gl. (6.12) repräsentieren denselben Spannungszustand. Lediglich die Bezugsachsen bzw. die Schnittflächen sind gedreht. Neben den Hauptspannungen können wir ebenfalls die Hauptspannungsrichtung aus dem Gleichungssystem (6.12) ermitteln. Da für die nachfolgenden Ableitungen allerdings die Normalenvektoren n_i nicht erforderlich sind, stellen wir deren Bestimmung hier nicht dar.

Beispiel 6.1 Der Hauptspannungszustand soll für einen gegebenen räumlichen Spannungszustand bestimmt werden.

Gegeben Spannungen $\sigma_x = 50\,\text{MPa}$, $\sigma_y = 110\,\text{MPa}$, $\sigma_z = 50\,\text{MPa}$, $\tau_{xy} = 20\,\text{MPa}$, $\tau_{xz} = 20\,\text{MPa}$ und $\tau_{yz} = 20\,\text{MPa}$

Gesucht Berechnen Sie die Hauptspannungen des gegebenen Spannungszustandes, indem Sie für den korrespondierenden Spannungstensor ein Eigenwertproblem lösen.

Lösung Für den Spannungstensor erhalten wir

$$\sigma = \begin{bmatrix} 50 & 20 & 80 \\ 20 & 110 & 20 \\ 80 & 20 & 50 \end{bmatrix} \text{MPa} . \tag{6.19}$$

Für die Invarianten gemäß den Gln. (6.15) bis (6.17) resultiert

$$I_{\sigma_1} = 210\,\text{MPa} , \quad I_{\sigma_2} = 6300\,\text{MPa}^2 , \quad I_{\sigma_3} = -405000\,\text{MPa}^3 . \tag{6.20}$$

Die zu lösende kubische Gleichung lautet dann

$$\sigma_i^3 - \sigma_i^2 \cdot 210\,\text{MPa} + \sigma_i \cdot 6300\,\text{MPa}^2 + 405000\,\text{MPa}^3 = 0 . \tag{6.21}$$

Die Lösung dieser Gleichung ergibt die gesuchten Hauptspannungen

$$\sigma_1 = 150\,\text{MPa} , \quad \sigma_2 = 90\,\text{MPa} , \quad \sigma_3 = -30\,\text{MPa} . \tag{6.22}$$

Ausgehend vom Hauptspannungszustand nach Gl. (6.18) werden wir die Transformationsbeziehungen des räumlichen Spannungszustand mit Hilfe des *Mohrschen Spannungskreises* veranschaulichen, der nach Christian Otto MOHR (1835-1918, deutscher Bauingenieur) benannt ist. Dieses Vorgehen ist wesentlich anschaulicher,

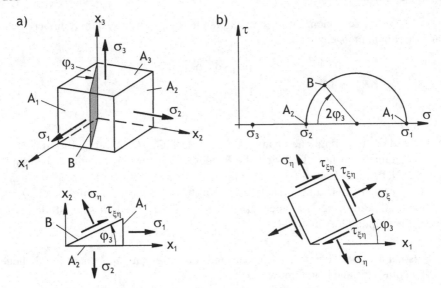

Abb. 6.12 a) Schnittflächen am infinitesimalen Element, b) Mohrscher Spannungskreis bei gedrehter Schnittfläche in x_1-x_2-Ebene

als die zugrunde liegenden mathematischen Zusammenhänge zu untersuchen, da wir nur die Gleichgewichtsbeziehungen für geeignet gewählte Schnittelemente benötigen. Zur Wiederholung des Mohrschen Spannungskreises sei an dieser Stelle auf [4, S. 56 ff.] verwiesen.

Wir bestimmen die Spannungen in Schnittelementen ausgehend vom Hauptspannungszustand. Dabei drehen wir das Schnittelement zunächst in der x_1-x_2-Ebene um den Winkel φ_3 nach Abb. 6.12a). Als Folge geht in die Transformationsbeziehungen die Hauptspannung σ_3 nicht ein. Wir erhalten die Zusammenhänge, die auch für den Ebenen Spannungszustand gelten (vgl. die Gln. (2.36) bis (2.38)). Somit ist auch der Mohrsche Spannungskreis nutzbar. Wir erhalten den in Abb. 6.12b) dargestellten Spannungskreis, den wir in der üblichen Weise konstruieren. Der Einfachheit halber ist er nur für positive Schubspannungen τ skizziert. Die Spannungszustände infolge der Drehung um den Winkel φ_3 befinden sich auf dem Umfang des durch die Hauptspannungen σ_1 und σ_2 festgelegten Kreises. Die entsprechenden Schnittflächen sind in den Abbn. 6.12a) und b) mit A_1, A_2 und B gekennzeichnet.

Analog können wir Schnittflächen untersuchen, bei denen jeweils eine andere Hauptspannung nicht in die Transformationsbeziehungen eingeht. Die entsprechenden Drehungen in der x_2-x_3- und x_1-x_3-Ebene sind in den Abbn. 6.13a) und b) dargestellt. Die resultierenden Mohrschen Spannungskreise sind zusammen mit der Spannungstransformation in der x_1-x_2-Ebene in Abb. 6.14 skizziert. Wir erhalten insgesamt drei Mohrsche Spannungskreise. Spannungen in Schnittelementen, die nicht senkrecht zu einer der Hauptspannungsebenen verlaufen, also beliebig orientiert sind, befinden sich im schraffiert dargestellten Bereich, und zwar wieder auf

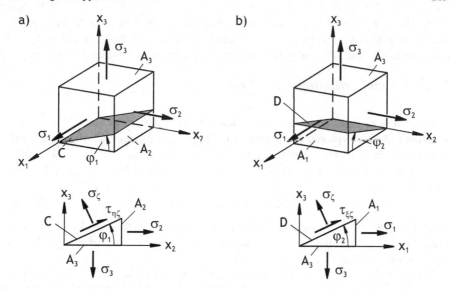

Abb. 6.13 Gedrehte Schnittfläche in a) x_2-x_3- und b) x_1-x_3-Ebene

Kreisbögen. Der jeweilige Kreismittelpunkt entspricht dabei einem der Mittelpunkte der skizzierten Mohrschen Spannungskreise. Beispielhaft ist hierzu in Abb. 6.14 die Spannungstransformation von der Schnittfläche C in Abb. 6.13a) zur Schnittfläche D in Abb. 6.13b) skizziert. Die transformierten Zustände zwischen den genannten Schnittflächen liegen auf dem Kreisbogen mit dem Radius $\frac{\sigma_1+\sigma_2}{2}$.

Da zum Verständnis der nachfolgenden Festigkeitshypothesen die Konstruktion der letztgenannten Spannungstransformation unerheblich ist, begründen wir an die-

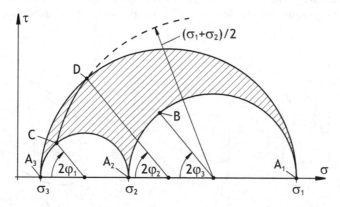

Abb. 6.14 Mohrsche Spannungskreise für räumlichen Spannungszustand

ser Stelle die räumliche Spannungstransformation zwischen zwei Mohrschen Kreisen nicht weiter. Uns steht eine anschauliche Darstellung des räumlichen Spannungszustandes zur Verfügung, so dass wir nun Festigkeitshypothesen behandeln.

6.3.2 Normalspannungshypothese

Bei der *Normalspannungshypothese* gehen wir davon aus, dass die größte Hauptspannung für das Versagen maßgeblich ist. Die Materialbeanspruchung wird daher durch die maximale Hauptspannung beschrieben, die wir mit der Vergleichsspannung gleichsetzen. Für den räumlichen Spannungszustand folgt die Vergleichsspannung zu

$$\sigma_{V,NH} = \max\left(|\sigma_1|, |\sigma_3|\right) . \tag{6.23}$$

Wegen $\sigma_1 \geq \sigma_2 \geq \sigma_3$ müssen wir die Hauptspannung σ_2 nicht beachten. Um diese Vergleichsspannung von denen anderer Festigkeitskriterien unterscheiden zu können, ist sie mit dem Index NH markiert.

Für ebene Spannungszustände ist die Hauptspannung σ_3 null (vgl. hierzu Unterabschnitt 2.4.2), weshalb wir

$$\sigma_{V,NH} = \max\left(|\sigma_1|, |\sigma_2|\right) \tag{6.24}$$

erhalten. Da dies ein brauchbares Festigkeitskriterium für spröde Werkstoffe ist, die unter der Bruchlast versagen, setzen wir die Vergleichsspannung in Beziehung zur zulässigen Bruchspannung σ_B, die wir unter einachsiger Belastung experimentell ermitteln

$$\sigma_{V,NH} \leq \sigma_B . \tag{6.25}$$

Sehr übersichtlich können wir Festigkeitskriterien für ebene Spannungszustände im σ_1-σ_2-Diagramm bzw. in der σ_1-σ_2-Hauptspannungsebene darstellen. Bei der

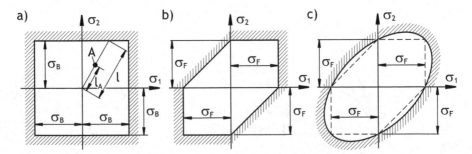

Abb. 6.15 Festigkeitshypothesen für den ebenen Spannungszustand: a) Normalspannungshypothese, b) Schubspannungshypothese, c) Gestaltänderungsenergiehypothese

Normalspannungshypothese wird dann der zulässige Bereich gemäß Abb. 6.15a) begrenzt. Die Sicherheit S eines Zustandes A gegen Bruch stellt das Verhältnis der Längen l zu l_A dar. Anzumerken ist zum einen, dass keine Interaktion der Normalspannungen stattfindet, d. h. dass eine zusätzlich anliegende Querspannung die Bruchgrenze nicht verändert. Zum anderen ist die Normalspannungshypothese anwendbar auf das Bruchverhalten von spröden Werkstoffen unter Zugbeanspruchung.

Beispiel 6.2 Der Spannungszustand in einer dünnen Scheibe ist bekannt. Die Scheibe besteht aus einem spröden Material mit der Bruchfestigkeit σ_B.

Gegeben Spannungszustand in der Scheibe: $\sigma_x = 85$ MPa, $\sigma_y = 125$ MPa, $\tau_{xy} = 15$ MPa; Bruchfestigkeit $\sigma_B = 450$ MPa

Gesucht Berechnen Sie die Sicherheit S gegen Bruch.

Lösung Da es sich um einen spröden Werkstoff handelt, können wir die Normalspannungshypothese verwenden. Dazu bestimmen wir zunächst die Hauptspannungen. Wir gehen wegen der Dünnwandigkeit der Scheibe von einem ebenen Spannungszustand aus, bei dem die Spannungen senkrecht zur Scheibenebene vernachlässigbar klein sind. Wir könnten die Beziehungen zur Ermittlung der Hauptspannungen nach Gl. (2.39) nutzen. Alternativ möchten wir hier allerdings das Vorgehen nach Unterabschnitt 6.3.1 anwenden, bei dem die Suche nach den Hauptspannungen als Eigenwertproblem formuliert wird. In diesem Fall haben wir die Determinante des Eigenwertproblems für den ebenen Spannungszustand aufzustellen. Wir erhalten (vgl. Gl. (6.13))

$$\begin{vmatrix} \sigma_x - \sigma_i & \tau_{xy} \\ \tau_{xy} & \sigma_y - \sigma_i \end{vmatrix} = \sigma_i^2 - \left(\sigma_x + \sigma_y \right) \sigma_i + \sigma_x \, \sigma_y - \tau_{xy}^2 = 0 \ .$$

Mittels pq-Formel oder quadratischer Ergänzung resultiert

$$\sigma_i = \frac{\sigma_x + \sigma_y}{2} \pm \frac{1}{2} \sqrt{\sigma_x^2 - 2\sigma_x \, \sigma_y + \sigma_y^2 - 4\tau_{xy}^2} \ .$$

Dies ist aber die Beziehung gemäß Gl. (2.39), die wir aus den Transformationsbeziehungen für Spannungen nach den Gln. (2.36) bis (2.38) abgeleitet haben. Das Eigenwertproblem ist somit eine äquivalente Formulierung dazu.

Wenn wir die Zahlenwerte berücksichtigen, erhalten wir

$$\sigma_1 = 130 \, \text{MPa} \quad \text{und} \quad \sigma_2 = 80 \, \text{MPa} \ .$$

Demnach ergibt sich die Sicherheit zu

$$S = \frac{\sigma_B}{\sigma_{V,NH}} = \frac{\sigma_B}{\sigma_1} = \frac{450 \, \text{MPa}}{130 \, \text{MPa}} = 3,46 \ .$$

Die äußere Belastung kann also noch gleichförmig um den Faktor 3,46 erhöht werden.

6.3.3 Schubspannungshypothese

Bei der *Schubspannungshypothese* wird angenommen, dass das Werkstoffversagen durch die maximale Schubspannung hervorgerufen wird. Diese Hypothese geht auf Henri Edouard Tresca (1814-1885, französischer Ingenieur) zurück, weshalb sie häufig nach ihm benannt wird. Anwendbar ist dieses Kriterium auf duktile Materialien, bei denen das Versagen bei Erreichen der Fließgrenze eintritt.

Zur Verdeutlichung dieses Kriteriums bei seiner Anwendung auf den räumlichen Spannungszustand betrachten wir die Mohrschen Spannungskreise nach Abb. 6.16a). Der Einfachheit halber sind die Kreise nur für positive Schubspannungen dargestellt. Die maximale Schubspannung tritt immer unter einem Winkel von 45° zu den Hauptachsen auf, d. h. im Mohrschen Kreis unter 90°. Die maximale Schubspannung entspricht geometrisch dem Radius des jeweiligen Mohrschen Kreises, der sich aus der Differenz der korrespondierenden Hauptspannungen ergibt. Wenn wir nun jeden einzelnen Mohrschen Kreis hinsichtlich der maximalen Schubspannung untersuchen, so erhalten wir (vgl. Abb. 6.16a))

$$\tau_{12\mathrm{max}} = \frac{|\sigma_1 - \sigma_2|}{2} \, , \qquad (6.26) \qquad \tau_{13\mathrm{max}} = \frac{|\sigma_1 - \sigma_3|}{2} \qquad (6.27)$$

sowie

$$\tau_{23\mathrm{max}} = \frac{|\sigma_2 - \sigma_3|}{2} \, . \qquad (6.28)$$

Unter diesen Schubspannungen befindet sich die insgesamt größte Schubspannung, die bestimmbar ist über

$$\tau_{\mathrm{max}} = \max\left(\frac{|\sigma_1 - \sigma_2|}{2}, \frac{|\sigma_1 - \sigma_3|}{2}, \frac{|\sigma_2 - \sigma_3|}{2}\right) \, . \qquad (6.29)$$

Da wir bei einem einachsigen Zugversuch wegen $\sigma_1 \neq 0$ und $\sigma_2 = \sigma_3 = 0$ die maximale Schubspannung aus

$$\tau_{\mathrm{max}} = \frac{\sigma_1}{2} = \frac{\sigma_V}{2} \qquad (6.30)$$

erhalten, resultiert die Vergleichsspannung der Schubspannungshypothese zu

$$\sigma_{V,SH} = 2\,\tau_{\mathrm{max}} = \max\left(|\sigma_1 - \sigma_2|, |\sigma_1 - \sigma_3|, |\sigma_2 - \sigma_3|\right) \, . \qquad (6.31)$$

Den zusätzlichen Index SH der Vergleichsspannung verwenden wir zur Kennzeichnung der Schubspannungshypothese.

Da wir hier in erster Linie dünnwandige Strukturen untersuchen, wenden wir diese Hypothese auf den ebenen Spannungszustand an. Wir erhalten wegen $\sigma_3 = 0$ aus Gl. (6.31)

$$\sigma_{V,SH} = \max\left(|\sigma_1 - \sigma_2|, |\sigma_1|, |\sigma_2|\right) \, . \qquad (6.32)$$

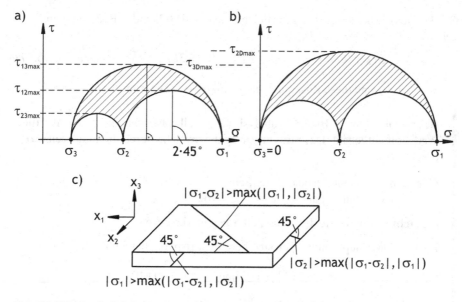

Abb. 6.16 Maximale Schubspannungen beim a) räumlichen und b) ebenen Spannungszustand, c) mögliche Versagensebenen

Grafisch ist dieser Zusammenhang beispielhaft in Abb. 6.16b) dargestellt, der sich aus Abb. 6.16a) wegen $\sigma_3 = 0$ ergibt. Jetzt berühren die Mohrschen Spannungskreise für die Transformationen in der x_1-x_3- sowie x_2-x_3-Ebene den Koordinatenursprung. Die maximale Schubspannung tritt in der x_1-x_3-Ebene auf, da der Radius des Mohrsches Kreises für die Spannungstransformation in der x_1-x_3-Ebene am größten geworden ist. Darüber hinaus können wir noch die Versagensebenen ableiten. Versagen tritt immer unter 45° zu den Hauptnormalspannungen auf. Daher existieren 3 potentielle Versagensebenen, die in Abb. 6.16c) skizziert sind. Ergibt sich die größte Schubspannung im Mohrschen Kreis für die σ_1-σ_3-Transformation (wie in Abb. 6.16b) dargestellt), so wird auch Versagen in der x_1-x_3-Ebene infolge von

$$|\sigma_1 - \sigma_3| = |\sigma_1| > \max(|\sigma_1 - \sigma_2|, |\sigma_2|) \tag{6.33}$$

auftreten.

Die Schubspannungshypothese ist geeignet zur Vorhersage des Versagens infolge von plastischem Fließen bei duktilen Werkstoffen und bei Druckversagen von spröden Werkstoffen. Wir beschränken uns hier auf duktile Werkstoffe und setzen die Versagensgrenze daher mit der Fließspannung gleich. Es folgt

$$\sigma_{V,SH} \leq \sigma_F. \tag{6.34}$$

Wir können die beiden vorherigen Gleichungen in die folgenden Bedingungen überführen

$$\sigma_1 - \sigma_2 \le \pm\sigma_F \ , \quad (6.35) \qquad \sigma_1 \le \pm\sigma_F \ , \quad (6.36) \qquad \sigma_2 \le \pm\sigma_F \ . \quad (6.37)$$

In Abb. 6.15b) sind diese Zusammenhänge im σ_1-σ_2-Diagramm dargestellt.

Beispiel 6.3 Die in Bsp. 6.2 analysierte Scheibe ist hier aus einem duktilen
Werkstoff aufgebaut. Das Strukturversagen wird jetzt durch die Fließgrenze σ_F
beschrieben.

Gegeben Spannungszustand in der Scheibe: $\sigma_x = 85$ MPa, $\sigma_y = 125$ MPa,
$\tau_{xy} = 15$ MPa; Fließspannung $\sigma_F = 330$ MPa

Gesucht Ermitteln Sie die Sicherheit S gegen Versagen.

Lösung Die Hauptspannungen sind bereits in Bsp. 6.2 berechnet. Es gilt

$$\sigma_1 = 130 \text{ MPa} \quad \text{und} \quad \sigma_2 = 80 \text{ MPa} \ .$$

Da es sich um einen duktilen Werkstoff handelt, verwenden wir die Schubspannungshypothese. Die Vergleichsspannung erhalten wir aus Gl. (6.32)

$$\sigma_{V,SH} = \max\left(|180 - 50|, |180|, |50|\right) \text{MPa} = 180 \text{ MPa} \ .$$

Mit der Fließgrenze σ_F erhalten wir demnach die Sicherheit

$$S = \frac{\sigma_F}{\sigma_{V,SH}} = \frac{330 \text{ MPa}}{180 \text{ MPa}} = 1,8 \ .$$

Das Material ist somit noch nicht bis zu seiner Versagensgrenze belastet.

6.3.4 Gestaltänderungsenergiehypothese

Die Versagensgrenzen werden bei den zuvor behandelten Festigkeitshypothesen im
ebenen Fall durch Polygonzüge in der Hauptspannungsebene beschrieben (vgl. die
Abbn. 6.15a) und b)). Bei der *Hypothese der Gestaltänderungsenergie* wird der
zulässige Bereich mit Hilfe einer analytischen Funktion definiert. Die Versagensgrenze ist dann auf einfachere Weise bestimmbar. Beim ebenen Spannungszustand
ist ihre Form in der σ_1-σ_2-Hauptspannungsebene eine Ellipse, deren Hauptachsen
um 45° geneigt sind und die den Polygonzug der Schubspannungshypothese um-
schließt. Diese Ellipse ist exemplarisch in Abb. 6.15c) dargestellt. Wir erhalten für
ebene Spannungszustände somit

$$\sigma_{V,\text{Mises}} = \sqrt{\sigma_1^2 + \sigma_2^2 - \sigma_1\sigma_2} = \sqrt{\sigma_x^2 + \sigma_y^2 - \sigma_x\sigma_y + 3\tau_{xy}^2} \le \sigma_F \ . \quad (6.38)$$

Diese Vergleichsspannung wird häufig auch als Vergleichsspannung nach von Mises (vgl. Infobox 7, S. 216) bezeichnet. Daher verwenden wir seinen Namen als Index. Bemerkt sei, dass diese Hypothese manchmal auch mit Maximilian Tytus Huber (1872-1950, polnischer Ingenieur) oder mit Heinrich Hencky (1885-1951, deutscher Ingenieur) in Verbindung gebracht wird.

Die Gestaltänderungsenergiehypothese dient wie die Schubspannungshypothese zur Beurteilung von Versagen durch Fließen bei duktilen Werkstoffen. Sie weist allerdings gewöhnlich eine bessere Übereinstimmung mit experimentellen Ergebnissen auf. Ihre Vergleichsspannung ist maximal 15 % größer als die der Schubspannungshypothese, weshalb die Tragfähigkeit weniger konservativ bewertet wird.

Beispiel 6.4 In Abschnitt 6.2 wird beispielhaft ein Flugzeugflügel hinsichtlich seiner Beanspruchungen basierend auf dem Superpositionsprinzip analysiert. Die Spannungszustände der einzelnen Beanspruchungen sind in Abschnitt 6.2 für den Lasteinleitungsbereich der Flügelstütze ermittelt und die grundsätzliche Superposition der einzelnen Beanspruchungen dargestellt. In diesem Beispiel werden wir nun diese Spannungszustände hinsichtlich Versagen unter Fließen für ausgewählte Punkte des idealisierten Flügelprofils beurteilen. Wir gehen davon aus, dass der Träger aus einem duktilen Werkstoff aufgebaut ist.

Gegeben Fließspannung σ_F; Spannungen der Teilbeanspruchungen in den Profilpunkten A, C, D, E, G, H:

	A	C	D	E	G	H
σ_x [MPa]	54,17	-135,10	-133,53	-81,50	107,78	55,75
τ_{xy} [MPa]	25,68	25,68	35,31	2,81	2,81	35,31

Die Querschnittsbeanspruchungen und die Bezeichnungen der Punkte sind in den Abbn. 6.8 und 6.9 dargestellt.

Gesucht Bestimmen Sie die Sicherheit S gegen Fließen für die oben angegebenen Punkte des Profils.

Lösung Die Beanspruchung in der Trägerwand kann als ebener Spannungszustand idealisiert werden (vgl. die Abbn. 6.10a) bis c)), da keine Normalspannungen in Dickenrichtung auftreten und die Wanddicken klein im Vergleich zur Strukturlänge sind. Wegen verschwindender Umfangsspannungen gilt

$$\sigma_x, \tau_{xy} \neq 0, \qquad \sigma_y = 0.$$

Aufgrund des eingesetzten duktilen Werkstoffs werden wir die Gestaltänderungsenergiehypothese zur Abschätzung der Sicherheit gegen Fließen nutzen. Mit Gl. (6.38) erhalten wir die Vergleichsspannung $\sigma_{V,\text{Mises}}$ und daraus die Sicherheit S für die Eckpunkte:

	A	C	D	E	G	H
$\sigma_{V,\,Mises}$ [MPa]	70,09	142,24	146,87	82,40	108,46	60,88
S [$-$]	4,7	2,3	2,2	4,0	3,0	5,4

Demnach weist der analysierte Flügelquerschnitt eine Sicherheit von 2,2 gegen Versagen auf.

Infobox 7 zu Richard von MISES (1883-1953, österreichischer Mathematiker und Ingenieur) [1, 2]

Von Mises studierte Maschinenbau an der Technischen Universität Wien, wo er 1907 promovierte. Danach arbeitete er als wissenschaftlicher Assistent an der Hochschule Brünn (heute Brno in Tschechien). Nachdem er sich dort 1909 habilitierte, führte ihn seine nachfolgende wissenschaftliche Laufbahn an viele unterschiedliche Universitäten. Von 1909 bis 1914 lehrte er in Straßburg angewandte Mathematik. Nach dem Ende des 1. Weltkriegs hatte er den Lehrstuhl für Festigkeitslehre, Hydro- und Aerodynamik an der Technischen Universität Dresden inne (1919-1920). Danach war er Direktor des Instituts für angewandte Mathematik an der Universität Berlin (ab 1920) bis er 1933 einem Ruf an die Universität Istanbul folgte. Von 1939 an lehrte von Mises an der Harvard University in Cambridge (USA).

Begeistert durch die dynamische Entwicklung von motorisierten Fluggeräten Anfang des 20. Jahrhunderts beschäftigte sich von Mises anfänglich intensiv mit Aerodynamik und Flugzeugbau. Im Sommer 1913 hielt er einen Universitätskurs über die Mechanik des motorisierten Fluges, welcher als die erste Lehrveranstaltung auf diesem Gebiet gilt. Beim Ausbruch des 1. Weltkrieges 1914 meldete er sich freiwillig zu den österreichisch-ungarischen Fliegertruppen. Als Pilot kam er nur kurz zum Einsatz. Überwiegend schulte er Offiziere über Fluglehre und leitete die Konstruktion und den Bau eines Großflugzeugs, dessen Tragflügeldesign maßgeblich von ihm stammte. Die zu Beginn seiner Karriere entstandenen Schriften im Bereich Ingenieurwissenschaften besaßen für die damalige Zeit enorme Relevanz, was sich an den zahlreichen und z. T. noch nach Jahrzehnten kaum veränderten Auflagen und Übersetzungen dieser Schriften zeigt.

---

[1] Gridgeman N. T.: Mises, Richard von. In: Gillispie C. C. (Hrsg.): Dictionary of Scientific Biography, Bd. IX, Scribner-Verlag, 1974, S. 419-420.

[2] Märker K.: Mises, Richard. In: Neue Deutsche Biographie 17 (1994), S. 564-566.

6.4 Zusammenfassung

Berechnung bei kombinierter Beanspruchung

- Zerlegung der Belastung in die Grundbeanspruchungen Zug/Druck, Biegung, Querkraftschub und Torsion
- Ermittlung der Spannungszustände für die Grundbeanspruchungen
- Superposition der einzelnen Spannungszustände zu einem resultierenden Zustand

Festigkeitshypothesen für ebene Spannungszustände

- Normalspannungshypothese für Zugversagen bei spröden Werkstoffen

$$\sigma_{V,NH} = \max\left(|\sigma_1|,|\sigma_2|\right) \le \sigma_B$$

- Schubspannungshypothese für Versagen durch Fließen bei duktilen Werkstoffen

$$\sigma_{V,SH} = \max\left(|\sigma_1 - \sigma_2|,|\sigma_1|,|\sigma_2|\right) \le \sigma_F$$

- Gestaltänderungsenergiehypothese bzw. Fließbedingung nach von Mises für Versagen durch Fließen bei duktilen Werkstoffen

$$\sigma_{V,\mathrm{Mises}} = \sqrt{\sigma_1^2 + \sigma_2^2 - \sigma_1\,\sigma_2} = \sqrt{\sigma_x^2 + \sigma_y^2 - \sigma_x\,\sigma_y + 3\tau_{xy}^2} \le \sigma_F$$

6.5 Verständnisfragen

1. Erklären Sie das Superpositionsprinzip zur Berechnung von Spannungszuständen und nennen Sie die Voraussetzungen, unter denen es anwendbar ist.

2. Kann das Superpositionsprinzip auch zur Ermittlung von Verschiebungsgrößen genutzt werden? Begründen Sie Ihre Antwort.

3. Wie werden Normal- und Schubspannungen zu einem resultierenden Spannungszustand superponiert? Erläutern Sie die Superposition anhand einer Skizze.

4. Wie können die Begriffe Versagen, Bruch und Fließen voneinander differenziert werden?

5. Was ist eine Vergleichsspannung und wozu wird sie verwendet?

6. Wann ist die Normalspannungshypothese anwendbar?

7. Warum treten in der Vergleichsspannung der Schubspannungshypothese für eine ebene Beanspruchung die Beträge der beiden Hauptnormalspannungen auf? Erläutern Sie Ihre Antwort mit Hilfe der Mohrschen Spannungskreise.

8. Skizzieren Sie die Versagensebenen im Raum bei der Schubspannungshypothese und korrelieren Sie diese mit dem jeweiligen Spannungszustand im Mohrschen Spannungskreis.

9. Skizzieren Sie die Hypothese der Gestaltänderungsenergie im Hauptspannungsdiagramm für ebene Spannungszustände.

10. Welche Festigkeitshypothesen eignen sich zur Vorhersage der Versagensgrenze bei duktilen Werkstoffen?

Kapitel 7
Arbeits- und Energiemethoden

Lernziele

Die Studierenden sollen

- die mechanische Arbeit und im Besonderen die äußere Arbeit sowie die Formänderungsenergie erklären und bestimmen,
- den Arbeitssatz sicher anwenden und seine Einschränkungen klar benennen,
- die Schlussfolgerung des Satzes von Betti erklären,
- die Sätze von Castigliano sowie das Einheitslasttheorem sicher auf statisch bestimmte sowie statisch unbestimmte Systeme anwenden können.

7.1 Einführung

In den vorherigen Kapiteln haben wir zur Berechnung von Kraft- und Verschiebungsgrößen balkenartiger Tragwerke grundsätzlich die Gleichgewichtsbeziehungen, die Verschiebungs-Verzerrungs-Beziehungen und das Stoffgesetz verwendet. Dies führt auf Differentialgleichungen für die verschiedenen Beanspruchungsarten Zug/Druck, Biegung, Querkraftschub und Torsion (vgl. z. B. entsprechende Elastizitätsgesetze gemäß den Gln. (3.76), (4.11), (5.93)). Durch die Lösung bzw. Integration dieser Differentialgleichungen können wir die gesuchten Kraft- und Verschiebungsgrößen bestimmen.

Neben diesem Ansatz existieren in der Festigkeitslehre eine Reihe weiterer Lösungsmethoden, die auf der physikalischen Größe *Arbeit* basieren und die in vielen Fällen einen effektiveren Lösungsweg ermöglichen. Aus diesem Grunde werden wir uns in diesem Kapitel mit Arbeits- und Energiemethoden ausführlich auseinandersetzen. Da der Begriff der Arbeit grundlegend für dieses Kapitel ist, betrachten wir

© Springer-Verlag Berlin Heidelberg 2015
M. Linke, E. Nast, *Festigkeitslehre für den Leichtbau*, DOI 10.1007/978-3-642-53865-0_7

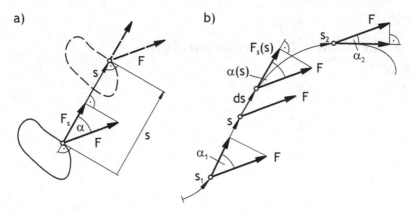

Abb. 7.1 Auf a) geradliniger und b) gekrümmter Bahn verschobener Körper, auf den eine Kraft F wirkt

zu seiner Verdeutlichung den in Abb. 7.1a) dargestellten Körper, der geradlinig um die Strecke s verschoben wird und an dem die während der Bewegung konstante Kraft F angreift. Die Arbeit ist definiert als das Vektorprodukt aus Kraft und Weg. Somit verrichtet die Kraft F die Arbeit

$$W_a = F_s\, s = F\cos(\alpha)\, s \ . \tag{7.1}$$

Folglich verrichtet die Kraft F nur dann Arbeit, wenn ihre Projektion auf die Verschiebungsrichtung nicht verschwindet, d. h. für $\alpha \neq \pm\frac{\pi}{2}$. Außerdem besitzt die Arbeit ein positives oder negatives Vorzeichen, je nachdem, ob die Projektion F_s in Richtung der Verschiebung oder entgegengesetzt dazu wirkt.

Im allgemeinen Fall muss weder die Kraft F konstant sein noch die Bewegung geradlinig ablaufen wie zuvor. Wir müssen die Arbeit dann infinitesimal definieren, da sich die Arbeit laufend entlang einer krummlinigen Bahn ändern kann. Für die in Abb. 7.1b) dargestellte Bewegung einer konstanten Kraft F längs der krummlinigen Bahn folgt daher

$$dW_a = F\cos(\alpha(s))\, ds \ . \tag{7.2}$$

Wenn wir die Arbeit der Kraft F entlang der Kurve von der Stelle $s = s_1$ bis $s = s_2$ bestimmen wollen, müssen wir die infinitesimale Arbeit dW_a integrieren

$$W_{12} = \int_{s_1}^{s_2} F\cos(\alpha(s))\, ds \ . \tag{7.3}$$

Von diesem Arbeitsbegriff ausgehend werden wir nachfolgend wesentliche Arbeitssätze entwickeln. Bei Balkenstrukturen formulieren wir diese grundsätzlich für das Hauptachsensystem, dessen Achsen wir mit y und z bezeichnen werden.

7.2 Äußere Arbeit und Formänderungsenergie

Wenn wir eine verformbare Struktur, bei der die Starrkörperverschiebungen durch eine geeignete Lagerung unterbunden werden, mit einer Kraft oder einem Moment von null ausgehend bis zu einem Endwert belasten, so verrichten die wirkenden Kraftgrößen eine *äußere Arbeit* W_a. Dies ist darin begründet, dass der jeweilige Angriffspunkt der Lasten sich aufgrund der Deformation des Körpers verschiebt.

Wir betrachten den in Abb. 7.2a) dargestellten Kragarm mit einer Kraft F am freien Ende. Wir bringen die Belastung *quasi-statisch* auf, also so langsam, dass die Beschleunigung des Balkens vernachlässigbar klein bleibt und keine Schwingungen auftreten. Die Kraft steigern wir dabei von null aus bis auf ihren Endwert F. Ist die Last voll aufgebracht, so hat sich der Kraftangriffspunkt um w verschoben. Die äußere Arbeit lässt sich dann ermitteln mit

$$W_a = \int_0^w F(\bar{w}) \, d\bar{w} \ . \tag{7.4}$$

Um die gegenseitige Abhängigkeit von Last- und Verschiebungsgröße zu kennzeichnen, haben wir die funktionale Schreibweise $F(\bar{w})$ gewählt.

Grundsätzlich kann ein nichtlinearer Zusammenhang zwischen beiden Größen bestehen, wie er in Abb. 7.2b) dargestellt ist. Die Arbeit stellt die schraffierte Fläche dar. Da wir hier allerdings eine lineare Theorie anwenden, ist dieser Zusammenhang zwischen Kraft- und Verschiebungsgröße ebenfalls linear. Für den untersuchten Kragarm findet man dann (vgl. Lösung für $w(x = l)$ in Bsp. 3.5)

$$w = \frac{F \, l^3}{3 \, E \, I_y} \quad \Leftrightarrow \quad F = \frac{3 \, E \, I_y}{l^3} \, w = c \, w \ . \tag{7.5}$$

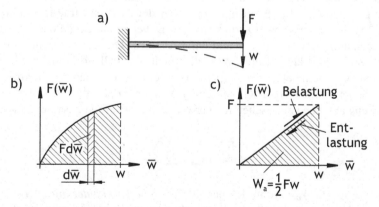

Abb. 7.2 a) Kragarm mit Kraft F am freien Ende, b) Kraft-Verschiebungs-Diagramm, c) lineare Kraft-Verschiebungs-Beziehung bei elastischem Material

Der Allgemeingültigkeit halber haben wir die Steifigkeit c eingeführt, mit deren Hilfe wir generell eine lineare Beziehung zwischen Kraft- und Verschiebungsgröße beschreiben können. Darüber hinaus nehmen wir an, dass bei Entlastung dieselbe Last-Deformations-Kurve durchlaufen wird. Wir bezeichnen daher das Verhalten des untersuchten Körpers als linear-elastisch. Aus Gl. (7.4) folgt dann die in Abb. 7.2c) schraffiert dargestellte Dreiecksfläche

$$W_a = \int_0^w F(\bar{w})\,\mathrm{d}\bar{w} = c \int_0^w \bar{w}\,\mathrm{d}\bar{w} = \frac{c\,w^2}{2} = \frac{F\,w}{2}\,. \tag{7.6}$$

Da wir eine allgemeine Steifigkeit c nutzen, gilt dieses Ergebnis generell für Einzellasten, die an einem Körper mit linear-elastischem Materialverhalten angreifen. Ein Moment M verrichtet daher mit einer von ihr hervorgerufenen infinitesimalen Verdrehung $\mathrm{d}\varphi$ am Angriffspunkt und in Richtung des Momentes die äußere Arbeit (vgl. Herleitung dieses Zusammenhangs basierend auf der Arbeit einer Einzelkraft im Abschnitt 10.4)

$$\mathrm{d}W_a = M\,\mathrm{d}\varphi\,. \tag{7.7}$$

Wegen des angenommenen linearen Verhaltens mit $M = c_\varphi\,\varphi$ erhalten wir für die äußere Arbeit eines Momentes M analog zu Gl. (7.6)

$$W_a = \int_0^\varphi M(\bar{\varphi})\,\mathrm{d}\bar{\varphi} = c_\varphi \int_0^\varphi \bar{\varphi}\,\mathrm{d}\bar{\varphi} = \frac{c_\varphi\,\varphi^2}{2} = \frac{M\,\varphi}{2}\,. \tag{7.8}$$

Eine Struktur mit elastischem Materialverhalten zeichnet sich nun dadurch aus, dass bei Entlastung die äußere Arbeit der Einzellast wieder an die Umgebung abgegeben wird, weil die schraffierte Fläche in den Abbn. 7.2b) und c) gleich bleibt, unabhängig davon, ob die Kraft-Verschiebungs-Kurve von links nach rechts (also bei Belastung) oder umgekehrt (d. h. bei Entlastung) durchlaufen wird.

Dies ändert sich auch nicht für eine elastische Struktur, die mit mehreren Kraftgrößen belastet wird. Bei Entlastung wird jetzt der Arbeitsbeitrag jeder einzelnen Kraftgröße an die Umgebung zurückgegeben. Dabei ist die Größe der äußeren Arbeit unabhängig davon, wie be- und entlastet wird. Die Be- und Entlastungsgeschichte spielt also keine Rolle. Wäre dies nicht der Fall, so könnten wir Arbeit gewinnen, ohne dem belasteten Körper Energie entzogen zu haben. Wir können daher die äußere Arbeit von i Kräften und j Momenten, die diese Kraftgrößen bei Einwirkung auf einen elastischen Körper verrichten, wie folgt zusammenfassen

$$W_a = \frac{1}{2}\sum_i F_i\,w_i + \frac{1}{2}\sum_j M_j\,\varphi_j\,. \tag{7.9}$$

Die äußere Arbeit W_a wird im Körper als *elastische Formänderungsenergie* U_i gespeichert, die auch als *elastische Formänderungsarbeit* bezeichnet wird. Sie lässt sich über die Arbeit W_i der inneren Kraftgrößen berechnen, da sich ihr Kraftangriffspunkt infolge einer Deformation ebenfalls verschiebt.

Da keine Energie verlorengeht, sondern alles im elastischen Körper gespeichert wird, gilt der Energieerhaltungssatz. Es folgt der Zusammenhang

$$U_i = W_a \,,\tag{7.10}$$

der auch als *Arbeitssatz* bezeichnet wird.

Beispielhaft nutzen wir den Arbeitssatz, um die Verdrehung am freien Ende des in Abb. 7.3a) dargestellten schubstarren Kragarms zu ermitteln. Der Kragarm ist durch ein konstantes Biegemoment M_0 belastet. Als schubstarren Balken bezeichnen wir dabei Strukturen, bei denen Biegeverformungen auftreten, aber keine Schubdeformationen (vgl. Ausführungen dazu im Abschnitt 5.4).

Wir bestimmen zunächst die Formänderungsenergie U_i. Hierzu betrachten wir das in Abb. 7.3b) skizzierte infinitesimale Schnittelement, das durch die Schnittreaktion M_{by} beansprucht wird. Die Schnittreaktion M_{by} verrichtet unter Beachtung der kinematischen Beziehung $d\varphi_y = -dw' = -w''\,dx$ und der Differentialgleichung der Biegeline $M_{by} = -E\,I_y\,w''$ die innere Arbeit

$$dU_i = \frac{1}{2} M_{by}\, d\varphi_y = \frac{1}{2} E\,I_y\,(w'')^2\,dx = \frac{M_{by}^2}{2\,E\,I_y}\,dx \,.\tag{7.11}$$

Da die einzig wirkende Schnittreaktion mit $M_{by} = M_0$ (vgl. Abb. 7.3a)) bekannt ist, können wir die Formänderungsenergie U_i durch Integration des infinitesimalen Anteils über der Balkenlänge l berechnen. Wegen der konstanten Querschnittsgrößen folgt

$$U_i = \frac{1}{2\,E\,I_y} \int_0^l M_{by}^2\,dx = \frac{M_0^2}{2\,E\,I_y} \int_0^l dx = \frac{M_0^2\,l}{2\,E\,I_y} \,.\tag{7.12}$$

Mit Hilfe des Arbeitssatzes nach Gl. (7.10) können wir die Verdrehung φ_0 am freien Ende des Kragarms berechnen

$$W_a = \frac{1}{2} M_0\,\varphi_0 = U_i = \frac{M_0^2\,l}{2\,E I_y} \quad\Leftrightarrow\quad \varphi_0 = \frac{M_0\,l}{E I_y} \,.\tag{7.13}$$

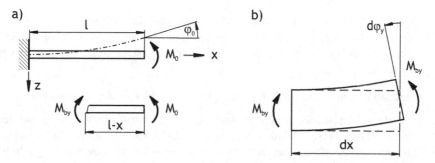

Abb. 7.3 a) Kragarm unter Biegemomentenbelastung am freien Ende und b) Beanspruchung eines infinitesimalen Balkenabschnitts mit konstantem Biegemoment M_{by}

Tab. 7.1 Formänderungsenergie dU_i am infinitesimalen Element mit $\varphi_y = -w''$, $\varphi_z = v''$, $\gamma_{m_y} = v_s'$ und $\gamma_{m_z} = w_s'$

Zug/Druck	Biegung mit $i = y, z$	Querkraft mit $i = y, z$	Torsion
$\frac{1}{2} N u'$	$\frac{1}{2} M_{bi} \varphi_i'$	$\frac{1}{2} Q_i \gamma_{m_i}$	$\frac{1}{2} T \vartheta'$
$\frac{1}{2} E A u'^2$	$\frac{1}{2} E I_i \varphi_i'^2$	$\frac{1}{2} G A_{Q_i} \gamma_{m_i}^2$	$\frac{1}{2} G I_T \vartheta'^2$
$\frac{1}{2} \frac{N^2}{EA}$	$\frac{1}{2} \frac{M_{bi}^2}{E I_i}$	$\frac{1}{2} \frac{Q_i^2}{G A_{Q_i}}$	$\frac{1}{2} \frac{T^2}{G I_T}$

Im vorherigen Beispiel haben wir bei der Formänderungsenergie lediglich einen Biegeanteil beachtet. Allerdings können am dreidimensionalen Balken insgesamt sechs Schnittgrößen auftreten, durch die jeweils innere Arbeit verrichtet wird. Formulieren wir analog zur Biegung nach Gl. (7.11) die Anteile für eine Normalkraft N, die Querkräfte Q_y und Q_z sowie die Torsion T am infinitesimalen Balkenelement, resultiert die Formänderungsenergie für einen Balken der Länge l zu

$$
U_i = \frac{1}{2} \int_l \frac{N^2}{EA}\, dx + \frac{1}{2} \int_l \frac{M_{by}^2}{EI_y}\, dx + \frac{1}{2} \int_l \frac{M_{bz}^2}{EI_z}\, dx
$$
$$
+ \frac{1}{2} \int_l \frac{Q_y^2}{GA_{Q_y}}\, dx + \frac{1}{2} \int_l \frac{Q_z^2}{GA_{Q_z}}\, dx + \frac{1}{2} \int_l \frac{T^2}{GI_T}\, dx \, .
$$

(7.14)

Die am infinitesimalen Balkenelement verrichteten inneren Arbeiten der Schnittreaktionen sind der Übersichtlichkeit halber in Tab. 7.1 zusammengefasst. Es handelt sich um äquivalente Formulierungen der Formänderungsenergie.

Beispiel 7.1 Die Absenkung des in Abb. 7.4a) darstellten schubweichen Balkens soll ermittelt werden. Der Balken ist einseitig eingespannt und an seinem freien Ende durch die Querkraft F belastet. Die Querschnittseigenschaften ändern sich in x-Richtung nicht.

Gegeben Länge l; Kraft F; Biegesteifigkeit EI_y; Querschubsteifigkeit GA_{Q_z}

Gesucht Ermitteln Sie die Absenkung w der Kraftangriffsstelle in Richtung der wirkenden Kraft F sowohl für den Fall eines schubstarren als auch schubweichen Balkens (vgl. Ausführungen zu Unterschied zwischen schubweich und schubstarr gemäß Abschnitt 5.4).

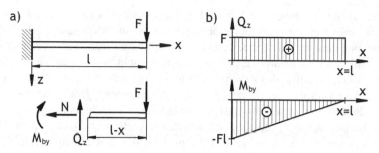

Abb. 7.4 a) Einseitg eingespannter Balken unter Querkraftbelastung F mit Schnitt bei x und b) resultierende Schnittreaktionen

Lösung Wir bestimmen zunächst die Schnittreaktionen. Hierzu betrachten wir den freigeschnittenen Balken nach Abb. 7.4a) und erhalten

$$Q_z = F \quad \text{und} \quad M_{by} = -F(l-x) \ .$$

Die weiteren Schnittreaktionen sind null ($N, Q_y, M_{bz}, T = 0$). Der Querkraft- und der Biegemomentenverlauf Q_z bzw. M_{by} sind in Abb. 7.4b) dargestellt. Die Formänderungsenergie U_i ergibt somit nach Gl. (7.14)

$$
\begin{aligned}
U_i &= \frac{1}{2} \int_l \frac{M_{by}^2}{E\,I_y}\,\mathrm{d}x + \frac{1}{2} \int_l \frac{Q_z^2}{G\,A_{Q_z}}\,\mathrm{d}x \\
&= \frac{F^2}{2\,E\,I_y} \int_0^l (l-x)^2\,\mathrm{d}x + \frac{F^2}{2\,G\,A_{Q_z}} \int_0^l \mathrm{d}x \\
&= -\frac{F^2}{2\,E\,I_y}\left[\frac{1}{3}(l-x)^3\right]_0^l + \frac{F^2\,l}{2\,G\,A_{Q_z}} = \frac{F^2\,l^3}{6\,E\,I_y} + \frac{F^2\,l}{2\,G\,A_{Q_z}} \ .
\end{aligned}
$$

Die Arbeit der äußeren Belastung lautet

$$W_a = \frac{1}{2}F\,w \ .$$

Basierend auf dem Arbeitssatz folgt die Absenkung des schubweichen Balkens

$$U_i = W_a \quad \Leftrightarrow \quad w = \frac{F\,l^3}{3\,E\,I_y} + \frac{F\,l}{G\,A_{Q_z}} \ .$$

Die Lösung für den schubstarren Balken können wir daraus ebenfalls gewinnen; denn bei Schubstarrheit wird die Querschubsteifigkeit unendlich groß, und es gilt

$$w = \lim_{G\,A_{Q_z} \to \infty} \left(\frac{F\,l^3}{3\,E\,I_y} + \frac{F\,l}{G\,A_{Q_z}}\right) = \frac{F\,l^3}{3\,E\,I_y} \ .$$

Der Term in der Absenkung w, mit dem der Einfluss des Querkraftschubes beschrieben wird, verschwindet, da die als unendlich groß angenommene Querschubsteifigkeit im Nenner steht.

Anzumerken hinsichtlich der Anwendbarkeit des Arbeitssatzes ist, dass mit ihm die Berechnung einer Verschiebungsgröße bei einer alleine wirkenden Kraftgröße möglich ist, und dies auch nur dann, wenn die inneren Schnittreaktionen bekannt sind. Ist eine Struktur durch mehrere Einzellasten beansprucht, so werden wir die Verschiebungsgrößen mit Hilfe des Arbeitssatzes nicht ermitteln können, da jede Einzellast äußere Arbeit infolge der ihr zugeordneten Verschiebungsgröße verrichtet. Wir erhalten demnach für jede Einzellast eine unbekannte Verschiebungsgröße. Uns steht aber nur eine Gleichung aus dem Arbeitssatz zur Verfügung. Darüber hinaus können wir nur diejenige Verschiebungsgröße ermitteln, die in Richtung der äußeren Last wirkt, da nur sie zusammen mit der äußeren Last Arbeit verrichtet. Die Anwendbarkeit des Arbeitssatzes ist folglich stark eingeschränkt.

7.3 Spezifische Formänderungsenergie

Mit Hilfe des Arbeitssatzes haben wir im vorherigen Abschnitt die Formänderungsenergie für Balkenstrukturen formuliert. Da wir auch Flächentragwerke untersuchen wollen (wie Schubfeldträger in Kap. 9), ist eine Definition der Formänderungsenergie basierend auf Spannungen sehr hilfreich. Wir nutzen die Gln. (7.9) und (7.10) zur Berechnung der Arbeit, die von den Komponenten des Spannungstensors am infinitesimalen Volumenelement dV verrichtet werden. Wir setzen Linearität voraus, weshalb wir die einzelnen Lastfälle superponieren können. Wir untersuchen zunächst die Normalspannung σ_x. Diese leistet nach Abb. 7.5 am infinitesimalen Volumenelement $dV = dx\,dy\,dz$ die innere Arbeit dW_i mit der Kraft $dF_x = \sigma_x\,dy\,dz$ und der Verschiebung $\Delta dx = \varepsilon_x dx$

$$dW_i = dU_i = \frac{1}{2}\,dF_x\,\Delta dx = \frac{1}{2}\,\sigma_x\,\varepsilon_x\,dx\,dy\,dz = \frac{1}{2}\,\sigma_x\,\varepsilon_x\,dV\ . \qquad (7.15)$$

Wir nutzen diese Beziehung, um beispielhaft die Formänderungsenergie eines Stabes mit der Querschnittsfläche A und der Länge l zu berechnen, der durch eine Normalkraft N in x-Richtung beansprucht wird. Mit Hilfe des Hookeschen Gesetzes $\varepsilon_x = \frac{\sigma_x}{E}$ nach Gl. (2.63) und wegen $\sigma_x = \frac{N}{A}$ sowie $\sigma_y = \sigma_z = 0$ resultiert durch Integration die vollständig im Stab gespeicherte Formänderungsenergie

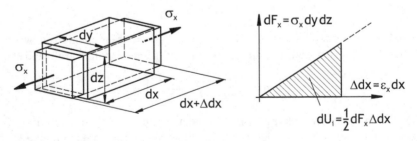

Abb. 7.5 Formänderungsenergie infolge der Normalspannung σ_x

$$U_i = \frac{1}{2} \int_V \sigma_x \, \varepsilon_x \, \mathrm{d}V = \frac{1}{2} \int_V \frac{\sigma_x^2}{E} \, \mathrm{d}V = \frac{1}{2} \iiint \frac{N^2}{E \, A^2} \, \mathrm{d}y \, \mathrm{d}z \, \mathrm{d}x$$

$$= \frac{1}{2} \int_l \Big(\frac{N^2}{E \, A^2} \underbrace{\int_A \mathrm{d}A}_{=A} \Big) \mathrm{d}x = \frac{1}{2} \int_l \frac{N^2}{E \, A} \mathrm{d}x \; . \tag{7.16}$$

Dieses Ergebnis entspricht dem ersten Term der Formänderungsenergie des Balkens aus Gl. (7.14), der die Wirkung einer konstanten Normalkraftbelastung im Balken beschreibt.

Betrachten wir analog die Normalspannungen in die y- und z-Richtung, so folgt insgesamt für die Formänderungsenergie der Normalspannungen allgemein

$$\mathrm{d}U_i = \frac{1}{2} \left(\sigma_x \, \varepsilon_x + \sigma_y \, \varepsilon_y + \sigma_z \, \varepsilon_z \right) \mathrm{d}V \; . \tag{7.17}$$

Als nächstes untersuchen wir, welche Arbeit Schubspannungen verrichten, und zwar anhand der zunächst alleine wirkenden Schubspannung τ_{xy}. Wie wir Abb. 7.6 entnehmen können, verrichtet die infinitesimale Kraft $\mathrm{d}F_{xy} = \tau_{xy} \, \mathrm{d}x \, \mathrm{d}z$ infolge der Verschiebung $\Delta \mathrm{d}x = \tan \gamma_{xy} \, \mathrm{d}y$ für kleine Winkel γ_{xy} wegen $\tan \gamma_{xy} \approx \gamma_{xy}$ die Arbeit

$$\mathrm{d}W_i = \mathrm{d}U_i = \frac{1}{2} \, \mathrm{d}F_{xy} \, \Delta \mathrm{d}x = \frac{1}{2} \, \tau_{xy} \gamma_{xy} \, \mathrm{d}x \, \mathrm{d}y \, \mathrm{d}z = \frac{1}{2} \, \tau_{xy} \gamma_{xy} \, \mathrm{d}V \; . \tag{7.18}$$

Untersuchen wir zusätzlich die Schubspannungen in der x-z- sowie y-z-Ebene, können wir analog zu Gl. (7.18) die Arbeiten der Schubspannungen τ_{xz} und τ_{yz} gewinnen. Bei Superposition der Arbeiten aller Schubspannungen, die an einem infinitesimalen Volumenelement angreifen können, resultiert dann allgemein

$$\mathrm{d}U_i = \frac{1}{2} \left(\tau_{xy} \gamma_{xy} + \tau_{xz} \gamma_{xz} + \tau_{yz} \gamma_{yz} \right) \mathrm{d}V \; . \tag{7.19}$$

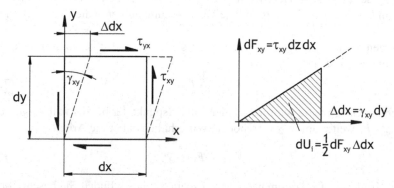

Abb. 7.6 Formänderungsenergie infolge der Schubspannung τ_{xy}

Addieren wir die infinitesimalen Arbeiten der Normal- und der Schubspannungen in den Gln. (7.17) sowie (7.19) und beziehen wir diese Summe auf das betrachtete infinitesimale Volumen dV, erhalten wir die *spezifische Formänderungsenergie*

$$U_d = \frac{dU_i}{dV} = \frac{1}{2}\left(\sigma_x\,\varepsilon_x + \sigma_y\,\varepsilon_y + \sigma_z\,\varepsilon_z + \tau_{xy}\gamma_{xy} + \tau_{xz}\gamma_{xz} + \tau_{yz}\gamma_{yz}\right) , \quad (7.20)$$

deren Integration über das Volumen des untersuchten Körpers die gesamte Formänderungsenergie liefert. Sie wird auch als *Verzerrungsenergiedichte* bezeichnet.

7.4 Die Sätze von Betti und Maxwell

Greifen mehrere Kräfte und Momente an einer Struktur an, so kann die von ihnen verrichtete Arbeit in zwei grundsätzlich verschiedene Anteile unterschieden werden. Zum einen treten Arbeitsanteile auf, die sich aufgrund der von jeder einzelnen Last selbst hervorgerufenen Verschiebung ergeben. Zum anderen können wir davon Anteile differenzieren, die infolge derjenigen Verschiebungen auftreten, die durch die anderen angreifenden Lasten verursacht werden.

Zur Verdeutlichung beider Arbeitsanteile untersuchen wir den in Abb. 7.7a) dargestellten Kragarm, der durch zwei Einzellasten F_1 und F_2 beansprucht wird. Die Kräfte bringen wir in unterschiedlicher Reihenfolge auf. Wir zerlegen dafür die Belastung in die Teillastfälle 1 und 2 gemäß den Abbn. 7.7b) und c).

Belasten wir zuerst den Balken durch die Kraft F_1, resultiert die in Abb. 7.7b) skizzierte Verformung. Die Arbeit ist somit

$$W_{11} = \frac{1}{2}\,F_1\,w_{11} . \quad (7.21)$$

Dabei kennzeichnen wir mit w_{ij} allgemein die Verschiebung am Ort i aufgrund der Wirkung des Lastfalls j. Hervorzuheben ist, dass diese Arbeit stets positiv ist, da die Kraft und die durch sie hervorgerufene Verschiebung immer in die gleiche Richtung weisen.

Bringen wir nun die Last F_2 auf, so wird sie an der selbst hervorgerufenen Verschiebung w_{22} die Arbeit

$$W_{22} = \frac{1}{2}\,F_2\,w_{22} \quad (7.22)$$

verrichten. Gleichzeitig wird jedoch der Angriffspunkt der bereits voll aufgebrachten Kraft F_1 weiter um w_{12} verschoben. Wir erhalten daher die Arbeit

$$W_{12} = F_1\,w_{12} , \quad (7.23)$$

die im Kraft-Weg-Diagramm nach Abb. 7.8 ein Rechteck bildet. Sie beschreibt die vom Lastfall 1 verrichtete Arbeit aufgrund der Verschiebung des Angriffspunktes der Last F_1, die vom Lastfall 2 hervorgerufen wird. Sie kann positiv oder nega-

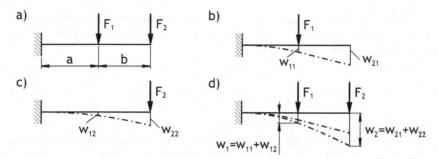

Abb. 7.7 a) Balkenstruktur unter zwei Querkräften, b) Verformungen des Teillastfalls 1, c) Verformungen des Teillastfalls 2, d) kombinierte Verformungen bei sukzessiver Lastaufbringung

tiv sein. Die resultierende Verformung nach der Aufbringung beider Lasten ist in Abb. 7.7d) skizziert.

Die insgesamt verrichtete Arbeit für die gewählte Lastaufbringung ist

$$W_1 = W_{11} + W_{12} + W_{22} = \frac{1}{2}\, F_1\, w_{11} + F_1\, w_{12} + \frac{1}{2}\, F_2\, w_{22}\;. \tag{7.24}$$

Wenn wir nun die Reihenfolge der Lastaufbringung vertauschen, bleiben die Arbeiten W_{11} und W_{22} gleich. Es ändert sich nur die Arbeit, die aus der Verschiebung infolge der nachfolgend aufgebrachten Last resultiert und die im Kraft-Weg-Diagramm durch ein Rechteck beschrieben wird. Die zuerst aufgebrachte Last F_2 verrichtet beim Aufbringen des Lastfalls 1 die Arbeit

$$W_{21} = F_2\, w_{21}\;. \tag{7.25}$$

Wir erhalten daher für die zweite Lastaufbringung die Arbeit

$$W_2 = W_{11} + W_{21} + W_{22} = \frac{1}{2}\, F_1\, w_{11} + F_2\, w_{21} + \frac{1}{2}\, F_2\, w_{22}\;. \tag{7.26}$$

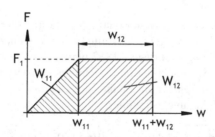

Abb. 7.8 Kraft-Weg-Diagramm für Last F_1 bei sukzessiver Lastaufbringung

Da nach dem Arbeitssatz (vgl. Gl. (7.10) und die dort gemachten Anmerkungen) die insgesamt von beiden Kräften verrichtete Arbeit unabhängig von der Reihenfolge ihrer Aufbringung ist, gilt wegen $W_1 = U_i = W_2$

$$W_{12} = W_{21} . \qquad (7.27)$$

Demnach ist die Arbeit W_{12} des Lastsystems 1 aufgrund der vom Lastsystem 2 verursachten Verschiebungen gleich der Arbeit W_{21} des Lastsystems 2 aufgrund der vom Lastsystem 1 verursachten Verschiebungen. Dieser Zusammenhang wird als *Satz von Betti* bezeichnet (vgl. Infobox 8 auf dieser Seite). Er ist auf beliebige Lastsysteme übertragbar, d. h. er gilt generell für elastische Strukturen, bei denen die Lasten hinreichend langsam (also quasi-statisch) aufgebracht werden.

Untersuchen wir Gl. (7.27) weiter, indem wir die Arbeiten W_1 und W_2 nach den Gln. (7.24) und (7.26) berücksichtigen, folgt

$$W_{12} = W_{21} \quad \Leftrightarrow \quad F_1\, w_{12} = F_2\, w_{21} . \qquad (7.28)$$

Betrachten wir den Sonderfall mit $F_1 = F_2$, resultiert für die Verschiebungen

$$w_{12} = w_{21} . \qquad (7.29)$$

Infobox 8 zu Enrico BETTI (1823-1892, italienischer Mathematiker) [1]

Betti studierte an der Universität Pisa. Dort erlangte er Abschlüsse in den Fächern Mathematik und Physik. Nachdem er einige Jahre als Mathematiklehrer tätig war, erhielt er einen Ruf auf eine Professur an die Universität Pisa, die er bis an sein Lebensende inne hatte. Seine Leidenschaft stellte zeit seines Lebens die Wissenschaft dar. Besondere Beiträge leistete er in der Mathematik u. a. in den Gebieten Algebra und elliptische Funktionen. In der Elastizitätstheorie formulierte er 1878 die mechanischen Zusammenhänge, die heute als Satz von Betti bekannt sind.

Neben seinen akademisch-wissenschaftlichen Tätigkeiten war Betti auch gesellschaftlich-politisch engagiert. Als junger Mann kämpfte er 1848 in den italienischen Unabhängigkeitskriegen. 1862 wurde er italienisches Parlamentsmitglied, 1874 war er Staatssekretär im Erziehungsministerium und 1884 wurde er auf Lebenszeit zum Senator im Senato del Regno ernannt, der damaligen zweiten italienischen Parlamentskammer.

---

[1] Carrucio E.: Betti, Enrico. In: Gillispie C. C. (Hrsg.): Dictionary of Scientific Biography, Bd. II, Scribner-Verlag, 1970, S. 104-106.

Wird also der Kragarm an der Stelle 2 belastet und an der Stelle 1 die Durchbiegung bestimmt (also w_{21}), so entspricht diese der Verformung w_{12}, die resultiert, wenn die Stelle der Kraft und die Stelle der ermittelten Verschiebung vertauscht werden. Dieser Zusammenhang wird als *Satz von Maxwell* bzw. *Maxwellscher Reziprozitätssatz* bezeichnet (vgl. Infobox 9, S. 232). Er ist auf beliebige Lastsysteme verallgemeinerbar.

Beispiel 7.2 Mit Hilfe des Satzes von Betti soll die Lagerreaktion C des statisch unbestimmt gelagerten Balkens nach Abb. 7.9a) berechnet werden.

Gegeben Balkenlänge l; Kraft F

Gesucht Ermitteln Sie die Lagerkraft C mit dem Satz von Betti.

Lösung Wenn wir den Satz von Betti verwenden, müssen wir zwei verschiedene Lastsysteme definieren. Das Lastsystem 1 stellt das Grundsystem dar, in dem das Lager C durch die Reaktionskraft C ersetzt ist (vgl. Abb. 7.9b)). Das Lastsystem 2 ergibt sich, wenn wir am freien Ende des Kragarms aus Lastsystem 1 eine beliebige Kraft $\bar{C}$ einführen (vgl. Abb. 7.9c)). Mit den in den Abbn. 7.9b) und c) definierten Verschiebungen lautet der Satz von Betti

$$W_{12} = W_{21} \quad \Leftrightarrow \quad -F\,w_{F2} + C\,w_{C2} = \bar{C} \cdot 0 \,.$$

Dabei haben wir beachtet, dass im Lager C keine vertikale Verschiebung auftritt und daher die Arbeit W_{21} von Lastsystem 2 null ist. Wir formen dies um zu

$$C = F\,\frac{w_{F2}}{w_{C2}} \,.$$

Bei Bekanntheit der Verschiebungen w_{C2} und w_{F2} ist die Lagerkraft C bestimmt. Wir können diese Verschiebungen aus der Biegelinie des untersuchten Kragarms berechnen. Nach Bsp. 3.5 erhält man unter Nutzung von Gl. (3.81)

$$w_{F2} = w(x = \frac{l}{2}) = \frac{5\,\bar{C}\,l^3}{48\,E\,I_y} \quad \text{und} \quad w_{C2} = w(x = l) = \frac{\bar{C}\,l^3}{3\,E\,I_y} \,.$$

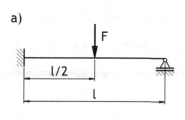
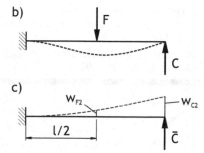

Abb. 7.9 a) Einfach statisch unbestimmter Balken durch Kraft F belastet, b) statisch bestimmtes Grundsystem mit äußerer Last F und Lagerkraft C, c) statisch bestimmtes Lastsystem mit einer Last $\bar{C}$ im entfernten Lager

Damit folgt für die gesuchte Lagerkraft

$$C = \frac{5}{16} F \;.$$

Zu bemerken ist, dass sich die eingeführte Kraft $\bar{C}$ des Lastsystems 2 herauskürzt und keinen Einfluss auf das Ergebnis hat. Wir hätten sie auch direkt zu eins setzen können, d. h. $\bar{C} = "1"$, ohne dass sich das Ergebnis geändert hätte.

Infobox 9 zu James Clerk MAXWELL (1831-1879, schottischer Physiker) [1, 2, 3]

Maxwell hat so grundlegende Beiträge zur Physik geleistet wie Isaac Newton und Albert Einstein. Er gilt als der Naturwissenschaftler des 19. Jahrhunderts mit dem größtem Einfluss auf die Physik des 20. Jahrhunderts. Zum 100. Jahrestag von Maxwells Geburt umschrieb Albert Einstein die Auswirkungen von dessen Arbeiten als „das Fundamentalste und Fruchtbarste, das die Physik seit Newton erfahren hat".

Maxwell hat das Verständnis u. a. über den Elektromagnetismus revolutioniert. In seinem bedeutendstes Werk hat er deren Grundgleichungen (die sogenannten Maxwellschen Gleichungen) aufgestellt, mit denen die Wechselwirkung zwischen elektrischen und magnetischen Feldern beschrieben werden. Wesentliche Beiträge zur Elastizitätstheorie leistete er beispielsweise mit dem 1864 veröffentlichten Reziprozitätssatz. Dieser diente ihm zur Berechnung von Kräften und Verschiebungen in Fachwerken. Da er nur spärlich Skizzen zur Veranschaulichung verwendete, blieb diese Arbeit zunächst unbeachtet. In Unkenntnis von Maxwells Werk leitete Christian Otto MOHR (1835-1918, deutscher Bauingenieur) diese Zusammenhänge erneut her. Aus diesem Grunde wird das daraus abgeleitete Berechnungsvorgehen heute u. a. als Verfahren nach Maxwell-Mohr bezeichnet.

---

[1] Everitt C. W. F.: Maxwell, James Clerk. In: Gillispie C. C. (Hrsg.): Dictionary of Scientific Biography, Bd. IX, Scribner-Verlag, 1974, S. 198-230.

[2] Herzog M.: Kurze Geschichte der Baustatik und Baudynamik in der Praxis, Bauwerk-Verlag, 2010, S. 114-115.

[3] N. N.: Maxwell. In: Encyclopaedia Britannica Inc. (Hrsg.): The New Encyclopaedia Britannica, Bd. 23, 2003, S. 691-692.

7.5 Die Sätze von Castigliano

Viele wirkungsvolle Methoden zur strukturmechanischen Berechnung von Bauteilen nutzen die Vorstellung, dass die zu untersuchende Struktur kleinen Änderungen der Lasten bzw. Deformationen - d. h. sogenannten virtuellen Änderungen - unterworfen ist. Wir beschäftigen uns daher nun intensiver mit der Wirkung solcher virtueller Variationen.

Wir betrachten zunächst den in Abb. 7.10a) dargestellten Stab, der durch eine Kraft F belastet ist und dessen Material sich nichtlinear elastisch verhält. Querkontraktionseffekte berücksichtigen wir bei diesem Stab nicht. Die angenommene Kraft-Verschiebungs-Beziehung ist in Abb. 7.10b) skizziert. Die Last F ist bereits voll aufgebracht. Es resultiert eine Verschiebung u. Von diesem Zustand ausgehend unterwerfen wir den Stab einer kleinen Verschiebungsänderung du. Da nur die Deformation des betrachteten Körpers sich ändert, die Kraft jedoch konstant bleibt, ändert sich die Formänderungsenergie U_i wie folgt

$$dU_i = dW_a = F\,du \quad \Leftrightarrow \quad \frac{dU_i}{du} = F\ . \tag{7.30}$$

Demnach ist die Ableitung der Formänderungsenergie U_i nach der Verschiebung des Kraftangriffspunktes die dort in Richtung der Verschiebung wirkende Kraft. Bei Bekanntheit der Formänderungsenergie in Abhängigkeit von der Verschiebung u ist somit die wirkende Kraft F berechenbar. Dieser Zusammenhang ist als *erster Satz von Castigliano* (vgl. Infobox 10, S. 235) bekannt.

Gewöhnlich kennen wir die äußeren Lasten und damit bei statisch bestimmten Problemen die inneren Kraftgrößen, aber eben nicht die durch die äußeren Lasten hervorgerufenen Deformationen. Für die Praxis relevanter ist daher der *zweite Satz von Castigliano*, dessen Ausgangspunkt die *komplementäre Formänderungsenergie*

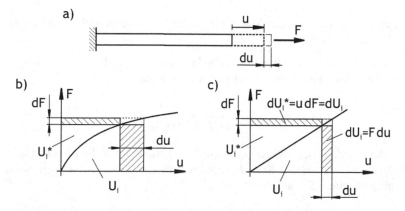

Abb. 7.10 a) Stab unter Längsbeanspruchung, b) nichtlineare und c) lineare Kraft-Verschiebungs-Beziehung

U_i^* ist, die in Abb. 7.10b) als Fläche zwischen der Ordinate und dem Kurvenverlauf zu erkennen ist. Es gilt

$$U_i^* = \int_{U_i^*} \mathrm{d}U_i^* = \int_F u\,\mathrm{d}F . \tag{7.31}$$

Eine Änderung der komplementären Formänderungsenergie ergibt sich demnach aus der Änderung $\mathrm{d}F$ der anliegenden Kraft und der konstanten Verschiebung u

$$\mathrm{d}U_i^* = \mathrm{d}W_a = u\,\mathrm{d}F \quad \Leftrightarrow \quad \frac{\mathrm{d}U_i^*}{\mathrm{d}F} = u . \tag{7.32}$$

Wenn wir linear-elastisches Materialverhalten annehmen, gelten die in Abb. 7.10c) skizzierten Verhältnisse. In diesem Fall ist die komplementäre Formänderungsenergie U_i^* immer gleich der Formänderungsenergie U_i. Mit Gl. (7.32) resultiert die Beziehung

$$\frac{\mathrm{d}U_i}{\mathrm{d}F} = u , \tag{7.33}$$

die als zweiter Satz von Castigliano bezeichnet wird. Die Differentiation der Formänderungsenergie nach der Kraft ergibt somit die Verschiebung des Kraftangriffspunktes in Richtung der Kraft. Beachten müssen wir allerdings, dass diese Beziehung nur für linear-elastisches Material gilt, da sonst die von der Kraft-Verschiebungs-Funktion mit der Abszisse sowie Ordinate eingeschlossenen Flächen U_i und U_i^* nicht identisch sind (vgl. die Abbn. 7.10b) und c)).

Beispiel 7.3 Wir haben bereits in Bsp. 7.1 die Absenkung eines schubweichen Balkens mit Hilfe des Arbeitssatzes ermittelt. Wir werden nun die Fragestellung in Bsp. 7.1 mit Hilfe des zweiten Satzes von Castigliano lösen. Die Belastung ist in Abb. 7.4a) dargestellt. Es handelt sich um einen schubweichen Balken.

Gegeben Länge l; Querkraft F; Biegesteifigkeit EI_y; Querschubsteifigkeit GA_{Q_z}

Gesucht Ermitteln Sie die Absenkung w der Kraftangriffsstelle in Richtung der wirkenden Kraft F.

Lösung Die Schnittreaktionen und die daraus resultierende Formänderungsenergie sind bereits nach Bsp. 7.1 bekannt. Es gilt daher

$$U_i = \frac{F^2\,l^3}{6\,E\,I_y} + \frac{F^2\,l}{2\,G\,A_{Q_z}} .$$

Mit dem Satz von Castigliano nach Gl. (7.33) erhalten wir die Absenkung w des Balkens in Richtung der Kraft F, wenn wir die Formänderungsenergie nach der Kraft F ableiten. Somit folgt

$$w = \frac{\mathrm{d}U}{\mathrm{d}F} = \frac{\mathrm{d}}{\mathrm{d}F}\left(\frac{F^2\,l^3}{6\,E\,I_y} + \frac{F^2\,l}{2\,G\,A_{Q_z}}\right) = \frac{F\,l^3}{3\,E\,I_y} + \frac{F\,l}{G\,A_{Q_z}} .$$

Erwartungsgemäß entspricht dieses Ergebnis dem bereits in Bsp. 7.1 gefundenen.

Infobox 10 zu Carlo Alberto CASTIGLIANO (1847-1884, italienischer Struk-
turmechaniker) [1,2]

Castigliano wuchs in ärmlichen Verhältnissen in Asti (Piemont, Norditalien) auf.
Nach erfolgreichem Abschluss der Elementarschule finanzierten ihm wohlhabende Bürger Astis den Besuch einer weitergehenden Schule. Mit 19 Jahren
verließ er seinen Heimatort, um in Terni (Umbrien, Zentralitalien) als Lehrer in
den Fächern Mechanik und Maschinenlehre tätig zu werden. Nach 4 Jahren ging
Castigliano zum Studium der Strukturmechanik zurück nach Piemont an die Po-
lytechnische Hochschule Turin. 1873 schrieb er seine Abschlussarbeit zum Bauingenieur, in der er statisch unbestimmte Systeme mit statisch bestimmter Lagerung basierend auf dem Energietheorem von Menabrea untersuchte. Dieses
Theorem entwickelte er später zu den heute nach ihm benannten Sätzen weiter, die der Anwendung von Energieprinzipien in den Ingenieurwissenschaften
zum Durchbruch verhalfen. Nach seinem Abschluss fing er als Bauführer bei
der oberitalienischen Eisenbahn an. In kurzer Zeit stieg er zum Leiter des Kon-
struktionsbüros auf, der er bis zu seinem Tod mit 37 Jahren blieb.

Castigliano war in einen Urheberrechtsstreit mit Federico Luigi Menabrea
(1809-1896) verwickelt, nach dem der Satz von Menabrea gemäß der Gln. (7.48)
und (7.49) benannt ist. Die Sätze von Castigliano sind allgemeinerer Natur und
umfassen den Satz von Menabrea, der allerdings zu einem früheren Zeitpunkt
veröffentlicht wurde. Zum Streit kam es, weil Menabrea den Beweis seines eigenen Satzes nach gerechtfertigter Kritik basierend auf den Arbeiten von Castigliano verbesserte, diesen aber nur in einer Fußnote zitierte und damit indirekt die
Urheberschaft für das abgeleitete Energieprinzip beanspruchte. Der Streit wurde von der Akademie zur Förderung der Wissenschaften (Accademia dei Lincei)
nicht zur Zufriedenheit Castiglianos beigelegt, möglicherweise weil Menabrea
eine sehr angesehene Persönlichkeit in Wissenschaft, Militär und Politik (italienischer Ministerpräsident von 1867-1869) war.

---

[1] Boley B. A.: Castigliano, (Carlo) Alberto. In: Gillispie C. C. (Hrsg.): Dictionary of Scientific Biography, Bd. III, Scribner-Verlag, 1981, S. 117-119.

[2] Herzog M.: Kurze Geschichte der Baustatik und Baudynamik in der Praxis, Bauwerk-Verlag, 2010, S. 116-117.

Bisher haben wir Körper unter einer Einzellast betrachtet. Die Sätze von Castigliano
gelten allerdings auch für ein beliebiges Lastsystem, das sich aus einer Vielzahl von
Einzellasten zusammensetzt. Um den zweiten Satz von Castigliano für beliebige
Lastsysteme abzuleiten, untersuchen wir die in Abb. 7.11 dargestellte Struktur, die
durch n Kräfte und m Momente belastet ist. Die von diesen Lasten verrichtete Arbeit
und in der Struktur gespeicherte Formänderungsenergie U_i ist eine Funktion des
Lastsystems. Sind alle Lasten aufgebracht, dann ist die Formänderungsenergie

$$U_0 = U_i \left(F_1, F_2, ..., F_j, ..., F_n, M_1, ..., M_m \right) . \tag{7.34}$$

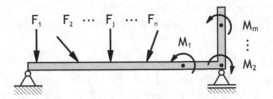

Abb. 7.11 Struktur unter einem beliebigen Lastsystem

Von diesem Zustand ausgehend steigern wir jetzt einzig die Last F_j um einen infinitesimal kleinen Betrag dF_j. Da keine Energie aufgrund der oben getroffenen Annahmen verloren geht (beispielsweise durch Reibungseffekte), können wir den Zuwachs an Formänderungsenergie dU_i beschreiben mit

$$dU_i = \frac{\partial U_i}{\partial F_j} \, dF_j \; . \tag{7.35}$$

Die resultierende Formänderungsenergie im Endzustand der Lastaufbringung lautet

$$U_1 = U_i \left(F_1, F_2, ..., F_j + dF_j, ..., F_n, M_1, ..., M_m \right) = U_0 + \frac{\partial U_i}{\partial F_j} \, dF_j \; . \tag{7.36}$$

Da die Reihenfolge der Lastaufbringung beliebig gewählt werden kann, ohne dass sich die Formänderungsenergie ändert, bringen wir jetzt zuerst die infinitesimale Last dF_j auf. Dann wird die Arbeit

$$dW_a = \frac{1}{2} \, dF_j \, dw_j = dU_i \tag{7.37}$$

verrichtet, die im Körper als Formänderungsenergie dU_i gespeichert wird. Die Größe dw_j stellt dabei die in Richtung der Kraft dF_j auftretende Verschiebung dar. Diese Verschiebung ist infinitesimal klein, da die sie hervorrufende Kraft ebenfalls infinitesimal klein ist. Wenn wir nachfolgend die weiteren Kräfte und Momente aufbringen, dann wird zusätzlich die Energie

$$U_i \left(F_1, F_2, ..., F_j, ..., F_n, M_1, ..., M_m \right) + w_j \, dF_j = U_0 + w_j \, dF_j \tag{7.38}$$

gespeichert. Der letzte Term stellt dabei die Arbeit der Kraft dF_j dar, die durch die Aufbringung des Lastsystems bestehend aus den Kräften F_1 bis F_n und den Momenten M_1 bis M_m verursacht wird. Am Ende der Lastaufbringung erhalten wir nun

$$U_1 = U_0 + w_j \, dF_j + \frac{1}{2} \, dF_j \, dw_j \; . \tag{7.39}$$

Da die Reihenfolge der Lastaufbringung die im Körper gespeicherte Energie nicht beeinflusst, dürfen wir die Gln. (7.36) und (7.39) gleichsetzen. Wegen $w_j \gg dw_j$ folgt

$$U_0 + \frac{\partial U_i}{\partial F_j}\, \mathrm{d}F_j = U_0 + w_j\, \mathrm{d}F_j + \frac{1}{2}\, \mathrm{d}F_j\, \mathrm{d}w_j \quad \Leftrightarrow \quad \frac{\partial U_i}{\partial F_j} = w_j + \frac{1}{2}\, \mathrm{d}w_j = w_j \; . \quad (7.40)$$

Die zuvor dargestellten Überlegungen können wir ebenfalls auf Momente übertragen. Dann resultiert der zweite Satz von Castigliano in allgemeiner Form zu

$$\frac{\partial U_i}{\partial F_j} = w_j \; , \qquad (7.41) \qquad\qquad \frac{\partial U_i}{\partial M_j} = \varphi_j \; . \qquad (7.42)$$

Wir können somit die durch ein beliebiges Lastsystem hervorgerufenen Verschiebungsgrößen am jeweiligen Angriffspunkt und in Richtung der jeweilig wirkenden Kraftgröße durch partielle Differentiation ermitteln.

Wir demonstrieren das Potential dieses Ansatzes anhand des bereits im Beispiel zuvor behandelten Kragarms. Allerdings werden wir jetzt die Absenkung des Balkens an einer beliebigen Stelle berechnen. Der Einfachheit halber möge der Balken schubstarr sein, d. h. wir berücksichtigen einzig die Energien infolge von Biegeanteilen. Da lediglich eine Kraft am ungelagerten Balkenende wirkt, müssen wir uns einer Hilfskraft H bedienen, um an jeder beliebigen Stelle eine Absenkung bestimmen zu können. Die Hilfskraft führen wir an der variablen Stelle $\bar{x}$ nach Abb. 7.12a) ein. Basierend auf dem Satz von Castigliano werden wir die Formänderungsenergie aufstellen und dann nach der Hilfskraft ableiten. Da diese Hilfskraft jedoch gar nicht auf der Struktur lastet, werden wir die Hilfskraft im Ergebnis für die Absenkung $w(\bar{x})$ gegen null gehen lassen. Wir erhalten demnach die Absenkung aus

$$w(\bar{x}) = \lim_{H \to 0} \frac{\partial U_i}{\partial H} \; . \qquad (7.43)$$

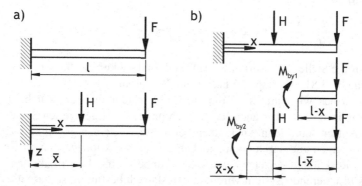

Abb. 7.12 a) Einseitig eingespannter Balken belastet durch die Kraft F am freien Ende und durch eine zusätzlich eingeführte Hilfskraft H an der Stelle $\bar{x}$, an der die Verschiebung bestimmt werden soll, b) Schnittufer zur Ermittlung der Biegemomentenverläufe bei vorhandener Hilfskraft H

Zunächst ermitteln wir den Biegemomentenverlauf. Für die in Abb. 7.12b) gekennzeichneten Bereiche resultiert

$$
\begin{aligned}
M_{by1} = M_{by1}(x) = -F\,(l-x) \qquad &\text{für} \quad \bar{x} \leq x \leq l\,, \\
M_{by2} = M_{by2}(x) = -F\,(l-x) - H\,(\bar{x}-x) \qquad &\text{für} \quad 0 \leq x \leq \bar{x}\,.
\end{aligned}
\tag{7.44}
$$

Für die Formänderungsenergie folgt

$$
U_i = \frac{1}{2\,EI_y}\left[\int_0^{\bar{x}} M_{by2}^2 \mathrm{d}x + \int_{\bar{x}}^l M_{by1}^2 \mathrm{d}x\right]\,.
\tag{7.45}
$$

Wir könnten die Integrale zuerst lösen, um dann anschließend die partielle Differentiation nach der Hilfskraft H durchzuführen. Dies ist allerdings ineffektiv, da im Biegemoment M_{by1} die Hilfskraft H gar nicht vorkommt. Daher sollte die Formänderungsenergie vor der Integration nach der Hilfskraft differenziert werden. Wir erhalten

$$
\begin{aligned}
\frac{\partial U_i}{\partial H} &= \frac{1}{2\,EI_y}\cdot\lim_{H\to 0}\left[\int_0^{\bar{x}} \frac{\partial M_{by2}^2}{\partial H}\,\mathrm{d}x + \int_{\bar{x}}^l \frac{\partial M_{by1}^2}{\partial H}\,\mathrm{d}x\right] \\
&= \frac{1}{2\,EI_y}\cdot\lim_{H\to 0}\left[\int_0^{\bar{x}} 2\,M_{by2}\frac{\partial M_{by2}}{\partial H}\,\mathrm{d}x + \int_{\bar{x}}^l 2\,M_{by1}\frac{\partial M_{by1}}{\partial H}\,\mathrm{d}x\right]\,.
\end{aligned}
\tag{7.46}
$$

Mit $\frac{\partial M_{by1}}{\partial H} = 0$ und $\frac{\partial M_{by2}}{\partial H} = -(\bar{x}-x)$ resultiert

$$
\begin{aligned}
\frac{\partial U_i}{\partial H} &= \frac{1}{EI_y}\cdot\lim_{H\to 0}\left(\int_0^{\bar{x}} (F\,(l-x) + H\,(\bar{x}-x))\,(\bar{x}-x)\,\mathrm{d}x\right) \\
&= \frac{1}{EI_y}\cdot\lim_{H\to 0}\left[(F+H)\frac{x^3}{3} - \left[F\,l + F\,\bar{x} + 2\,H\,\bar{x}\right]\frac{x^2}{2} + \left(F\,l\,\bar{x} + H\,\bar{x}^2\right)x\right]_0^{\bar{x}} \\
&= \frac{F}{EI_y}\left[\frac{x^3}{3} - (l+\bar{x})\frac{x^2}{2} + l\,\bar{x}x\right]_0^{\bar{x}} = \frac{F\,\bar{x}^2}{6\,EI_y}\,(3\,l-\bar{x})\,.
\end{aligned}
\tag{7.47}
$$

Wenn wir die Stelle $\bar{x}$ als variable Position der Absenkung auffassen, resultiert die bereits in Gl. (3.81) des Bsp. 3.5 bestimmte Biegelinie.

Bisher haben wir statisch bestimmte Problemstellungen untersucht. Der Satz von Castigliano kann aber auch bei statisch unbestimmt gelagerten Systemen von großem Nutzen sein; denn wir können bei diesen Systemen genau so viele Lagerungen entfernen und durch noch unbekannte Lagerreaktionen - den statisch unbestimmten Reaktionen - ersetzen, wie statisch unbestimmte Lagerreaktionen existieren. Das resultierende System wird dadurch statisch bestimmt, so dass die Schnittreaktionen unter Nutzung der Gleichgewichtsbeziehungen ermittelt werden können. Die Schnittreaktionen hängen allerdings noch von den eingeführten, unbekannten Lagerreaktionen ab. Da in den entfernten Lagern die korrespondierenden Verformungsgrößen jedoch bekannt sind bzw. in vielen Fällen null sein müssen, erhalten wir aus dem Satz von Castigliano jeweils eine Bestimmungsgleichung für eine unbekannte Lagerreaktion. Wenn wir statisch unbestimmte Reaktionskräfte mit R und unbekannte Reaktionsmomente mit M_R bezeichnen, folgen die Beziehungen

$$\frac{\partial U_i}{\partial R} = w_R = 0 \,, \qquad (7.48) \qquad\qquad \frac{\partial U_i}{\partial M_R} = \varphi_R = 0 \,, \qquad (7.49)$$

die auch als *Satz von Menabrea* bezeichnet werden (vgl. Infobox 10, S. 235). Statisch unbestimmte Lagerreaktionen stellen sich demnach so ein, dass die Formänderungsenergie einen Extremwert (tatsächlich Minimum) annimmt.

Für den in Abb. 7.13a) dargestellten schubstarren Balken werden wir die Lagerreaktionen berechnen. Unter Nutzung des Freikörperbildes in Abb. 7.13b) resultiert aus den Gleichgewichtsbedingungen

$$A_H = 0 \,, \quad (7.50) \qquad A_V + B = q_0\, l \,, \quad (7.51) \qquad B\, l + M_A = q_0 \frac{l^2}{2} \,. \quad (7.52)$$

Uns fehlt eine weitere Gleichung, um die Lagerreaktionen eindeutig ermitteln zu können. Das System ist einfach statisch unbestimmt gelagert. Wir müssen also eine der Reaktionen A_V, B oder M_A als statisch unbestimmte Größe wählen. Dabei spielt es keine Rolle, welche dieser Reaktionen als unbekannt angenommen wird. Die Lagerreaktion A_H dürfen wir allerdings nicht wählen, da sie durch die Gleichgewichtsbeziehungen bereits bekannt ist.

Wir wählen als statisch unbestimmte Größe bzw. als statisch Überzählige die Reaktionskraft B. Das Schnittmoment ermitteln wir zu

$$M_{by} = M_{by}(x) = B\,x - q_0 \frac{x^2}{2} \,. \qquad (7.53)$$

Da es sich um einen schubstarren Balken handelt, berücksichtigen wir einzig die Biegeanteile in der Formänderungsenergie. Es folgt

$$\frac{\partial U_i}{\partial B} = \frac{1}{EI_y} \int_0^l M_{by} \underbrace{\frac{\partial M_{by}}{\partial B}}_{=x}\, \mathrm{d}x = \frac{1}{EI_y} \int_0^l \left(B\,x^2 - q_0 \frac{x^3}{2} \right) \mathrm{d}x = B\frac{l^3}{3} - q_0 \frac{l^4}{8} \,. \qquad (7.54)$$

Da im Lager B die Verschiebung in y-Richtung null ist, resultiert

$$\frac{\partial U_i}{\partial B} = 0 \quad \Leftrightarrow \quad B = \frac{3}{8} q_0\, l \,. \qquad (7.55)$$

Mit den Gln. (7.50) bis (7.52) können wir die restlichen, unbekannten Lagerreaktionen berechnen

$$A_V = q_0\, l - B = \frac{5}{8} q_0\, l \,, \qquad (7.56) \qquad M_A = q_0 \frac{l^2}{2} - B\, l = \frac{1}{8} q_0\, l^2 \,. \qquad (7.57)$$

In einem zweiten, alternativen Lösungsweg wählen wir als statisch Überzählige das Reaktionsmoment M_A. Aus Gl. (7.52) resultiert

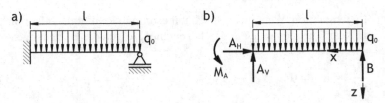

Abb. 7.13 a) Einfach statisch unbestimmter Balken unter einer konstanten Streckenlast q_0, b) korrespondierendes Freikörperbild

$$B = q_0 \frac{l}{2} - \frac{M_A}{l} \tag{7.58}$$

und somit für das Schnittmoment

$$M_{by} = B\,x - q_0 \frac{x^2}{2} = q_0 \frac{l}{2} x - M_A \frac{x}{l} - q_0 \frac{x^2}{2}\,. \tag{7.59}$$

Wegen $\frac{\partial M_{by}}{\partial M_A} = -\frac{x}{l}$ führt der Satz von Castigliano auf

$$\frac{\partial U_i}{\partial M_A} = \frac{1}{EI_y} \int_0^l M_{by} \frac{\partial M_{by}}{\partial M_A} \mathrm{d}x = \frac{1}{EI_y\, l} \int_0^l \left(M_A \frac{x^2}{l} + q_0 \frac{x^3}{2} - q_0 \frac{l\,x^2}{2} \right) \mathrm{d}x$$

$$= \frac{l}{EI_y} \left(\frac{1}{3} M_A - q_0 \frac{l^2}{24} \right) = 0 \quad \Leftrightarrow \quad M_A = \frac{1}{8} q_0 l^2\,. \tag{7.60}$$

Wir haben wieder das gleiche Ergebnis erzielt wie zuvor.

Bei statisch unbestimmten Systemen können wir mit dem Satz von Castigliano auch Schnittreaktionen als statisch unbestimmte Größen in der Formänderungsenergie einführen. Innerlich statisch unbestimmte Fragestellungen lassen sich folglich ebenfalls berechnen. Beispielhaft untersuchen wir das in Abb. 7.14a) skizzierte Fachwerk, an dem eine Kraft F angreift. Am Knoten E greifen drei Stäbe an. Da nur 2 Gleichgewichtsbedingungen zur Verfügung stehen, ist das Problem einfach statisch unbestimmt. Als statisch Überzählige wählen wir die Stabkraft N_2 des Stabes 2. Wir trennen daher das Fachwerk nach Abb. 7.14b) so in zwei Teilsysteme auf, dass jedes Teilsystem für sich alleine untersucht werden kann.

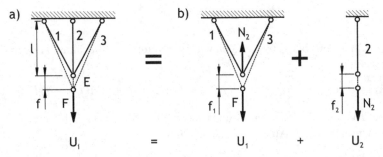

Abb. 7.14 a) Einfach statisch unbestimmtes Fachwerk und b) seine Zerlegung in 2 Teilsysteme

Für Teilsystem 1 folgt aus den Gleichgewichtsbedingungen

$$N_1 = N_3 = \frac{1}{2 \cos \alpha} (F - N_2) \qquad (7.61)$$

und demnach für die Formänderungsenergie nach Gl. (7.14) unter Beachtung der Stablängen $l_1 = l_3 = \frac{l}{\cos \alpha}$

$$U_1 = \frac{l \left(N_1^2 + N_3^2 \right)}{2 \, EA \cos \alpha} = \frac{N_1^2 \, l}{EA \cos \alpha} = \frac{l \, (F - N_2)^2}{4 \, EA \cos^3 \alpha} \, . \qquad (7.62)$$

Differenzieren wir die Formänderungsenergie von Teilsystem 1 nach der Stabkraft N_2, resultiert die korrespondierende Verschiebung zu

$$f_1 = \frac{\partial U_1}{\partial N_2} = -\frac{l \, (F - N_2)}{2 \, EA \cos^3 \alpha} \, . \qquad (7.63)$$

Analog können wir für Teilsystem 2 vorgehen. Wir erhalten die Verschiebung f_2 zu

$$U_2 = \frac{l \, N_2^2}{2 \, EA} \quad \Rightarrow \quad f_2 = \frac{\partial U_2}{\partial N_2} = \frac{l \, N_2}{EA} \, . \qquad (7.64)$$

Da allerdings keine Durchdringungen oder Klaffungen im Fachwerk auftreten können, muss gelten

$$f_1 + f_2 = 0 \quad \Leftrightarrow \quad -\frac{l \, (F - N_2)}{2 \, EA \cos^3 \alpha} + \frac{l \, N_2}{EA} = 0 \quad \Leftrightarrow \quad N_2 = \frac{F}{1 + 2 \cos^3 \alpha} \, . \qquad (7.65)$$

Die als statisch unbestimmt angenommene Stabkraft ist somit ermittelt.

Aus dem vorherigen Beispiel können wir eine weitere sehr hilfreiche Beziehung ableiten. Wenn wir in der Kompatibilitätsbedingung nach Gl. (7.65) (d. h. es treten keine Klaffungen und Durchdringungen auf) formal die partiellen Differentiale der Formänderungsenergien U_1 und U_2 berücksichtigen, so gilt

$$f_1 + f_2 = \frac{\partial U_1}{\partial N_2} + \frac{\partial U_2}{\partial N_2} = 0 \, . \qquad (7.66)$$

Mit der Formänderungsenergie des Gesamtsystems $U_i = U_1 + U_2$ folgt daher für die statisch unbestimmte Schnittreaktion $\frac{\partial U_i}{\partial N_2} = 0$. Dies gilt grundsätzlich, d. h. die Ableitung der Formänderungsenergie U_i des Gesamtsystems nach einer statisch unbestimmten Schnittkraft F_S oder einem Schnittmoment M_S ist null

$$\frac{\partial U_i}{\partial F_S} = 0 \, , \qquad (7.67) \qquad\qquad \frac{\partial U_i}{\partial M_S} = 0 \, . \qquad (7.68)$$

Beispiel 7.4 Die in Abb. 7.15a) dargestellte Balkenstruktur besteht aus einem dehnstarren Rahmen mit der Biegesteifigkeit EI, der durch einen Stab der Dehnsteifigkeit EA geschlossen wird. Das System ist äußerlich statisch bestimmt, d. h. mit Hilfe der Gleichgewichtsbeziehungen können die Lagerreaktionen ermittelt werden. Allerdings handelt es sich um eine geschlossene Struktur, die wegen des Stabes einfach innerlich statisch unbestimmt ist.

Gegeben Biegesteifigkeit EI; Dehnsteifigkeit EA; Länge a; Streckenlast q_0

Gesucht Bestimmen Sie die Stabkraft.

Lösung Da wir die Lagerreaktionen zur Formulierung der Schnittreaktionen benötigen, stellen wir zunächst die Gleichgewichtsbeziehungen auf. Wir nutzen das Freikörperbild in Abb. 7.15b), in dem die Stabkraft durch einen Schnitt zu einer äußeren Last gemacht ist. Wir erhalten

$$\sum_i F_{ix} = A_H + q_0\,a = 0 \quad \Leftrightarrow \quad A_H = -q_0\,a\,,$$

$$\sum_i M_{iA} = q_0\,\frac{a^2}{2} - B\,2\,a = 0 \quad \Leftrightarrow \quad B = \frac{1}{4}\,q_0\,a\,,$$

$$\sum_i F_{iy} = A_V + B = 0 \quad \Leftrightarrow \quad A_V = -B = -\frac{1}{4}\,q_0\,a\,.$$

Damit können wir die Schnittreaktionen in Abhängigkeit von der unbekannten Stabkraft N formulieren. Wir führen die lokalen Koordinatensysteme gemäß Abb. 7.15b) ein. Da der Rahmen dehnstarr ist, ermitteln wir für ihn nur die Biegemomente. Es resultiert

$$M_{by1} = M_{by1}\,(x_1) = -N\,x_1\,, \quad M_{by2} = M_{by2}\,(x_2) = N\,a - q_0\,\frac{a\,x_2}{4}\,,$$

$$M_{by3} = M_{by3}\,(x_3) = -N\,x_3 + q_0\,\frac{x_3^2}{2}\,.$$

Die Schnittreaktion im Stab ist die Längskraft N. Somit können wir die Formänderungsenergie aufstellen und nach der gesuchten Stabkraft differenzieren

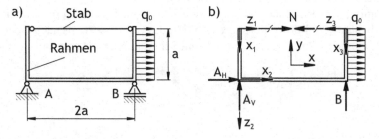

Abb. 7.15 a) Einfach innerlich statisch unbestimmte Struktur unter Streckenlast q_0, b) korrespondierendes Freikörperbild mit geschnittenem Stab

$$\frac{\partial U_i}{\partial N} = \frac{1}{EI}\left[\int_0^a M_{by1}\underbrace{\frac{\partial M_{by1}}{\partial N}}_{=-x_1}\,\mathrm{d}x_1 + \int_0^{2a} M_{by2}\underbrace{\frac{\partial M_{by2}}{\partial N}}_{=a}\,\mathrm{d}x_2\right.$$

$$\left. + \int_0^a M_{by3}\underbrace{\frac{\partial M_{by3}}{\partial N}}_{=-x_3}\,\mathrm{d}x_3\right] + \frac{2\,N\,a}{EA} = \frac{8\,N\,a^3}{3\,EI} - \frac{5\,q_0\,a^4}{8\,EI} + \frac{2\,N\,a}{EA}\ .$$

Wegen $\frac{\partial U_i}{\partial N} = 0$ folgt die gesuchte Stabkraft

$$N = \frac{15\,q_0\,a}{64}\left(1 + \frac{3\,EI}{4\,EA\,a^2}\right)^{-1}\ .$$

7.6 Prinzip der virtuellen Kräfte

Die im vorherigen Abschnitt hergeleiteten Beziehungen basieren im Wesentlichen auf der Vorstellung, dass die zu untersuchende Struktur virtuellen Änderungen der Kraft- oder der Verschiebungsgrößen unterworfen ist. Wir werden uns nun weiter gehend mit virtuellen Größen beschäftigen. Diese kennzeichnen wir mit dem Operator δ, der grundsätzlich als die 1. Variation einer Größe im Sinne der Variationsrechnung aufgefasst werden kann. Wir dürfen daher mathematisch den δ-Operator wie ein Differential, also beispielsweise die virtuelle Kraft δF wie das Differential $\mathrm{d}F$ behandeln.

Das *Prinzip der virtuellen Arbeit* sowie das daraus abgeleitete Prinzip der virtuellen Kräfte lässt sich basierend auf der Formänderungsenergie sowie der äußeren Arbeit und der dazu komplementären Größen formulieren. Es lautet

$$\delta U_i = \delta W_a \tag{7.69}$$

mit *virtueller Formänderungsenergie* δU_i und *virtueller äußerer Arbeit* δW_a. Da die Herleitung mathematisch aufwendig ist, konzentrieren wir uns an dieser Stelle auf die wesentlichen Aussagen des genannten Prinzips. Eine ausführliche Ableitung des Prinzips findet sich in [6, S. 378 ff.].

Zur Veranschaulichung des Prinzips der virtuellen Kräfte betrachten wir den in Abb. 7.16a) skizzierten Stab unter einer Kraft F_0. Wir setzen linear-elastisches Materialverhalten voraus, d. h. es herrscht eine lineare Beziehung zwischen der Last und der korrespondierenden Verformung. Wir nehmen weiter an, dass die Kraft F_0 bereits voll auf der Struktur lastet und sich eine Verformung u_0 eingestellt hat. Dadurch liegt im Innern der Struktur zum einen ein Spannungszustand vor, der sich mit den äußeren Lasten im Gleichgewicht befindet und der aus der Wirkung der Kraft F_0 resultiert. Dies stellt einen *statisch verträglichen Spannungszustand* dar. Zum anderen stellt sich ein Verzerrungszustand ein, der sowohl die geometrischen Rand-

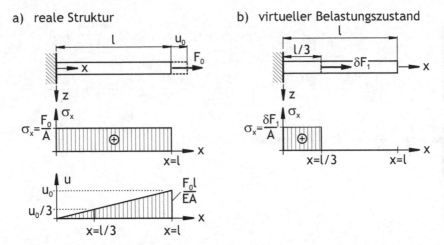

a) reale Struktur   b) virtueller Belastungszustand

Abb. 7.16 a) Stab unter Längskraft F_0 und resultierende Spannungen σ_x sowie Verformungen u, b) kinematisch verträgliche virtuelle Belastung δF_1 und resultierende Spannungen σ_x in der Struktur

bedingungen erfüllt als auch den inneren Zusammenhalt der Struktur gewährleistet. Daher bezeichnen wir diesen Zustand als *kinematisch verträglichen Verschiebungszustand*. Beide Zustände sind in Abb. 7.16a) für den Stab dargestellt.

Beim Prinzip der virtuellen Arbeit werden zur Formulierung der virtuellen Arbeiten nicht notwendigerweise die oben erläuterten tatsächlichen, verträglichen Spannungs- wie auch Verschiebungszustände gewählt. Es ist vielmehr möglich, sowohl den Verschiebungs- als auch den Spannungszustand unabhängig vom tatsächlichen Zustand der Struktur (wie in Abb. 7.16a) dargestellt) zu wählen.

Wird der tatsächliche Spannungszustand der Struktur zur Bildung der virtuellen Arbeit herangezogen, so handelt es sich um das *Prinzip der virtuellen Verschiebungen*, bei dem die Kraftgrößen gesucht sind, die sich bei vorgegebenen Verschiebungen einstellen. Dieses Prinzip untersuchen wir hier nicht weiter. Wir konzentrieren uns vielmehr auf das *Prinzip der virtuellen Kräfte*, bei dem die Verschiebungsgrößen gesucht sind, die bei vorgegebenen Lasten resultieren. Der Vorteil dieser Methode ist, dass mit geringem rechnerischen Aufwand statisch bestimmte wie unbestimmte Systeme analysiert werden können.

Beim Prinzip der virtuellen Kräfte wird zur Formulierung der virtuellen Arbeit der tatsächliche Verschiebungszustand und ein virtueller Spannungszustand gewählt. Virtueller Spannungszustand bedeutet dabei, dass wir eine beliebige virtuelle Last aufbringen dürfen. Wir müssen allerdings einen kinematisch verträglichen Zustand wählen. Kinematisch verträglich ist die in Abb. 7.16b) skizzierte Struktur. Sie erfüllt zum einen die geometrischen Randbedingungen der tatsächlichen Struktur nach Abb. 7.16a). Zum anderen entsprechen sich die Stäbe geometrisch im virtuellen wie im realen System. Die beliebige Belastung δF_1 führt nun zu einer Arbeit

$$\delta W_a^* = u_1 \delta F_1 \tag{7.70}$$

sowie zu einer virtuellen komplementären Formänderungsenergie

$$\delta U_i^* = \int_0^l u'(F_0)\, \delta N\, \mathrm{d}x\,. \tag{7.71}$$

Die funktionale Abhängigkeit der Verschiebungsgröße $u'(F_0)$ von der Kraft F_0 kennzeichnet dabei, dass der tatsächliche Verschiebungszustand zu verwenden ist. Die Größe δN resultiert aus dem virtuellen Spannungszustand infolge der Last δF_1. Aus dem Prinzip der virtuellen Arbeiten folgt aufgrund der vorausgesetzten Linearität mit $\delta U_i^* = \delta U_i = \delta W_a = \delta W_a^*$

$$u_1 \delta F_1 = \int_0^l u'(F_0)\, \delta N\, \mathrm{d}x\,. \tag{7.72}$$

Wegen $u'(F_0) = \varepsilon_x = \frac{\sigma_x}{E} = \frac{F_0}{EA}$ und $\delta N = \delta F_1$ für $0 \le x \le \frac{l}{3}$ erhalten wir

$$u_1 \delta F_1 = \int_0^{\frac{l}{3}} \frac{F_0}{EA}\, \delta F_1\, \mathrm{d}x = \frac{F_0\, l}{3\, EA} \quad \Leftrightarrow \quad u_1 = \frac{F_0\, l}{3\, EA}\,. \tag{7.73}$$

Dies ist aber die Verschiebung im tatsächlichen System an der Stelle $x = \frac{l}{3}$ (vgl. Abb. 7.16a)). Wir haben somit ein Verfahren gefunden, mit dem wir die Verschiebungsgrößen im tatsächlichen System ermitteln können. Diese Methode werden wir nachfolgend ausführlich sowohl auf statisch bestimmte als auch auf statisch unbestimmte Systeme anwenden.

7.6.1 Statisch bestimmte Systeme

Wir betrachten den in Abb. 7.17a) statisch bestimmt gelagerten Balken unter einer Querkraft F_0. Der Balken möge schubstarr sein. Wir möchten die Absenkung w_{10} infolge der Last F_0 an der Stelle 1 ermitteln, an der keine äußere Last wirkt. Um dennoch eine Verschiebung dort berechnen zu können, führen wir eine virtuelle Kraft δF_1 an der Stelle 1 und in Richtung der gesuchten Verschiebungsgröße ein. Sie verursacht dann eine Absenkung w_{11} und virtuelle Biegemomente δM_1 entlang der Balkenachse (vgl. Abb. 7.17b)). Die äußere Arbeit bei alleiniger Aufbringung der virtuellen Last ist

$$\delta W_{a1} = \frac{1}{2}\, w_{11} \delta F_1\,. \tag{7.74}$$

Wir benutzen dabei die bereits eingeführte Logik für die Indexierung von Verschiebungen, d. h. der 1. Index kennzeichnet den Ort der Verschiebung und der 2. den Ort der Kraftgröße, die die Verschiebung verursacht.

Von diesem Zustand ausgehend bringen wir jetzt die tatsächlich wirkende Last F_0 auf die durch die virtuelle Last bereits verformte Struktur auf (vgl. Abb. 7.17c)). Der Kraftangriffspunkt der virtuellen Kraft verschiebt sich zusätzlich um w_{10}, wodurch

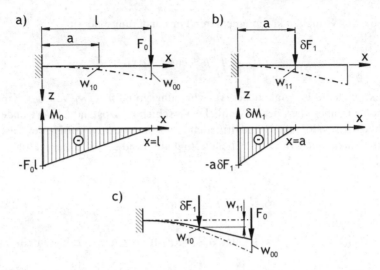

Abb. 7.17 a) Schubstarrer Balken unter Querkraftbelastung F_0 und resultierender Biegemomentenverlauf M_0, b) Balken unter virtueller Last δF_1 und resultierender Biegemomentenverlauf δM_1, c) Verformungen bei sukzessiver Lastaufbringung

die Arbeit

$$\delta W_{a2} = w_{10}\delta F_1 \tag{7.75}$$

verrichtet wird. Darüber hinaus verrichtet die Kraft F_0 an der selbst verursachten Verschiebung w_{00} die Arbeit

$$W_{a3} = \frac{1}{2} w_{00}F_0 \; . \tag{7.76}$$

Demnach erhalten wir die gesamte äußere Arbeit zu

$$W_a = W_{a1} + W_{a2} + W_{a3} = \frac{1}{2} w_{11}\delta F_1 + w_{10}\delta F_1 + \frac{1}{2} w_{00}F_0 \; . \tag{7.77}$$

Der Biegemomentenverlauf infolge der Lasten F_0 und δF_1 im Balken ergibt sich aus der Überlagerung der einzelnen Verläufe, die in den Abbn. 7.17a) und b) skizziert sind. Folglich resultiert für den Gesamtbiegemomentenverlauf

$$M_{by} = M_0 + \delta M_1 \; . \tag{7.78}$$

Somit können wir die gespeicherte Formänderungsenergie im Balken bestimmen zu

$$\begin{aligned}
U_i &= \int_l \frac{M_{by}^2}{2\,EI_y}\mathrm{d}x = \int_l \frac{(M_0 + \delta M_1)^2}{2\,EI_y}\mathrm{d}x \\
&= \frac{1}{2}\int_l \frac{M_0^2}{EI_y}\mathrm{d}x + \int_l \frac{M_0\,\delta M_1}{EI_y}\mathrm{d}x + \frac{1}{2}\int_l \frac{\delta M_1^2}{EI_y}\mathrm{d}x \; .
\end{aligned} \tag{7.79}$$

Das 1. Integral der letzten Gleichungszeile stellt die Formänderungsenergie dar, die durch eine alleine wirkende Kraft F_0 verursacht wird. Diese entspricht der äußeren Arbeit nach Gl. (7.76)

$$\frac{1}{2} \int_l \frac{M_0^2}{EI_y} \mathrm{d}x = \frac{1}{2} w_{00} F_0 . \qquad (7.80)$$

Gleichzeitig ist das 3. Integral der letzten Zeile in Gl. (7.79) gleich der Formänderungsenergie, wenn die virtuelle Kraft δF_1 alleine auf die Struktur wirkt. Sie stimmt daher mit der virtuellen äußeren Arbeit nach Gl. (7.74) überein

$$\frac{1}{2} \int_l \frac{\delta M_1^2}{EI_y} \mathrm{d}x = \frac{1}{2} w_{11} \delta F_1 . \qquad (7.81)$$

Nach dem Arbeitssatz $W_a = U_i$ folgt daher

$$\frac{1}{2} w_{11} \delta F_1 + w_{10} \delta F_1 + \frac{1}{2} w_{00} F_0 = \int_l \frac{M_0^2}{2 EI_y} \mathrm{d}x + \int_l \frac{M_0 \delta M_1}{EI_y} \mathrm{d}x + \int_l \frac{\delta M_1^2}{2 EI_y} \mathrm{d}x$$

$$\Leftrightarrow \quad w_{10} \delta F_1 = \int_l \frac{M_0 \delta M_1}{EI_y} \mathrm{d}x . \qquad (7.82)$$

Mit Hilfe der Biegemomente können wir diese Gleichung weiter auswerten. Es gilt

$$M_0 = -(l - x)\, F_0 \quad \text{für} \quad 0 \leq x \leq l \quad \text{und} \qquad (7.83)$$

$$\delta M_1 = -(a - x)\, \delta F_1 \quad \text{für} \quad 0 \leq x \leq a . \qquad (7.84)$$

Da das Biegemoment δM_1 nur für $x \leq a$ ungleich null ist, kann Gl. (7.82) umgeformt werden zu

$$w_{10} \delta F_1 = \int_0^a \frac{M_0 \delta M_1}{EI_y} \mathrm{d}x = \frac{F_0 \delta F_1}{EI_y} \int_0^a \left(l\, a - x\, (l + a) + x^2 \right) \mathrm{d}x$$

$$= \frac{F_0 \delta F_1}{EI_y} \left(l\, a^2 - \frac{a^2}{2}\, (l + a) + \frac{a^3}{3} \right) = \frac{l\, a^2\, F_0\, \delta F_1}{6\, EI_y} \left(3 - \frac{a}{l} \right) \qquad (7.85)$$

$$\Leftrightarrow \quad w_{10} = \frac{l\, a^2\, F_0}{6\, EI_y} \left(3 - \frac{a}{l} \right) .$$

Wir haben demnach die Verschiebung an der Stelle 1 infolge der Last F_1 gefunden. Interpretieren wir die Stelle 1 als variabel mit $a = x$, erhalten wir wieder die bereits im Unterabschnitt 3.4.1, Bsp. 3.5, bestimmte Biegelinie.

Der Einfachheit halber setzen wir die virtuelle Kraft δF_1 zu einer Einheitslast "1". Dies hat keine Auswirkungen auf das Ergebnis, da sich die virtuelle Last herauskürzt. Zur Kennzeichnung von Schnittreaktionen infolge einer virtuellen Einheitslast verwenden wir allerdings gestrichene Größen. Für das Beispiel von zuvor gilt daher

$$\delta M_1 = \bar{M}_1\, \delta F_1 = \bar{M}_1 \quad \Leftrightarrow \quad \bar{M}_1 = \frac{\delta M_1}{\delta F_1} = x - a , \qquad (7.86)$$

weshalb für die gesuchte Verschiebung folgt

$$w_{10} = w_{10} \cdot 1 = \delta W_a = \delta U_i = \int_l \frac{M_0 \bar{M}_1}{EI_y} \mathrm{d}x \ . \tag{7.87}$$

Im allgemeinen Fall wird noch durch weitere Kraftgrößen neben den Biegemomenten virtuelle Formänderungsenergie im Balken gespeichert. Wenn wir die vorherige Gleichung so umformulieren, dass alle Arbeitsanteile beachtet werden, erhalten wir für einen Balken der Länge l die virtuelle Formänderungsenergie wie folgt

$$\begin{aligned}
\delta U_i = & \int_l \frac{N_0 \bar{N}_i}{EA} \mathrm{d}x + \int_l \frac{M_{by0} \bar{M}_{byi}}{EI_y} \mathrm{d}x + \int_l \frac{M_{bz0} \bar{M}_{bzi}}{EI_z} \mathrm{d}x \\
& + \int_l \frac{Q_{z0} \bar{Q}_{zi}}{GA_{Qz}} \mathrm{d}x + \int_l \frac{Q_{y0} \bar{Q}_{yi}}{GA_{Qy}} \mathrm{d}x + \int_l \frac{T_0 \bar{T}_i}{GI_T} \mathrm{d}x \ .
\end{aligned} \tag{7.88}$$

Die überstrichenen Größen stellen dabei die Schnittreaktionen infolge der virtuellen Einheitslast dar. Zudem haben wir den Index 1 durch i ersetzt. Dadurch kennzeichnen wir, dass an jeder beliebigen Stelle i eine Last eingeführt werden kann, um dort eine Verschiebungsgröße zu ermitteln.

Um nun Verschiebungsgrößen an beliebigen Stellen einer balkenartigen Struktur zu berechnen, ermitteln wir zunächst im realen System die Schnittreaktionen infolge der realen äußeren Lasten. Da wir bisher angenommen haben, dass das System statisch bestimmt ist, sind die Schnittreaktionen über die Formulierung der Gleichgewichtsbeziehungen bekannt. Dieses betrachtete System bezeichnen wir mit 0-System oder auch als *weggebendes System*. Die letztere Bezeichnung wird verwendet, weil es sich um das System mit den tatsächlich auftretenden Verformungen handelt. Anschließend berechnen wir die Schnittlasten im virtuellen Einheitslastsystem, dem 1-System. Es wird auch als *kraftgebendes System* bezeichnet. Die Einheitslast muss dabei zur gesuchten Verschiebungsgröße korrespondieren. Die virtuelle äußere Arbeit $\delta W_a = w \cdot 1 = w$ bei einer Einheitskraft bzw. $\delta W_a = \varphi \cdot 1 = \varphi$ bei einem Einheitsmoment ergibt dann unter Verwendung von Gl. (7.88) die gesuchte Verschiebungsgröße wegen

$$\delta W_a = \delta U_i \ . \tag{7.89}$$

Bekannt ist dieses Berechnungsvorgehen als *Einheitslasttheorem* oder auch als *Verfahren nach Maxwell-Mohr*. Da es aus dem Prinzip der virtuellen Kräfte abgeleitet ist, wird es manchmal auch als dieses bezeichnet. Wir verwenden im Folgenden die Bezeichnung Einheitslasttheorem.

Beispiel 7.5 Wir ermitteln mit dem Einheitslasttheorem die Verdrehung φ am Ende des in Abb. 7.18a) skizzierten einseitig eingespannten schubstarren Balkens unter einer konstanten Streckenlast q_0.

Gegeben Länge l; konstante Streckenlast q_0; Biegesteifigkeit EI_y

Gesucht Ermitteln Sie die Verdrehung φ am freien Balkenende.

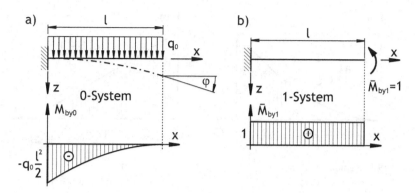

Abb. 7.18 a) Balken unter konstanter Streckenlast q_0 und resultierender Biegemomentenverlauf, b) 1-System mit virtuellem Einheitsmoment und resultierendem Biegemomentenverlauf

Lösung Wir bestimmen zunächst den Biegemomentenverlauf im 0-System, d. h. im weggebenden System. Wir erhalten

$$M_{by0} = -\frac{q_0\, l^2}{2} \left(1 - \frac{x}{l}\right)^2 .$$

Der resultierende Verlauf ist in Abb. 7.18a) skizziert.

Als kraftgebendes System bzw. 1-System wählen wir die in Abb. 7.18b) dargestellte Struktur. Wir führen am Ort der gesuchten Verschiebungsgröße eine Einheitslast ein, d. h. ein Einheitsmoment. Es folgt (vgl. Verlauf in Abb. 7.18b))

$$\bar{M}_{by1} = 1 .$$

Weitere Schnittlasten berücksichtigen wir nicht, da sie entweder null sind oder die korrespondierenden Steifigkeiten - hier die Querschubsteifigkeiten - unendlich groß sind und daher keine Formänderungsenergie gespeichert wird.

Das Einheitslasttheorem nach den Gln. (7.69) und (7.88) führt auf

$$\delta W_a = \varphi \cdot 1 = \int_l \frac{M_{by0}\, \bar{M}_{by1}}{EI_y}\mathrm{d}x = \delta U_i .$$

Wegen

$$\int_l \frac{M_{by0}\, \bar{M}_{by1}}{EI_y}\mathrm{d}x = -\frac{q_0\, l^2}{2\, EI_y}\int_0^l \left(1 - \frac{x}{l}\right)^2 = \frac{q_0\, l^3}{6\, EI_y}\left[\left(1 - \frac{x}{l}\right)^3\right]_0^l = -\frac{q_0\, l^3}{6\, EI_y}$$

resultiert

$$\varphi = -\frac{q_0\, l^3}{6\, EI_y} .$$

Der Verdrehwinkel φ besitzt ein negatives Vorzeichen, da er entgegen der Drehrichtung des angenommenen virtuellen Einheitsmomentes weist. Der Winkel φ dreht somit im Uhrzeigersinn.

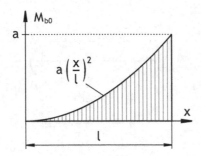
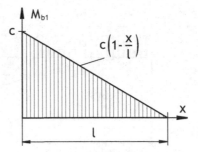

Abb. 7.19 Biegemomentenverläufe

Für viele technisch relevante Fragestellungen weisen die auftretenden Schnittreaktionen typische Verläufe auf. Gewöhnlich handelt es sich um Polynomfunktionen geringer Ordnung in Abhängigkeit der Balkenachse x. Bei konstanten Steifigkeiten können daher die zu berechnenden Integrale als Produkte charakteristischer Größen der Schnittkraftverläufe angegeben werden. Der Einfachheit halber werden diese Produkte in sogenannten *Koppeltafeln* zusammengestellt. Um die sehr einfache Handhabung von Koppeltafeln zu verdeutlichen, demonstrieren wir ihre Nutzung anhand der in Abb. 7.19 dargestellten Biegemomentenverläufe. Die Verläufe lauten

$$M_{b0} = a \left(\frac{x}{l}\right)^2 \quad \text{und} \quad M_{b1} = c \left(1 - \frac{x}{l}\right) .$$

Ihre Integration über die Balkenlänge l führt auf

$$\int_0^l M_{b0} M_{b1} \, \mathrm{d}x = a\,c \int_0^l \left(\left(\frac{x}{l}\right)^2 - \left(\frac{x}{l}\right)^3\right) \mathrm{d}x = a\,c \left[\frac{x^3}{3\,l^2} - \frac{x^4}{4\,l^3}\right]_0^l = \frac{a\,c\,l}{12} .$$

Dieses Ergebnis finden wir in Tab. 7.2 aus der Kopplung der Parabel in Spalte 5 mit dem Dreieck in Zeile 4 wieder. Besondere Beachtung muss allerdings der Position des Scheitelpunkts der Parabel geschenkt werden. Das korrekte Integrationsergebnis ist nur dann in der genannten Zelle ablesbar, wenn der tatsächlich zu integrierende Verlauf an der gleichen Stelle den Scheitelpunkt aufweist, wie es in der Tabelle angegeben ist. Anzumerken ist darüber hinaus, dass die Koppeltafeln grundsätzlich zur Integration von Polynomfunktionen, also nicht ausschließlich für das Einheitslasttheorem genutzt werden können.

7.6.2 Statisch unbestimmte Systeme - Verschiebungsbeiwerte

Mit Hilfe des Einheitslasttheorems lassen sich ebenfalls statisch unbestimmte Systeme auf effektive Weise lösen. Um das grundsätzliche Vorgehen zu veranschaulichen, beginnen wir mit dem in Abb. 7.20a) dargestellten einfach statisch unbe-

Tab. 7.2 Koppeltafel für Integration von zwei Polynomfunktionen gemäß $\int_l M_0 M_1 \,dx$ (jeweils mit maximal möglicher Ordnung 2), ∘ kennzeichnet den Scheitelpunkt bei Parabeln

		c	c	c … d	c	c
	a	acl	$\dfrac{acl}{2}$	$\dfrac{al}{2}(c+d)$	$\dfrac{acl}{3}$	$\dfrac{2acl}{3}$
	a	$\dfrac{acl}{2}$	$\dfrac{acl}{3}$	$\dfrac{al}{6}(c+2d)$	$\dfrac{acl}{4}$	$\dfrac{5acl}{12}$
a		$\dfrac{acl}{2}$	$\dfrac{acl}{6}$	$\dfrac{al}{6}(2c+d)$	$\dfrac{acl}{12}$	$\dfrac{acl}{4}$
a	b	$\dfrac{cl}{2}(a+b)$	$\dfrac{cl}{6}(a+2b)$	$\dfrac{la}{6}(2c+d)+$ $\dfrac{lb}{6}(c+2d)$	$\dfrac{cl}{12}(a+3b)$	$\dfrac{cl}{12}(3a+5b)$
	a	$\dfrac{acl}{3}$	$\dfrac{acl}{4}$	$\dfrac{al}{12}(c+3d)$	$\dfrac{acl}{5}$	$\dfrac{3acl}{10}$
a		$\dfrac{acl}{3}$	$\dfrac{acl}{12}$	$\dfrac{al}{12}(3c+d)$	$\dfrac{acl}{30}$	$\dfrac{2acl}{15}$
	a	$\dfrac{2acl}{3}$	$\dfrac{5acl}{12}$	$\dfrac{al}{12}(3c+5d)$	$\dfrac{3acl}{10}$	$\dfrac{8acl}{15}$
a		$\dfrac{2acl}{3}$	$\dfrac{acl}{4}$	$\dfrac{al}{12}(5c+3d)$	$\dfrac{2acl}{15}$	$\dfrac{11acl}{30}$

stimmten System. Es handelt sich um einen schubstarren Balken unter einer konstanten Streckenlast q_0. Wir werden somit einzig die Biegemomente in der Formänderungsenergie berücksichtigen müssen.

Die Anwendung des Einheitslasttheorems setzt voraus, dass die Schnittreaktionen aus den Gleichgewichtsbeziehungen ermittelt werden können. Wir müssen daher das statisch unbestimmt gelagerte System durch Entfernen eines Lagers statisch bestimmt machen. Wir wählen als statisch unbestimmte Größe die Lagerkraft A des

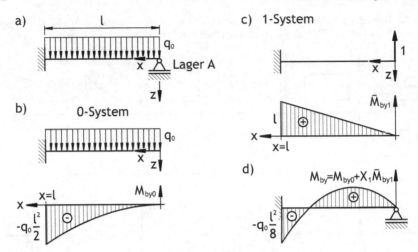

Abb. 7.20 a) Einfach statisch unbestimmter schubstarrer Balken unter konstanter Streckenlast q_0, b) 0-System mit resultierendem Biegemomentenverlauf M_{by0}, c) 1-System mit resultierendem Biegemomentenverlauf $\bar{M}_{by1}$ und d) resultierender Biegemomentenverlauf M_{by} im realen System

Loslagers. Das resultierende statisch bestimmt gelagerte Grundsystem, das wir mit 0-System bezeichnen, ist in Abb. 7.20b) zusammen mit dem resultierenden Biegemomentenverlauf dargestellt. Der Biegemomentenverlauf lautet

$$M_{by0} = -\frac{q_0 \, x^2}{2} \, . \tag{7.90}$$

Da das Entfernen des Lagers zu einer Absenkung des Grundsystems an der Stelle der entfernten Bindung führt, beschreibt das 0-System nicht das reale Verhalten der Struktur. Allerdings können wir eine Kompatibilitätsbedingung für die Stelle des Lagers definieren, da dort die Verschiebung null sein muss, d. h. die Absenkung des 0-Systems an dieser Stelle muss wieder rückgängig gemacht werden. Wenn wir also eine Absenkung an der Stelle der entfernten Bindung mit dem Einheitslasttheorem - also mittels 1-System - ermitteln, so muss die Überlagerung des 0-Systems mit einem Vielfachen X_1 des 1-Systems im Lager A eine Absenkung von null ergeben. An der Stelle des entfernten Lagers führen wir daher zunächst eine Einheitslast gemäß Abb. 7.20c) ein. Die Schnittreaktion ist dann (vgl. ebenso Abb. 7.20c))

$$\bar{M}_{by1} = x \, . \tag{7.91}$$

Um an der Stelle A die Absenkung im realen System ermitteln zu können, müssen wir nun die Biegemomente des 1-Systems mit denen des realen Systems überlagern, nicht mit dem 0-System. Im realen System ist der Biegemomentenverlauf zwar noch unbekannt; wir können ihn aber als Funktion der unbekannten Größe X_1 angeben

$$M_{by} = M_{by0} + X_1 \, \bar{M}_{by1} \, . \tag{7.92}$$

X_1 ist der Faktor, mit dem wir die Einheitslast multiplizieren müssen, um eine Verschiebung von null im Lager A zu erzielen. Die Verschiebung w_A im Lager A des realen Systems lässt sich dann mit Hilfe des Einheitslasttheorems unter Nutzung der virtuellen Formänderungsenergie nach Gl. (7.88) bestimmen. Wir ersetzen lediglich die Größen des 0-Systems durch die des realen Systems und erhalten wegen einer verschwindenden Lagerverschiebung w_A eine Gleichung zur Berechnung der unbekannten Größe X_1

$$w_A \cdot 1 = \frac{1}{EI_y} \int_0^l M_{by} \bar{M}_{by1} \mathrm{d}x = \frac{1}{EI_y} \int_0^l \left(M_{by0} + X_1 \bar{M}_{by1} \right) \bar{M}_{by1} \mathrm{d}x = 0$$

$$\Leftrightarrow \quad \int_0^l M_{by0} \bar{M}_{by1} \mathrm{d}x + \int_0^l X_1 \bar{M}_{by1}^2 \mathrm{d}x = 0 \;. \tag{7.93}$$

Da die gesuchte Größe X_1 unabhängig von der Balkenachse x ist, folgt

$$X_1 = -\frac{\int_0^l M_{by0} \bar{M}_{by1} \mathrm{d}x}{\int_0^l \bar{M}_{by1}^2 \mathrm{d}x} \;. \tag{7.94}$$

Die Integrale lösen wir mit der Koppeltafel nach Tab. 7.2. Es resultiert (vgl. Verläufe in den Abbn. 7.20b) und c))

$$\int_0^l M_{by0} \bar{M}_{by1} \mathrm{d}x = -\frac{q_0 \, l^4}{8} \;, \quad (7.95) \qquad \int_0^l \bar{M}_{by1}^2 \mathrm{d}x = \frac{l^3}{3} \;. \tag{7.96}$$

Demnach erhalten wir den Multiplikator für das 1-System zu

$$X_1 = \frac{3}{8} q_0 \, l \;, \tag{7.97}$$

bei dem im Lager A keine Verschiebung auftritt. Dieser Faktor ist zugleich die Lagerkraft A, die wir als statisch unbestimmte Größe eingeführt haben. Da dies die Größe ist, die wir nicht über die Gleichgewichtsbeziehungen ermitteln können, bezeichnen wir sie auch als statisch Überzählige.

Die restlichen Lagerreaktionen lassen sich jetzt mit Hilfe der Gleichgewichtsbeziehungen bestimmen. Der Momentenverlauf im realen System ist

$$M_{by} = M_{by0} + X_1 M_{by1} = \frac{q_0 \, l \, x}{8} \left(3 - 4 \frac{x}{l} \right) \;. \tag{7.98}$$

In Abb. 7.20d) ist dieser skizziert. Wir haben somit die Schnittreaktionen in einem einfach statisch unbestimmten System ermittelt.

Wenn wir nun Verschiebungen im statisch unbestimmt gelagerten System ermitteln möchten, können wir wieder das Einheitslasttheorem anwenden. Wir demonstrieren das Vorgehen an dem vorherigen Beispiel. Wir bestimmen die Absenkung w in der Mitte des Balkens (vgl. Abb. 7.20a)) aus

$$w = \int_0^l \frac{M_{by} \bar{M}_{by}}{EI_y} \mathrm{d}x \;. \tag{7.99}$$

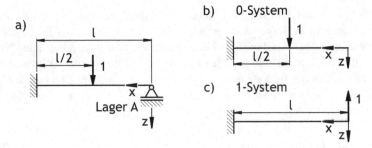

Abb. 7.21 a) Einfach statisch unbestimmter Balken unter Einheitslast, b) 0-System, c) 1-System

Dabei stellt M_{by} den realen Momentenverlauf im statisch unbestimmt gelagerten System dar (vgl. Gl. (7.98)). Die überstrichene Größe $\bar{M}_{by}$ ist der Momentenverlauf des Systems, bei dem wir an der Stelle der gesuchten Absenkung f eine virtuelle Einheitslast einführen. Da es sich wieder um ein statisch unbestimmtes System handelt, ist eine zweite statisch unbestimmte Berechnung erforderlich. Wir wählen die Struktur und das 0- und das 1-System nach den Abbn. 7.21a) bis c). Für den Momentenverlauf können wir jetzt ansetzen

$$\bar{M}_{by} = \bar{M}_{by0} + \bar{X}_1 \bar{M}_{by1} \ . \tag{7.100}$$

Da wir ein statisch unbestimmtes System belastet mit einer Einheitslast untersuchen, verwenden wir überstrichene Größen, d. h. wir kennzeichnen sowohl die statische Überzählige $\bar{X}_1$ als auch den Momentenverlauf im 0-System $\bar{M}_{by0}$ entsprechend. Für die Durchbiegung resultiert dann

$$\begin{aligned} w &= \int_0^l \frac{M_{by}\,(\bar{M}_{by0} + \bar{X}_1\bar{M}_{by1})}{EI_y}\,\mathrm{d}x \\ &= \int_0^l \frac{M_{by}\bar{M}_{by0}}{EI_y}\,\mathrm{d}x + \bar{X}_1 \int_0^l \frac{M_{by}\bar{M}_{by1}}{EI_y}\,\mathrm{d}x \ . \end{aligned} \tag{7.101}$$

Allerdings kennen wir bereits das Ergebnis für das Integral, das mit der statisch Überzähligen $\bar{X}_1$ multipliziert wird. Mit diesem Integral haben wir die Verschiebung im Lager A ermittelt, die tatsächlich null ist (vgl. die Gln. (7.93) und (7.94)). Wegen

$$\int_0^l \frac{M_{by}\,\bar{M}_{by1}}{EI_y}\,\mathrm{d}x = 0 \tag{7.102}$$

wird aus Gl. (7.101)

$$w = \int_0^l \frac{M_{by}\,\bar{M}_{by0}}{EI_y}\,\mathrm{d}x \ . \tag{7.103}$$

Die Verschiebung in einem statisch unbestimmten System erhalten wir demnach, indem wir den realen Momentenverlauf M_{by} mit dem Momentenverlauf $\bar{M}_{by0}$ infolge einer Einheitslast koppeln, der sich aus der virtuellen Last in einem beliebigen statisch bestimmten Grundsystem ergibt. Dieses Grundsystem muss dabei nicht kinematisch verträglich sein. Bekannt ist dieser Zusammenhang als *Reduktionssatz*.

Wir wenden den Reduktionssatz auf unser vorheriges Beispiel an. Im 0-System nach Abb. 7.21b) resultiert im Bereich $\frac{l}{2} \leq x \leq l$

$$\bar{M}_{by0} = -x + \frac{l}{2} \ . \tag{7.104}$$

Diesen Verlauf koppeln wir mit dem des realen Systems nach Gl. (7.98). Da allerdings im realen System ein parabelförmiger Verlauf vorherrscht, der keinen Scheitelpunkt im interessierenden Bereich des 0-Systems aufweist, berechnen wir das Integral nicht mit der Koppeltafel, sondern analytisch wie folgt

$$w = \frac{1}{EI_y} \int_0^l \frac{q_0\, l^2\, x}{16} \left(3 - 4\frac{x}{l}\right) \left(1 - 2\frac{x}{l}\right) \mathrm{d}x = \frac{1}{192} \frac{q_0\, l^4}{EI_y} \ . \tag{7.105}$$

Dies ist die Verschiebung in der Balkenmitte des statisch unbestimmten Systems.

Bei Verallgemeinerung des Reduktionssatzes auf einen allgemeinen Balken der Länge l folgt bei einer gesuchten Verschiebung w bzw. Verdrehung φ

$$
\begin{aligned}
w, \varphi = &\int_l \frac{N\, \bar{N}_0}{EA}\mathrm{d}x + \int_l \frac{M_{by}\, \bar{M}_{by0}}{EI_y}\mathrm{d}x + \int_l \frac{M_{bz}\, \bar{M}_{bz0}}{EI_z}\mathrm{d}x \\
&+ \int_l \frac{Q_z\, \bar{Q}_{z0}}{GA_{Qz}}\mathrm{d}x + \int_l \frac{Q_y\, \bar{Q}_{y0}}{GA_{Qy}}\mathrm{d}x + \int_l \frac{T\, \bar{T}_0}{GI_T}\mathrm{d}x \ .
\end{aligned}
\tag{7.106}
$$

Die Schnittreaktionen des 0-Systems sind dabei überstrichen, da im 0-System eine virtuelle Last wirkt.

Wenn wir mehrfach statisch unbestimmte Systeme untersuchen, werden wir so viele Lagerbindungen lösen müssen, bis ein statisch bestimmtes 0-System resultiert. Bei einem n-fach statisch unbestimmten System bedeutet dies, dass wir neben dem 0-System noch n weitere Systeme für n statisch Überzählige X_i erzeugen. Aufgrund der möglichen Komplexität des resultierenden Gleichungssystems mit n unbekannten statisch Überzähligen bauen wir es systematisch auf. Hierzu verwenden wir sogenannte *Verschiebungsbeiwerte* α_{ij} (auch als *Verschiebungseinflusszahlen*, *Einflusszahlen* oder *Nachgiebigkeitszahlen* bezeichnet). Unter einem Verschiebungsbeiwert α_{ij} stellen wir uns die Verformung einer Struktur an der Stelle i vor, die durch eine Einheitslast "1" am Ort j hervorgerufen wird. Bringen wir nun eine beliebige Kraftgröße F_j an der Stelle j auf, so können wir die Verschiebung der Stelle i angeben mit

$$w_{ij} = \alpha_{ij}\, F_j \ . \tag{7.107}$$

Aufgrund des Maxwellschen Reziprozitätssatzes (vgl. Gl. (7.29)) gilt

$$\alpha_{ij} = \alpha_{ji} \ . \tag{7.108}$$

Der Verschiebungsbeiwert ist also der Proportionalitätsfaktor für die aufgebrachte Kraftgröße, um die korrespondierende Verschiebungsgröße berechnen zu können. Er lässt sich aus dem Einheitslasttheorem für statisch bestimmte Systeme gewinnen. Nach den Gln. (7.69) und (7.88) ergibt sich die Verschiebung am Ort i durch das Lastsystem j bzw. eine Last F_j an der Stelle j eines schubstarren Balkens aus

$$w_{ij} = \delta W_a = \delta U_i = \int_l \frac{M_{bj} \bar{M}_{bi}}{EI} \mathrm{d}x \; . \tag{7.109}$$

Der Übersichtlichkeit halber sind die Indizes der Biegemomente zur Kennzeichnung der Achse, um die die Biegung erfolgt, nicht angegeben.

Da das Schnittmoment M_{bj} aus der aufgebrachten Kraftgröße F_j resultiert, können wir aus M_{bj} die Kraftgröße F_j wie folgt abspalten

$$M_{bj} = \bar{M}_{bj} F_j \; . \tag{7.110}$$

Aus Gl. (7.109) erhalten wir somit den Verschiebungsbeiwert α_{ij}

$$w_{ij} = \int_l \frac{M_{bj}\bar{M}_{bi}}{EI}\mathrm{d}x = F_j \int_l \frac{\bar{M}_{bj}\bar{M}_{bi}}{EI}\mathrm{d}x \Leftrightarrow \frac{w_{ij}}{F_j} = \alpha_{ij} = \int_l \frac{\bar{M}_{bj}\bar{M}_{bi}}{EI}\mathrm{d}x \; . \tag{7.111}$$

Berücksichtigen wir nicht nur die Formänderungsenergie infolge von Biegung, sondern die Anteile aus allen Schnittreaktionen, resultiert für den Balken

$$\begin{aligned} \alpha_{ij} = & \int_l \frac{\bar{N}_j \bar{N}_i}{EA}\mathrm{d}x + \int_l \frac{\bar{M}_{byj}\bar{M}_{byi}}{EI_y}\mathrm{d}x + \int_l \frac{\bar{M}_{bzj}\bar{M}_{bzi}}{EI_z}\mathrm{d}x \\ & + \int_l \frac{\bar{Q}_{zj}\bar{Q}_{zi}}{GA_{Qz}}\mathrm{d}x + \int_l \frac{\bar{Q}_{yj}\bar{Q}_{yi}}{GA_{Qy}}\mathrm{d}x + \int_l \frac{\bar{T}_j\bar{T}_i}{GI_T}\mathrm{d}x \; . \end{aligned} \tag{7.112}$$

Damit können wir die Verschiebungsgröße w_i am Ort i durch m einzelne Kraftgrößen bzw. Lastsysteme ermitteln, da jede Kraftgröße F_j den Anteil w_{ij} zur Gesamtverschiebung beisteuert. Wegen $w_{ij} = \alpha_{ij} F_j$ folgt

$$w_i = \sum_{j=1}^{m} w_{ij} = \sum_{j=1}^{m} \alpha_{ij} F_j \; . \tag{7.113}$$

Wir wenden dies auf unser n-fach statisch unbestimmtes System an, und zwar auf die Verschiebungsgrößen in den n entfernten Lagern. Wenn das 0-System weiterhin mit null indiziert wird, resultiert die Verschiebungsgröße in einer gelösten Bindung i zu

$$w_i = \sum_{j=0}^{n} \alpha_{ij} F_j = \alpha_{i0} F_0 + \sum_{j=1}^{n} \alpha_{ij} F_j \; . \tag{7.114}$$

Da wir die Größe F_j noch nicht kennen, führen wir dafür die jeweilig statisch Überzählige X_j ein und erhalten

$$w_i = \alpha_{i0} F_0 + \sum_{j=1}^{n} \alpha_{ij} X_j \, . \tag{7.115}$$

Formulieren wir die n Gleichungen für die entfernten Lager mit $w_i = 0$ in Matrizenschreibweise, gilt

$$\begin{Bmatrix} w_1 \\ w_2 \\ \vdots \\ w_i \\ \vdots \\ w_n \end{Bmatrix} = \begin{Bmatrix} 0 \\ 0 \\ \vdots \\ 0 \\ \vdots \\ 0 \end{Bmatrix} = \begin{bmatrix} \alpha_{11} & \alpha_{12} & \dots & \alpha_{1j} & \dots & \alpha_{1n} \\ \alpha_{21} & \alpha_{22} & \dots & \alpha_{2j} & \dots & \alpha_{2n} \\ \vdots & \vdots & & \vdots & & \vdots \\ \alpha_{i1} & \alpha_{i2} & \dots & \alpha_{ij} & \dots & \alpha_{in} \\ \vdots & \vdots & & \vdots & & \vdots \\ \alpha_{n1} & \alpha_{n2} & \dots & \alpha_{nj} & \dots & \alpha_{nn} \end{bmatrix} \begin{Bmatrix} X_1 \\ X_2 \\ \vdots \\ X_i \\ \vdots \\ X_n \end{Bmatrix} + \begin{Bmatrix} \alpha_{10} F_0 \\ \alpha_{20} F_0 \\ \vdots \\ \alpha_{i0} F_0 \\ \vdots \\ \alpha_{n0} F_0 \end{Bmatrix} \, . \tag{7.116}$$

Es handelt sich um ein lösbares Gleichungssystem mit n Gleichungen und n unbekannten Überzähligen.

Beispiel 7.6 Wir demonstrieren das zuvor erläuterte Vorgehen an dem in Abb. 7.22a) skizzierten schubstarren Balken mit konstanter Biegesteifigkeit EI_y.

Gegeben Biegesteifigkeit EI_y; Länge l; Streckenlast q_0

Gesucht Bestimmen Sie die Lagerreaktionen und den Biegemomentenverlauf.

Lösung Die Struktur ist zweifach statisch unbestimmt. Wir lösen demnach zwei Bindungen, und zwar in den beiden Loslagern. Wir erhalten die Systeme nach den Abbn. 7.22b) bis d). Die Schnittmomentenverläufe sind dort ebenfalls skizziert. Gemäß Gl. (7.116) gilt mit $n = 2$ für das betrachtete Beispiel

$$\begin{bmatrix} \alpha_{11} & \alpha_{12} \\ \alpha_{21} & \alpha_{22} \end{bmatrix} \begin{Bmatrix} X_1 \\ X_2 \end{Bmatrix} = - \begin{Bmatrix} \alpha_{10} F_0 \\ \alpha_{20} F_0 \end{Bmatrix} = - \begin{Bmatrix} w_{10} \\ w_{20} \end{Bmatrix} \, . \tag{7.117}$$

Die rechte Seite des Gleichungssystems fasst die Verschiebungen $w_{i0} = \alpha_{i0} F_0$ zusammen, die das 0-System bzw. das Lastsystem F_0 in den entfernten Lagern hervorruft. Zu ihrer Berechnung nutzen wir daher das Einheitslasttheorem nach den Gln. (7.69) und (7.88) mit

$$w_{10} = \frac{1}{EI_y} \int_0^l M_{by0} \bar{M}_{by1} \mathrm{d}x \quad \text{und} \quad w_{20} = \frac{1}{EI_y} \int_0^l M_{by0} \bar{M}_{by2} \mathrm{d}x \, .$$

Die Biegemomentenverläufe lauten (vgl. Verläufe in den Abbn. 7.22b) bis d))

$$M_{by0} = -\frac{q_0 x^2}{2} \quad \text{und} \quad \bar{M}_{by1} = x \quad \text{für} \quad 0 \leq x \leq l$$

$$\text{und} \quad \bar{M}_{by2} = x - \frac{l}{2} \quad \text{für} \quad \frac{l}{2} \leq x \leq l \, .$$

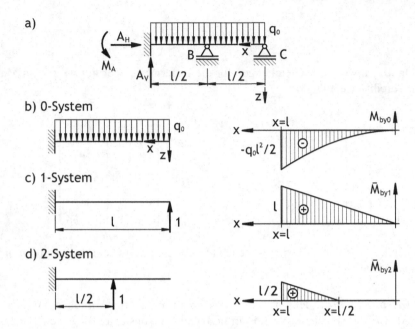

Abb. 7.22 a) Zweifach statisch unbestimmter Balken unter konstanter Streckenlast q_0 und Biegemomentenverläufe im b) 0-System (weggebendes System), c) 1-System sowie d) 2-System

Damit resultiert unter Nutzung der Koppeltafel nach Tab. 7.2

$$w_{10} = -\frac{q_0\, l^4}{8\, EI_y} \; .$$

Die Verschiebung w_{20} können wir mit der Koppeltafel nicht berechnen, da die
Parabel im 0-System im Bereich $\frac{l}{2} \le x \le l$ keinen Scheitelpunkt aufweist. Die
analytische Integration führt auf

$$w_{20} = -\frac{q_0}{2\, EI_y} \int_{\frac{l}{2}}^{l} \left(x^3 - \frac{l}{2} x^2 \right) \mathrm{d}x = -\frac{17\, q_0\, l^4}{384\, EI_y} \; .$$

Folglich ist die rechte Seite von Gl. (7.117) bekannt. Die Verschiebungsbeiwerte
α_{ij} ermitteln wir nach Gl. (7.112) mit der Koppeltafel nach Tab. 7.2

$$\alpha_{11} = \frac{1}{EI_y} \int_0^l \bar{M}_{by1}^2 \mathrm{d}x = \frac{l^3}{3\, EI_y} \; , \qquad \alpha_{22} = \frac{1}{EI_y} \int_{\frac{l}{2}}^l \bar{M}_{by2}^2 \mathrm{d}x = \frac{l^3}{24\, EI_y}$$

$$\text{und} \qquad \alpha_{12} = \alpha_{21} = \frac{1}{EI_y} \int_{\frac{l}{2}}^l \bar{M}_{by1}\, \bar{M}_{by2}\, \mathrm{d}x = \frac{5\, l^3}{48\, EI_y} \; .$$

Anzumerken ist, dass die Integrale jetzt abschnittsweise gekoppelt werden, da
die Koppeltafel nur für gleiche Abschnittslängen gilt.

Mit Gl. (7.117) gilt nach einigen Umformungen

$$\begin{bmatrix} 16 & 5 \\ 5 & 2 \end{bmatrix} \begin{Bmatrix} X_1 \\ X_2 \end{Bmatrix} = \frac{q_0\, l}{8} \begin{Bmatrix} 48 \\ 17 \end{Bmatrix} \quad \Leftrightarrow \quad \begin{Bmatrix} X_1 \\ X_2 \end{Bmatrix} = \frac{q_0\, l}{56} \begin{Bmatrix} 11 \\ 32 \end{Bmatrix}\,.$$

Die Reaktionen in den Lagern B und C sind damit

$$B = X_2 = \frac{4}{7} q_0\, l \quad \text{und} \quad C = X_1 = \frac{11}{56} q_0\, l\,.$$

Für die Reaktionen in der Einspannung resultiert basierend auf den Gleichgewichtsbeziehungen

$$A_H = 0\,, \quad A_V = \frac{13}{56} q_0\, l\,, \quad M_A = \frac{1}{56} q_0\, l^2\,.$$

Der Biegemomentenverlauf ist für $0 \leq x \leq \frac{l}{2}$

$$M_{by} = M_{by0} + X_1\, \bar{M}_{by1} = -\frac{q_0\, l^2}{56} \left(28 \left(\frac{x}{l} \right)^2 - 11 \frac{x}{l} \right)$$

und für $\frac{l}{2} \leq x \leq l$

$$M_{by} = M_{by0} + X_1\, \bar{M}_{by1} + X_2\, \bar{M}_{by2} = -\frac{q_0\, l^2}{56} \left(28 \left(\frac{x}{l} \right)^2 + 43 \frac{x}{l} - 16 \right)\,.$$

Bisher haben wir mit dem Einheitslasttheorem statisch unbestimmte Lagerreaktionen ermittelt. Wir können damit auch innerlich statisch unbestimmte Systeme berechnen. Wir demonstrieren dies anhand der im Bsp. 7.4 mit Hilfe des Satzes von Castigliano bereits berechneten Struktur, die dort in Abb. 7.15a) dargestellt ist. Es handelt sich um einen schubstarren Rahmen, der über einen Stab geschlossen wird. Das System ist einfach statisch unbestimmt. Wir schneiden den Stab gedanklich auf und wählen die Stabkraft N als statisch Überzählige. Die Systeme in den Abbn. 7.23a) und b) nutzen wir für die Anwendung des Einheitslasttheorems. Die Schnittreaktionen sind ebenfalls skizziert.

Die Biegemomente im 0-System in den drei Bereichen des Rahmens sowie die Stabkraft lauten

$$M_{by0_1} = 0\,, \quad M_{by0_2} = \frac{x_2}{4} q_0\, a\,, \quad M_{by0_3} = \frac{x_3^2}{2} q_0\,, \quad N_0 = 0\,.$$

Im 1-System erhalten wir

$$\bar{M}_{by1_1} = -x_1\,, \quad \bar{M}_{by1_2} = a\,, \quad \bar{M}_{by1_3} = -x_3\,, \quad \bar{N}_1 = 1\,.$$

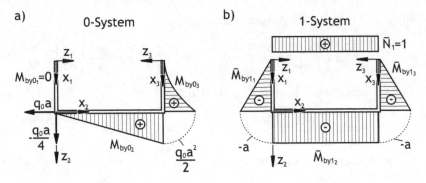

Abb. 7.23 Schnittreaktionen für Struktur nach Abb. 7.15a) im a) 0- und b) 1-System

Die Schnittreaktionen im Gesamtsystem sind dann

$$N = N_0 + X\bar{N}_1 = X\bar{N}_1 \quad \text{und} \quad M_{by_i} = M_{by0_i} + X\bar{M}_{by1_i} \quad \text{für} \quad i = 1, 2, 3 .$$

Die gegenseitige Verschiebung u im geöffneten Schnitt des Stabes muss verschwinden, da in der Gesamtstruktur keine Klaffungen oder Durchdringungen auftreten. Es gilt

$$u = 0 = \frac{1}{EI_y} \sum_{i=1}^{3} \left[\int_{l_i} M_{by_i} \bar{M}_{by1_i} \, dx_i \right] + \frac{1}{EA} \int_{2a} N\bar{N}_1 \, dx .$$

Unter Beachtung der Schnittreaktionsverläufe erhalten wir

$$\frac{1}{EI_y} \sum_{i=1}^{3} \left[\int_{l_i} M_{by0_i} \bar{M}_{by1_i} \, dx_i + X \int_{l_i} \bar{M}_{by1_i}^2 \, dx_i \right] + \frac{X}{EA} \int_{2a} \bar{N}_1^2 \, dx = 0 . \quad (7.118)$$

Die auftretenden Integrale lösen wir mit der Koppeltafel nach Tab. 7.2

$$\int_{2a} \bar{N}_1^2 \, dx = 2a , \qquad \int_a \bar{M}_{by1_1}^2 \, dx_1 = \int_a \bar{M}_{by1_3}^2 \, dx_3 = \frac{a^3}{3} ,$$

$$\int_{2a} \bar{M}_{by1_2}^2 \, dx_2 = 2a^3 , \qquad \int_a M_{by0_1} \bar{M}_{by1_1} \, dx_1 = 0 ,$$

$$\int_{2a} M_{by0_2} \bar{M}_{by1_2} \, dx_2 = -\frac{q_0 a^4}{2} , \qquad \int_a M_{by0_3} \bar{M}_{by1_3} \, dx_3 = -\frac{q_0 a^4}{8} .$$

Gl. (7.118) ergibt wieder das im Bsp. 7.4 ermittelte Ergebnis

$$\frac{1}{EI_y} \left[-\frac{q_0 a^4}{2} - \frac{q_0 a^4}{8} + X \left(\frac{2a^3}{3} + 2a^3 \right) \right] + \frac{2a}{EA} X = 0$$

$$\Leftrightarrow \quad X \left(\frac{2a}{EA} + \frac{8a^3}{3EI_y} \right) = \frac{5 q_0 a^4}{8EI_y} \quad \Leftrightarrow \quad X = \frac{15 q_0 a}{64} \left(1 + \frac{3EI}{4EA a^2} \right)^{-1} .$$

7.7 Zusammenfassung

Die folgenden Zusammenhänge gelten grundsätzlich für linear-elastisches Verhalten bei quasi-statischer Lastaufbringung.

Äußere Arbeit von Kräften F_i und Momenten M_j

$$W_a = \frac{1}{2} \sum_i F_i \, w_i + \frac{1}{2} \sum_j M_j \, \varphi_j$$

Formänderungsenergie U_i eines Balkens der Länge l

$$U_i = \frac{1}{2} \int_l \left[\frac{N^2}{EA} + \frac{M_{by}^2}{EI_y} + \frac{M_{bz}^2}{EI_z} + \frac{Q_y^2}{GA_{Q_y}} + \frac{Q_z^2}{GA_{Q_z}} + \frac{T^2}{GI_T} \right] \mathrm{d}x$$

Spezifische Formänderungsenergie am infinitesimalen Volumenelement $\mathrm{d}V$

$$U_d = \frac{\mathrm{d}U_i}{\mathrm{d}V} = \frac{1}{2} \left(\sigma_x \varepsilon_x + \sigma_y \varepsilon_y + \sigma_z \varepsilon_z + \tau_{xy}\gamma_{xy} + \tau_{xz}\gamma_{xz} + \tau_{yz}\gamma_{yz} \right)$$

Arbeitssatz: Die äußere Arbeit W_a entspricht der im Körper gespeicherten Formänderungsenergie U_i

$$W_a = U_i \; .$$

Sätze von Castigliano und Satz von Menabrea

- Partielle Ableitung der Formänderungsenergie U_i nach einer Kraftgröße F_j bzw. M_j ergibt die korrespondierende Verschiebungsgröße w_j bzw. φ_j am Ort und in Richtung der Kraftgröße

$$\frac{\partial U_i}{\partial F_j} = w_j \quad \text{und} \quad \frac{\partial U_i}{\partial M_j} = \varphi_j$$

- Partielle Ableitung der Formänderungsenergie U_i nach einer Verschiebungsgröße w_j bzw. φ_j ergibt die korrespondierende Kraftgröße F_j bzw. M_j am Ort und in Richtung der Verschiebungsgröße

$$\frac{\partial U_i}{\partial w_j} = F_j \quad \text{und} \quad \frac{\partial U_i}{\partial \varphi_j} = M_j$$

- Partielle Ableitung der Formänderungsenergie U_i nach einer statisch unbestimmten Lagerreaktion R bzw. M_R ist null

$$\frac{\partial U_i}{\partial R} = w_R = 0 \quad \text{und} \quad \frac{\partial U_i}{\partial M_R} = \varphi_R = 0$$

- Partielle Ableitung der Formänderungsenergie U_i nach einer statisch unbestimmten Schnittreaktion F_S bzw. M_S ist null

$$\frac{\partial U_i}{\partial F_S} = w_S = 0 \quad \text{und} \quad \frac{\partial U_i}{\partial M_S} = \varphi_S = 0 \,.$$

Einheitslasttheorem für statisch bestimmte Systeme zur Ermittlung der Verschiebungsgröße w_{i0} bzw. φ_{i0} an einer beliebigen Stelle i

$$w_{i0}\,, \varphi_{i0} = \int_l \frac{N_0 \bar{N}_i}{EA}\mathrm{d}x + \int_l \frac{M_{by0} \bar{M}_{byi}}{EI_y}\mathrm{d}x + \int_l \frac{M_{bz0} \bar{M}_{bzi}}{EI_z}\mathrm{d}x$$

$$+ \int_l \frac{Q_{z0} \bar{Q}_{zi}}{GA_{Qz}}\mathrm{d}x + \int_l \frac{Q_{y0} \bar{Q}_{yi}}{GA_{Qy}}\mathrm{d}x + \int_l \frac{T_0 \bar{T}_i}{GI_T}\mathrm{d}x$$

Einheitslasttheorem für statisch unbestimmte Systeme

- n-fach statisch unbestimmtes System wird durch Lösen von n Bindungen statisch bestimmt gemacht und als 0-System bezeichnet.
- Für jede gelöste Bindung wird ein weiteres System definiert, das an der Stelle der gelösten Bindung eine Einheitslast aufweist.
- Gleichungssystem zur Lösung statisch unbestimmter Systeme mit statisch Überzähligen X_i und den Verformungen w_{i0} im 0-System

$$\begin{bmatrix} \alpha_{11} & \dots & \alpha_{1n} \\ \vdots & \ddots & \vdots \\ \alpha_{n1} & \dots & \alpha_{nn} \end{bmatrix} \begin{Bmatrix} X_1 \\ \vdots \\ X_n \end{Bmatrix} + \begin{Bmatrix} w_{10} \\ \vdots \\ w_{n0} \end{Bmatrix} = \begin{Bmatrix} 0 \\ \vdots \\ 0 \end{Bmatrix}$$

mit den Verschiebungsbeiwerten

$$\alpha_{ij} = \alpha_{ji} = \int_l \frac{\bar{N}_j \bar{N}_i}{EA}\mathrm{d}x + \int_l \frac{\bar{M}_{byj} \bar{M}_{byi}}{EI_y}\mathrm{d}x + \int_l \frac{\bar{M}_{bzj} \bar{M}_{bzi}}{EI_z}\mathrm{d}x$$

$$+ \int_l \frac{\bar{Q}_{zj} \bar{Q}_{zi}}{GA_{Qz}}\mathrm{d}x + \int_l \frac{\bar{Q}_{yj} \bar{Q}_{yi}}{GA_{Qy}}\mathrm{d}x + \int_l \frac{\bar{T}_j \bar{T}_i}{GI_T}\mathrm{d}x$$

Reduktionssatz zur Bestimmung von Verschiebungsgrößen w bzw. φ in statisch unbestimmten Systemen

$$w,\varphi = \int_l \frac{N \bar{N}_0}{EA}\mathrm{d}x + \int_l \frac{M_{by} \bar{M}_{by0}}{EI_y}\mathrm{d}x + \int_l \frac{M_{bz} \bar{M}_{bz0}}{EI_z}\mathrm{d}x$$

$$+ \int_l \frac{Q_z \bar{Q}_{z0}}{GA_{Qz}}\mathrm{d}x + \int_l \frac{Q_y \bar{Q}_{y0}}{GA_{Qy}}\mathrm{d}x + \int_l \frac{T \bar{T}_0}{GI_T}\mathrm{d}x$$

mit Schnittreaktionen $N, Q_y, Q_z, M_{by}, M_{bz}$ sowie T im realen System und Schnittreaktionen $\bar{N}_0, \bar{Q}_{y0}, \bar{Q}_{z0}, \bar{M}_{by0}, \bar{M}_{bz0}$ und $\bar{T}_0$ in einem statisch bestimmten Einheitslastsystem mit Einheitslast am Ort und in Richtung der gesuchten Verschiebungsgröße.

7.8 Verständnisfragen

1. Definieren und erläutern Sie mechanische Arbeit. Geben Sie an, in welcher Form Kräfte und Momente äußere Arbeit verrichten.

2. Was beschreibt der Arbeitssatz? Welche Größen sind über ihn miteinander verbunden?

3. Was versteht man unter Verzerrungsenergiedichte?

4. Was bedeutet der Satz von Betti? Welche Voraussetzungen müssen erfüllt sein, damit dieser Satz gültig ist?

5. Definieren Sie die komplementäre Formänderungsenergie U_i^*, und grenzen Sie diese Arbeit von der Formänderungsenergie U_i ab. Unter welchen Voraussetzungen entsprechen sich beide Arbeiten?

6. Warum verschwindet die partielle Ableitung der Formänderungsenergie nach einer statisch unbestimmten Lager- oder Schnittreaktion?

7. Was versteht man unter einem statisch verträglichen Spannungszustand und was unter einem kinematisch verträglichen Verschiebungszustand?

8. Welcher tatsächliche Zustand der belasteten Struktur - Spannungs- oder Verschiebungszustand - wird zur Formulierung des Prinzips der virtuellen Kräfte herangezogen?

9. Was ist der Reduktionssatz und wozu kann er genutzt werden?

10. Erläutern Sie die physikalische Bedeutung von Verschiebungsbeiwerten. Wozu können sie genutzt werden?

Kapitel 8
Stabilität

Lernziele

Die Studierenden sollen

- die grundlegenden Zusammenhänge zwischen Gleichgewichtslagen, Stabilität und Instabilität kennen,
- die Berechnungen beim elastischen und inelastischen Knicken sowie beim Biegedrill- und Drillknicken beherrschen,
- das Kippen von Biegeträgern verstehen und
- die Grundlagen des Beulens ebener Hautfelder für typische Rand- und Lastbedingungen sicher anwenden sowie
- das Verhalten von dünnwandigen druckbelasteten Profilstäben analysieren können.

8.1 Einführung

Bisher haben wir die Wirkung unterschiedlicher Beanspruchungen auf der Grundlage einer weitestgehend linearen Formulierung untersucht. Es resultieren eindeutige Gleichgewichtszustände. Als Folge ist das Versagensverhalten von Strukturen durch die Beurteilung von Spannungszuständen im Hinblick auf zulässige Werkstoffbeanspruchungen abschätzbar. Aus diesem Grund bezeichnen wir solche Fragestellungen auch als *Festigkeitsprobleme*. Implizit setzen wir dabei voraus, dass sich diese eindeutigen Gleichgewichtslagen auch tatsächlich einstellen und stabil sind. In der Realität zeigt sich jedoch, dass sich insbesondere leichtbaugerechte Bauteile der Lastaufnahme durch Ausweichen entziehen und sich nicht die Gleichgewichtszustände einstellen müssen, die mit Hilfe einer linearen Theorie berechenbar sind. Solche Phänomene bezeichnen wir als *Stabilitätsprobleme*. Das Bauteil versagt nicht aus materialspezifischen Gründen wie bei Festigkeitsproblemen, sondern weil es seine *Stabilität* verliert. Der Stabilitätsverlust geht dann mit großen Verschiebungen

© Springer-Verlag Berlin Heidelberg 2015
M. Linke, E. Nast, *Festigkeitslehre für den Leichtbau*, DOI 10.1007/978-3-642-53865-0_8

einher. Das Versagensverhalten kann daher mit einer linearen Theorie, bei der die auftretenden Verschiebungen als klein angenommen werden und somit eine Linearisierung möglich ist, nicht mehr beschrieben werden.

Stabilitätsprobleme kann man in *Durchschlag-* und *Verzweigungsprobleme* unterscheiden. In den Abbn. 8.1a) und b) sind beide Phänomene gegenübergestellt. Das Fachwerk nach Abb. 8.1a) schlägt ab einer bestimmten Last F_{krit}, die wir als *kritische Last* bezeichnen, plötzlich in eine andere Gleichgewichtslage durch, die mit der gestrichelten Linie angedeutet ist. Es handelt sich also um ein Durchschlagproblem. Die neue Gleichgewichtslage ist eindeutig. Beim Verzweigungsproblem dagegen sind die möglichen Gleichgewichtslagen mehrdeutig. Bei dem auf Druck belasteten Balken nach Abb. 8.1b) bedeutet dies, dass der Balken sich ab der kritischen Last theoretisch weiter verkürzen kann. Gleichzeitig ist jedoch auch ein seitliches Ausweichen des Balkens möglich. Diese Verformungen sind in Abb. 8.1b) mit unterschiedlichen gestrichelten Linien skizziert. Die ursprüngliche Gleichgewichtslage vor Erreichen der kritischen Last der Struktur kann sich also *verzweigen*, das im Kraft-Auslenkungs-Diagramm anhand der unterschiedlichen Kurvenverläufe oberhalb der Last F_{krit} ersichtlich ist. In der Realität unterliegt der Balken jedoch einer plötzlichen seitlichen Auslenkung; eine weitere Verkürzung der Struktur stellt sich praktisch nie ein. Problematisch beim seitlichen Ausweichen ist, dass geringe Lastzuwächse bereits zu undefinierbar großen Verformungen führen können. Es besteht dann die Gefahr des Strukturversagens durch *Instabilität*. Es handelt sich dabei nicht notwendigerweise um ein Festigkeitsproblem, da das Versagen typischerweise unterhalb der Fließgrenze oder vergleichbarer Materialkennwerte auftritt.

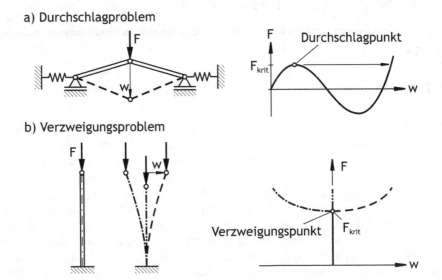

Abb. 8.1 a) Durchschlagproblem an einem Fachwerk aus 2 starren Stäben, die über Federn abgestützt sind, b) Verzweigungsproblem eines auf Druck belasteten Balkens

Da im Leichtbau eine Vielzahl von Verzweigungsproblemen hohe praktische Relevanz besitzen, fokussieren wir uns in diesem Kapitel auf Fragestellungen mit mehrdeutigen Gleichgewichtslagen, also auf Verzweigungsprobleme. Zur anschaulichen Einführung in die Thematik von verschiedenen Arten von Gleichgewichtslagen führen wir nachfolgend den Begriff des *Potentials* bzw. der *potentiellen Energie* ein, um darauf aufbauend das Stabilitätsverhalten eines einfachen Beispiels zu diskutieren. Wir setzen Linearität zwischen den Verschiebungs- und den sie hervorrufenden Kraftgrößen voraus. Kraftgrößen behalten während der Verformung ihre Richtung bei; sie sind also richtungstreu. Darüber hinaus betrachten wir einzig *konservative Systeme*, d. h. Systeme, bei denen die verrichteten Arbeiten nicht vom gewählten Weg der Lastaufbringung abhängen.

Bei konservativen Systemen wird in jedem Belastungszustand eindeutig eine bestimmte Energie gespeichert. Diese bleibt beim Durchlaufen beliebiger geschlossener Be- und Entlastungszyklen gleich. Daher bezeichnen wir die im Körper gespeicherte Formänderungsenergie U_i als *inneres Potential*

$$\Pi_i = U_i \; . \tag{8.1}$$

Da mechanische Systeme bei Entlastung die gespeicherte Energie als Arbeit abgeben, ist das Potential positiv.

Die am System angreifenden äußeren Kraftgrößen verrichten die äußere Arbeit W_a. So verrichtet beispielsweise eine Kraft F an der von ihr hervorgerufenen Verschiebung w die äußere Arbeit $W_a = \frac{1}{2} F w$. Wie wir im Abschnitt 7.4 gesehen haben, verrichtet hingegen eine voll aufgebrachte Kraft F bei einer von ihr unabhängigen Verschiebung w eine Endwertarbeit $W = F w$. Die Endwertarbeit ist also doppelt so groß wie die äußere Arbeit. Den negativen Wert der *Endwertarbeit* nennen wir *Potential der äußeren Kräfte* oder *äußeres Potential*

$$\Pi_a = -W \; . \tag{8.2}$$

Bei einem linearen Zusammenhang zwischen Kraft und Verschiebung ($F = c\,w$), folgt für die äußere Arbeit $W_a = \frac{1}{2} c\,w^2$. Ermitteln wir jetzt die virtuelle Änderung dieser Arbeit bei einer virtuellen Verschiebung δw, erhalten wir

$$\delta W_a = \frac{\partial W_a}{\partial w}\,\delta w = c\,w\,\delta w = F\,\delta w = \delta W \quad \Leftrightarrow \quad \delta W_a = \delta W \; . \tag{8.3}$$

Die virtuellen Änderungen von äußerer Arbeit und Endwertarbeit sind also gleich.

Wenn wir das Gesamtpotential Π aus der Summe von innerem und äußerem Potential bilden

$$\Pi = \Pi_i + \Pi_a = U_i - W \; , \tag{8.4}$$

folgt aus dem Prinzip der virtuellen Arbeit nach Gl. (7.69) und mit den Gln. (8.3) und (8.4)

$$\delta U_i = \delta W_a = \delta W \quad \Leftrightarrow \quad \delta\Pi = 0 \; . \tag{8.5}$$

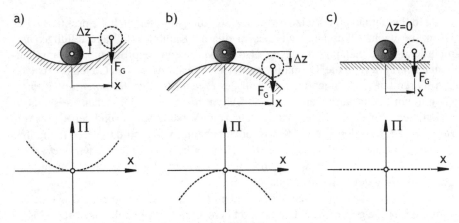

Abb. 8.2 Gleichgewichtsarten mechanischer Systeme: a) stabiles, b) labiles und c) indifferentes Gleichgewicht

Diese Gleichung wird als *Satz vom stationären Wert des Potentials* bezeichnet, wonach sich in einem belasteten System die Reaktionskräfte und Verformungen immer so einstellen, dass die gesamte potentielle Energie bzw. das Gesamtpotential ein Extremum annimmt. Diesen Sachverhalt verdeutlichen wir anhand einer massebehafteten Kugel, die sich reibungsfrei im Erdschwerefeld nach den Abbn. 8.2a) bis c) bewegen kann.

Betrachten wir zunächst Abb. 8.2a), nach der sich die Kugel im tiefsten Punkt einer konkav gekrümmten Ebene in der Gleichgewichtslage befindet. Unter Einwirkung einer äußeren Kraft kann sich die Kugel aus der Talsohle herausbewegen. Das Potential nimmt dann um

$$\Delta \Pi = F_G \, \Delta z > 0 \qquad (8.6)$$

zu. Bei Auslenkung aus der ursprünglichen Ruhelage kehrt die Kugel infolge ihres Eigengewichts in diese zurück. Das Potential in der Nachbarschaft ist größer als in der Gleichgewichtslage. Eine kleine Störung des Systems führt also nicht dazu, dass die ursprüngliche Lage verlassen wird. Eine solche Gleichgewichtslage bezeichnen wir als *stabil*.

Befindet sich die Kugel auf dem höchsten Punkt einer konvex gekrümmten Ebene gemäß Abb. 8.2b), reduziert sich das Potential wie folgt

$$\Delta \Pi = -F_G \, \Delta z < 0 \, . \qquad (8.7)$$

Erfährt die Kugel eine kleine Störung in der ursprünglichen Gleichgewichtslage, so wird sie diese Position verlassen, da das Potential im Nachbarzustand kleiner als in der Ausgangslage ist. In diesem Fall spricht man von einer *instabilen* oder auch *labilen Gleichgewichtslage*.

Im letzten Fall nach Abb. 8.2c) befindet sich die Kugel auf einer horizontalen Ebene. Eine Bewegung aus der Ausgangslage heraus, führt zu keiner Änderung der potentiellen Energie, d. h. es gilt

$$\Delta\Pi = F_G\,\Delta z = 0 \ . \tag{8.8}$$

Da keine rückstellende Kraft existiert, verbleibt das System in der Nachbarlage, die zugleich auch Gleichgewichtslage ist. Deshalb bezeichnen wir sie als *indifferente Gleichgewichtslage*.

Anhand des Vorzeichens der Potentialänderung $\Delta\Pi$ im betrachteten Gleichgewichtszustand können wir also Aussagen über die Art des Gleichgewichts machen. Der Einfachheit halber nehmen wir hier an, dass das Potential nur von der Koordinate x abhängt. Dann führt die Untersuchung des Potentials mittels Taylor-Reihe auf

$$\Pi\,(x_0 + \delta x) = \Pi\,(x_0) + \Pi'\,(x_0)\,\delta x + \frac{1}{2!}\Pi''\,(x_0)\,\delta x^2 + \frac{1}{3!}\Pi'''\,(x_0)\,\delta x^3 + \cdots \ . \tag{8.9}$$

Dabei kennzeichnen wir die Gleichgewichtslage mit x_0.

Aus Gl. (8.5) resultiert für die Gleichgewichtslage $\delta\Pi\,(x_0) = \Pi'\,(x_0) = 0$. Die Potentialänderung ergibt sich daher bei kleiner Lagevariation δx zu

$$\Delta\Pi = \frac{1}{2!}\Pi''\,(x_0)\,\delta x^2 + \frac{1}{3!}\Pi'''\,(x_0)\,\delta x^3 + \cdots \approx \frac{1}{2!}\Pi''\,(x_0)\,\delta x^2 \ . \tag{8.10}$$

Die potentielle Energie nimmt folglich im stabilen Gleichgewicht ein Minimum und im labilen Gleichgewicht ein Maximum ein, d. h. es gilt

$$\begin{aligned}
\Pi''\,(x_0) > 0 &\quad\Rightarrow\quad \text{Minimum} \quad\Rightarrow\quad \text{stabil}\,, \\
\Pi''\,(x_0) < 0 &\quad\Rightarrow\quad \text{Maximum} \quad\Rightarrow\quad \text{labil}\,.
\end{aligned} \tag{8.11}$$

Falls die 2. Ableitung des Potentials verschwindet (also $\Pi''\,(x_0) = 0$ ist), müssen höhere Ableitungen untersucht werden.

Mit dieser Charakterisierung der Gleichgewichtsarten werden wir nun den in den Abbn. 8.3a) und b) dargestellten dehnstarren Stab untersuchen, der am Fußpunkt über eine Drehfeder linear-elastisch eingespannt ist. Die Drehfeder besitzt die Steifigkeit c_φ. Das innere und äußere Potential sind

$$\Pi_i = \frac{1}{2}\,M\,\varphi = \frac{1}{2}\,c_\varphi\,\varphi^2 \ , \tag{8.12} \qquad \Pi_a = -F\,f = -F\,l\,(1 - \cos\varphi) \ , \tag{8.13}$$

woraus das Gesamtpotential folgt zu

$$\Pi = \frac{1}{2}\,c_\varphi\,\varphi^2 - F\,l\,(1 - \cos\varphi) \ . \tag{8.14}$$

Wir ermitteln daraus die erforderlichen Ableitungen des Potentials

$$\Pi' = c_\varphi\, \varphi - F\, l \sin\varphi\,, \qquad (8.15) \qquad\qquad \Pi'' = c_\varphi - F\, l \cos\varphi\,. \qquad (8.16)$$

Aus der Bedingung für eine Gleichgewichtslage nach Gl. (8.5) resultieren zwei Gleichgewichtslagen φ_1 und φ_2:

$$\Pi' = c_\varphi\, \varphi - F\, l \sin\varphi = 0 \quad \Leftrightarrow \quad \begin{cases} \varphi_1 = 0 & (8.17) \\[2mm] \dfrac{\varphi_2}{\sin\varphi_2} = \dfrac{F\, l}{c_\varphi} & (8.18) \end{cases}$$

Wir betrachten zuerst die Art der Gleichgewichtslagen für den Fall $\varphi_1 = 0$ nach Gl. (8.17). Hierzu setzen wir $\varphi_1 = 0$ in Gl. (8.16) ein und untersuchen das Vorzeichen der 2. Ableitung des Potentials. Wegen $\cos\varphi_1 = 1$ resultiert für die möglichen Gleichgewichtslagen

$$\Pi''(\varphi_1 = 0) = c_\varphi - F\, l > 0 \quad \Leftrightarrow \quad \frac{F\, l}{c_\varphi} < 1 \quad \Rightarrow \quad \text{stabil,}$$

$$\Pi''(\varphi_1 = 0) = c_\varphi - F\, l = 0 \quad \Leftrightarrow \quad \frac{F\, l}{c_\varphi} = 1 \quad \Rightarrow \quad \text{indifferent,}$$

$$\Pi''(\varphi_1 = 0) = c_\varphi - F\, l < 0 \quad \Leftrightarrow \quad \frac{F\, l}{c_\varphi} > 1 \quad \Rightarrow \quad \text{labil.}$$

Solange die Kraft F kleiner als ein bestimmter Wert $\frac{c_\varphi}{l}$ bleibt, handelt es sich also um stabile Gleichgewichtslagen. Wird die Last über diesen kritischen Wert erhöht, so wandelt sich die Art des Gleichgewichts über indifferent zu labil. Da für alle betrachteten Fälle die Auslenkung null ist, verharrt der Stab in seiner ursprünglichen Lage. Im Last-Auslenkungs-Diagramm nach Abb. 8.4 bewegen wir uns also bei Laststeigerung auf der Ordinate.

Als nächstes untersuchen wir die 2. Bedingung für Gleichgewichtslagen nach Gl. (8.18). Wird φ_2 null, resultiert

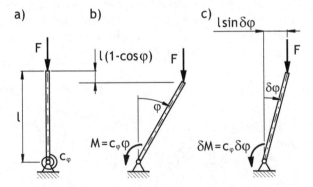

Abb. 8.3 Dehnstarrer, am Fußpunkt über eine Drehfeder mit Steifigkeit c_φ elastisch eingespannter Stab in a) unausgelenkter, b) um Winkel φ ausgelenkter und c) infinitesimal ausgelenkter Lage

$$\lim_{\varphi_2 \to 0} \frac{\varphi_2}{\sin \varphi_2} = 1 = \frac{F\,l}{c_\varphi}\,.$$

Dies ist aber der Fall des indifferenten Gleichgewichts für die Gleichgewichtslage mit $\varphi_1 = 0$. Die Fälle φ_1 und φ_2 sind somit im indifferenten Gleichgewicht identisch.

Wenn hingegen φ_2 nicht null wird, gilt $\frac{\varphi_2}{\sin \varphi_2} > 1$. Demnach kann eine seitliche Auslenkung nur unter der folgenden Bedingung auftreten

$$\frac{\varphi_2}{\sin \varphi_2} = \frac{F\,l}{c_\varphi} > 1\,.$$

Eine Auslenkung tritt also erst ab einer Kraft F von größer als $\frac{c_\varphi}{l}$ auf.

Zur Untersuchung der Art des Gleichgewichts berücksichtigen wir die Bedingung (8.18) in Gl. (8.16) und erhalten

$$\Pi''(\varphi_2) = c_\varphi - F\,l\,\cos\varphi_2 = c_\varphi \left(1 - \frac{\varphi_2}{\tan\varphi_2}\right)\,.$$

Da der Ausdruck $\frac{\varphi_2}{\tan\varphi_2} < 1$ ist, gilt $\Pi''(\varphi_2) > 0$. Somit sind die Gleichgewichtslagen für φ_2 stabil. Betrachten wir wieder das Last-Auslenkungs-Diagramm nach Abb. 8.4, so wird deutlich, dass ab einer Last $F = \frac{c_\varphi}{l}$ das System insgesamt 3 Gleichgewichtslagen einnehmen bzw. sich das Problem in diese Lagen verzweigen kann. Allerdings ist die Gleichgewichtslage, bei der der Stab keine seitliche Auslenkung besitzt, labil. In der Realität wird sich dieser Zustand praktisch nicht einstellen, da kleine Störungen wie eine nicht perfekt gerade Stabachse zum Verlassen der labilen Gleichgewichtslage führen. Das System wird sich also hin zu den stabilen Gleichgewichstlagen bewegen, die sich auf den seitlichen Ästen befinden.

Bei Laststeigerung über den kritischen Wert hinaus treten gewöhnlich große Verformungen auf, die zum Strukturversagen führen können. Aus diesem Grunde beschränkt man sich in vielen Fällen auf die Ermittlung der kritischen Last F_{krit}, ab der sich Stabilitätsprobleme verzweigen. Überkritische Zustände werden dann

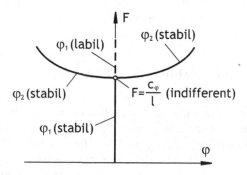

Abb. 8.4 Last-Auslenkungs-Diagramm

grundsätzlich vermieden. Im obigen Beispiel ergibt sich die kritische Last zu

$$F_{\mathrm{krit}} = \frac{c_\varphi}{l} \; .$$

Kritische Lasten können alternativ zu der oben angewendeten *Potentialmethode* auch mit Hilfe der sogenannten *Gleichgewichtsmethode* berechnet werden. Bei der Gleichgewichtsmethode wird die stabile Ausgangslage infinitesimal ausgelenkt und die Gleichgewichtsbeziehungen an der verformten Struktur formuliert. Ist der untersuchte Nachbarzustand auch Gleichgewichtslage, so stellt die dazugehörige Belastung die gesuchte kritische Last dar. Wenn wir dies auf den bereits untersuchten starren Stab anwenden, erhalten wir bei einer infinitesimalen Verdrehung $\delta\varphi$ aus der Gleichgewichtslage nach Abb. 8.3c) basierend auf dem Momentengleichgewicht um den Fußpunkt

$$\delta M - F\, l \sin \delta\varphi = 0 \quad \Leftrightarrow \quad c_\varphi\, \delta\varphi - F\, l \sin \delta\varphi = 0 \; .$$

Weil die Verdrehung infinitesimal klein ist, resultiert wegen $\sin \delta\varphi \approx \delta\varphi$ die bereits oben ermittelte kritische Last

$$c_\varphi\, \delta\varphi - F\, l\, \delta\varphi = 0 \quad \Leftrightarrow \quad F = F_{\mathrm{krit}} = \frac{c_\varphi}{l} \; .$$

Wir erhalten also in anschaulicher Weise die indifferente Gleichgewichtslast des Verzweigungspunktes. Aussagen über die Art des Gleichgewichts von benachbarten Lagen sind jedoch nicht wie bei der Potentialmethode möglich. Außerdem bleibt die tatsächliche Auslenkung unbestimmt.

In den nachfolgenden Abschnitten werden wir auf der Basis der skizzierten Gleichgewichtsmethode für verschiedene Verzweigungsprobleme die kritischen Lasten bestimmen. Der Einfachheit halber kennzeichnen wir infinitesimale Auslenkungen nicht explizit mit dem δ-Symbol. Wir nutzen allerdings die Vereinfachungen für kleine Verschiebungen und Verdrehungen. Die Verschiebungs-Verzerrungs-Beziehungen sowie das Stoffgesetz bleiben unverändert im Vergleich zur linearen Theorie bzw. Theorie 1. Ordnung. Die Gleichgewichtsbeziehungen hingegen werden an der verformten Struktur, also nichtlinear formuliert, weshalb dieser Ansatz auch als Theorie 2. Ordnung bezeichnet wird.

8.2 Knicken gerader stabförmiger Strukturen

Unter stabförmigen Strukturen wollen wir schlanke Bauteile, bei denen die Längsausdehnung sehr viel größer als alle anderen geometrischen Abmessungen ist, auffassen. Ihre Belastung erfolgt entlang der Bauteillängsachse, wobei wir davon ausgehen, dass äußere Lasten sehr viel größer als das Eigengewicht des Bauteils sind. Wir können das Eigengewicht folglich vernachlässigen. Die Schnittgrößen stabförmiger Strukturen mögen den Schnittgrößen des Balkens entsprechen.

Werden stabförmige Strukturen auf Druck belastet, beobachten wir vielfach ein mechanisches Phänomen. Oberhalb einer kritischen Last ist die nach der Theorie 1. Ordnung berechnete Gleichgewichtslage nicht mehr möglich. Die Struktur erfährt eine plötzliche seitliche Auslenkung. Dieses Verhalten wollen wir jetzt im elastischen und im inelastischen Bereich näher untersuchen.

8.2.1 Elastisches Biegeknicken nach Euler

Das elastische *Biegeknicken* stabförmiger Strukturen, mit dem wir uns in diesem Unterabschnitt beschäftigen wollen, wurde ausführlich von Leonhard Euler (vgl. Infobox 11, S. 275) untersucht. Da er das Knickproblem als erster gelöst hat, wird es vielfach als *Euler-Knicken* bezeichnet.

Um die beim Biegeknicken ablaufenden Prozesse verstehen zu können, betrachten wir zunächst eine auf Druck belastete stabförmige Struktur mit konstanten elastischen Eigenschaften. Wir setzen voraus, dass die Biegesteifigkeit EI konstant ist.

Infolge einer Kraft F wird die Struktur aus Abb. 8.5a) zunächst entlang ihrer Längsachse verformt und behält ihre stabile Gleichgewichtslage bei. Bei Wegnahme der äußeren Last nimmt sie ihre Ausgangslage wieder ein. Mit Erreichen einer kritische Kraft F_{krit} geht das stabile Gleichgewicht im Verzweigungspunkt in ein indifferentes Gleichgewicht über. Noch immer ist die Verkürzung der Struktur ohne seitliche Auslenkung möglich. Bereits eine kleine Störung führt jedoch zu einer solchen Auslenkung. Die stabförmige Struktur beginnt zu knicken. Die überkritisch belastete Struktur geht in eine benachbarte Gleichgewichtslage über.

Wir nutzen hier die Gleichgewichtsmethode, um die kritische Last zu ermitteln. Dazu stellen wir uns die Struktur infinitesimal seitlich ausgelenkt vor. Dadurch betrachten wir einen infinitesimal zum Verzweigungspunkt benachbarten Gleichgewichtszustand (vgl. Abb. 8.5b)), in dem die gleichen Reaktionskräfte wirken, wie vor dem Erreichen des Verzweigungspunktes. Durch Berücksichtigung der Auslenkung können wir jetzt das Gleichgewicht an der verformten Struktur formulieren. Wir erhalten in einem Schnitt neben der Kraft F zusätzlich ein Biegemoment M_{by}, das in der benachbarten Lage wirken muss (vgl. Abb. 8.5c)). Die Wirkungslinie der Kraft F ist dabei parallel zur ursprünglichen Stabachse des Systems.

Das Biegemoment $M_{by}(x)$ der benachbarten Gleichgewichtslage erhalten wir aus dem Momentengleichgewicht um die y-Achse

$$\sum_i M_{iy} = 0 \quad \Leftrightarrow \quad 0 = M_{by}(x) - F\,w(x) \ . \tag{8.19}$$

Unter Verwendung der Differentialgleichung der Biegelinie zweiter Ordnung (3.76) folgt mit $M_{by}(x) = -EI_y\,w''(x)$ eine homogene Differentialgleichung

$$0 = -EI_y\,w''(x) - F\,w(x) \quad \Leftrightarrow \quad 0 = w''(x) + \frac{F}{EI_y}\,w(x) \ . \tag{8.20}$$

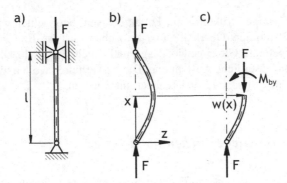

Abb. 8.5 Gelenkig gelagerte stabförmige Struktur unter Druckbelastung: a) Grundzustand, b) verformte Struktur, c) Freikörperbild

Führen wir die Abkürzung $\varsigma^2 = \frac{F}{EI_y}$ ein, gilt

$$0 = w''(x) + \varsigma^2 w(x) \ . \tag{8.21}$$

Wir suchen jetzt eine nicht-triviale Lösung $w(x) \neq 0$ der Differentialgleichung (8.21), also letztlich Werte des Parameters ς. Die allgemeine Lösung dieser homogenen Differentialgleichung ist

$$w(x) = A_1 \sin(\varsigma x) + A_2 \cos(\varsigma x) \ . \tag{8.22}$$

Dabei sind A_1 und A_2 zunächst unbekannte Konstanten. Mit Hilfe der Randbedingungen versuchen wir nun, diese Konstanten zu bestimmen. Da sich an den beiden Rändern der Struktur eine gelenkige Lagerung befindet, kann es dort keine Verschiebung $w(x)$ geben. Wir erhalten also zwei Gleichungen für zwei unbekannte Konstanten

$$w(x = 0) = 0 \qquad \Rightarrow \qquad A_2 = 0 \ , \tag{8.23}$$

$$w(x = l) = 0 \qquad \Rightarrow \qquad A_1 \sin(\varsigma l) = 0 \ . \tag{8.24}$$

Die zweite Randbedingung nach Gl. (8.24) lässt zunächst die triviale Lösung $A_1 = 0$ zu. Diese besagt lediglich, dass die gestreckte Lage der stabförmigen Struktur eine Gleichgewichtslage darstellt. Für $\varsigma\,l = n\,\pi$ mit $n = 1, 2, 3, \ldots$ ergeben sich nicht-triviale Lösungen.

Im nicht-trivialen Fall ist eine seitliche Auslenkung $w(x) \neq 0$ möglich. Üblicherweise suchen wir die niedrigste Last, die zu einer Auslenkung führt. Diese erhalten wir mit $n = 1$. Sie wird als *Eulersche Knicklast* oder allgemein als *kritische Last* bezeichnet. Die Beziehung

$$\varsigma^2 = \frac{n^2\,\pi^2}{l^2} = \frac{F}{EI_y} \tag{8.25}$$

Infobox 11 zu Leonhard Euler (1707-1783, Schweizer Mathematiker und Physiker) [1, 2]

Euler wurde als Sohn eines Pastors geboren, der von der Mathematik fasziniert war und deshalb u. a. mehrere Universitätskurse von Jakob Bernoulli (vgl. Infobox 2, S. 42) besucht hatte. Diese erlaubten ihm, seinem Sohn eine elementare mathematische Ausbildung zu vermitteln, die sein Sohn sonst trotz des Schulbesuchs nicht erhalten hätte. Mit fast 14 Jahren begann Euler 1720, an der Universität Basel zu studieren, wo er auf Wunsch seines Vaters anfänglich Philosophie, Theologie und orientalische Sprachen studierte, sich aber bald der Mathematik widmete. Abschlüsse machte er 1722 (Prima Laurea vergleichbar mit Bachelor of Arts) und 1724 (Master of Philosophy). 1727 ging Euler nach St. Petersburg an die neu gründete Akademie der Wissenschaften, wo er zunächst als Assistent und später als Professor der Physik und Mathematik tätig war. 1741 folgte er einer Einladung des preußischen Königs Friedrich II. nach Berlin. 1766 kehrte Euler zurück nach St. Petersburg, wo dann rund die Hälfte seines Gesamtwerkes entstand, obwohl er aufgrund mehrerer Augenleiden 1771 nahezu vollständig sein Augenlicht verloren hatte.

Durch Euler fand die Bestimmung der elastischen Balkenlinie ihre abschließende mathematische Beschreibung. In einem 1744 erschienenen Werk löst er die von Jakob Bernoulli formulierte Differentialgleichung der Biegelinie für unterschiedliche Randbedingungen. Fundamentale Bedeutung hat der Fall erlangt, bei dem ein elastischer Balken in Achsrichtung durch ein Gewicht auf Druck belastet ist und aus seiner ursprünglich geraden Lage nur unter einer bestimmten Bedingung seitlich ausknickt. Diese Bedingung definieren wir heute mit der Eulerschen Knicklastformel.

---

[1] Szábo I.: Geschichte der mechanischen Prinzipien und ihrer wichtigsten Anwendungen, 2. Aufl., Birkhäuser, 1979, S. 375-377.

[2] Youschkevitch A. P.: Euler, Leonhard. In: Gillispie C. C. (Hrsg.): Dictionary of Scientific Biography, Bd. IV, Scribner-Verlag, 1971, S. 467-484.

---

führt mit $n = 1$ auf diese kritische Last

$$F_{\text{krit}} = \frac{\pi^2 \, EI_y}{l^2} \, . \tag{8.26}$$

Die Auslenkungsform $w(x)$ der Struktur unter der kritischen Last ist eine Sinus-Halbwelle

$$w(x) = A_1 \, \sin\left(\frac{\pi x}{l}\right) \, , \tag{8.27}$$

deren Amplitude A_1 unbestimmt bleibt. Wenn wir wissen möchten, wie weit die Struktur ausknickt, dürfen wir die Berechnungen nicht mit einer Theorie zweiter Ordnung, die auf kleine Auslenkungen beschränkt ist und Linearisierungen zulässt,

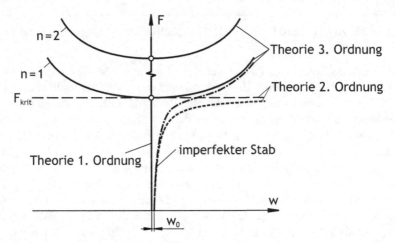

Abb. 8.6 Druckkraft-Auslenkungs-Diagramm einer stabförmigen Struktur unter Druckbelastung

durchführen. Wir müssen eine Theorie höherer Ordnung (vgl. Abb. 8.6), die nicht auf kleine Auslenkungen beschränkt ist und bei der nicht linearisiert wird, anwenden.

Wie wir aus der Lösung erkennen, ist für alle Druckkräfte $F < F_{krit}$ nur die triviale Lösung - also die seitlich nicht ausgelenkte Lage der Struktur - als stabile Gleichgewichtslage möglich. Den Übergang von der stabilen zur indifferenten Gleichgewichtslage mit $F = F_{krit}$ stellt im Druckkraft-Auslenkungs-Diagramm (vgl. Abb. 8.6) der *Verzweigungspunkt* für $n = 1$ dar. Neben dem Verzweigungspunkt und den zugehörigen Ästen für $n = 1$ sind auch der Verzweigungspunkt sowie die Äste für $n = 2$ dargestellt. Der Weg vom ersten zum nächsthöheren Verzweigungspunkt ist allerdings labil. Bereits eine sehr kleine Störung lässt die Struktur seitlich auslenken und sich zu den seitlichen Ästen des ersten Verzweigungspunktes bewegen. Damit wird eine benachbarte stabile Gleichgewichtslage erreicht.

Da nach der Theorie zweiter Ordnung die Amplitude der Auslenkung unbestimmt bleibt, erhalten wir eine horizontale Gerade durch den Verzweigungspunkt für $n = 1$. Es ist auch unbestimmt, ob die Struktur nach links oder rechts knickt. Die grafische Darstellung unserer Lösung verzweigt also in diesem Punkt in einen horizontalen und einen vertikalen Lösungspfad. Bei Rechnung gemäß der Theorie dritter Ordnung können wir einen Zusammenhang zwischen überkritischer Druckkraft und Auslenkung darstellen. Daher ergibt sich dann keine Gerade.

Beachten müssen wir allerdings, dass hier ein modellhaftes, ideales Bauteil analysiert wird. Reale Strukturen sind hinsichtlich Lagerung, Lasteinleitung, Geometrie und Material imperfekt. Daher wird der Stabilitätsverlust einer realen Struktur immer bei einem Lastniveau unterhalb von $F = F_{krit}$ auftreten und die seitliche Auslenkung erfolgt sehr viel eher.

Entscheidend für die Auslenkungsform stabförmiger Strukturen, die auch *Knickform* genannt wird, und für die kritische Knickkraft sind die Randbedingungen. Je steifer eine Struktur gelagert ist, je mehr also ihre möglichen Verformungen be-

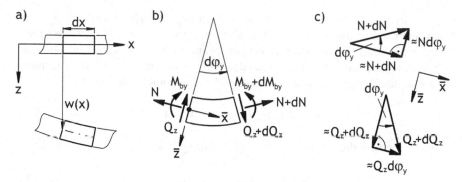

Abb. 8.7 a) Differentielles Balkenelement der Länge $\mathrm{d}x$, b) Schnittgrößen am differentiellen Balkenelement und c) Zerlegung von Normal- und Querkraft in jeweils zwei Komponenten

hindert werden, desto höher ist die kritische Last, falls alle anderen Material- und Querschnittsparameter unverändert bleiben.

Mit der Differentialgleichung (8.21) und der allgemeinen Lösung nach Gl. (8.22) können wir nur das Knicken beidseitig gelenkig gelagerter stabförmiger Bauteile beschreiben. Wir wollen uns nun mit der Bestimmung kritischer Drucklasten bei beliebiger Lagerung befassen. Dazu tragen wir am ausgeknickten differentiellen Stab- bzw. Balkenelement gemäß Abb. 8.7a) die Schnittgrößen an beiden Schnittufern an (vgl. Abb. 8.7b)). Zwischen den beiden Schnittufern ergibt sich jeweils ein differentieller Zuwachs der Schnittgrößen.

Bei der Normalkraft sowie der Querkraft müssen wir außerdem einen Unterschied in den Richtungen der Schnittkräfte an beiden Schnittufern beachten. Daher zerlegen wir beide Schnittkräfte am rechten Schnittufer in zwei Komponenten. Dies ist in Abb. 8.7c) veranschaulicht. Beschränken wir uns gemäß Theorie zweiter Ordnung wieder auf kleine Verformungen, ist der Biegewinkel $w'(x) = -\varphi_y$ klein. Die Länge des verformten Elementes entspricht näherungsweise der Länge des unverformten Elementes. Am verformten Element lauten die Gleichgewichtsbeziehungen dann

$$\sum_i M_{iy} = 0 \quad \Leftrightarrow \quad 0 = \mathrm{d}M_{by} - Q_z \, \mathrm{d}x \, , \tag{8.28}$$

$$\sum_i F_{i\bar{x}} = 0 \quad \Leftrightarrow \quad 0 = \mathrm{d}N - Q_z \, \mathrm{d}w'(x) \, , \tag{8.29}$$

$$\sum_i F_{i\bar{z}} = 0 \quad \Leftrightarrow \quad 0 = \mathrm{d}Q_z + N \, \mathrm{d}w'(x) \, . \tag{8.30}$$

Drücken wir jetzt in Gl. (8.28) die Querkraft Q_z durch Gl. (8.29) aus, erhalten wir mit der Differentialgleichung der Biegelinie zweiter Ordnung gemäß Gl. (3.76)

$$\frac{\mathrm{d}N}{\mathrm{d}x} = -\frac{\mathrm{d}M_{by}}{\mathrm{d}x}\frac{\mathrm{d}w'(x)}{\mathrm{d}x} \quad \Leftrightarrow \quad \frac{\mathrm{d}N}{\mathrm{d}x} = -\frac{\mathrm{d}}{\mathrm{d}x}\left(EI_y \frac{\mathrm{d}w'(x)}{\mathrm{d}x}\right)\frac{\mathrm{d}w'(x)}{\mathrm{d}x} \, . \tag{8.31}$$

Der Ausdruck auf der rechten Seite dieser Gleichung ist von höherer Ordnung klein. Wir können ihn vernachlässigen und erhalten $\frac{dN}{dx} = 0$. Da wir nur konstante Druckkräfte F als Belastung der Struktur betrachten, muss $N = -F$ sein. Eine Differentialgleichung vierter Ordnung folgt aus den Gln. (8.30) und (3.76) unter Beachtung des Zusammenhangs zwischen Querkraft und Biegemoment nach Gl. (2.7)

$$0 = \left(EI_y \, w''(x) \right)'' + F \, w''(x) \; . \tag{8.32}$$

Führen wir erneut die Abkürzung $\varsigma^2 = \frac{F}{EI_y}$ ein, ergibt sich

$$0 = w^{(IV)}(x) + \varsigma^2 \, w''(x) \; . \tag{8.33}$$

Die allgemeine Lösung dieser homogenen Differentialgleichung ist

$$w(x) = A_1 \sin(\varsigma \, x) + A_2 \cos(\varsigma \, x) + A_3 \, \varsigma \, x + A_4 \; . \tag{8.34}$$

Die vier Integrationskonstanten A_1 bis A_4 müssen wir wieder über Randbedingungen bestimmen. Wenn wir uns dabei auf typische Lagerungsformen beschränken, können wir insgesamt vier Grundfälle angeben, denen wir jeweils eine kritische Last zuordnen. Diese Grundfälle werden als *Euler-Fälle* bezeichnet. In Tab. 8.1 sind die Randbedingungen der vier Euler-Fälle sowie die zugehörige Knickform dargestellt.

Mit Einführung des *Eulerschen Knickbeiwertes* k_E können wir die vier Grundfälle bzgl. der Knicklast zusammenfassen und erhalten einen sehr einfachen Ausdruck für die kritische Last

$$F_{\text{krit}} = k_E \, \frac{\pi^2 \, EI}{l^2} \; . \tag{8.35}$$

Bezeichnen wir die Länge l_0 zwischen zwei Punkten in der jeweiligen Knickform, in denen jeweils die zweite Ableitung der Biegelinie, d. h. $w''(x)$ verschwindet, als *freie Knicklänge*, so kann die Eulersche Knicklast unabhängig vom Knickbeiwert k_E formuliert werden. Dann erhalten wir die kritische Last aus

$$F_{\text{krit}} = \frac{\pi^2 \, EI}{l_0^2} \; . \tag{8.36}$$

Der Wert von l_0 für die jeweilige Knickform kann ebenfalls Tab. 8.1 entnommen werden.

In Gl. (8.35) ist I das kleinste Hauptträgheitsmoment der stabförmigen Struktur, wobei wir voraussetzen, dass die Lagerung um die y- und z-Achse gleich ausgeführt ist. Trifft dies nicht zu, müssen wir für beide Achsen jeweils verschiedene Euler-Fälle untersuchen. Entscheidend für die kritische Last ist dann das kleinere Produkt aus Knickbeiwert und Flächenträgheitsmoment. Ein typisches Beispiel hierfür ist eine Gabellagerung. Sie entspricht um eine Achse einer gelenkigen Lagerung. Dadurch ist zwar die Verschiebung verhindert, ein Biegewinkel kann sich

Tab. 8.1 Die vier Euler-Fälle des Biegeknickens stabförmiger Strukturen

Euler-Fall	I	II	III	IV
Lagerung				
k_E	$1/4$	1	$2,04$	4
Knickform	$\dfrac{l_0}{2}$	l_0	l_0	l_0
l_0	$2l$	l	$l/1,43$	$l/2$

aber einstellen. Um die andere - steifere - Achse liegt im Prinzip eine Einspannung vor, da lokal auch der Biegewinkel verhindert ist.

Beispiel 8.1 Die Stößelstange der Ventilsteuerung eines Dieselmotors gemäß Abb. 8.8 wird durch eine Kraft von maximal $F = 1$ kN belastet.

Abb. 8.8 Stößelstangenmodell der Ventilsteuerung eines Dieselmotors

Gegeben Stößelstangenlänge $l = 460$ mm; Elastizitätsmodul $E = 2{,}06 \cdot 10^5$ MPa; Stößelkraft $F = 1$ kN; maximal zulässige Druckspannung $\sigma_{zul} = 30$ MPa

Gesucht Bemessen Sie die Stößelstange, die zur Gewichtsoptimierung als Rohr ausgeführt werden soll, so, dass die maximale Druckspannung nicht überschritten wird und eine dreifache Knicksicherheit S_K vorliegt.

Lösung Da die Stößelstange als Rohr ausgeführt werden soll, müssen wir ihren Innendurchmesser d_i und ihren Außendurchmesser d_a bestimmen. Das Verhältnis der beiden Durchmesser ist noch nicht festgelegt. Folglich benötigen wir insgesamt zwei Bestimmungsgleichungen für die beiden unbekannten Größen.

Zunächst verwenden wir die Stabilitätsbeziehung gemäß Gl. (8.35). Den maximal zulässigen Wert der Druckkraft legen wir mit $F_{\mathrm{zul}} = F_{\mathrm{krit}}$ fest. Für den Eulerschen Knickbeiwert setzen wir laut Tab. 8.1 $k_E = 1$ ein, da die skizzierte Lagerung als beidseitig gelenkig betrachtet werden kann. Unter Berücksichtigung der Knicksicherheit S_K und der maximal vorhandenen Kraft $F_{\mathrm{vor}} = F$ folgt als Grenzwert

$$
S_K = \frac{F_{\mathrm{zul}}}{F_{\mathrm{vor}}} \qquad \Rightarrow \qquad S_K = \frac{\pi^2 \, EI}{F \, l^2} \; .
$$

Bei Verwendung der gegebenen Größen erhalten wir aus

$$
I = \frac{F \, S_K \, l^2}{\pi^2 \, E}
$$

das mindestens erforderliche Flächenträgheitsmoment $I_{\mathrm{erf}} = 312,23 \, \mathrm{mm}^4$. Da die Stößelstange als Rohr ausgeführt werden soll, muss dieser Wert dem Flächenträgheitsmoment eines Kreisrings $I = \frac{\pi}{64} \left(d_a^4 - d_i^4 \right)$ entsprechen.

Allerdings sind in dieser Gleichung noch zwei unbekannte Durchmesser enthalten. Deshalb nutzen wir Gl. (2.14) als weitere Beziehung. Unter Verwendung von $|\sigma| = \sigma_{\mathrm{zul}}$ und $N = -F$ folgt nach Umstellung nach der Querschnittsfläche

$$
A = \frac{F}{\sigma_{\mathrm{zul}}} \; .
$$

Die mindestens erforderliche Querschnittsfläche beträgt damit $A_{\mathrm{erf}} = 33,33 \, \mathrm{mm}^2$ und kann ebenfalls als Funktion der gesuchten Durchmesser ausgedrückt werden. Es gilt $A = \frac{\pi}{4} \left(d_a^2 - d_i^2 \right)$.

Damit verfügen wir über zwei Beziehungen für die beiden unbekannten Durchmesser und können diese unter Verwendung der mindestens erforderlichen Werte für die Querschnittsfläche und das Flächenträgheitsmoment bestimmen.

Wir errechnen schließlich für den Außendurchmesser $d_a = 9,8 \, \mathrm{mm}$ und für den Innendurchmesser $d_i = 7,3 \, \mathrm{mm}$.

8.2.2 Biegeknicken imperfekter Strukturen

Bereits im Unterabschnitt 8.2.1 haben wir festgestellt, dass die seitliche Auslenkung und das Knicken bei realen Balkenstrukturen sehr viel eher als bei perfekten Strukturen einsetzt (vgl. Abb. 8.6). Eine oftmals auftretende Imperfektion ist die exzentrische Lasteinleitung. Wir wollen uns daher mit dem Einfluss der Exzentrizität auf das Knickverhalten befassen. Dazu betrachten wir beispielhaft die einseitig ein-

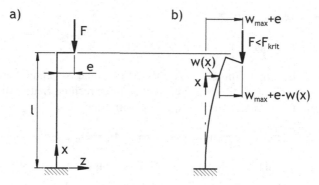

Abb. 8.9 a) Exzentrisch auf Druck belastete stabförmige Struktur und b) ausgeknickte, exzentrisch belastete Struktur

gespannte Struktur aus Abb. 8.9a). Zur Analyse verwenden wir wieder die Theorie zweiter Ordnung. Dann sind Linearisierungen möglich.

Die stabförmige Struktur entspricht hinsichtlich der Randbedingungen dem ersten Euler-Fall nach Tab. 8.1. Mit Hilfe eines starren Anschlusses ist jedoch die Wirkungslinie der Druckkraft F um das Maß e gegenüber der Längsachse versetzt. Die Kraft wird daher exzentrisch eingeleitet. Das sich in der Struktur einstellende Biegemoment $M_{by}(x)$ an einer beliebigen Stelle x hängt also von der Auslenkung $w(x)$ und der Exzentrizität e (vgl. Abb. 8.9b)) ab

$$\sum_i M_{iy} = 0 \quad \Leftrightarrow \quad M_{by}(x) = -F(w_{max} + e - w(x)) . \tag{8.37}$$

Dabei stellt w_{max} die noch unbekannte maximale Auslenkung am Strukturende dar. Das maximale Biegemoment erhalten wir erwartungsgemäß bei $x = 0$ an der Einspannung.

Unter Verwendung der Differentialgleichung der Biegelinie zweiter Ordnung (3.76) folgt mit $M_{by}(x) = -EI_y\, w''(x)$ die inhomogene Differentialgleichung

$$w''(x) + \frac{F}{EI_y}\, w(x) = \frac{F}{EI_y}\,(w_{max} + e) . \tag{8.38}$$

Mit der bereits bekannten Abkürzung $\varsigma^2 = \frac{F}{EI_y}$ wird dies zu

$$w''(x) + \varsigma^2 w(x) = \varsigma^2 (w_{max} + e) . \tag{8.39}$$

Eine Lösung dieser inhomogenen Differentialgleichung erhalten wir durch Überlagerung der Lösung der homogenen Differentialgleichung $w_h(x)$ mit einer partikulären Lösung w_p

$$w(x) = w_h(x) + w_p . \tag{8.40}$$

Die allgemeine Lösung der homogenen Differentialgleichung

$$w''(x) + \varsigma^2 w(x) = 0 \tag{8.41}$$

kennen wir bereits aus Gl. (8.22)

$$w_h(x) = A_1 \sin(\varsigma x) + A_2 \cos(\varsigma x) . \tag{8.42}$$

Eine partikuläre Lösung ist mit einem Ansatz in Form eines sogenannten Störgliedes möglich. Als Störglied wählen wir entsprechend der rechten Seite von Gl. (8.39) eine Konstante A_3. Mit dem Ansatz $w_p = A_3$ ergibt sich

$$\varsigma^2 A_3 = \varsigma^2 (w_{max} + e) \quad \Leftrightarrow \quad A_3 = w_{max} + e . \tag{8.43}$$

Die allgemeine Lösung der inhomogenen Differentialgleichung (8.39) wird daher

$$w(x) = A_1 \sin(\varsigma x) + A_2 \cos(\varsigma x) + w_{max} + e . \tag{8.44}$$

Die noch unbekannte maximale Auslenkung w_{max} sowie die beiden Integrationskonstanten A_1 und A_2 müssen wir über Randbedingungen bestimmen. An der Einspannung kann es keine Verschiebung $w(x)$ und keinen Biegewinkel $w'(x)$ geben. Wir erhalten also zwei Gleichungen für zwei unbekannte Konstanten

$$w(x = 0) = 0 \qquad \Rightarrow \qquad A_2 = -w_{max} - e , \tag{8.45}$$
$$w'(x = 0) = 0 \qquad \Rightarrow \qquad A_1 \varsigma = 0 . \tag{8.46}$$

Schließen wir in Gl. (8.46) die triviale Lösung $\varsigma = 0$ aus, können wir die Integrationskonstante zu $A_1 = 0$ bestimmen. Damit wird

$$w(x) = (w_{max} + e)(1 - \cos(\varsigma x)) . \tag{8.47}$$

Am Strukturende entspricht die Auslenkung $w(x = l)$ gerade der maximalen Auslenkung w_{max}. Somit können wir über Gl. (8.47) die maximale Auslenkung angeben

$$w_{max} = e \, \frac{1 - \cos(\varsigma l)}{\cos(\varsigma l)} . \tag{8.48}$$

Setzen wir diesen Ausdruck in Gl. (8.47) ein, können wir die Auslenkung in Abhängigkeit von ς und der Exzentrizität e bestimmen

$$w(x) = e \, \frac{1 - \cos(\varsigma x)}{\cos(\varsigma l)} . \tag{8.49}$$

Die Auslenkung und ihr maximaler Wert streben gegen unendlich, sobald der Ausdruck ςl sich dem Wert $\frac{\pi}{2}$ nähert, da $\cos \frac{\pi}{2} = 0$ ist. Für $\varsigma l = \frac{\pi}{2}$ ergibt sich die kritische Last des ersten Euler-Falls

$$\varsigma^2 = \frac{\pi^2}{4\,l^2} = \frac{F}{EI_y} \quad \Leftrightarrow \quad F_{krit} = \frac{\pi^2 EI_y}{4\,l^2} . \tag{8.50}$$

Gl. (8.48) benutzen wir jetzt zur grafischen Veranschaulichung des Einflusses der Exzentrizität auf die maximale Auslenkung der knickenden Struktur. Allgemein ist

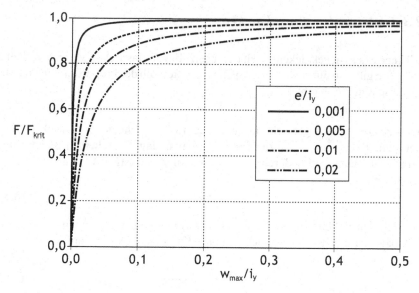

Abb. 8.10 Dimensionslose Auslenkung einer exzentrisch auf Druck belasteten stabförmigen Struktur

es üblich, dieses Schaubild dimensionslos zu gestalten. Wir setzen dafür zunächst

$$\varsigma\, l = \sqrt{\frac{F}{EI_y}}\, l = \sqrt{\frac{F\, l^2}{EI_y}} \quad \Leftrightarrow \quad \varsigma\, l = \frac{\pi}{2} \sqrt{\frac{F}{F_{krit}}} \tag{8.51}$$

ein. Anschließend beziehen wir Gl. (8.48) auf den Trägheitsradius nach Gl. (3.36) Damit haben wir nun die dimensionslose Gleichung

$$\frac{w_{max}}{i_y} = \frac{e}{i_y}\, \frac{1 - \cos\left(\frac{\pi}{2}\sqrt{\frac{F}{F_{krit}}}\right)}{\cos\left(\frac{\pi}{2}\sqrt{\frac{F}{F_{krit}}}\right)} \tag{8.52}$$

zur Verfügung, um $\frac{F}{F_{krit}}$ als Funktion von $\frac{w_{max}}{i_y}$ darzustellen.

Aus Abb. 8.10 ist diese Funktion für unterschiedliche dimensionslose Exzentrizitäten e/i_y entnehmbar. Wie wir erkennen können, wird die maximale Auslenkung am Strukturende mit zunehmender Exzentrizität immer größer. Alle Lösungen streben für große Auslenkungen gegen die horizontale Gerade durch den Verzweigungspunkt bei $F = F_{krit}$. Man spricht in diesem Zusammenhang auch von einer Annäherung von der unsicheren Seite, da wir uns immer von unten an die horizontale Gerade annähern. Die Knicklast der imperfekten - und damit realen - Struktur ist immer niedriger als die einer perfekten Struktur.

8.2.3 Inelastisches Biegeknicken

Die Theorie des Biegeknickens nach Euler setzt linear-elastisches Materialverhalten voraus. Sie gilt also nur, solange die Spannung unterhalb der Proportionalitätsgrenze (vgl. Abschnitt 2.6) bleibt

$$\sigma \le \sigma_P \ . \tag{8.53}$$

Für kurze bzw. gedrungene Strukturen besteht die Gefahr des Ausknickens nach Euler nicht. Bei ihnen darf die zulässige Druckspannung nicht überschritten werden. Vielfach setzt man die Fließgrenze σ_F als maximal zulässigen Wert an. Allgemein fordern wir also

$$\sigma = \frac{F}{A} \le \sigma_{\text{zul}} \ . \tag{8.54}$$

Um beurteilen zu können, welche Versagensform vorliegt, rechnen wir die kritische Kraft, bei der Euler-Knicken einsetzt, in eine *Knickspannung* σ_K um

$$\sigma_K = \frac{F_{\text{krit}}}{A} = k_E \frac{\pi^2\, E I}{l^2\, A} \ . \tag{8.55}$$

Da das Versagen infolge einer Druckkraft wesentlich von der Bauteilgeometrie und insbesondere von der Schlankheit der Struktur abhängt, verwenden wir den Schlankheitsgrad λ nach Gl. (5.118). Die Knickspannung können wir jetzt in der Form

$$\sigma_K = k_E \frac{\pi^2\, E}{\lambda^2} \tag{8.56}$$

darstellen. Sie entspricht der kritischen Spannung einer ausknickenden stabförmigen Struktur im linear-elastischen Bereich. Den Verlauf dieser Spannung in Ab-

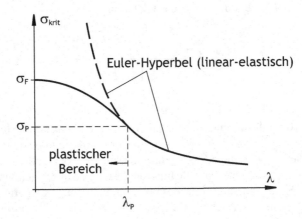

Abb. 8.11 Knickspannungs-Diagramm

hängigkeit vom Schlankheitsgrad beschreibt die Hyperbelfunktion $\sigma_K = f(\lambda)$ in Abb. 8.11. Wir bezeichnen sie auch als *Euler-Hyperbel* und die entsprechende Darstellung als *Knickspannungs-Diagramm*.

Der Wert $\lambda = \lambda_P$, für den $\sigma_K = \sigma_P$ wird, heißt *Grenzschlankheitsgrad*

$$\lambda_P = \pi \sqrt{\frac{E}{\sigma_P}} \, . \tag{8.57}$$

Damit können wir abschätzen, ob das Material sich im Knickfall noch linear-elastisch verhält. Bei gedrungenen Strukturen ist $\lambda < \lambda_P$. Die Knickspannungen liegen bereits im plastischen Bereich und können daher nicht mit Hilfe der Euler-Hyperbel bestimmt werden.

Für den Übergangsbereich vom Fließen in das elastische Knicken existieren unterschiedliche modellhafte Vorstellungen. Im Leichtbau wird häufig auf ein Modell nach Friedrich Engesser (1848-1931, deutscher Bauingenieur) und Theodore von Kármán (1881-1963, ungarischer Physiker) zurückgegriffen. Dabei wird der Einfluss der Plastizität durch einen reduzierten Elastizitätsmodul, den sogenannten *Knickmodul E_K*, berücksichtigt. Er wird auch als *Kármánscher Elastizitätsmodul* bezeichnet. Abhängig von der Querschnittsform der Struktur, von den Materialeigenschaften sowie dem Lastniveau stellt er eine über den Querschnitt gemittelte Größe dar. Der tatsächliche Elastizitätsmodul ist im ausgeknickten Zustand nicht mehr konstant. Den im unterkritischen Zustand über den Querschnitt konstanten Dehnungen (vgl. Abb. 8.12a)) werden unmittelbar nach Überschreiten der kritischen Last linear veränderliche Dehnungen infolge der einsetzenden Biegung

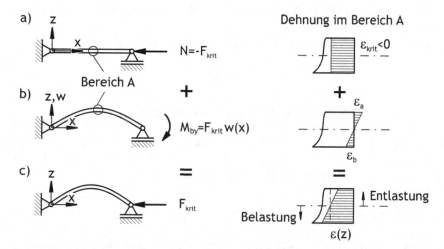

Abb. 8.12 a) Konstante Dehnung infolge der Druckbelastung beim Erreichen der kritischen Last, b) überlagerte Dehnung infolge der Biegung unmittelbar nach Überschreiten der kritischen Last und c) resultierende Dehnung in einer druckbelasteten stabförmigen Struktur

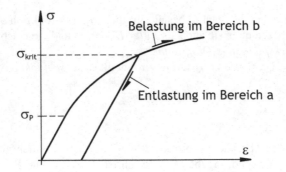

Abb. 8.13 Spannungs-Dehnungskurve mit kritischer Spannung oberhalb der Proportionalitätsgrenze

(vgl. Abb. 8.12b)) überlagert. Im Zugbereich (Außenseite = a) entlasten sie die Struktur, während im Druckbereich (Innenseite = b) eine weitere Belastung auftritt.

Befindet sich die aus der kritischen Last F_{krit} resultierende kritische Spannung σ_{krit} oberhalb der Proportionalitätsgrenze, ist das Materialverhalten in den nach Abb. 8.12c) be- bzw. entlasteten Bereichen unterschiedlich. Die zusätzliche Belastung ist mit einem verringerten Anstieg der Spannungs-Dehnungskurve verbunden (vgl. Abb. 8.13). Dieser wird durch die Tangente an die Spannungs-Dehnungskurve bei $\sigma = \sigma_{\mathrm{krit}}$ beschrieben und heißt *Tangentenmodul E_T*.

Die Entlastung erfolgt immer parallel zum Anstieg der Spannungs-Dehnungskurve im elastischen Bereich. Sie ist also mit dem Elastizitätsmodul E verbunden. Damit erhalten wir die in Abb. 8.14 dargestellte Spannungsverteilung im Querschnitt infolge des Biegeanteils.

Aus dem Strahlensatz resultiert die geometrische Beziehung

$$\frac{\varepsilon_a}{a} = \frac{\varepsilon_b}{b} . \tag{8.58}$$

Dieser Ausdruck entspricht gleichzeitig der Krümmung $\frac{1}{\rho}$.

Den Querschnitt der Struktur zerlegen wir jetzt gedanklich in die beiden Bereiche A_1 und A_2. Diese können wir mit den Koordinaten z_1 bzw. z_2 und den zugehörigen Breiten beschreiben. Wenn wir mit σ_a und σ_b die Spannungen an den Rändern bezeichnen, muss in den beiden Querschnittsbereichen gelten

$$\sigma_1 = \sigma_a \frac{z_1}{a} = E\,\varepsilon_a \frac{z_1}{a} , \qquad (8.59) \qquad \sigma_2 = \sigma_b \frac{z_2}{b} = E_T\,\varepsilon_b \frac{z_2}{b} . \qquad (8.60)$$

Da die zusätzlichen Spannungen infolge der Biegung keine resultierende Längskraft zur Folge haben dürfen, gilt

$$\int_{A_1} \sigma_1 \, dA_1 = \int_{A_2} \sigma_2 \, dA_2 . \tag{8.61}$$

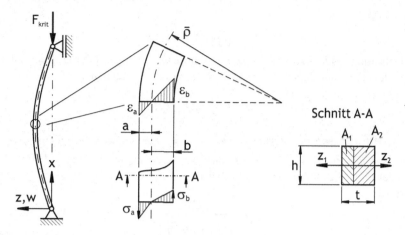

Abb. 8.14 Spannungs- und Dehnungsverteilung infolge des Biegeanteils in einer ausgeknickten stabförmigen Struktur

Setzen wir in Gl. (8.61) die Gln. (8.59) und (8.60) ein, folgt

$$E \frac{\varepsilon_a}{a} \int_{A_1} z_1 \, dA_1 = E_T \frac{\varepsilon_b}{b} \int_{A_2} z_2 \, dA_2 \, . \tag{8.62}$$

Mit den durch Gl. (3.31) eingeführten Statischen Momenten $S_{y1} = \int_{A_1} z_1 \, dA_1$ und $S_{y2} = \int_{A_2} z_2 \, dA_2$ erhalten wir eine Definition der Spannungsnulllinie. Für sie muss gelten

$$E \, S_{y1} = E_T \, S_{y2} \, . \tag{8.63}$$

Das äußere Moment $M_{by} = F_{\text{krit}} \, w\,(x)$ steht mit den inneren Momenten im Gleichgewicht

$$F_{\text{krit}} \, w\,(x) = \int_{A_1} \sigma_1 \, z_1 \, dA_1 + \int_{A_2} \sigma_2 \, z_2 \, dA_2 \, . \tag{8.64}$$

Berücksichtigen wir jetzt die Gln. (8.58) bis (8.60) in der vorherigen Beziehung, folgt

$$F_{\text{krit}} \, w\,(x) = \frac{E}{\bar{\rho}} \int_{A_1} z_1^2 \, dA_1 + \frac{E_T}{\bar{\rho}} \int_{A_2} z_2^2 \, dA_2 \, . \tag{8.65}$$

Die in dieser Gleichung enthaltenen Integrale können wir als Flächenträgheitsmomente der Teilflächen A_1 und A_2 mit Bezug auf die Spannungsnulllinie interpretieren

$$I_{y1} = \int_{A_1} z_1^2 \, dA_1 \, , \qquad (8.66) \qquad I_{y2} = \int_{A_2} z_2^2 \, dA_2 \, . \qquad (8.67)$$

Für die in Abb. 8.14 dargestellte Verformungsfigur ergibt sich aus der Funktion $w\,(x)$ eine negative Krümmung. Wir formulieren daher mit $\frac{1}{\bar{\rho}} = -w''\,(x)$ Gl. (8.65) als

$$F_{\text{krit}}\, w\,(x) = -\left(E\, I_{y1} + E_T\, I_{y2}\right)\, w''\,(x) \ . \tag{8.68}$$

Zur Definition des *Knickmoduls* setzen wir diese Gleichung mit der Differentialgleichung der Biegelinie $F_{\text{krit}}\, w\,(x) = M_{by} = -E_K\, I_y\, w''\,(x)$ gleich

$$E_K = \frac{E\, I_{y1} + E_T\, I_{y2}}{I_y} \ . \tag{8.69}$$

Dabei ist I_y das Flächenträgheitsmoment des gesamten Querschnitts. Unter Verwendung der Gln. (8.66) und (8.67) wird beispielsweise der Knickmodul eines Rechteckprofils

$$E_K = \frac{4\, E\, E_T}{\left(\sqrt{E} + \sqrt{E_T}\right)^2} \ . \tag{8.70}$$

Da der Knickmodul in erster Linie vom verwendeten Werkstoff und nur in geringem Maße von der Querschnittsgeometrie abhängt, wird Gl. (8.70) üblicherweise als Näherung für alle kompakten Querschnitte verwendet. Selbst bei einem I-Profil ist der Knickmodul mit

$$E_K = \frac{2\, E\, E_T}{E + E_T} \tag{8.71}$$

dem Knickmodul des Rechteckprofils noch sehr ähnlich. In Abb. 8.15 sind der Knickmodul eines Rechteckprofils und eines I-Profils als Funktion des Tangentenmoduls dargestellt. Dabei ist für beide Achsen durch Bezug auf den Elastizitätsmo-

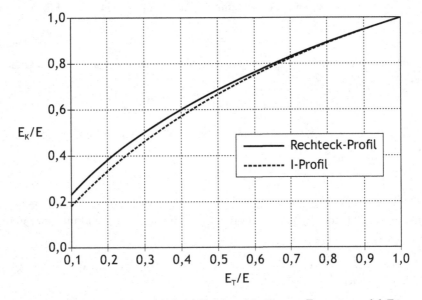

Abb. 8.15 Dimensionslose Abhängigkeit des Knickmoduls E_K vom Tangentenmodul E_T

dul im linear-elastischen Bereich eine dimensionslose Darstellung gewählt. Deutlich erkennbar ist die geringe Geometrieabhängigkeit.

Besonders im Flugzeugbau wird oftmals der vereinfachende Ansatz $E_K = E_T$ gewählt. Weil wir damit einen geringeren Knickmodul als den aus den Gln. (8.70) und (8.71) resultierenden Modul verwenden, sprechen wir in diesem Fall von einem konservativen Ansatz.

Gl. (8.35) bzw. (8.56) geht, wenn wir den Knickmodul statt des Elastizitätsmoduls nutzen, über in

$$F_{\text{krit}} = k_E \, \frac{\pi^2 E_K I}{l^2} \, , \qquad (8.72) \qquad \qquad \sigma_K = k_E \, \frac{\pi^2 E_K}{\lambda^2} \, . \qquad (8.73)$$

8.2.4 Drillknicken und Biegedrillknicken

Neben dem in den vorherigen Unterabschnitten behandelten Biegeknicken kann bei druckbelasteten stabartigen Strukturen ein weiteres Stabilitätsproblem auftreten. Besonders bei dünnwandigen offen Profilen ist neben der Biegung um beide Hauptachsen eine überlagerte Verdrehung des Profils um die Längsachse oder eine zu ihr parallele Achse zu beobachten. Sind diese Stabilitätsfälle voneinander unabhängig, ist jeder der Fälle mit einer kritischen Last verbunden. Die niedrigste Last bestimmt die Knickform. Den Stabilitätsfall des Verdrehens des Profils nennen wir *Drillknicken*.

Bei einigen Profilen lassen sich das Biegeknicken und das Drillknicken nicht entkoppeln. Sie treten immer gemeinsam auf. Dann sprechen wir vom *Biegedrillknicken*.

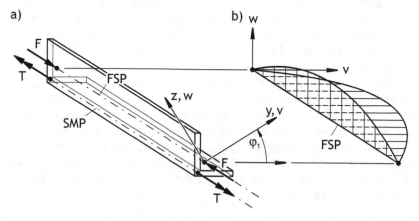

Abb. 8.16 a) L-Profil unter Druckbelastung im Flächenschwerpunkt FSP und b) Biegeverformungen v und w des L-Profils in Richtung der Hauptachsen y und z

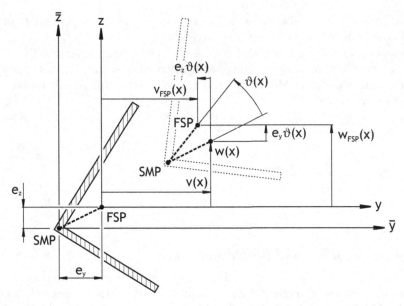

Abb. 8.17 Verschiebung von Flächenschwerpunkt (FSP) und Schubmittelpunkt (SMP) beim Biegedrillknicken

Eine Abschätzung, welche Form des Stabilitätsverlustes vorliegt, können wir zumindest für beidseitig gelenkig gelagerte Profile vornehmen. Dazu betrachten wir erneut die Struktur nach Abb. 8.5a). Als Querschnitt wählen wir ein L-Profil gemäß Abb. 8.16a). Dieses Profil wird im Flächenschwerpunkt FSP durch die Kraft F belastet. Um den Schubmittelpunkt SMP ist eine Verdrehung ungehindert möglich. Wir bezeichnen hier mit y und z die Hauptachsen des Profils.

Im unterkritischen Zustand führt die Druckkraft lediglich zu einer Stauchung des Profils. Erreicht die Kraft jedoch einen kritischen Wert, wird das Profil ausknicken. Das entspricht einer Biegeverformung, wie sie in Abb. 8.16b) dargestellt ist. Wenn wir diese Verformung berücksichtigen, ruft die Druckkraft F ein von x abhängiges Torsionsmoment $T(x)$ um den Schubmittelpunkt hervor. Neben den Auslenkungen $v(x)$ infolge der Biegung um die z-Achse und $w(x)$ infolge der Biegung um die y-Achse müssen wir folglich eine Verdrehung $\vartheta(x)$ um die x-Achse betrachten.

Zur Ableitung kritischer Lasten beginnen wir mit Gl. (8.20), wobei wir berücksichtigen müssen, dass die Verschiebung des Flächenschwerpunktes $w_{FSP}(x)$ bzw. $v_{FSP}(x)$ von der Auslenkung infolge des reinen Biegeknickens und der Verdrehung abhängt. Diese zwei Anteile können wir aus Abb. 8.17 entnehmen. Für kleine Winkel $\vartheta(x)$ können wir den Anteil, der aus der Verdrehung resultiert, als $e_y \vartheta(x)$ bzw. $e_z \vartheta(x)$ angeben und erhalten

$$w_{FSP}(x) = w(x) + e_y \vartheta(x) \ , \quad (8.74) \qquad v_{FSP}(x) = v(x) - e_z \vartheta(x) \ . \quad (8.75)$$

Daraus folgt für das Knicken um die y-Achse bzw. in z-Richtung

$$0 = EI_y\, w''\,(x) + F\left(w\,(x) + e_y\,\vartheta\,(x)\right) \tag{8.76}$$

und für das Knicken um die z-Achse bzw. in y-Richtung

$$0 = EI_z\, v''\,(x) + F\left(v\,(x) - e_z\,\vartheta\,(x)\right)\ . \tag{8.77}$$

Eine weitere Differentialgleichung ermitteln wir über die Änderung des Torsionsmomentes T entlang der x-Achse. Wir leiten dazu Gl. (4.110), die eine Differentialgleichung dritter Ordnung darstellt, erneut nach x ab. Das liefert uns eine allgemeine Differentialgleichung vierter Ordnung

$$T'\,(x) = G\,I_T\,\vartheta'' - E\,C_T\,\vartheta^{(IV)}\ . \tag{8.78}$$

Dieses auf eine Länge bezogene Torsionsmoment $T'\,(x)$ stellt sich als Folge der Druckkraft F nach Erreichen eines kritischen Wertes ein. Für die Ermittlung von $T'\,(x)$ betrachten wir ein infinitesimales Element der Länge dx gemäß Abb. 8.18.

Die in Abb. 8.18 enthaltenen Kraftkomponenten dF_z und dF_y stellen sich aufgrund der Krümmungen v'' bzw. w'' des ausgeknickten Profils in Abhängigkeit von der Druckkraft F ein. Sie werden Abtriebskräfte genannt und halten den einzig angenommenen Normalspannungen das Gleichgewicht. Diesen Zusammenhang wollen wir beispielhaft für dF_y mit Hilfe von Abb. 8.19 untersuchen.

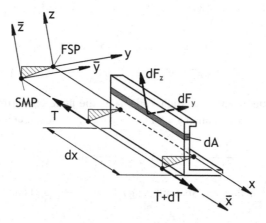

Abb. 8.18 Infinitesimales Profilelement der Länge dx mit den Kraftkomponenten dF_z und dF_y

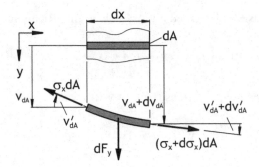

Abb. 8.19 Zusammenhang zwischen der Kraftkomponente dF_y und den Druckspannungen σ_x im ausgeknickten Profil

Wir bilden die Summe aller Kräfte in y-Richtung

$$\sum_i F_{iy} = 0 \Leftrightarrow 0 = dF_y - \sigma_x \, dA \, \sin v'_{dA} + (\sigma_x + d\sigma_x) \, dA \, \sin (v'_{dA} + dv'_{dA}) \, . \quad (8.79)$$

Wenn wir diese Gleichung nach dF_y umstellen und linearisieren, vereinfacht sie sich zu

$$dF_y = \sigma_x \, dA \, v'_{dA} - \sigma_x \, dA \left(v'_{dA} + dv'_{dA} \right) - d\sigma_x \, dA \left(v'_{dA} + dv'_{dA} \right) \quad (8.80)$$

und wird damit

$$dF_y = -\sigma_x \, dA \, dv'_{dA} - d\sigma_x \, dA \, v'_{dA} - d\sigma_x \, dA \, dv'_{dA} \, . \quad (8.81)$$

Mit $dv'_{dA} = \frac{\partial v'_{dA}}{\partial x} \, dx = v''_{dA} \, dx$ wird aus Gl. (8.81)

$$dF_y = -\sigma_x \, dA \, v''_{dA} \, dx - d\sigma_x \, dA \, v'_{dA} - v''_{dA} \, d\sigma_x \, dA \, dx \, . \quad (8.82)$$

Dabei ist der letzte Term wesentlich kleiner als die anderen Terme und kann vernachlässigt werden. Wir können nach Division durch dx also auch schreiben

$$\frac{dF_y}{dx} = -\sigma_x \, dA \, v''_{dA} - \frac{d\sigma_x}{dx} \, dA \, v'_{dA} \, . \quad (8.83)$$

Wählen wir jetzt den linearen Spannungsansatz $\sigma_x = \frac{N}{A}$, folgt aus $N = -F =$ konst.

$$\frac{dF_y}{dx} = \frac{F}{A} \, dA \, v''_{dA} \, . \quad (8.84)$$

Ein identischer Zusammenhang besteht für dF_z

$$\frac{dF_z}{dx} = \frac{F}{A} \, dA \, w''_{dA} \, . \quad (8.85)$$

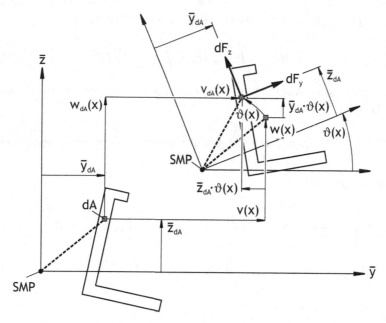

Abb. 8.20 Geometrische Zusammenhänge am ausgeknickten und verdrehten Querschnitt

In Analogie zu den Gln. (8.74) und (8.75) setzen sich auch die Verschiebungen eines infinitesimalen Elements dA der Querschnittsfläche aus zwei Anteilen zusammen. Die geometrischen Zusammenhänge sind aus Abb. 8.20 erkennbar. Der Anschaulichkeit halber nutzen wir jetzt einen Querschnitt, bei dem sich der Schubmittelpunkt außerhalb der Profilfläche befindet. Für kleine Winkel $\vartheta(x)$ gilt

$$w_{dA}(x) = w(x) + \bar{y}_{dA}\,\vartheta(x)\,, \quad (8.86) \qquad v_{dA}(x) = v(x) - \bar{z}_{dA}\,\vartheta(x)\,. \quad (8.87)$$

Leiten wir diese Gleichungen zweifach nach x ab, erhalten wir die zugehörigen Krümmungen

$$w_{dA}''(x) = w''(x) + \bar{y}_{dA}\,\vartheta''(x)\,, \quad (8.88) \qquad v_{dA}''(x) = v''(x) - \bar{z}_{dA}\,\vartheta''(x)\,. \quad (8.89)$$

Wir können jetzt mit den Gln. (8.84) und (8.85) den Zusammenhang zwischen den Kraftkomponenten in y- und z-Richtung sowie den zugehörigen Krümmungen formulieren

$$dF_z = \frac{F}{A}\,dA\,w_{dA}''(x)\,dx = \frac{F}{A}\,dA\,(w''(x) + \bar{y}_{dA}\,\vartheta''(x))\,dx\,, \quad (8.90)$$

$$dF_y = \frac{F}{A}\,dA\,v_{dA}''(x)\,dx = \frac{F}{A}\,dA\,(v''(x) - \bar{z}_{dA}\,\vartheta''(x))\,dx\,. \quad (8.91)$$

Der Zuwachs des Torsionsmomentes dT erfolgt durch die Kraftkomponenten dF_y und dF_z, die sich jeweils auf ein infinitesimales Flächenelement dA beziehen (vgl. die Abbn. 8.18 und 8.20). Ihr Gesamtbeitrag zu dT ist daher

$$dT = - \int \bar{z}_{dA} \, dF_y + \int \bar{y}_{dA} \, dF_z \; . \tag{8.92}$$

Setzen wir in diesen Ausdruck die Gln. (8.90) und (8.91) ein und dividieren ihn durch dx, folgt

$$\frac{dT}{dx} = \frac{F}{A} \left(- \int_A v'' \, \bar{z}_{dA} \, dA + \int_A \vartheta'' \, \bar{z}_{dA}^2 \, dA + \int_A w'' \, \bar{y}_{dA} \, dA + \int_A \vartheta'' \, \bar{y}_{dA}^2 \, dA \right) \; . \tag{8.93}$$

Berücksichtigen wir die Zusammenhänge

$$\int_A \bar{z}_{dA} \, dA = e_z \, A \; , \tag{8.94} \qquad\qquad \int_A \bar{y}_{dA} \, dA = e_y \, A \; , \tag{8.95}$$

$$\int_A \bar{z}_{dA}^2 \, dA = I_{\bar{y}} \; , \tag{8.96} \qquad\qquad \int_A \bar{y}_{dA}^2 \, dA = I_{\bar{z}} \; , \tag{8.97}$$

lässt sich Gl. (8.93) vereinfachen

$$\frac{dT}{dx} = T' = -F \left(e_z \, v'' - e_y \, w'' \right) + I_0 \, \frac{F}{A} \, \vartheta'' \; . \tag{8.98}$$

Dabei ist A die Querschnittsfläche des Profils und $I_0 = I_y + I_z + A \left(e_y^2 + e_z^2 \right)$ das polare Flächenmoment zweiter Ordnung um den Schubmittelpunkt.

Setzen wir jetzt die Gln. (8.78) und (8.98) gleich, erhalten wir eine partielle Differentialgleichung vierter Ordnung

$$E \, C_T \, \vartheta^{(IV)} - \left(G \, I_T - I_0 \, \frac{F}{A} \right) \vartheta'' - F \left(e_z \, v'' - e_y \, w'' \right) = 0 \; . \tag{8.99}$$

Da wir beispielhaft ein beidseitig gelenkig gelagertes Profil betrachten, ist es bei den vorliegenden Randbedingungen und den möglichen Verformungen des Profils sinnvoll, zur Lösung dieser Differentialgleichung erneut von sinusförmigen Funktionen (vgl. Unterabschnitt 8.2.1) auszugehen

$$v = A_1 \sin \frac{\pi x}{l} \; , \tag{8.100} \quad w = A_2 \sin \frac{\pi x}{l} \; , \tag{8.101} \quad \vartheta = A_3 \sin \frac{\pi x}{l} \; . \tag{8.102}$$

Diese Funktionen verwenden wir auch für die Differentialgleichungen zweiter Ordnung (8.76) und (8.77). Wir erhalten damit schließlich ein Gleichungssystem, in dem die Konstanten A_1 bis A_3 zunächst unbekannt bleiben. Sie stellen letztendlich die Amplituden der Auslenkung dar

$$\left(F - \frac{\pi^2 \, E I_z}{l^2} \right) A_1 - F \, e_z \, A_3 = 0 \; , \tag{8.103}$$

$$\left(F - \frac{\pi^2 E I_y}{l^2}\right) A_2 + F\, e_y\, A_3 = 0\,, \tag{8.104}$$

$$- F\, e_z\, A_1 + F\, e_y\, A_2 + \left(\frac{\pi^2 E\, C_T}{l^2} + G\, I_T - I_0\, \frac{F}{A}\right) A_3 = 0\,. \tag{8.105}$$

Da für uns nur die nicht-triviale Lösung dieses Gleichungssystems interessant ist, muss die Determinante null ergeben

$$\begin{vmatrix} F - \dfrac{\pi^2 E I_z}{l^2} & 0 & -F\, e_z \\[2ex] 0 & F - \dfrac{\pi^2 E I_y}{l^2} & +F\, e_y \\[2ex] -F\, e_z & +F\, e_y & \dfrac{\pi^2 E\, C_T}{l^2} + G\, I_T - I_0\, \dfrac{F}{A} \end{vmatrix} = 0\,. \tag{8.106}$$

Die Lösung von Gl. (8.106) stellt eine kubische Gleichung dar

$$\left(F - \frac{\pi^2 E I_z}{l^2}\right)\left(F - \frac{\pi^2 E I_y}{l^2}\right)\left(\frac{\pi^2 E\, C_T}{l^2} + G\, I_T - I_0\, \frac{F}{A}\right)$$
$$- (-F\, e_z)^2 \left(F - \frac{\pi^2 E I_y}{l^2}\right) - (F\, e_y)^2 \left(F - \frac{\pi^2 E I_z}{l^2}\right) = 0\,. \tag{8.107}$$

Wenn Schubmittelpunkt und Flächenschwerpunkt zusammenfallen, sind $e_y = 0$ und $e_z = 0$. Dann lassen sich die Lösungen der kubischen Gleichung entkoppeln. Die Stabilitätsfälle Biegeknicken und Drillknicken treten in diesem Fall unabhängig voneinander auf. Eine Lösung liegt vor, wenn einer der drei verbliebenen Klammerausdrücke null wird. Dies ist genau dann der Fall, wenn F im Verzweigungspunkt einen kritischen Wert annimmt. Die drei kritischen Lasten ergeben sich zu

$$F_{\text{krit}\,y} = \frac{\pi^2 E I_y}{l^2}\,, \tag{8.108} \qquad\qquad F_{\text{krit}\,z} = \frac{\pi^2 E I_z}{l^2}\,, \tag{8.109}$$

$$F_{\text{krit}\,\vartheta} = \frac{A}{I_0}\left(\frac{\pi^2 E\, C_T}{l^2} + G\, I_T\right)\,. \tag{8.110}$$

Die kleinste der drei kritischen Lasten aus den Gln. (8.108) bis (8.110) ist die gesuchte minimale Knicklast.

Fallen Schubmittelpunkt und Flächenschwerpunkt nicht zusammen, tritt der Stabilitätsfall des Biegedrillknickens auf. Gl. (8.107) besitzt drei Lösungen, wobei die kleinste der kritischen Last entspricht.

Beispiel 8.2 Ein dünnwandiges Profil mit I-Querschnitt ist an seinen Enden gelenkig gelagert und wird durch eine Druckkraft F belastet.

Gegeben Profillänge $l = 2000\,\text{mm}$; Elastizitätsmodul $E = 7,5 \cdot 10^4\,\text{MPa}$; Schubmodul $G = 2,1 \cdot 10^4\,\text{MPa}$; Wandstärke $t = 2,5\,\text{mm}$; Flanschbreite $b = 37,5\,\text{mm}$; Steghöhe $h = 75\,\text{mm}$

Gesucht Bestimmen Sie die kleinste kritische Last und geben Sie den zugehörigen Stabilitätsfall an.

Lösung Da das Profil einen doppeltsymmetrischen Querschnitt hat, fallen bei ihm Schubmittelpunkt und Flächenschwerpunkt zusammen ($e_y = e_z = 0$). Biegeknicken und Drillknicken sind entkoppelt. Außerdem ist der Träger beidseitig gelenkig gelagert. Daher können wir die Gln. (8.108) bis (8.110) für die Lösung verwenden. Wir benötigen jedoch die Querschnittsfläche A, die Flächenträgheitsmomente I_y und I_z, die gleichzeitig Hauptträgheitsmomente sind, sowie das Torsionsflächenmoment I_T und den Wölbwiderstand C_T.

Die Querschnittsfläche des Profils können wir aufgrund der Dünnwandigkeit näherungsweise mit dem Ausdruck $A \approx t\,(2\,b + h) = 375\,\text{mm}^2$ bestimmen.

Weiterhin vereinfacht sich die Bestimmung des Flächenträgheitsmomentes I_y bei Berücksichtigung der Dünnwandigkeit. Wie wir in Unterabschnitt 3.5.1 gesehen haben, überwiegen die Steinerschen Anteile gegenüber Anteilen, die den Faktor t^3 enthalten. Somit folgt für die Flächenträgheitsmomente

$$I_y \approx 2\,b\,t \left(\frac{h}{2}\right)^2 + \frac{t\,h^3}{12} = 3,52 \cdot 10^5\,\text{mm}^4\,, \quad I_z = 2\,\frac{t\,b^3}{12} = 2,2 \cdot 10^4\,\text{mm}^4\,.$$

Das polare Flächenmoment zweiter Ordnung ergibt sich jetzt mit der Beziehung $I_0 = I_y + I_z + A\left(e_y^2 + e_z^2\right) = 3,74 \cdot 10^5\,\text{mm}^4$.

Mit Hilfe von Gl. (4.64) bestimmen wir das Torsionsflächenmoment, den Wölbwiderstand über Gl. (4.109)

$$I_T = \frac{1}{3} \sum_{i=1}^{3} h_i\,(t_i)^3 = \frac{t^3}{3}\,(2\,b + h) = 781,25\,\text{mm}^4\,,$$

$$C_T = \frac{h^2\,t\,b^3}{24} = 3,09 \cdot 10^7\,\text{mm}^6\,.$$

Somit können wir mit den Gln. (8.108) bis (8.110) die kritischen Druckkräfte errechnen. Für das Biegeknicken um die y-Achse erhalten wir

$$F_{\text{krit}\,y} = \frac{\pi^2\,E I_y}{l^2} = 6,5 \cdot 10^4\,\text{N}\,,$$

für das Biegeknicken um die z-Achse

$$F_{\text{krit}\,z} = \frac{\pi^2\,E I_z}{l^2} = 4,1 \cdot 10^3\,\text{N}$$

und für das entkoppelte Drillknicken

$$F_{\text{krit}\,\vartheta} = \frac{A}{I_0} \left(\frac{\pi^2\,E\,C_T}{l^2} + G\,I_T\right) = 2,22 \cdot 10^4\,\text{N}\,.$$

Das untersuchte Profil mit I-Querschnitt versagt also durch Biegeknicken nach Euler um die z-Achse. Dieser Versagensfall ist mit dem kleinsten kritischen Wert verknüpft.

Für doppelt- und punktsymmetrische Profile wie z. B. Rechteckprofile, I- oder Z-Profile fällt der Flächenschwerpunkt mit dem Schubmittelpunkt (vgl. Kap. 5) zusammen. Daher beobachten wir bei diesen Profilen drei voneinander unabhängige Knickformen. Biegeknicken nach Euler um die y- bzw. z-Achse sowie Drillknicken können auftreten, wobei die niedrigste Last die Knickform bestimmt. Für schlanke stabartige Strukturen ist dies - unter der Voraussetzung beidseitig gelenkiger Lagerung - immer die zum kleinsten Flächenträgheitsmoment gehörende Biegeknicklast nach Euler. Drillknicken tritt dagegen bei gedrungenen Stäben mit weichen Flanschen auf.

Bei einfachsymmetrischen Profilen beobachten wir vielfach eine Kopplung des Biegeknickens mit dem Drillknicken. Dies gilt besonders bei U-Profilen für Verhältnisse von Flanschbreite zu Steghöhe von $\frac{b}{h} > 1,4$. Das U-Profil neigt dann zum Biegedrillknicken.

Auch bei unsymmetrischen Profilen überwiegt in der Regel die Neigung zum Biegedrillknicken.

8.3 Kippen von Biegeträgern

Kippen ist in der Art des Versagens mit dem Biegedrillknicken verwandt. Daher kann es methodisch ähnlich gelöst werden. Es tritt bei schmalen, hohen Trägern unter Biegebeanspruchung mit stark unterschiedlichen Flächenträgheitsmomenten auf. Unter der Einwirkung äußerer Lasten erfolgt neben der Biegung eine Verdrillung der Struktur, da das Bauteil der Biegebeanspruchung seitlich ausweicht.

Zur Verdeutlichung des Kippens untersuchen wir exemplarisch den in Abb. 8.21 dargestellten schmalen, hohen Biegeträger, der beidseitig in einer Gabellagerung gestützt und durch ein konstantes Biegemoment M_0 um die y-Hauptachse belastet ist. Es möge sich um ein Rechteckprofil handeln, bei dem der Flächenschwerpunkt mit dem Schubmittelpunkt zusammenfällt. Weitere äußere Lasten, die zu einer Normalkraftbeanspruchung N oder zu einem Biegemoment M_{bz} führen, beachten wir der Einfachheit halber hier nicht.

Zur Ermittlung der Schnittreaktionen am verformten Balken zerlegen wir das Biegemoment M_{by} in Anteile, die sowohl in die Balkenlängsachse als auch quer dazu wirken. Das seitliche Ausweichen $v(x)$ des Trägers führt zu einer Neigung der Balkenachse in der x-y-Ebene um den Winkel $v'(x)$ gemäß Abb. 8.21, wodurch ein Torsionsmoment T aus dem Biegemoment M_{by} resultiert. Unter Beachtung der Beziehungen in Abb. 8.22a) folgt

$$T \approx M_{by}\, v'\,. \tag{8.111}$$

Gleichzeitig entsteht durch das Kippen bzw. durch die damit gekoppelte Verdrehung ϑ des Profils eine Biegebeanspruchung um die ursprünglich nicht belastete

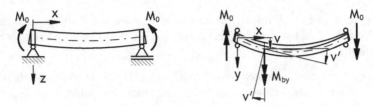

Abb. 8.21 Hoher Träger belastet durch ein Biegemoment M_0

Hauptachse. Wenn wir die resultierenden Biegemomente im gekippten Querschnitt mit einem η-ζ-Koordinatensystem nach Abb. 8.22b) beschreiben, erhalten wir die Biegemomente um die beiden Hauptachsen des Profils

$$M_{b\eta} \approx M_{by} \,, \qquad (8.112) \qquad\qquad M_{b\zeta} \approx -M_{by}\, \vartheta \,. \qquad (8.113)$$

Damit stehen die Schnittreaktionen am verformten Balken zur Verfügung. Setzen wir diese in die Differentialgleichungen der Biegelinie nach den Gln. (3.76) sowie (3.79) und in die Differentialgleichung der Wölbkrafttorsion nach Gl. (4.110) ein, folgen die Differentialgleichungen, die das hier definierte Kippproblem beschreiben

$$E\,I_z\, v'' = -M_{by}\, \vartheta \,, \qquad (8.114) \qquad\qquad E\,I_y\, w'' = -M_{by} \,, \qquad (8.115)$$

$$-\,M_{by}\, v' - E\,C_T\, \vartheta''' + G\,I_T\, \vartheta' = 0 \,. \qquad (8.116)$$

Unter Beachtung von $M_{by} = M_0 = \text{konst.}$ differenzieren wir Gl. (8.116) nach x und eliminieren darin die Krümmung v'' mit Gl. (8.114). Es folgt eine homogene Diffe-

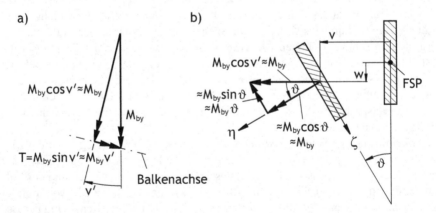

Abb. 8.22 a) Kraftgrößenverhältnisse am verformten Balken und b) Kippen bzw. Verdrehung ϑ des Profils jeweils an einer Stelle x

rentialgleichung 4. Ordnung, die allgemein die Kippproblematik beschreibt und die als *Kipp-Gleichung* bezeichnet wird

$$EI_z\, EC_T\, \vartheta^{(IV)} - EI_z\, GI_T\, \vartheta'' - M_{by}^2\, \vartheta = 0 \;. \tag{8.117}$$

Wir untersuchen diese Gleichung unter der Annahme von freier Querschnittsverwölbung weiter. Dann erhalten wir die sogenannte *vereinfachte Kipp-Gleichung*

$$\vartheta'' + \frac{M_{by}^2}{EI_z\, GI_T}\, \vartheta = 0 \;, \tag{8.118}$$

die wir hier für den beidseitig gelenkig gelagerten Balken nach Abb. 8.21 lösen, der durch ein konstantes Biegemoment M_0 beansprucht wird. Wegen der ebenfalls konstant angenommenen Material- und Querschnittsgrößen lautet ihre allgemeine Lösung

$$\vartheta\,(x) = A_1\, \sin\,(\varsigma\, x) + A_2\, \cos\,(\varsigma\, x) \;. \tag{8.119}$$

Wir differenzieren dies zweifach nach x und erhalten

$$\vartheta'\,(x) = A_1\, \varsigma\, \cos\,(\varsigma\, x) - A_2\, \varsigma\, \sin\,(\varsigma\, x) \;, \tag{8.124}$$

$$\vartheta''\,(x) = -A_1\, \varsigma^2\, \sin\,(\varsigma\, x) - A_2\, \varsigma^2\, \cos\,(\varsigma\, x) = -\varsigma^2\, \vartheta\,(x) \;. \tag{8.125}$$

Berücksichtigen wir $\vartheta\,(x)$ und $\vartheta''\,(x)$ in der Kipp-Gleichung (8.118), resultiert

$$\left(-\varsigma^2 + \frac{M_0^2}{EI_z\, GI_T} \right) \vartheta = 0 \;. \tag{8.126}$$

Diese Gleichung besitzt nur dann eine nicht-triviale Lösung mit $\vartheta \neq 0$, wenn der Klammerausdruck verschwindet. Es muss daher gelten

$$\varsigma^2 = \frac{M_0^2}{EI_z\, GI_T} \;. \tag{8.127}$$

Die Konstanten A_1 und A_2 ermitteln wir über die Randbedingungen

$$\vartheta\,(x = 0) = 0 \qquad \Rightarrow \qquad A_2 = 0 \;, \tag{8.128}$$
$$\vartheta\,(x = l) = 0 \qquad \Rightarrow \qquad A_1\, \sin\,(\varsigma\, l) = 0 \;. \tag{8.129}$$

Eine nicht-triviale Lösung erhalten wir nur für $A_1 \neq 0$. Aus diesem Grunde muss die Sinus-Funktion zu null werden. Es folgt mit $n = 1, 2, 3, \ldots$

$$\varsigma\, l = n\, \pi \qquad \Rightarrow \qquad \varsigma^2 = \frac{n^2\, \pi^2}{l^2} = \frac{M_0^2}{EI_z\, GI_T} \;. \tag{8.130}$$

Tab. 8.2 Kippen von Biegeträgern ohne Wölbbehinderung bei unterschiedlichen Lasten und Randbedingungen

Belastung	kritische Last
	$M_{\text{krit}} = \dfrac{\pi}{l} \sqrt{EI_z \, GI_T}$ (8.120)
	$F_{\text{krit}} \approx \dfrac{16,9}{l^2} \sqrt{EI_z \, GI_T}$ (8.121)
	$q_{\text{krit}} \approx \dfrac{28,3}{l^3} \sqrt{EI_z \, GI_T}$ (8.122)
	$F_{\text{krit}} \approx \dfrac{4,2}{l^2} \sqrt{EI_z \, GI_T}$ (8.123)

Die kritische Kipplast stellt das niedrigste Moment für $n = 1$ dar. Wir erhalten daher

$$M_{\text{krit}} = \frac{\pi}{l} \sqrt{EI_z \, GI_T} \ . \tag{8.131}$$

Für einige weitere Belastungsarten und Randbedingungen existieren einfache Lösungsausdrücke für die Kipp-Gleichung. In Tab. 8.2 ist eine Auswahl typischer Kombinationen aus Randbedingungen und Lasten für den Fall der Wölbfreiheit zusammengestellt.

Besonders kippgefährdet sind offene Profile, die in Rahmentragwerken oder zur Aussteifung biegebeanspruchter flächenhafter Strukturen eingesetzt werden. Diese sollten deshalb auch quer zur Belastungsrichtung über eine gewisse Biegesteifigkeit sowie über eine entsprechende Torsionssteifigkeit verfügen. Maßnahmen zur Erhöhung der Kippstabilität stellen beispielsweise das Einspannen gegen seitliche Biegung oder eine Wölbbehinderung bzw. eine Verdrehbehinderung dar.

8.4 Beulen

Bei flächenhaften Tragelementen, die vielfach als *Hautfelder* bezeichnet werden, kann unter Druck- oder Schubbelastung in der Bauteilebene als spezielle Form von Instabilität das sogenannte *Beulen* auftreten. Das Beulen ruft zusätzliche Querkräfte und Momente hervor. Als Folge einer anwachsenden Belastung wird die Mittelfläche (vgl. Abb. 8.23) seitlich ausgelenkt, um wieder in einen stabilen Gleichgewichtszustand überzugehen. Diese seitliche Auslenkung ist mit dem Modell der Scheibe nicht beschreibbar. Wir müssen daher die Plattentheorie anwenden. Deshalb ist neben dem Begriff des *Hautfeldbeulens* auch der Begriff des *Plattenbeulens* üblich. Auch schwach gekrümmte kleinere Hautfelder können wir näherungsweise als ebene Hautfelder behandeln. Da durch eine Krümmung quer zur Lastrichtung eine Steifigkeitszunahme und damit eine Erhöhung kritischer Spannungen eintritt, erhöht sich die vorhandene Sicherheit der Struktur. Wir rechnen also konservativ, wenn wir von ebenen Bauteilen ausgehen.

Zunächst betrachten wir erneut die auf Druck belastete, beidseitig gelenkig gelagerte stabförmige Struktur in Abb. 8.5a). Erhöhen wir ihre Breite jetzt soweit, dass sie in der gleichen Größenordnung wie die Länge ist, erhalten wir das Hautfeld nach Abb. 8.23. Für dieses Hautfeld bestimmen wir mit $l = a$ nach der Eulerschen Theorie des Knickens gemäß Tab. 8.1 die kritische Kraft

$$F_{\text{krit}} = \frac{\pi^2 \, EI}{a^2} \, . \tag{8.132}$$

Das zugehörige minimale Flächenträgheitsmoment ergibt sich aus der Breite und der Dicke des Hautfeldes zu $I_{\min} = \frac{1}{12} \, b \, t^3$. Damit folgt für die kritische Kraft

$$F_{\text{krit}} = \frac{\pi^2 \, E}{a^2} \frac{b \, t^3}{12} \tag{8.133}$$

und schließlich mit der Querschnittsfläche $A = bt$ für die zugehörige Knickspannung

$$\sigma_K = \frac{F_K}{b \, t} = \frac{b^2}{a^2} \frac{\pi^2}{12} \, E \, \frac{t^2}{b^2} \, . \tag{8.134}$$

Im unterkritisch belasteten Hautfeld liegt ein ebener Spannungszustand vor. Wir müssen dabei die Querkontraktion im Hautfeld berücksichtigen. Wird sie behindert, wirkt sich das auf die Verformung des Hautfeldes aus und kann zu einer Erhöhung kritischer Lasten führen.

Vergleichen wir die Gln. (2.63) und (2.83) miteinander, stellen wir fest, dass der Unterschied zwischen dem Stoffgesetz für ein stabförmiges Bauteil und für den Ebenen Spannungszustand primär im Faktor $\frac{1}{1-\nu^2}$ besteht.

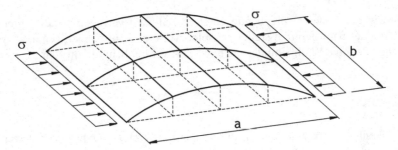

Abb. 8.23 An zwei gegenüberliegenden Rändern gelenkig gelagertes und den anderen Rändern freies Hautfeld unter Druckbelastung entlang der gelenkig gelagerten Ränder

Wir können daher Gl. (8.134) um diesen Faktor erweitern und erhalten über unsere Analogiebetrachtungen eine kritische Beulspannung

$$\sigma_{\text{krit}} = \underbrace{\frac{b^2}{a^2}}_{=k} \underbrace{\frac{\pi^2}{12\,(1-\nu^2)}\,E\,\frac{t^2}{b^2}}_{=\sigma_E}\,. \tag{8.135}$$

Verallgemeinernd finden wir vielfach die Schreibweise

$$\sigma_{\text{krit}} = k\,\sigma_E\,. \tag{8.136}$$

Dabei wird - in Anlehnung an das Euler-Knicken - mit σ_E die *Eulersche Knickspannung* und mit k der sogenannte *Beulwert*, auch *Beulfaktor* genannt, definiert. Dieser Beulwert ist von der Hautfeldgeometrie und den Randbedingungen abhängig und eng mit dem Eulerschen Knickbeiwert k_E aus Gl. (8.35) verwandt. Im betrachteten Beispiel nach Abb. 8.23 ist er $(\frac{b}{a})^2$.

Üblich ist es auch, den Beulwert mit dem folgenden Ausdruck

$$k^* = \frac{k}{12}\,\frac{\pi^2}{1-\nu^2} \tag{8.137}$$

anzugeben. Daraus folgt für die kritische Spannung

$$\sigma_{\text{krit}} = k^*\,E\,\frac{t^2}{b^2}\,. \tag{8.138}$$

Die klassischen Formeln des Beulens von Hautfeldern wurden wegen der zunehmenden Bedeutung des Leichtbaus für den Flugzeugbau in der ersten Hälfte des zwanzigsten Jahrhunderts entwickelt. Als Material kam in erster Linie Aluminium mit einer Querkontraktion von $\nu \approx 0{,}3$ zum Einsatz. Somit konnten i. d. R. feste Werte als Umrechnungen von k nach k^* und umgekehrt verwendet werden. Dies ist

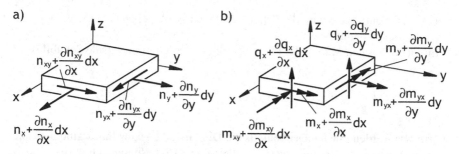

Abb. 8.24 a) Schnittgrößen und ihre differentiellen Zuwächse beim mechanischen Modell der Scheibe sowie b) zusätzliche Schnittgrößen beim Modell der Platte

teilweise noch heute üblich, kann aber große Fehler nach sich ziehen. Daher verwenden wir den Beulwert k.

Im Unterschied zu Stab und Balken kann das rechteckige Hautfeld an bis zu vier Rändern gelagert werden. Die Lösung des Stabilitätsproblems durch reine Analogiebetrachtungen ist dann nicht mehr möglich. So, wie wir im Unterabschnitt 8.2.1 das Knicken mit Hilfe der Differentialgleichung der Biegelinie des Balkens lösen konnten, müssen wir uns nun mit der Differentialgleichung der Plattenbiegung befassen. Dafür benötigen wir zunächst die Schnittgrößen zweidimensionaler mechanischer Modelle. Bei den *Schnittgrößen der Scheibe und der Platte* ist es - im Gegensatz zum eindimensionalen Modell des Balkens - üblich, Schnittgrößen auf die Länge der Schnittkante zu beziehen. Dadurch, dass Spannungen nur über die Dicke integriert werden, entstehen Kraft- und Momentenflüsse. Diese Schnittgrößen sowie die differentiellen Zuwächse der Schnittgrößen für ein infinitesimales Element sind in Abb. 8.24a) für das mechanische Element der Scheibe dargestellt. In Abb. 8.24b) sind die im mechanischen Modell der Platte zusätzlich auftretenden Schnittgrößen zu erkennen.

Mit dem Bezug auf die Schnittkante entstehen bei Scheiben Normalkraftflüsse n_x bzw. n_y anstelle von Normalkräften sowie Schubflüsse n_{xy} und n_{yx} in der Bauteilmittelebene, wobei diese Schnittgrößen die Dimension $\frac{\text{N}}{\text{mm}}$ haben. Am positiven Schnittufer weisen die positiven Normalkraftflüsse in Richtung des Normalenvektors auf der Schnittfläche. Der Index entspricht der zugehörigen Koordinatenrichtung. Bei den Schubflüssen gibt der erste Index die Richtung des Normalenvektors und der zweite Index die Richtung des Schubflusses an. Die positive Richtung stimmt am positiven Schnittufer mit der positiven Koordinatenrichtung überein. Wenn wir das Koordinatensystem in die Mittelebene legen, erhalten wir

$$n_x = \int_{-\frac{t}{2}}^{\frac{t}{2}} \sigma_x \, \mathrm{d}z \,, \qquad (8.139) \qquad n_y = \int_{-\frac{t}{2}}^{\frac{t}{2}} \sigma_y \, \mathrm{d}z \,, \qquad (8.140)$$

$$n_{xy} = n_{yx} = \int_{-\frac{t}{2}}^{\frac{t}{2}} \tau_{xy} \, \mathrm{d}z \,. \qquad (8.141)$$

Bei ebenen Hautfeldern wird der Schubfluss in der Bauteilebene teilweise mit q statt n_{xy} bzw. n_{yx} benannt.

Im mechanischen Modell der Platte können außerdem transversale Schubflüsse

$$q_x = \int_{-\frac{t}{2}}^{\frac{t}{2}} \tau_{xz} \, dz \,, \qquad (8.142) \qquad\qquad q_y = \int_{-\frac{t}{2}}^{\frac{t}{2}} \tau_{yz} \, dz \qquad (8.143)$$

übertragen werden. Sie haben ebenfalls die Dimension $\frac{N}{mm}$. Ihr Index gibt die Richtung des Normalenvektors auf der Schnittfläche an. Am positiven Schnittufer weisen sie in positive z-Richtung. Zusätzlich treten bei Platten Biegemomente pro Längeneinheit m_x und m_y sowie Drillmomente pro Längeneinheit m_{xy} bzw. m_{yx} auf

$$m_x = \int_{-\frac{t}{2}}^{\frac{t}{2}} z \, \sigma_x \, dz \,, \qquad (8.144) \qquad\qquad m_y = \int_{-\frac{t}{2}}^{\frac{t}{2}} z \, \sigma_y \, dz \,, \qquad (8.145)$$

$$m_{xy} = m_{yx} = \int_{-\frac{t}{2}}^{\frac{t}{2}} z \, \tau_{xy} \, dz \,. \qquad (8.146)$$

Diese Momente pro Längeneinheit haben die Dimension $\frac{N\,mm}{mm} = N$. Im Unterschied zum mechanischen Modell des Balkens beschreibt bei der Platte der Index des Biegemomentes pro Längeneinheit nicht die Achse, um die das Moment wirkt. Er gibt an, in welche Koordinatenrichtung der Normalenvektor auf der Schnittfläche gerichtet ist. m_y wirkt also beispielsweise um die x-Achse. Der zugehörige Normalenvektor auf der Schnittfläche zeigt in y-Richtung. Wir übernehmen den Index also direkt von den integrierten Spannungen. Bei den Drillmomenten pro Längeneinheit gehen wir ebenso vor. Die Richtung der Momente pro Längeneinheit in Abb. 8.24b) ist so gewählt, dass positive Spannungen bei einer Integration auf positive Schnittgrößen führen.

Die Gleichgewichtsbetrachtungen, die wir in den Gln. (2.33) und (2.34) unter Verwendung der Spannungen für den Ebenen Spannungszustand angestellt haben, können wir direkt auf die Schnittgrößen nach Abb. 8.24a) übertragen. Setzen wir voraus, dass äußere Lasten nur an den Bauteilrändern eingeleitet werden und sich aufgrund angenommener kleiner Verformungen nicht ändern, führt die Summation der Kräfte in x-Richtung auf

$$0 = \left(n_x + \frac{\partial n_x}{\partial x} \, dx\right) dy - n_x \, dy + \left(n_{yx} + \frac{\partial n_{yx}}{\partial y} \, dy\right) dx - n_{yx} \, dx \,. \qquad (8.147)$$

Diese Beziehung können wir vereinfachen und in gleicher Weise für die y-Richtung ermitteln

$$0 = \frac{\partial n_x}{\partial x} + \frac{\partial n_{yx}}{\partial y} \,, \qquad (8.148) \qquad\qquad 0 = \frac{\partial n_{xy}}{\partial x} + \frac{\partial n_y}{\partial y} \,. \qquad (8.149)$$

Allerdings geht das auf Biegung belastete Hautfeld in den Plattenzustand über. Wir wollen deshalb das verformte Hautfeld nach Abb. 8.25 betrachten. Bei Beschrän-

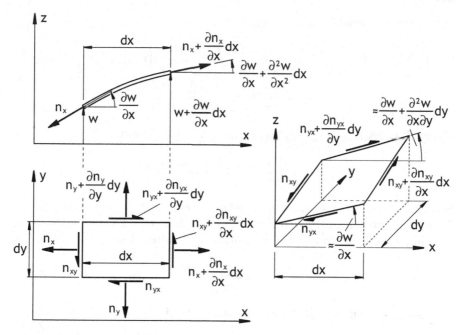

Abb. 8.25 Auf Biegung belastetes differentielles Plattenelement

kung auf kleine Verformungen folgen aus den Kräftegleichgewichten in der Tangentialebene nach Linearisierung erneut die Gln. (8.148) und (8.149). Betrachten wir in Abb. 8.25 die Dickenrichtung des Hautfeldes, stellen wir fest, dass die Normalkraftflüsse beim gebogenen Hautfeld eine Komponente in z-Richtung aufweisen und daher einen Beitrag zu einem Kräftegleichgewicht in z-Richtung liefern müssen. Wenn wir uns dabei auf kleine Neigungen der Struktur beschränken, können wir wieder linearisieren. Den Beitrag von n_x wollen wir F_{n_x} nennen und bilden ein Kräftegleichgewicht in z-Richtung in der x-z-Ebene

$$
F_{n_x} = -n_x \frac{\partial w}{\partial x}\, dy + \left(n_x \frac{\partial w}{\partial x} + n_x \frac{\partial^2 w}{\partial x^2}\, dx\right)\, dy +
$$
$$
\frac{\partial n_x}{\partial x} \frac{\partial w}{\partial x}\, dx\, dy + \frac{\partial n_x}{\partial x} \frac{\partial^2 w}{\partial x^2}\, dx^2\, dy\; .
$$

(8.150)

Bei Vernachlässigung aller Terme höherer Ordnung bekommen wir damit den Beitrag

$$
F_{n_x} = n_x \frac{\partial^2 w}{\partial x^2}\, dx\, dy + \frac{\partial n_x}{\partial x} \frac{\partial w}{\partial x}\, dx\, dy\; .
$$

(8.151)

Analog ergibt sich der Beitrag von n_y, den wir F_{n_y} nennen, zu

$$
F_{n_y} = n_y \frac{\partial^2 w}{\partial y^2}\, dx\, dy + \frac{\partial n_y}{\partial y} \frac{\partial w}{\partial y}\, dx\, dy\; .
$$

(8.152)

Der Beitrag des Schubflusses n_{xy} ist

$$F_{n_{xy}} = -n_{xy} \frac{\partial w}{\partial y} \, dy + \left(n_{xy} \frac{\partial w}{\partial y} + n_{xy} \frac{\partial^2 w}{\partial x \, \partial y} \, dx \right) dy +$$
$$\frac{\partial n_{xy}}{\partial x} \frac{\partial w}{\partial y} \, dx \, dy + \frac{\partial n_{xy}}{\partial x} \frac{\partial^2 w}{\partial x \, \partial y} \, dx^2 \, dy \qquad (8.153)$$

und wird bei Vernachlässigung aller Terme höherer Ordnung zu

$$F_{n_{xy}} = n_{xy} \frac{\partial^2 w}{\partial x \, \partial y} \, dx \, dy + \frac{\partial n_{xy}}{\partial x} \frac{\partial w}{\partial y} \, dx \, dy \; . \qquad (8.154)$$

Berücksichtigen wir, dass $n_{xy} = n_{yx}$ und damit $F_{n_{xy}} = F_{n_{yx}}$ ist, stehen jetzt alle Terme zur Verfügung, die wir zusätzlich zu den transversalen Schubflüssen in der Gleichgewichtsbetrachtung in Dickenrichtung des Plattenelementes benötigen. Mit

$$F_q = \left(q_x + \frac{\partial q_x}{\partial x} \, dx \right) dy - q_x \, dy + \left(q_y + \frac{\partial q_y}{\partial y} \, dy \right) dx - q_y \, dx \qquad (8.155)$$

folgt aus der Summe aller Kräfte in z-Richtung zunächst

$$\sum_i F_{iz} = 0 \quad \Leftrightarrow \quad 0 = F_{n_x} + F_{n_y} + F_{n_{xy}} + F_{n_{yx}} + F_q + p\,(x, y) \, dx \, dy \; . \qquad (8.156)$$

Dabei bezeichnen wir mit $p\,(x, y)$ eine mögliche Druckbelastung auf der Platten-oberfläche. Unter Beachtung der Gln. (8.148) und (8.149) erhalten wir schließlich

$$\frac{\partial q_x}{\partial x} + \frac{\partial q_y}{\partial y} + n_x \frac{\partial^2 w}{\partial x^2} + n_y \frac{\partial^2 w}{\partial y^2} + 2 \, n_{xy} \frac{\partial^2 w}{\partial x \, \partial y} = -p\,(x, y) \; . \qquad (8.157)$$

Ein Momentengleichgewicht um eine zu x parallele Achse durch den Schwerpunkt des Plattenelementes führt auf

$$-\left(q_y + \frac{\partial q_y}{\partial y} \, dy \right) dx \frac{dy}{2} - q_y \, dx \frac{dy}{2} + \left(m_{xy} + \frac{\partial m_{xy}}{\partial x} \, dx \right) dy - m_{xy} \, dy +$$
$$\left(m_y + \frac{\partial m_y}{\partial y} \, dy \right) dx - m_y \, dx = 0 \; . \qquad (8.158)$$

Diesen Ausdruck können wir vereinfachen, indem wir Glieder, die von höherer Ordnung klein sind, vernachlässigen. Mit einem Momentengleichgewicht um eine zu y parallele Achse durch den Schwerpunkt des Plattenelementes folgt schließlich

$$\frac{\partial m_{xy}}{\partial x} + \frac{\partial m_y}{\partial y} - q_y = 0 \; , \qquad (8.159) \qquad \frac{\partial m_{xy}}{\partial y} + \frac{\partial m_x}{\partial x} - q_x = 0 \; . \qquad (8.160)$$

Wir sind jetzt in der Lage, die transversalen Schubflüsse zu eliminieren und stellen Gl. (8.157) in der Form

$$\frac{\partial^2 m_x}{\partial x^2} + 2\frac{\partial^2 m_{xy}}{\partial x\,\partial y} + \frac{\partial^2 m_y}{\partial y^2} + n_x\frac{\partial^2 w}{\partial x^2} + n_y\frac{\partial^2 w}{\partial y^2} + 2n_{xy}\frac{\partial^2 w}{\partial x\,\partial y} = -p\,(x,y) \quad (8.161)$$

dar.

Wir übertragen die Bernoulli-Hypothese aus dem mechanischen Modell des Balkens (vgl. Abschnitt 3.1) auf das Modell der Platte. Die Querschnitte bleiben eben und stehen auch nach einer Verformung der Platte senkrecht auf der Mittelfläche. Dann muss ein Punkt auf der Querschnittsfläche, der sich im Abstand z von der Mittelfläche befindet, eine Verschiebung $u\,(z)$ bzw. $v\,(z)$ erfahren. Unter Berücksichtigung der gewählten Vorzeichenkonvention für die Momentenflüsse resultiert

$$u\,(z) = -z\,\frac{\partial w}{\partial x}\,, \quad (8.162) \qquad v\,(z) = -z\,\frac{\partial w}{\partial y}\,. \quad (8.163)$$

Mit den Gln. (2.49), (2.50) und (2.52) sind auch die zugehörigen Verzerrungen bekannt

$$\varepsilon_x = -z\,\frac{\partial^2 w}{\partial x^2}\,, \quad (8.164) \quad \varepsilon_y = -z\,\frac{\partial^2 w}{\partial y^2}\,, \quad (8.165) \quad \gamma_{xy} = -z\,\frac{\partial^2 w}{\partial x\,\partial y}\,. \quad (8.166)$$

In der Mittelfläche verschwinden folglich die Verzerrungen.

Setzen wir die Verzerrungen in das Stoffgesetz nach den Gln. (2.83) bis (2.85) ein und integrieren anschließend die Spannungen über die Dicke (vgl. Gln. (8.144) bis (8.146)), folgen Zusammenhänge zwischen den Momenten pro Längeneinheit und den Krümmungen bzw. Drillungen

$$m_x = -K\left(\frac{\partial^2 w}{\partial x^2} + v\,\frac{\partial^2 w}{\partial y^2}\right)\,, \quad (8.167) \qquad m_y = -K\left(\frac{\partial^2 w}{\partial y^2} + v\,\frac{\partial^2 w}{\partial x^2}\right)\,, \quad (8.168)$$

$$m_{xy} = -K\,(1-v)\,\frac{\partial^2 w}{\partial x\,\partial y}\,. \quad (8.169)$$

Dabei ist

$$K = \frac{E\,t^3}{12\,(1-v^2)} \quad (8.170)$$

in Analogie zur Biegesteifigkeit eines Balkens die sogenannte *Plattensteifigkeit*.

Setzen wir die Gln. (8.167) bis (8.169) in Gl. (8.161) ein, erhalten wir die *Differentialgleichung der Plattenbiegung*

$$K\left[\frac{\partial^4 w}{\partial x^4} + 2\frac{\partial^4 w}{\partial x^2\,\partial y^2} + \frac{\partial^4 w}{\partial y^4}\right] - n_x\frac{\partial^2 w}{\partial x^2} - 2n_{xy}\frac{\partial^2 w}{\partial x\,\partial y} - n_y\frac{\partial^2 w}{\partial y^2} = p(x,y)\,. \quad (8.171)$$

Gl. (8.171) ist eine inhomogene partielle Differentialgleichung vierter Ordnung und in ihrer Struktur der Differentialgleichung vierter Ordnung der Balkenbiegung nach Gl. (3.77) sehr ähnlich. Allerdings sind die Schnittgrößen und die Plattensteifigkeit auf die Schnittkantenlänge bezogene Größen.

Wenn wir uns auf die Betrachtung von Stabilitätsproblemen beschränken und eine Belastung des Hautfeldes in tangentialer Richtung, wie es beispielsweise durch das Eigengewicht des Hautfeldes auftreten könnte, nicht berücksichtigen, können wir von $p\,(x,\,y) = 0$ ausgehen. Lasten, die zu einem Hautfeldbeulen führen können, sind immer mit einem negativen Vorzeichen versehen, da eine Belastung auf Zug nicht zu einem Stabilitätsfall führen kann. Bei Stabilitätsrechnungen ist es aber allgemein üblich, mit den Beträgen der Schnittgrößen zu rechnen. Alternativ werden teilweise die Normalkraftflüsse als positiv bei Druckbeanspruchung definiert. Beide Varianten führen auf die nachfolgende *Differentialgleichung des Platten- bzw. Hautfeldbeulens*

$$K\left[\frac{\partial^4 w}{\partial x^4} + 2\,\frac{\partial^4 w}{\partial x^2\,\partial y^2} + \frac{\partial^4 w}{\partial y^4}\right] + n_x\,\frac{\partial^2 w}{\partial x^2} + 2\,n_{xy}\,\frac{\partial^2 w}{\partial x\,\partial y} + n_y\,\frac{\partial^2 w}{\partial y^2} = 0\;. \quad (8.172)$$

n_x und n_y sind also Normalkraftflüsse, die eine Druckbelastung des Hautfeldes in der entsprechenden Koordinatenrichtung zur Folge haben. n_{xy} ist der Schubfluss in der Hautfeldebene.

Die Lösung der Differentialgleichung ist nur in seltenen Ausnahmen exakt möglich. Üblicherweise verwenden wir Reihenansätze, wobei die Ansatzfunktionen von den Randbedingungen des Hautfeldes abhängen. Das kann im Einzelfall auf eine exakte Lösung führen, ist aber oftmals mit Näherungslösungen verknüpft. Ist das Hautfeld sehr dünn, gehen wir von konstanten Spannungen über die Hautfelddicke aus. Bei konstanter Dicke des Hautfeldes können wir wegen $n_x = \sigma_x\,t$, $n_y = \sigma_y\,t$ und $n_{xy} = \tau_{xy}\,t$ für Gl. (8.172) dann schreiben

$$K\left[\frac{\partial^4 w}{\partial x^4} + 2\frac{\partial^4 w}{\partial x^2\,\partial y^2} + \frac{\partial^4 w}{\partial y^4}\right] + t\left[\sigma_x\,\frac{\partial^2 w}{\partial x^2} + 2\,\tau_{xy}\,\frac{\partial^2 w}{\partial x\,\partial y} + \sigma_y\,\frac{\partial^2 w}{\partial y^2}\right] = 0\;. \quad (8.173)$$

8.4.1 Ebene Hautfelder unter Druckbelastung

Auf Druck belastete dünne Hautfelder finden wir z. B. an der Oberseite eines Tragflügels während des Fluges (vgl. Abschnitt 6.1) oder bei Dächern von Bussen und Fahrzeugaufbauten als Folge von Fahrzeugeigengewicht und Nutzlast. In solchen Fällen führt die Biegebeanspruchung der Gesamtstruktur zu Druckspannungen an der Oberseite und zu Zugspannungen an der Unterseite der Struktur.

Wir wollen diese Hautfelder näherungsweise als eben und rechteckig betrachten. Sie sind an allen Rändern mit der Gesamtstruktur verbunden. Diese Verbindungen nehmen wir zunächst als allseitig gelenkig an. Hautfelder mit derartigen Randbedingungen werden nach Claude Louis Marie Henri Navier (1785-1836, französischer Mathematiker und Physiker) auch als *Navier-Platte* bezeichnet.

Für unsere Überlegungen gehen wir von $\sigma_y = C\,\sigma_x$ und $\tau_{xy} = 0$ aus. C sei dabei eine positive Größe. Gl. (8.173) geht in

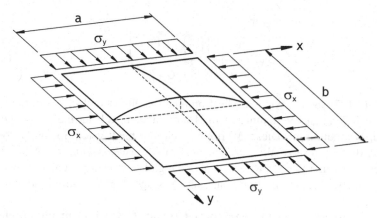

Abb. 8.26 Verformung des allseitig gelenkig gelagerten ebenen Hautfeldes unter allseitigem Druck mit Ausprägung einer Beule in x- ($m = 1$) und y-Richtung ($n = 1$)

$$K \left[\frac{\partial^4 w}{\partial x^4} + 2 \frac{\partial^4 w}{\partial x^2 \, \partial y^2} + \frac{\partial^4 w}{\partial y^4} \right] + \sigma_x \, t \left[\frac{\partial^2 w}{\partial x^2} + C \frac{\partial^2 w}{\partial y^2} \right] = 0 \qquad (8.174)$$

über. Aufgrund der gelenkigen Lagerungen sind an allen Rändern die Durchbiegungen $w\,(x,y)$ verhindert. Gleichzeitig sind die Biegewinkel - also die ersten Ableitungen der Durchbiegungen ($\frac{\partial w}{\partial x}$ und $\frac{\partial w}{\partial y}$) - verschieden von null und erreichen an den Hautfeldrändern Extremwerte. Daher ist es sinnvoll, eine Ansatzfunktion für die Verschiebungen mit Sinus-Halbwellen zu wählen

$$w\,(x,y) = A_{mn} \, \sin\left(m \, \frac{\pi \, x}{a} \right) \sin\left(n \, \frac{\pi \, y}{b} \right) . \qquad (8.175)$$

Hierbei sind die A_{mn} Konstanten der Ansatzfunktion. Wie bereits beim Biegeknicken nach Euler stellen sie die Amplituden der Sinus-Funktion bzw. die Tiefe der Beulen dar. Bei der von uns verwendeten Theorie zweiter Ordnung bleibt die Tiefe allerdings unbestimmt. Mit a und b kennzeichnen wir die Ausdehnungen des Hautfeldes in x- bzw. y-Richtung. m und n sind ganzzahlig ($m, n = 1, 2, 3, \ldots$) und stellen die Anzahl der Sinus-Halbwellen dar. Sie entsprechen damit gleichzeitig der Anzahl der Beulen in x- bzw. y-Richtung.

In Abb. 8.26 ist beispielhaft die Verformung eines allseitig gelenkig gelagerten ebenen Hautfeldes unter allseitiger Druckbelastung mit Ausprägung einer Beule in x- ($m = 1$) und y-Richtung ($n = 1$) dargestellt.

Setzen wir Gl. (8.175) in Gl. (8.174) ein, resultiert

$$K \left[\left(\frac{m\pi}{a} \right)^4 + 2 \left(\frac{m\pi}{a} \right)^2 \left(\frac{n\pi}{b} \right)^2 + \left(\frac{n\pi}{b} \right)^4 \right] = \sigma_x \, t \left[\left(\frac{m\pi}{a} \right)^2 + C \left(\frac{n\pi}{b} \right)^2 \right] . \qquad (8.176)$$

In dieser Gleichung verkörpert σ_x den Grenzwert, für den das Hautfeld vom Scheiben- in den Plattenzustand wechselt, also zu beulen beginnt. Stellen wir nach der

Spannung σ_x um, erhalten wir

$$\sigma_x = \frac{\pi^2 K \left[\left(\frac{m}{a} \right)^2 + \left(\frac{n}{b} \right)^2 \right]^2}{t \left[\left(\frac{m}{a} \right)^2 + C \left(\frac{n}{b} \right)^2 \right]} \ . \tag{8.177}$$

Für Gl. (8.177) suchen wir jetzt die Kombination aus m und n, bei der σ_x unter Berücksichtigung des Verhältnisses von Hautfeldlänge zu Hautfeldbreite einen minimalen Wert annimmt. Dieser Wert entspricht der niedrigsten Spannung, bei der erstmals Beulen einsetzt. Wir bezeichnen sie als *kritische Spannung*. Ähnlich dem Knicken nach Euler können wir durch m und n gleichzeitig angeben, wie viele Beulen in x- bzw. y-Richtung auftreten. Eine Aussage über die Amplitude ist nicht möglich.

Unter Verwendung der Plattensteifigkeit K nach Gl. (8.170) und des Seitenverhältnisses $\alpha = \frac{a}{b}$ können wir für σ_{krit} auch schreiben

$$\sigma_{x\,\text{krit}} = \underbrace{\frac{\left(\frac{m^2}{\alpha^2} + n^2 \right)^2}{\left(\frac{m^2}{\alpha^2} + C\,n^2 \right)}}_{=k} \underbrace{\frac{\pi^2}{12\,(1 - \nu^2)}\, E\, \frac{t^2}{b^2}}_{=\sigma_E} \ . \tag{8.178}$$

Mit Gl. (8.178) haben wir einen Ausdruck analog zur typischen Schreibweise für das Hautfeldbeulen nach Gl. (8.136) gefunden. Der kleinste Beulwert k führt auf die kritische Spannung und damit auf die gesuchte Lösung des Problems.

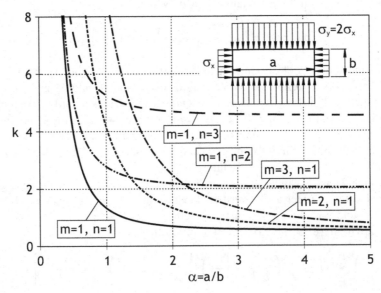

Abb. 8.27 Beulwert k des allseitig gelenkig gelagerten ebenen Hautfeldes unter allseitigem Druck mit $\sigma_y = 2\,\sigma_x$ zur Anwendung in der Beziehung $\sigma_{\text{krit}} = k\,\sigma_E$

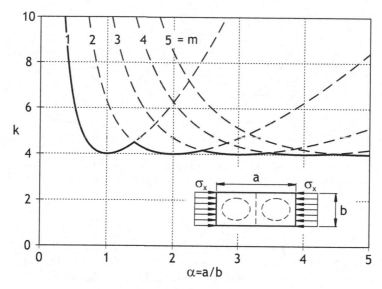

Abb. 8.28 Beulwert des allseitig gelenkig gelagerten ebenen Hautfeldes unter Druckbelastung durch σ_x zur Anwendung in der Beziehung $\sigma_{krit} = k\,\sigma_E$

Prinzipiell könnten wir jetzt durch Probieren ermitteln, welche Kombination aus m und n auf den kleinsten Beulwert führt. Wegen der besseren Anschaulichkeit und Vergleichbarkeit stellt man jedoch die Lösung üblicherweise grafisch dar. Dabei wird, wie in Abb. 8.27 beispielhaft mit $C = 2$, der Beulwert k als Funktion des Seitenverhältnisses α aufgetragen. Jede einzelne Kurve in Abb. 8.27 gilt für eine spezielle Kombination aus Beulen in x- und y-Richtung. Aus der Darstellung der Kurven ist ableitbar, dass die Kombination $m = n = 1$ unabhängig vom Seitenverhältnis α den niedrigsten Beulwert für den von uns betrachteten Fall liefert. Wir wissen also, dass das allseitig gelenkig gelagerte und in beide Koordinatenrichtungen auf Druck belastete Hautfeld immer mit einer Beule ausbeulen wird. Ob die Beule in positive oder in negative z-Richtung (Dickenrichtung des Hautfeldes) ausgebildet ist, können wir nicht ermitteln.

Die zugehörige kritische Spannung bestimmen wir, indem wir in Abb. 8.27 den Beulwert k ermitteln, der sich beim vorhandenen Seitenverhältnis α aus der Kurve $m = n = 1$ ergibt. Diesen Beulwert setzen wir danach in Gl. (8.178) ein.

Wir wollen uns jetzt genauer mit der Tragflügeloberseite, die am Anfang dieses Unterabschnitts erwähnt wird, befassen. Dazu legen wir - abweichend von üblichen Flugzeug-Koordinatensystemen - die x-Achse in Längsrichtung des Bauteils. Das Hautfeld wird dann nur in x-Richtung auf Druck belastet. Wir setzen in Gl. (8.178) $C = 0$. Der Beulwert vereinfacht sich dann merklich und ergibt sich zu

$$k = \left(\frac{m}{\alpha} + \alpha\,\frac{n^2}{m}\right)^2 . \tag{8.179}$$

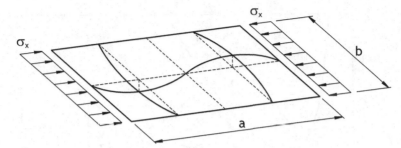

Abb. 8.29 Verformung des allseitig gelenkig gelagerten ebenen Hautfeldes unter Druckbelastung durch σ_x. Ausprägung von zwei Beulen in x- ($m = 2$) und einer Beule in y-Richtung ($n = 1$) bei $a/b = 2$

Da in dieser Gleichung n^2 im Zähler steht, liegt ein Minimum für den Beulwert k bei $n = 1$ vor. Das Hautfeld wird also immer eine Beule in y-Richtung bzw. in der unbelasteten Richtung ausbilden. Die Abbildung des Beulwertes k als Funktion des Seitenverhältnisses α führt jetzt auf sogenannte *Girlandenkurven*, wie sie in Abb. 8.28 dargestellt sind. Diese erhalten wir, wenn wir in Gl. (8.179) m variieren, wobei $n = 1$ ist. Aus jedem m resultiert ein Bogen der Girlande. Wie wir in Abb. 8.28 sehen, erhalten wir für jeden Bogen ein Minimum, wenn $\alpha = m$ ist. Folglich ist die Anzahl der Beulen in Lastrichtung bei Erreichen der kritischen Last immer identisch mit dem Seitenverhältnis. Beispielhaft ist in Abb. 8.29 ein ausgebeultes Hautfeld für $m = 2$ und $n = 1$ dargestellt.

Reale Bauteile sind immer imperfekt und beulen deshalb bei niedrigeren Lasten, als wir mit der vorgestellten Theorie berechnen. Aus diesem Grund nutzen wir die Spitzen, die sich zwischen zwei Bögen der Girlandenkurve ergeben, nicht aus. In der Regel zieht man eine horizontale Linie durch die Scheitelpunkte dieser Bögen und verwendet die damit definierte Grenzkurve für den Beulwert. Für lange Platten ist

Tab. 8.3 Randbedingungskoeffizienten p und q nach [5] für die unbelasteten Ränder der auf einseitigen Druck belasteten Lévy-Platte und minimaler Beulwert $k_{\min}$

Randbedingungen	p	q	$k_{\min}$	Nr. in Abb. 8.30
frei - frei	0	0	-	I
gelenkig - frei	0,425	0	0,425	II
eingespannt - frei	0,57	0,12	1,28	III
gelenkig - gelenkig	2	1	4	IV
eingespannt - gelenkig	2,27	2,45	5,4	V
eingespannt - eingespannt	2,5	5	6,97	VI

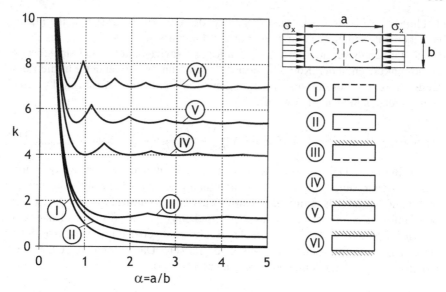

Abb. 8.30 Einfluss der Randbedingungen (vgl. Tab. 8.3) auf den Beulwert eines ebenen Hautfeldes unter Druckbelastung entlang von zwei gegenüberliegenden, gelenkig gelagerten Rändern zur Anwendung in der Beziehung $\sigma_{\text{krit}} = k\,\sigma_E$

der Unterschied zwischen der Grenzkurve und den Bögen der Girlandenkurve sogar vernachlässigbar und der auftretende Fehler sehr klein. Im Fall des allseitig gelenkig gelagerten ebenen Hautfeldes unter einseitigem Druck ist - unabhängig vom Seitenverhältnis - der minimale Beulwert bei Verwendung der Grenzkurve $k_{\min} = 4$.

Bereits im Unterabschnitt 8.2.1 haben wir gesehen, dass der Eulersche Knickbeiwert mit steiferer Lagerung anwächst und damit die kritische Last erhöht wird. Genauso verhält es sich mit den Randbedingungen von druckbelasteten ebenen Hautfeldern. Je steifer die Lagerung ist, desto größer wird der Beulwert k und folglich auch die kritische Spannung.

Abb. 8.30 enthält eine Zusammenstellung von Beulwerten als Funktion des Seitenverhältnisses für verschiedene Randbedingungen. Dabei ist das Hautfeld wieder in x-Richtung auf Druck belastet. Die belasteten Ränder sind gelenkig gelagert, die verbleibenden zwei Ränder variieren in ihrer Lagerung zwischen frei (also keine Lagerung und daher sehr weich), gelenkig gelagert (Durchbiegung verhindert, aber Biegewinkel ist möglich) und eingespannt (also sehr steif mit Verhinderung von Durchbiegung und Biegewinkel). Diese Lagerungen können an den beiden unbelasteten Hautfeldrändern kombiniert werden. Ein derartiges Hautfeld wird nach Maurice Lévy (1838-1910, französischer Mathematiker und Ingenieur) auch als *Lévy-Platte* bezeichnet. Neben der Navier-Platte ist die Lévy-Platte die am häufigsten anzutreffende Plattenkonfiguration. Das gilt für die Praxis und in besonderem Maße für vergleichende theoretische Betrachtungen. Der Grund dafür liegt in den vergleichsweise einfachen Ansatzfunktionen zur Lösung der partiellen Differentialgleichung (8.173). Ferner ist die Lévy-Platte der Grenzwert für sehr lange Platten, bei denen eine andere Lagerungsform an den kurzen Seiten vorliegt.

Wie wir bereits gesehen haben, werden für die Navier-Platte immer sinusförmige Ansatzfunktionen in den Koordinatenrichtungen x und y verwendet. Für die Lévy-Platte erfolgt die Lösung in Lastrichtung ebenfalls mit Sinus-Ansätzen. Das führt nach [5] letztendlich auf den Ausdruck

$$k = p + q \left(\frac{\alpha}{m}\right)^2 + \left(\frac{m}{\alpha}\right)^2 \tag{8.180}$$

für den Beulwert. Dabei sind p und q zwei Koeffizienten, die abhängig von den jeweiligen Randbedingungen Tab. 8.3 entnommen werden können. Außerdem enthält die Tabelle den jeweils minimalen Beulwert als untere Grenze. Für $p = q = 0$ geht das Hautfeld in den Euler-Fall II des Biegeknickens (vgl. Tab. 8.1) über. Daher können wir für diesen Fall keinen minimalen Beulwert angeben. Quer zur Lastrichtung bildet sich immer nur eine Beule aus. Die grafische Darstellung von Gl. (8.180) erfolgt für ausgewählte Randbedingungen in Abb. 8.30.

Beispiel 8.3 Die Flügeloberseite eines Flugzeuges wird während des Fluges auf Druck belastet (vgl. Unterabschnitt 6.2.4), da der Flügel infolge des Auftriebs nach oben gebogen wird. Die Flügelhaut ist zu ihrer Versteifung mit Rippen und mit Stringern, die ein offenes Profil haben, vernietet. Dadurch entstehen zwischen den Stringern und Rippen einzelne rechteckige Hautfelder, die näherungsweise eben sind. In Flügellängsrichtung verlaufen die langen Seiten der Hautfelder. Diese sind mit den Stringern verbunden. Die kurzen Hautfeldseiten sind mit den Rippen verbunden.

Gegeben Hautfeldlänge $a = 400\,\text{mm}$; Hautfeldbreite $b = 120\,\text{mm}$; Hautfelddicke $t = 0,8\,\text{mm}$; Elastizitätsmodul $E = 7 \cdot 10^4\,\text{MPa}$; Querkontraktionszahl $\nu = 0,3$

Gesucht Wie groß ist die kritische Beulspannung eines Hautfeldes auf der Flügeloberseite?

Lösung Die kritische Spannung des auf Druck belasteten Hautfeldes erhalten wir über Gl. (8.136). Dafür müssen wir zunächst den Beulwert k bestimmen, der in erster Linie von den Randbedingungen abhängig ist.

Da es sich bei den Stringern um offene Profile handelt, gehen wir von einer relativ geringen Torsionssteifigkeit aus. Die Stringer werden eine Verdrehung des Hautfeldrandes nur wenig behindern. Gleichzeitig betrachten wir die Biegesteifigkeit der Stringer als ausreichend, um die Ausbildung einer Beule am Rand des Hautfeldes - und damit eine Durchbiegung - zu verhindern. Daher wirken die Stringer als gelenkige Lagerung des Hautfeldes. Etwas komplizierter verhält es sich mit den Rippen, mit denen das Hautfeld an den kurzen Seiten vernietet ist. Üblicherweise sind derartige Rippen deutlich steifer als Stringer. Vermutlich entspricht die Anbindung des Hautfeldes an die Rippen eher einer Einspannung als einer gelenkigen Lagerung. Ohne genaue Kenntnis der eingesetzten Bauteile können wir das aber nicht abschließend beurteilen. Daher entscheiden wir uns für die weichere Form der Lagerung und betrachten alle Ränder als gelenkig gelagert.

Den Beulwert k können wir aus Abb. 8.28 oder direkt als minimalen Beulwert k_{min} aus Tab. 8.3 entnehmen. Wir erhalten in beiden Fällen $k = 4$. Damit wird die kritische Beulspannung des Hautfeldes

$$\sigma_{krit} = k \, \frac{\pi^2}{12 \, (1 - \nu^2)} \, E \, \frac{t^2}{b^2} = 11,25 \, \text{MPa} \, .$$

Falls wir feststellen, dass die vorhandene Spannung in einem auf Druck belasteten Hautfeld die kritische Spannung erreicht oder sogar überschreitet, gilt

$$\sigma_{vor} \geq \sigma_{krit} \quad \Rightarrow \quad \sigma_{vor} \geq k \, \frac{\pi^2}{12 \, (1 - \nu^2)} \, E \, \frac{t^2}{b^2} \, . \tag{8.181}$$

Wir müssen also überlegen, wie wir entweder die vorhandene Spannung reduzieren oder die kritische Spannung erhöhen können. Gehen wir davon aus, dass äußere Lasten nicht verringert werden können, müssen wir nach Möglichkeiten zur Erhöhung der kritischen Spannungen suchen.

Beispiel 8.4 Ein ebenes dünnes Hautfeld soll eine Druckkraft $F = 5 \, \text{kN}$ gemäß Abb. 8.31a) übertragen. Die unbelasteten Ränder sind frei, die belasteten Ränder sind gelenkig gelagert.

Gegeben Hautfeldlänge $l = 1 \, \text{m}$; Hautfeldbreite $b = 1 \, \text{m}$; Stringerwandstärke $t_{Str} = 3 \, \text{mm}$; Stringersteghöhe $h = 30 \, \text{mm}$; Stringerflanschbreite $c = 0,3 \, h$; Elastizitätsmodul $E = 7,1 \cdot 10^4 \, \text{MPa}$; Querkontraktionszahl $\nu = 0,3$

Gesucht

a) Welche Dicke t_1 des Hautfeldes ist erforderlich, damit $S_B = 1,8$ als Sicherheit gegen Beulen erreicht wird?

b) Welche Dicke t_2 des Hautfeldes ist erforderlich, wenn das Hautfeld an den freien Rändern mit jeweils einem Stringer (vgl. Abb. 8.31b)) ausgesteift wird? Die Stringer sind aus dem gleichen Material wie das Hautfeld. Sie werden voll an der Lastübertragung beteiligt und bleiben während der Lastaufbringung gerade. Näherungsweise kann von $b_2 \approx b$ ausgegangen werden. Es soll ebenfalls $S_B = 1,8$ erreicht werden.

c) Wie groß ist der Gewichtsvorteil durch die Aussteifung mittels Stringer?

Lösung a) Ausgangspunkt für die Lösung des Problems ist das Verhältnis von zulässiger zu vorhandener Spannung, das gleichzeitig die Sicherheit gegen Beulen definiert. Wir beginnen daher mit $S_B \leq \frac{\sigma_{zul}}{\sigma_{vor}}$, wobei wir für die zulässige Spannung die kritische Beulspannung σ_{krit} und für die vorhandene Spannung $\sigma_{vor} = \frac{F}{A_1}$ einsetzen.

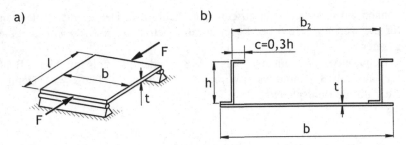

Abb. 8.31 a) Hautfeld unter Druckbelastung und b) durch Stringer ausgesteiftes Hautfeld

Die Fläche A_1 ergibt sich aus der Hautfeldbreite und der gesuchten Dicke t_1 zu $A_1 = b\,t_1$.

Mit Gl. (8.135) können wir auch die kritische Beulspannung bestimmen. Allerdings ist noch die Frage nach der Größe des Beulwertes k zu klären. Dieser Wert ergibt sich über Gl. (8.180). Aus Tab. 8.3 erhalten wir zunächst die Koeffizienten $p = q = 0$ und damit für das betrachtete quadratische Hautfeld mit $\alpha = 1$ den Beulwert $k = 1$ bei $m = n = 1$.

Setzen wir jetzt alle Werte ineinander ein, folgt ein Ausdruck für die Sicherheit gegen Beulen, den wir nach der gesuchten Dicke t_1 auflösen

$$S_B \leq \frac{\frac{\pi^2}{12\,(1-\nu^2)}\,E\,\frac{t_1^2}{b^2}}{\frac{F}{b\,t_1}} \quad \Rightarrow \quad t_1 \geq \sqrt[3]{\frac{12\,(1-\nu^2)\,S_B\,F\,b}{E\,\pi^2}}\,.$$

Es ist also mindestens eine Hautfelddicke von $t_1 = 5,2$ mm erforderlich, um die Druckkraft mit einer Sicherheit gegen Beulen von $1,8$ übertragen zu können.

b) Bei dem durch zwei Stringer ausgesteiften Hautfeld sind die Stringer an der Lastübertragung beteiligt und bleiben während der Lastaufbringung steif und gerade. Die verwendeten Stringerprofile weisen nur eine geringe Torsionssteifigkeit auf. Sie wirken daher wie gelenkige Lagerungen an den zuvor freien Rändern des Hautfeldes. Gleichzeitig erhöhen sie die lasttragende Fläche. Daher ergibt sich die neue Querschnittsfläche zu $A_2 = b\,t_2 + 2\,(2\,c + h)\,t_{\text{Str}}$. Außerdem ergibt sich der neue Beulwert nach Tab. 8.3 zu $k = 4$.

Setzen wir wieder alle Werte in die Bedingung $S_B \leq \frac{\sigma_{\text{zul}}}{\sigma_{\text{vor}}}$ ein, können wir nicht unmittelbar nach der gesuchten Dicke t_2 umstellen. Wir erhalten zunächst eine kubische Gleichung für die Hautfelddicke

$$0 \leq t_2^3 + \frac{2\,(2\,c + h)\,t_{\text{Str}}}{b}\,t_2^2 - \frac{12\,\left(1 - \nu^2\right)\,S_B\,b\,F}{k\,\pi^2\,E}\,.$$

Diese Gleichung können wir mit den Cardanischen Formeln lösen. Alternativ ist auch eine Lösung durch Probieren möglich. Dabei setzen wir $t_2 = t_1 = 5,2$ mm als Startwert ein. Anschließend verringern wir den Betrag von t_2 so lange, bis die rechte Seite der Gleichung null ergibt. Das ist genau bei der mindestens erforderlichen Hautfelddicke $t_2 = 3,2$ mm der Fall.

c) Den Gewichtsvorteil durch den Einsatz der Stringer können wir aus dem Verhältnis der beiden Gewichtskräfte $\frac{G_1}{G_2}$ ermitteln. Die jeweilige Gewichtskraft ergibt sich über die zugehörigen Massen und die Erdanziehung $G = m\,g$, wobei sich die Massen selbst aus dem Volumen $V = A\,l$ und der Dichte des verwendeten Materials bestimmen lassen. Da die Stringer und das Hautfeld aus dem gleichen Material bestehen und gleich lang sind, reduziert sich das Problem auf das Verhältnis der Querschnittsflächen. Wir bestimmen mit den Hautfelddicken t_1 und t_2 schließlich das Gewichtsverhältnis $\frac{G_1}{G_2} \approx 1{,}5$.

Das nicht versteifte Hautfeld ist also 50 % schwerer als das mit Stringern versteifte Hautfeld.

8.4.2 Ebene Hautfelder unter Schubbelastung

Bei kleinen Hautfelddicken kann auch eine Schubbelastung in der Bauteilebene zum Beulen des Hautfeldes führen. Das beobachten wir u. a. bei sogenannten *Schubfeldträgern*, mit denen wir uns im Abschnitt 9.3 beschäftigen werden.

Für den Fall des homogenen und isotropen Hautfeldes konstanter Dicke können wir wieder von der Differentialgleichung 4. Ordnung (vgl. Gl. (8.173)) ausgehen, wir betrachten jedoch nur eine Schubbelastung des Hautfeldes durch den Schubfluss n_{xy} bzw. die Schubspannung $\tau_{xy} = \frac{n_{xy}}{t}$

$$K\left[\frac{\partial^4 w}{\partial x^4} + 2\,\frac{\partial^4 w}{\partial x^2\,\partial y^2} + \frac{\partial^4 w}{\partial y^4}\right] + 2\,t\,\tau_{xy}\,\frac{\partial^2 w}{\partial x\,\partial y} = 0 \ . \tag{8.182}$$

Lösungen dieser partiellen Differentialgleichung sind mathematisch sehr viel aufwändiger als beim Druckbeulen. Selbst bei den vergleichsweise einfachen Randbedingungen der Navier-Platte sind geschlossene Lösungen nur für Hautfelder möglich, die in einer Koordinatenrichtung unendlich lang sind. Derartige Hautfelder werden auch als *Plattenstreifen* bezeichnet. Für Hautfelder endlicher Länge existieren lediglich Näherungslösungen. Auf diese wollen wir hier nicht näher eingehen. Wir drücken die kritische Schubspannung τ_{krit} deshalb in Analogie zu Gl. (8.136) über die Eulersche Knickspannung aus

$$\tau_{\mathrm{krit}} = k_\tau\,\sigma_E \ . \tag{8.183}$$

Auch beim Schubbeulen wird vielfach $k_\tau^* = \frac{\pi^2}{12}\,\frac{k_\tau}{1-\nu^2}$ angegeben. Das führt wie in Gl. (8.138) auf einen alternativen Ausdruck für die kritische Schubspannung

$$\tau_{\mathrm{krit}} = k_\tau^*\,E\,\frac{t^2}{b^2} \ . \tag{8.184}$$

Dabei ist b immer die kürzere Seitenlänge des Hautfeldes.

Die Darstellung des Beulwertes k_τ als Funktion des Seitenverhältnisses $\beta = \frac{b}{a}$ erfolgt üblicherweise durch abschnittsweise ermittelte Funktionen. Diese sind teil-

Tab. 8.4 Randbedingungskoeffizienten c und d für das auf reinen Schub belastete ebene Hautfeld nach [5]

Randbedingungen	c	d	Nr. in Abb. 8.32
allseitig gelenkig	5,34	4,00	I
lange Ränder eingespannt - kurze Ränder gelenkig	5,34	6,94	II
lange Ränder gelenkig - kurze Ränder eingespannt	8,98	3,30	III
allseitig eingespannt	8,98	5,60	IV

weise experimentell und teilweise über Näherungslösungen entstanden. Nach [5] können sie jedoch über parabolische Beziehungen angenähert werden, was für die praktische Arbeit sehr hilfreich ist. Wir verwenden deshalb

$$k_\tau = c + d\,\beta^2\,, \qquad \beta = \frac{b}{a} \le 1\,. \tag{8.185}$$

Dabei sind c und d Koeffizienten, die abhängig von den jeweiligen Randbedingungen Tab. 8.4 entnommen werden können. Der Einfluss der Randbedingungen auf den Beulwert k_τ ist in Abb. 8.32 dargestellt. Je steifer die Randbedingung ist, desto höher ist der Beulwert. Damit steigt gleichzeitig die kritische Schubspannung an.

Ähnlich dem Druckbeulen haben wir auch beim Schubbeulen unterschiedliche Möglichkeiten, die kritische Schubspannung zu erhöhen. Vergleichsweise einfach

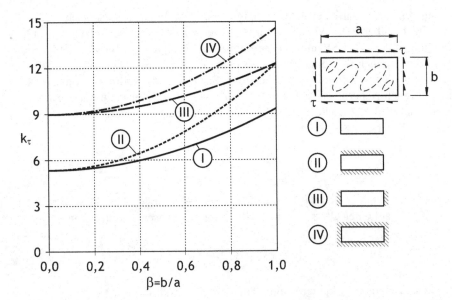

Abb. 8.32 Einfluss der Randbedingungen (vgl. Tab. 8.4) auf den Beulwert k_τ bei reiner Schubbelastung eines ebenen Hautfeldes zur Anwendung in der Beziehung $\tau_{krit} = k_\tau\,\sigma_E$

ist die Erhöhung der Hautfeldstärke zu realisieren. Allerdings zieht das immer einen entsprechenden Gewichtszuwachs nach sich. Alternativ kann die Größe des Hautfeldes verändert werden, indem zusätzliche berandende Steifen eingeführt werden. Beide Varianten müssen wir unter dem Gewichtsaspekt prüfen.

Beispiel 8.5 Ein dünnwandiger Kastenträger mit Eckversteifungen gemäß Abb. 8.33 soll ein Torsionsmoment $T = 4\,\text{kN m}$ übertragen.

Gegeben Länge $l = 1\,\text{m}$; Breite $b = 500\,\text{mm}$; Höhe $h = 200\,\text{mm}$; Elastizitätsmodul $E = 7 \cdot 10^4\,\text{MPa}$; Querkontraktionszahl $\nu = 0{,}3$

Gesucht

a) Wie sind die Wanddicken t_1 und t_2 bei einer Sicherheit $S_B = 2$ gegen Beulen zu wählen?
b) Wie ändert sich die Wanddicke t_1^* des oberen Hautfeldes, wenn es durch drei Stringer (gleiche Profile wie die Eckversteifungen) in vier gleich große Felder unterteilt wird?
c) Wie groß ist die Gewichtsersparnis, wenn $A_{\text{Str}} = 100\,\text{mm}^2$ der Stringerquerschnitt ist und der Kastenträger sowie die Stringer aus dem gleichen Material bestehen?

Lösung a) Die Forderung nach zweifacher Sicherheit gegen Beulen führt uns mit Gl. (8.183) auf einen Ausdruck, der die vorhandene Schubspannung τ_{vor} und die zulässige Schubspannung τ_{zul} enthält

$$S_B\,\tau_{\text{vor}} \leq \tau_{\text{zul}} \qquad \Leftrightarrow \qquad 2\,\tau_{\text{vor}} \leq k_\tau\,\sigma_E\,.$$

Die vorhandene Schubspannung berechnen wir mit der 1. Brcdtschen Formel (vgl. Gl. (4.19)) unter Verwendung der eingeschlossenen Fläche $A_m = b\,h$

$$\tau_{\text{vor}} = \frac{T}{2\,A_m\,t} \qquad \Leftrightarrow \qquad \tau_{\text{vor}} = \frac{T}{2\,b\,h\,t}\,,$$

wobei die Wanddicke t die Werte t_1 und t_2 annimmt.

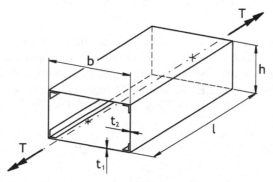

Abb. 8.33 Kastenträger mit Eckversteifungen unter Torsionsbelastung

Bezeichnen wir mit c die Breite des betrachteten Hautfeldes, können wir mit der Eulerschen Knickspannung $\sigma_E = \frac{\pi^2}{12\,(1-\nu^2)}\,E\,\frac{t^2}{c^2}$ die Ungleichung

$$2\,\frac{T}{2\,b\,h\,t} \le k_\tau\,\frac{\pi^2}{12\,(1-\nu^2)}\,E\,\frac{t^2}{c^2}$$

nach der gesuchten Wanddicke t auflösen

$$t \ge \sqrt[3]{\frac{12\,(1-\nu^2)\,T\,c^2}{k_\tau\,b\,h\pi^2\,E}}\;.$$

Jetzt müssen wir noch den Schubbeulwert k_τ bestimmen. Wenn wir davon ausgehen, dass die Eckversteifungen des Kastenträgers hinreichend steif sind, können wir diese als Einspannung für alle Hautfeldränder auffassen.

Mit Abb. 8.32 oder aus Gl. (8.185) bestimmen wir die Schubbeulwerte

$$k_\tau = 8{,}98 + 5{,}6\,\frac{c^2}{l^2}\;.$$

Setzen wir für c die Kastenbreite b ein, ist der Schubbeulwert für das obere und untere Hautfeld des Kastens $k_\tau = 10{,}4$. Für die Seitenwände ergibt sich mit $c = h$ der Schubbeulwert $k_\tau = 9{,}22$.

Für die Seitenwände benötigen wir also eine Wanddicke von $t = t_2 = 1{,}34\,\text{mm}$ und für die oberen und unteren Hautfelder $t = t_1 = 2{,}48\,\text{mm}$.

b) Unterteilen wir jetzt die obere Seite des Kastenträgers durch drei Stringer in vier Hautfelder, erhalten wir eine neue Hautfeldbreite $b^* = 125\,\text{mm}$. Da die verwendeten Stringer (L-Profile) nicht als torsionssteif angesehen werden können, betrachten wir die langen Hautfeldseiten zwischen den Stringern als gelenkig gelagert. Die kurzen Seiten sind noch immer eingespannt. Somit ergibt sich

$$k_\tau = 8{,}98 + 3{,}3\,\frac{c^2}{l^2} = 9{,}03\;.$$

Im oberen Hautfeld ist mit $c = b^*$ nur noch eine Dicke $t_1^* = 1{,}03\,\text{mm}$ erforderlich.

c) Die Gewichtskraft des oberen Hautfeldes errechnen wir über die Gleichung $G = \rho\,g\,A\,l$. Da die Dichte ρ, die Erdanziehung g und die Länge l für das Hautfeld mit und ohne Stringer gleich groß sind, benötigen wir nur die Querschnittsflächen. Für das Hautfeld ohne Stringer gilt $A = t_1\,b = 1240\,\text{mm}^2$. Mit drei Stringern folgt $A = t_1^*\,b + 3\,A_{\text{Str}} = 815\,\text{mm}^2$. Die Gewichtsersparnis beträgt somit $34{,}3\,\%$.

8.4.3 Dünnwandige Profilstäbe

Dünnwandige Profilstäbe unter Axialdruck, wie sie beispielsweise als Stringer in ausgesteiften Hautfeldern verwendet werden, sind durch sehr unterschiedliche Versagensformen gekennzeichnet. Abhängig von den geometrischen Verhältnissen des Profilstabes und den Materialeigenschaften beobachten wir globale oder lokale Fälle des Versagens. Sie können miteinander kombiniert oder einzeln auftreten.

Elastisch-plastisches Stauchen bei einem Lastniveau oberhalb der Fließgrenze σ_F (vgl. Abschnitt 2.6) stellen wir vielfach bei kurzen gedrungenen Vollprofilen oder Profilstäben mit größeren Wanddicken fest. Es handelt sich dabei nicht um ein Stabilitätsproblem.

Ein typisches globales Stabilitätsproblem gedrückter Profilstäbe ist das Knicken. Dabei kann Biegeknicken nach Euler oder Drillknicken bzw. Biegedrillknicken auftreten. Mit diesen Versagensfällen haben wir uns bereits in den Unterabschnitten 8.2.1 und 8.2.4 befasst. Es handelt sich immer um langwellige Versagensformen, wobei die Wellenlänge in der gleichen Größenordnung wie die Profillänge liegt. Die Querschnittsform des Profils bleibt erhalten, während die Profillängsachse ausweicht.

Den Übergang vom globalen Euler-Knicken zum elastisch-plastischen Stauchen haben wir in Unterabschnitt 8.2.3 mit dem Modell nach Engesser und von Kármán beschrieben.

Das Versagen von Profilstäben mit kleinen Schlankheitsgraden λ und geringen Wanddicken erfolgt statt durch Stauchen oftmals durch eine lokale Instabilität der Profilwände. Die Profilwände beginnen zu beulen. Wie wir in Abb. 8.34 sehen, ähnelt dieses Beulen der Profilwände dem Beulen schmaler, langer Hautfelder. Es handelt sich um eine kurzwellige Beulform. Die Wellenlänge ist bei dünnwandig geschlossenen Profilen oder bei beidseitig an Flanschen angeschlossenen Stegen üblicherweise in der gleichen Größenordnung wie die Profilwandbreite. Nur bei dünnwandigen Flanschen mit einer ungestützten Längsseite kann die Wellenlänge der Beule der Länge des Profilstabes entsprechen.

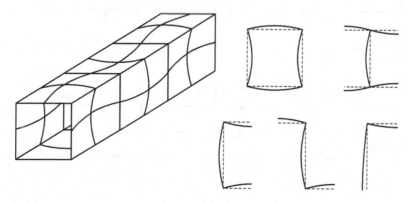

Abb. 8.34 Lokales Beulen dünnwandiger Profilstäbe

In Abb. 8.34 ist erkennbar, dass sowohl bei dünnwandig offenen als auch bei dünnwandig geschlossenen Profilstäben die Ecken und Verzweigungspunkte der Profilwände gerade bleiben. Sie wirken stabilisierend und sind Knotenlinien der Beulwellen. Daher können wir sie als Lagerungen der Profilwände auffassen. Es spielt dabei keine Rolle, ob wir beispielsweise ein Z- oder ein U-Profil betrachten. Beide Profile bestehen aus zwei Flanschen, die an einer Längsseite mit dem Steg verbunden sind, sowie dem Steg selbst, der an beiden Längsseiten mit den Flanschen verbunden ist. Die Abwicklung beider Profile ist identisch. Wir können das lokale Beulen der Profilwände letztendlich auf das Beulen schmaler Hautfelder zurückführen.

An den Längsseiten dieser Hautfelder sind insgesamt vier typische Kombinationen von Randbedingungen möglich. In der Regel werden wir die Anbindung einer Profilwand an eine benachbarte Profilwand als gelenkige Lagerung betrachten können. Nur in Ausnahmefällen, wenn z. B. die Anschlusskanten noch zusätzlich ausgesteift sind, betrachten wir die Anbindung als Einspannung. Eine derartige Aussteifung würde einen Biegewinkel in unmittelbarer Nähe der Anschlusskante verhindern. Folglich können wir bei geschlossenen Profilen jede Profilwand als beidseitig gelenkig gelagert betrachten. Bei offenen Profilen gehen wir davon aus, dass freie Flansche als einseitig gelenkig gelagert und einseitig frei analysiert werden können. Die Stege mit zwei Anschlusskanten modellieren wir als beidseitig gelenkig gelagert.

Vergleicht man beispielsweise den Beulwert von allseitig gelenkig gelagerten Hautfeldern unter einachsigem Druck mit dem Beulwert eines Hautfeldes, bei dem die lastfreien Ränder gelenkig und die lasttragenden Ränder eingespannt sind, wird der Unterschied zwischen beiden Beulwerten bereits ab einem Verhältnis der Profilwandlänge zur -breite $\frac{l}{b} > 3$ vernachlässigbar. Da die Profilstäbe sehr lang im Vergleich zu den Profilwandbreiten sind ($l \gg b$), gehen wir immer von gelenkigen Lagerungen der lasttragenden kurzen Profilwandseiten aus. Jede Profilwand wird somit eine *Lévy-Platte*. Die Lösung des Beulproblems ist uns daher aus Unterabschnitt 8.4.1 bekannt. Wir entnehmen die minimalen Beulwerte k_{min} direkt aus Tab. 8.3. Die bei Profilstäben relevanten Beulwerte sowie eine Zusammenstellung der charakteristischen Wellenlängen χ sind in Tab. 8.5 zusammengefasst.

Tab. 8.5 Beulwerte k_{min} und charakteristische Wellenlängen χ für das lokale Beulen dünnwandiger Profilstäbe

Randbedingungen	Wellenlänge χ	Beulwert k_{min}
gelenkig - gelenkig	$\chi \approx b$	4
eingespannt - eingespannt	$\chi < b$	6,97
gelenkig - frei	$\chi \approx l$	0,425
eingespannt - frei	$b < \chi < l$	1,28

Somit können wir das lokale Beulen einer Profilwand i auf Gl. (8.136) zurückführen und über die Beziehung

$$\sigma_{i\,\text{krit}} = k\,\frac{\pi^2}{12\,(1-\nu^2)}\,E\,\frac{t^2}{b^2} \tag{8.186}$$

lösen. Für einen Profilstab ergibt sich demnach die kritische Gesamtlast aus der Summe der kritischen Einzellasten der Profilwände mit der jeweiligen Fläche $b_i\,t_i$

$$\sigma_{\text{krit}} = \frac{\sum\limits_{i} \sigma_{i\,\text{krit}}\,t_i\,b_i}{\sum\limits_{i} t_i\,b_i}. \tag{8.187}$$

Wir gehen also davon aus, dass alle Profilwände gleichzeitig beulen. Darüber hinaus handelt es sich um eine Beullast im linear-elastischen Materialbereich.

Beispiel 8.6 Ein Profilstab mit quadratischem Hohlquerschnitt soll gemäß Abb. 8.35 eine Druckkraft $F = 30\,\text{kN}$ entlang der Stablängsachse sicher übertragen.

Gegeben Länge $l = 1\,\text{m}$; Wandstärke $t = 1,2\,\text{mm}$; Seitenlänge $a = 50\,\text{mm}$; Elastizitätsmodul $E = 7\cdot 10^4\,\text{MPa}$; Proportionalitätsgrenze $\sigma_P = 300\,\text{MPa}$; Querkontraktionszahl $\nu = 0,3$

Gesucht Mit welcher Sicherheit kann die Druckkraft durch den Profilstab übertragen werden?

Lösung Da wir für die nachfolgenden Rechnungen sowohl die Querschnittsfläche A als auch das Flächenträgheitsmoment I benötigen, stellen wir zunächst diese Daten bereit. Dabei können wir leichtbaugerechte Näherungen anwenden, da das Hohlprofil dünnwandig ($t \ll a$) ist. Für die Querschnittsfläche erhalten wir dann $A \approx 4\,at \approx 240\,\text{mm}^2$ und für das Flächenträgheitsmoment $I \approx 2\left(\frac{1}{12}t\,a^3 + a\,t\,(\frac{a}{2})^2\right) \approx 10^5\,\text{mm}^4$.

Unter Berücksichtigung möglicher Versagensfälle suchen wir den kleinsten Wert aller vorhandenen Sicherheiten. Wir betrachten dazu das globale Biegeknicken nach Euler, das Stauchen des Profilstabes (plastisches Verformen) und das lokale Beulen der Profilstabwände. Drillknicken bzw. Biegedrillknicken wird bei dem vorliegenden quadratischen Hohlquerschnitt nicht auftreten.

Schnitt A-A

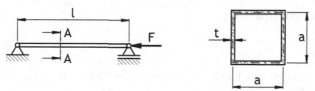

Abb. 8.35 Profilstab mit quadratischem Hohlquerschnitt unter Druckbelastung

Da der Profilstab an beiden Enden gelenkig gelagert ist, können wir für das Biegeknicken von Euler-Fall II gemäß Tab. 8.1 und von einem Knickbeiwert $k_E = 1$ ausgehen. Somit erhalten wir nach Gl. (8.35) eine kritische Knickkraft von

$$F_K = \frac{\pi^2 EI}{l^2} = 69,1\,\text{kN} \ .$$

Die Knicksicherheit beträgt $S_K = \frac{F_K}{F} = 2,3$.

Für die kritische Kraft, die zum Stauchen des Profilstabes führt, gehen wir von Gl. (2.14) aus. Da die Fließgrenze des Materials nicht bekannt ist, verwenden wir ersatzweise die Proportionalitätsgrenze σ_P und erhalten

$$F_S \approx \sigma_P A = 72\,\text{kN}$$

sowie die zugehörige Sicherheit $S_S = \frac{F_S}{F} = 2,4$.

Die Sicherheiten gegen Biegeknicken nach Euler und gegen plastische Verformung liegen sehr dicht beieinander. Deshalb ist zu vermuten, dass auch der Schlankheitsgrad λ des Profilstabes und der Grenzschlankheitsgrad λ_P dicht beieinander liegen. Diese Vermutung wollen wir überprüfen. Mit Gl. (5.118) wird der Schlankheitsgrad $\lambda = l\,\sqrt{A/I} = 49$. Den Grenzschlankheitsgrad ermitteln wir mit Gl. (8.57) zu $\lambda_P = \pi\,\sqrt{E/\sigma_P} = 48$. Unsere Vermutung wurde also bestätigt. Der Schlankheitsgrad des untersuchten Profilstabes ist nur geringfügig größer als der Grenzschlankheitsgrad (vgl. Abb. 8.11).

Als nächstes untersuchen wir das lokale Beulen der Profilwände. Bei dem vorliegenden Hohlprofil handelt es sich um ein dünnwandig geschlossenes Profil. Wir betrachten alle Profilwände als gelenkig mit angrenzenden Profilwänden verbunden, da keine Eckversteifungen vorliegen. Gemäß Tab. 8.5 gilt dann der Beulwert $k = 4$. Zur Bestimmung der kritischen Beulspannung verwenden wir die Gln. (8.186) und (8.187). Es folgt

$$\sigma_{\text{krit}} = k\,\frac{\pi^2}{12\,(1 - \nu^2)}\,E\,\frac{t^2}{b^2} = 146\,\text{MPa} \ .$$

Damit sind nun die kritische Beulkraft $F_B = \sigma_{\text{krit}}\,A = 35\,\text{kN}$ und die zugehörige Sicherheit $S_B = \frac{F_B}{F} = 1,17$ bestimmbar. Folglich kann der Profilstab die vorhandene Druckkraft nur mit der Sicherheit $S = \min(S_K, S_S, S_B) = 1,17$ übertragen. Das Versagen des Profilstabes beginnt durch lokales Beulen.

8.5 Zusammenfassung

Allgemeines

- Dünnwandige und schlanke Strukturen unter Druck- und/oder Schubbelastung sind stabilitätsgefährdet.

- Man unterscheidet stabile, labile und indifferente Gleichgewichtslagen.

- Eine Theorie zweiter Ordnung liefert kritische Lasten, aber keine Verformungswerte. Gleichgewichtsbeziehungen müssen am verformten System aufgestellt werden.

Knicken gerader Stäbe

- Elastisches Biegeknicken nach Euler wird in vier Grundfälle unterschieden. Die kritische Last hängt wesentlich von der Lagerung ab

$$F_{\text{krit}} = k_E \, \frac{\pi^2 \, EI}{l^2} \; .$$

- Bei geringen Schlankheitsgraden λ tritt inelastisches Knicken auf.

- Exzentrische Lasteinleitung verringert die kritische Last.

- Dünnwandig offene Profile können auf Drillknicken oder Biegedrillknicken versagen.

Kippen von Biegeträgern

- Bei schmalen, hohen Biegeträgern mit stark unterschiedlichen Flächenträgheitsmomenten erfolgt ein Biegen und Drillen der Struktur.

- Die Kipp-Problematik wird durch die folgende Differentialgleichung beschrieben

$$EI_z \, EC_T \, \vartheta^{(IV)} - EI_z \, GI_T \, \vartheta'' - M_{by}^2 \, \vartheta = 0 \; .$$

Beulen

- Die kritische Beulspannung ist stark von den Randbedingungen abhängig. Diese beeinflussen den Beulwert k bzw. k_τ.

- Für das Druckbeulen ebener Hautfelder gilt

$$\sigma_{\text{krit}} = k \, \sigma_E = k \, \frac{\pi^2}{12 \, (1 - \nu^2)} \, E \, \frac{t^2}{b^2} \; .$$

- Die kritische Schubspannung ebener Hautfelder wird über σ_E ausgedrückt

$$\tau_{\text{krit}} = k_\tau \, \sigma_E \; .$$

- Bei Profilstäben kann lokales Profilwandbeulen auftreten. Die kritische Gesamtlast ergibt sich aus den kritischen Lasten der einzelnen Profilwände zu

$$\sigma_{\text{krit}} = \frac{\sum_i \sigma_{i\,\text{krit}} \, t_i \, b_i}{\sum_i t_i \, b_i} \; .$$

8.6 Verständnisfragen

1. Welche Gleichgewichtsarten unterscheidet man? Wodurch werden sie charakterisiert?

2. Wodurch unterscheiden sich die Euler-Fälle und was beschreiben sie?

3. Wie beeinflusst eine exzentrische Lasteinleitung das Stabilitätsverhalten von Druckstäben?

4. Was ist Biegedrillknicken? Bei welchen Profilen tritt es auf?

5. Welche Strukturbauteile neigen besonders zum Kippen? Wie kann man dem Kippen entgegenwirken?

6. Was versteht man unter dem Beulwert? Wodurch kann er erhöht werden?

7. Worin unterscheiden sich Navier- und Lévy-Platten?

8. Was versteht man unter einer Girlandenkurve? Wofür ist sie typisch?

9. Welche Auswirkungen haben die Randbedingungen auf das Schubbeulen?

10. Welche Versagensformen müssen bei druckbelasteten dünnwandigen Profilen berücksichtigt werden?

Kapitel 9
Schubwand- und Schubfeldträger

Lernziele

Die Studierenden sollen

- die grundlegenden Unterschiede und Gemeinsamkeiten der mechanischen Modelle Schubwandträger und Schubfeldträger kennen,
- offene und geschlossene Schubwandträger berechnen,
- Schubfeldträger aus Rechteck-, Parallelogramm- und Trapezfeldern bzgl. der Spannungen und Verformungen untersuchen
- sowie die statische Bestimmtheit von Schubfeldträgern beurteilen können.

9.1 Einführung

In den vorausgegangenen Kapiteln haben wir bereits unterschiedliche mechanische Modelle der Strukturmechanik kennen gelernt. Wir sind stets davon ausgegangen, dass jedes Strukturbauteil (mit Ausnahme von Stäben, die nur Normalkräfte aufnehmen können) für die Übertragung unterschiedlicher Lasten herangezogen wird. Eine Funktionstrennung oder gezielte Aussteifung - mit Ausnahme beulgefährdeter Hautfelder - haben wir nicht betrachtet.

In diesem Kapitel wollen wir uns mit Bauteilen befassen, die besonders leichtbaugerecht sind. Darunter wollen wir verstehen, dass nur soviel Material in der Struktur eingesetzt wird, wie zur Erfüllung der Anforderungen bzgl. Steifigkeit, Festigkeit usw. unbedingt notwendig ist. Betrachten wir beispielsweise ein Fachwerk, so stellt es - aus Sicht des Leichtbaus - grundsätzlich eine gute Lösung dar. Bei Fachwerken bzw. Stäben wird das Material in Stabrichtung an jeder Stelle gleich beansprucht. Der Werkstoff wird daher maximal zum Lasttragen herangezogen. Allerdings müssen Bauteile in vielen Fällen weitere Funktionen neben dem Lasttragen erfüllen. Folglich stellt ein Fachwerk - im Sinne des Leichtbaus - nur solange eine gute Lösung dar, wie das entsprechende Bauteil nicht verkleidet oder abgedichtet

© Springer-Verlag Berlin Heidelberg 2015
M. Linke, E. Nast, *Festigkeitslehre für den Leichtbau*, DOI 10.1007/978-3-642-53865-0_9

werden muss. Wenn aus Gründen der Ästhetik, der Aerodynamik, der Wärmedämmung usw. eine Verkleidung erforderlich ist, gelangen wir an die Grenzen des mechanischen Modells Fachwerk. Bei diesem Modell hat die Verkleidung keine lasttragende Funktion, trägt aber einen wesentlichen Anteil zum Gesamtgewicht bei. Das ist nicht leichtbaugerecht.

Sehr viel besser wäre eine Lösung, bei der die Verkleidung einen gewissen Anteil an der Übertragung der Lasten übernehmen würde. Das ist beispielsweise bei Schalen, die in einzelne Richtungen versteift sein können, der Fall. Sie ermöglichen das Schließen der Struktur nach außen und das Übertragen von Normal- und Schubspannungen. Allerdings werden beide Lastanteile in den Hautfeldern übertragen, wodurch gewöhnlich eine inhomogene Materialbeanspruchung im Bauteil resultiert.

Durch eine gezielte Aussteifung von Strukturbauteilen ist es jedoch möglich, einzelnen Bereichen einer Gesamtstruktur Beanspruchungen zuzuweisen, die in diesen Bereichen primär übertragen werden. Das führt auf eine homogenere Materialbeanspruchung als in einer Schale. Betrachten wir nur die primär auftretenden Beanspruchungen in Teilstrukturen einer aus Leichtbaugründen ausgesteiften Gesamtstruktur, können wir diese Strukturen einer vereinfachten ersten Berechnung oder Vorauslegung zugänglich machen. In erster Linie geht es um eine Aufgabentrennung bei der Übertragung von Normalspannungen auf der einen Seite und Schubspannungen auf der anderen Seite. Eine solche Aufgaben- bzw. Funktionstrennung liegt beim Vollwandsystem vor, bei dem wir zudem auch eine vereinfachte Strukturanalyse anwenden können. Die Fachwerk- und die Vollwandbauweise sind in den Abbn. 9.1a) und b) anhand eines Kastenträgers, der Biege- wie auch Torsionsmomente und Normal- sowie Querkräfte aufnehmen kann, gegenübergestellt. Nachfolgend werden wir uns intensiv mit dem Vollwandsystem auseinandersetzen.

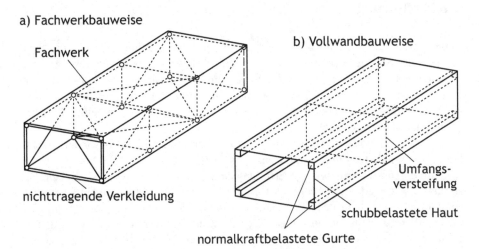

Abb. 9.1 Kasten in a) Fachwerkbauweise und b) Vollwandbauweise

Ein *Vollwandsystem* besteht aus Steifen und dünnen Hautfeldern, die nur in Hautfeldebene (bzw. in der Tangentialebene) beansprucht werden. Die Steifen sind üblicherweise gerade und verlaufen entweder nur in Längs- oder in Längs- und Querrichtung. Eine Anpassung an die Belastung - im Sinne einer gleichmäßigen Beanspruchung bis zur zulässigen Belastungsgrenze - ist beim Vollwandsystem einfacher möglich als bei einer Schale oder einem Hautfeld konstanter Dicke. Bei diesen bewirkt eine beliebige Belastung zwar eine stetige, i. Allg. aber ungleichmäßige Verteilung von Normal- und Schubkräften bzw. -spannungen.

Die Steifen eines Vollwandsystems müssen über ihre gesamte Länge mit den Hautfeldern verbunden sein. Dies kann z. B. durch Kleben oder Nieten erfolgen. Näherungsweise können wir auch Sicken als Steifen betrachten. Zwei Hautfelder können nicht direkt aneinander grenzen. Sie sind immer durch eine Steife getrennt.

Eine Berechnung von Vollwandsystemen ist nur in Sonderfällen exakt möglich. Wir suchen daher eine vereinfachte Berechnungsstrategie, mit der wir das Strukturverhalten mit geringem Aufwand abschätzen können. Überlegen müssen wir, welche Näherungen wir verwenden und welche Einflüsse auf das Strukturverhalten wir eventuell vernachlässigen können. Als Berechnungsmodell sind grundsätzlich das ausgesteifte Hautfeld oder das Modell des Schubfeldschemas geeignet. Entscheidend für die Wahl des Berechnungsmodells sind die spezielle Ausführung des Vollwandsystems und die gesuchten Berechnungsergebnisse.

Beim Modell des ausgesteiften Hautfeldes werden die Hautfelder und Steifen zu einem quasi-homogenen Ersatzbauteil verschmiert. Dieses Modell ist also ungeeignet, wenn wir beispielsweise das Versagen der Steifen oder der Verbindung zwischen Steife und Hautfeld abschätzen möchten.

Das Modell des *Schubfeldschemas* können wir in verschiedene Ausführungen bzw. Varianten unterteilen. Die Begriffe, die dabei verwendet werden, sind in einzelnen Veröffentlichungen z. T. sehr unterschiedlich und die Abgrenzungen nicht immer einheitlich. Wir wollen hier zwischen Schubwandträger- und Schubfeldträger-Konstruktionen unterscheiden.

Gemeinsam ist beiden Varianten, dass die Steifen als schlank angesehen werden. Wegen ihrer Schlankheit modellieren wir sie als Stäbe. Sie können keine Biegemomente übertragen, sind gelenkig miteinander verbunden und nehmen nur Normalkräfte auf. Folglich müssen wir Biegemomente als Kräftepaare in die Steifen einleiten. Die dünnen Hautfelder übertragen in Form von Schubflüssen alle Schubanteile in der Bauteilebene bzw. der Tangentialebene. Eine Einleitung von Kräften erfolgt ausschließlich über die Steifen, wobei die Belastungen in den Gelenken angreifen. Im Modell des Schubfeldschemas bleiben die Steifen unter Lasteinfluss gerade. Hautfelder bleiben eben oder behalten ihre ursprüngliche Krümmung bei.

9.2 Schubwandträger mit parallelen Gurten

Schubwandträger sind strukturmechanische Komponenten, bei denen in eine Bauteilrichtung ein fortlaufender Wechsel von Hautfeldern und berandenden Steifen (auch Längssteifen genannt) erfolgt. In die dazu senkrechte Richtung liegt kein ent-

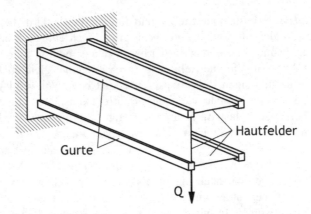

Abb. 9.2 Querkraftbelasteter offener Schubwandträger aufgebaut aus 4 Gurten und 3 Hautfeldern

sprechender Wechsel vor. Die Querschnittsform von Schubwandträger-Konstruktionen bleibt auch bei Belastung erhalten. Ein viergurtiger offener Schubwandträger ist in Abb. 9.2 exemplarisch dargestellt.

In der Regel gelingt es, in die Bauteilrichtung, in die sich Hautfelder und Steifen nicht abwechseln, geschlossene Lösungen für den Schubfluss anzugeben. In die andere Richtung wird die Funktion, die den Schubfluss beschreibt, von Hautfeld zu Hautfeld veränderlich sein. Deshalb werden Schubwandträger auch als *Schubfeldschema mit stetig veränderlichem Schubfluss* oder als *halbkontinuierliche Form eines dünnwandigen Vollwandsystems* bezeichnet.

Die Hautfelder, die auch Feldstreifen, Bleche oder Stege genannt werden, übertragen Schubflüsse z. B. infolge von Querkräften oder Torsionsmomenten. Normalkräfte werden in den Steifen, die vielfach als Gurte oder Flansche bezeichnet werden, aufgenommen.

Auch bei einer sehr dichten Anordnung von Quersteifen kann das Modell des Schubwandträgers näherungsweise eingesetzt werden. Dazu wird die Steifigkeit der Quersteifen auf die Hautfelder verschmiert. Wir werden uns damit aber nicht näher beschäftigen.

9.2.1 Offene Schubwandträger mit zwei Gurten

Die modellhaften Vorstellungen, die zum offenen Schubwandträger mit zwei parallelen Gurten führen, wollen wir uns mit Hilfe eines symmetrischen I-Profils veranschaulichen.

Wird beispielsweise ein Kragarm durch eine Einzellast quer zur Bauteillängsachse (hier z-Richtung) am freien Kragarmende belastet, stellen sich infolge dieser äußeren Belastung ein Biegemoment $M_{by}(x)$ in Abhängigkeit von der Bauteillängsachse x mit dem Maximum an der Einspannstelle und eine Querkraft Q_z,

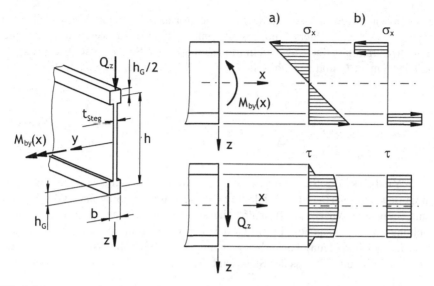

Abb. 9.3 Spannungen im Kragarm im a) Balken- und b) Schubwandträgermodell

die in diesem Falle unabhängig von x ist, ein. Die nach der Balkentheorie aus den Schnittgrößen resultierenden Verläufe von Normal- und Schubspannungen haben wir bereits in den Abschnitten 3.2 und 5.2 untersucht. Sie ergeben sich zu

$$\sigma_x = \frac{M_{by}}{I_y} z \,, \qquad (9.1) \qquad\qquad \tau = -\frac{Q_z}{t(z)\, I_y} S_y(z) \qquad (9.2)$$

und sind in Abb. 9.3a) ersichtlich.

Wenn wir annehmen, dass die Gurthöhe h_G sehr klein im Vergleich zur Profilhöhe h ist ($h_G \ll h$), können wir die maximalen Normalspannungen jeweils mit der Spannung in der Gurtmitte gleichsetzen

$$|\sigma_x|_{\max} \approx \frac{|M_{by\max}|}{I_y} \left|\pm\frac{h}{2}\right| = \frac{|M_{by\max}|\, h}{2\, I_y} \,. \qquad (9.3)$$

Die Schubspannung wird maximal bei Erreichen des maximalen Statischen Momentes $S_{y\max}$, das in der Trägermitte bei $z = 0$ vorliegt. Mit dem maximalen Schubfluss $q_{\max}$ im Profil erhalten wir

$$\tau_{\max} = -\frac{Q_z\, S_{y\max}}{I_y\, t_{\text{Steg}}} = \frac{q_{\max}}{t_{\text{Steg}}} \,. \qquad (9.4)$$

Ist die Gurtbreite b genauso wie die Gurthöhe h_G sehr klein im Vergleich zur Profilhöhe h (b, $h_G \ll h$), können wir uns die gesamte Gurtfläche A_G in der jeweiligen Gurtmitte konzentriert vorstellen. Vereinfachend werden diese Gurtflächen bzw. Flächenkonzentrationen vielfach als kreisförmige oder quadratische Flächen dargestellt. Die reale Querschnittsgestalt kann davon stark abweichen. Diese Flächenkonzentrationen übertragen definitionsgemäß keine Schubflüsse. Das Flächenträgheitsmoment I_y und das Statische Moment $S_{y\text{max}}$ ergeben sich dann zu

$$I_y \approx \frac{t_{\text{Steg}}\, h^3}{12} + 2\, A_G\, \frac{h^2}{4}\,, \tag{9.5}$$

$$S_{y\text{max}} = A_G \left(-\frac{h}{2}\right) + t_{\text{Steg}}\, \frac{h}{2}\left(-\frac{h}{4}\right) = -A_G\, \frac{h}{2} - t_{\text{Steg}}\, \frac{h^2}{8}\,. \tag{9.6}$$

Ist die Wandstärke des Steges t_{Steg} sehr klein, wird das Statische Moment zwischen den Gurten kaum variieren und sich die Schubspannung im Steg nach Gl. (9.2) nur wenig verändern. Wir können deshalb näherungsweise von einer konstanten Schubspannung im Steg ausgehen. Damit ist der Steg im Modell des Schubwandträgers allein für die Übertragung von Schubspannungen bzw. Schubflüssen zuständig. Bei vernachlässigbarem Einfluss des Steges auf das Statische Moment resultiert

$$\left|\tau_{\text{Steg}}\right| = \frac{h\, A_G}{2\, t_{\text{Steg}}}\, \frac{|Q_z|}{I_y} = \text{konst.} \tag{9.7}$$

Das Maximum der Normalspannungen tritt in den Gurten auf. Bei einem positiven Biegemoment M_{by} wird der Obergurt auf Druck und der Untergurt auf Zug belastet (vgl. Abb. 9.3a)). Ist die Profilhöhe h sehr groß und zudem die Stegdicke t_{Steg} sehr klein, nehmen die Gurte in erster Linie das Biegemoment auf. Das führt uns auf die vereinfachende Annahme, dass das Biegemoment ausschließlich zu Normalspannungen in den Gurten führt. Drücken wir dieses Moment durch ein Kräftepaar mit dem Hebelarm h aus, ergibt sich eine konstante Normalkraft in den Gurten von $N = \pm\frac{1}{h}\, M_{by}$ und damit die Normalspannung in den Gurten zu

$$\sigma_{xG} \approx \pm\frac{M_{by}}{A_G\, h}\,. \tag{9.8}$$

Um abzuschätzen, wie groß das zugrunde liegende Flächenträgheitsmoment dann ist, berücksichtigen wir Gl. (9.5) in Gl. (9.3)

$$\sigma_x = \pm\frac{h}{2}\, \frac{M_{by}}{I_y} = \pm\frac{h}{2}\, \frac{M_{by}}{\frac{t_{\text{Steg}}\, h^3}{12} + A_G\, \frac{h^2}{2}} = \pm\frac{M_{by}}{\frac{t_{\text{Steg}}\, h^2}{6} + A_G\, h}\,. \tag{9.9}$$

Aus dem Vergleich mit Gl. (9.8) können wir also schlussfolgern, dass im Flächenträgheitsmoment der Einfluss des Steges vernachlässigt wird und nur die Steinerschen Anteile der Gurte berücksichtigt werden. Die aus den Gln. (9.7) und (9.8) resultierenden Spannungsverläufe finden wir in Abb. 9.3b).

Der aus dem I-Profil hervorgegangene Schubwandträger kann Normalkräfte im gemeinsamen Flächenschwerpunkt von Ober- und Untergurt, Querkräfte im Schubmittelpunkt (parallel zur Verbindungslinie von Ober- und Untergurt) sowie Biegemomente, deren Normalenvektor senkrecht auf der Verbindungslinie von Ober- und

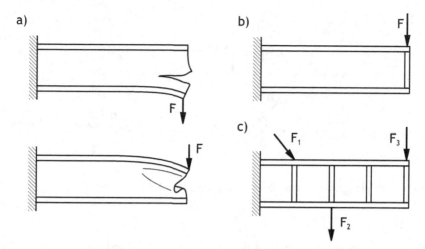

Abb. 9.4 Querkrafteinleitung in a) zweigurtigen Schubwandträger ohne Endversteifung, b) einen Schubfeldträger mit einem Hautfeld und c) einen Schubfeldträger mit vier Hautfeldern

Untergurt steht, aufnehmen. Problematisch ist allerdings die Lasteinleitung in den Schubwandträger. In den Schubsteg können die Querkräfte nicht direkt eingeleitet werden, da dieser gemäß Modell ausschließlich Schubflüsse übertragen kann. Werden sie in die Gurte eingeleitet, ist das in Abb. 9.4a) dargestellte Versagen möglich. Daher sind zur Querkrafteinleitung zusätzliche Steifen, die vielfach Pfosten genannt werden, erforderlich. Diese müssen über ihre gesamte Länge mit dem Hautfeld verbunden sein und leiten die Last in das Hautfeld ab.

Handelt es sich um einen einzelnen Pfosten am Trägerende (vgl. Abb. 9.4b)), der eine sehr große Dehnsteifigkeit aufweist, können wir ihn als starr betrachten und die Querschnittsform des Trägers bleibt erhalten. Der Einfluss dieses starren Pfostens auf das Verhalten des Hautfeldes ist in einiger Entfernung vom Pfosten abgeklungen. Wir können die Struktur als Schubwandträger modellieren. Oftmals findet man dafür auch den Begriff des Schubfeldträgers mit starren Endquerschnitten.

Können die Pfosten nicht als starr betrachtet werden oder liegen in der Struktur weitere Quersteifen vor (vgl. Abb. 9.4c)), erfolgt der Übergang zum Modell des Schubfeldträgers, mit dem wir uns im Abschnitt 9.3 beschäftigen werden.

Im Gegensatz zum dünnwandig offenen Profil, das wir im Abschnitt 5.2 untersuchen, wirkt im zweigurtigen Schubwandträger ein konstanter Schubfluss im Steg. Das haben wir bereits mit Gl. (9.7) festgestellt. Allerdings kennen wir noch nicht die Größe des Schubflusses. Dafür betrachten wir zunächst den zweigurtigen Schubwandträger mit abgewinkeltem Schubsteg aus Abb. 9.5.

Die Querkraft Q_z stellt die Resultierende der Komponenten des Schubflusses q, der im Schubsteg übertragen wird, in z-Richtung dar. Daher können wir sie über

$$Q_z = \int_0^{l_1} q \, ds_1 \, \cos \alpha + \int_0^{l_2} q \, ds_2 \, \cos \alpha \tag{9.10}$$

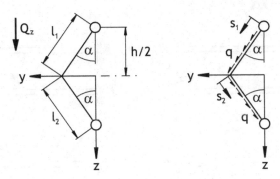

Abb. 9.5 Zweigurtiger Schubwandträger mit abgewinkeltem Schubsteg

ausdrücken. Lassen wir den Winkel α gegen null gehen und setzen für l_1 und l_2 jeweils $\frac{h}{2}$ ein, erhalten wir den geraden Schubwandträger nach Abb. 9.6a) mit dem mittig in der Verbindungslinie der Gurte verlaufenden Schubfluss

$$q = \frac{Q_z}{h} \, . \tag{9.11}$$

Mit dem Übergang von den Koordinaten s_1 und s_2 aus Gl. (9.10) zur Koordinate z erhalten wir $\mathrm{d}z = \mathrm{d}s_1 \cos \alpha$ im Bereich $-\frac{h}{2} \leq z \leq 0$ und $\mathrm{d}z = \mathrm{d}s_2 \cos \alpha$ im Bereich $0 \leq z \leq \frac{h}{2}$. Somit folgt

$$Q_z = \int_{-\frac{h}{2}}^{0} q \, \mathrm{d}z + \int_{0}^{\frac{h}{2}} q \, \mathrm{d}z \, . \tag{9.12}$$

Gl. (9.12) können wir in dieser Form auf alle offenen zweigurtigen Profile (z. B. das halbkreisförmige Profil aus Abb. 9.6b)) übertragen. In z-Richtung erhalten wir die Kraftresultierende zu

$$Q_z = \int_{z_0}^{z_1} q \, \mathrm{d}z \qquad \Leftrightarrow \qquad q = \frac{Q_z}{z_1 - z_0} = \frac{Q_z}{\Delta z} \, . \tag{9.13}$$

Die Größe Δz stellt den Abstand der beiden parallelen Gurte dar. Folglich ist der Schubfluss unabhängig von der Gestalt des Schubfeldes. Für den geraden Schubwandträger nach Abb. 9.6a) gilt daher $\Delta z = h$ und für das Halbkreisprofil nach Abb. 9.6b) $\Delta z = 2\,r$. Die resultierende Querkraft weist jeweils in die Richtung der gewählten z-Koordinate bzw. in die Richtung der Verbindungslinie zwischen den Gurten. In y-Richtung heben sich die Komponenten des Schubflusses dagegen auf, so dass keine Querkraft in diese Richtung resultiert.

Darüber hinaus erzeugt der Schubfluss im Steg nach Gl. (9.13) ein inneres Torsionsmoment, das für das zuvor behandelte Halbkreisprofil um den Koordinatenursprung lautet

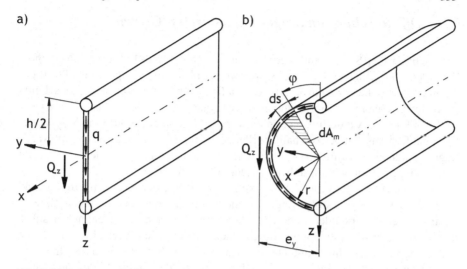

Abb. 9.6 Schubflussverlauf im zweigurtigen a) geraden und b) gekrümmten Schubwandträger

$$T = \int_0^{\pi r} r\, q\, ds = q\, r \int_0^{\pi r} ds = q\, r^2 \int_0^{\pi} d\varphi = q\, r^2\, \pi = 2\, q\, A_m . \qquad (9.14)$$

A_m stellt dabei die vom Schubsteg und der Verbindungslinie der Gurte umschlossene Fläche dar. Diese Beziehung kann auf eine beliebige Gestalt des Schubstegs verallgemeinert werden.

Zweigurtige Schubwandträger können allerdings keine Torsionsmomente aufnehmen. Hierzu wären mehrere Schubflüsse nötig, die ein resultierendes Moment erzeugen (vgl. mehrgurtige Schubwandträger im Unterabschnitt 9.2.2). Es muss deshalb

$$Q_z\, y - T = 0 \qquad (9.15)$$

gelten, was jedoch nur für $y = e_y$ möglich ist. Daraus ergibt sich für uns als Problem bei der Lasteinleitung in zweigurtige Schubwandträger, dass wir einen biegesteifen Flansch vorsehen müssen, der die Einleitung der Last durch den Schubmittelpunkt gewährleistet.

Wenn wir von $Q_z \neq 0$ und $Q_y = 0$ ausgehen, können wir die Lage des Schubmittelpunktes direkt aus der Gleichheit (bzw. der Äquivalenz) der äußeren Last und des inneren Momentes bestimmen. Alternativ können wir Gl. (9.14) in Gl. (9.15) einsetzen und erhalten

$$Q_z\, e_y = 2\, q\, A_m \qquad \Leftrightarrow \qquad e_y = \frac{2\, A_m}{\Delta z} . \qquad (9.16)$$

Folglich ergibt sich die Schubmittelpunktslage eines offenen zweigurtigen Schubwandträgers aus der zweifachen vom Steg und der Verbindungslinie der Gurte umschlossenen Fläche A_m und dem Abstand Δz der Gurte voneinander.

9.2.2 Offene Schubwandträger mit mehreren Gurten

Den mehrgurtigen Schubwandträger wollen wir anhand eines U-Profils untersuchen. Ein solches Profil haben wir bereits im Bsp. 5.1 als dünnwandig offenes Profil betrachtet. Jetzt gehen wir davon aus, dass alle Enden und Ecken des Querschnitts (z. B. im Übergang von horizontalen zu vertikalen Hautfeldern) zusätzlich ausgesteift sind. Diese Aussteifungen können wir als Gurte eines Schubwandträgers betrachten. Der Anschaulichkeit halber erläutern wir die Grundlagen des Schubwandträgers durch einen schrittweisen Übergang vom dünnwandig offenen U-Profil zu einem ausgesteiften Schubwandwandträger mit U-Profilform.

Für das nicht ausgesteifte U-Profil kommen wir mit der Kusinenformel gemäß Gl. (5.21) zu der Schlussfolgerung, dass die Schubflüsse entlang der Profilmittellinie infolge einer wirkenden Querkraftbelastung Q_z durch einen linearen Verlauf in den horizontalen Hautfeldern und durch einen quadratischen Verlauf im vertikalen Schubsteg gekennzeichnet sind. Diese Verläufe sind in Abb. 9.7a) dargestellt.

Typischerweise verschwinden die Schubflüsse an den freien Enden des Querschnitts. Dies ergibt sich zwangsläufig aus Gl. (5.21), da an den freien Enden auch die Statischen Momente verschwinden. An den Ecken sind die Schubflüsse in den horizontalen Hautfeldern und im vertikalen Schubsteg gleich groß.

Das Profil in Abb. 9.7b) ist in allen Ecken und an den freien Enden zusätzlich ausgesteift. Diese Aussteifungen sind als *Flächenkonzentrationen* dargestellt. Beginnen wir z. B. an der oberen rechten Ecke mit dem Überstreichen des Querschnitts, ist das Statische Moment zu Beginn des horizontalen Hautfeldes nicht null. Wir haben bereits eine Flächenkonzentration überstrichen. Daher ist auch der Schubfluss nicht null. Der Zuwachs des Statischen Momentes im oberen horizontalen Hautfeld ist - genau wie beim dünnwandig offenen Profil - linear. An der oberen linken Ecke befindet sich der Übergang vom horizontalen in den vertikalen Bereich. Da wir dabei wieder eine Flächenkonzentration überstreichen müssen, ist der Schubfluss an

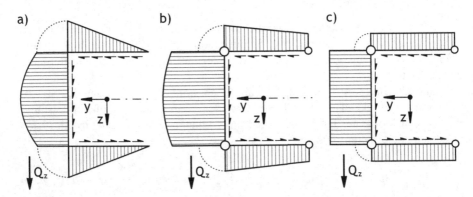

Abb. 9.7 Schubflussverläufe im U-Profil als a) dünnwandig offenes Profil ohne Versteifungen, b) dünnwandig offenes Profil mit Versteifungen und c) Schubwandträger

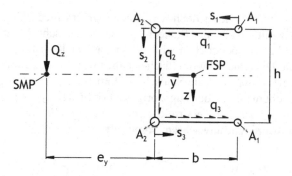

Abb. 9.8 U-Profil als Schubwandträger mit Hautfeldern konstanter Wandstärke t mit Koordinatensystem im Flächenschwerpunkt (FSP) und Querkraft Q_z im Schubmittelpunkt (SMP)

dieser Ecke nicht konstant. Der weitere Zuwachs im vertikalen Schubsteg ist wieder parabolisch und der gesamte Schubflussverlauf symmetrisch zur y-Achse.

Sind die Hautfeldflächen sehr viel kleiner als die Gurtflächen ($A_{Steg} \ll A_G$), werden sich die Statischen Momente zwischen den Flächenkonzentrationen nur geringfügig ändern. Wir können näherungsweise den Anteil von A_{Steg} in den Statischen Momenten vernachlässigen und von konstanten Schubflüssen in den Hautfeldern ausgehen. Der Schubflussverlauf, der sich mit dieser Näherung im Modell des Schubwandträgers ergibt, ist in Abb. 9.7c) dargestellt.

Falls $A_{Steg} \ll A_G$ nicht zutrifft, müssen wir die Querschnittsflächen der Hautfelder - zumindest in gewissen Grenzen - berücksichtigen, um das Modell des Schubwandträgers noch nutzen zu können. Es sei jedoch ausdrücklich darauf hingewiesen, dass die Berechnungen basierend auf der Theorie des Schubwandträgers dann signifikante Ungenauigkeiten aufweisen und nur für eine grobe Abschätzung der Beanspruchungen dienen können.

Das grundsätzliche Vorgehen möchten wir hier mit Hilfe des Schubwandträgers konstanter Wandstärke t nach Abb. 9.8 demonstrieren. Wir wenden eine Verschmierungstechnik an, bei der wir die Statischen Momente und die Flächenträgheitsmomente unterschiedlich behandeln.

Wir beginnen mit den Statischen Momenten. Da die Querschnittsflächen der Hautfelder nicht vernachlässigbar sind, verschmieren wir sie auf die berandenden Gurte bzw. Steifen. Die Aufteilung erfolgt jeweils mit der Hälfte der Hautfeldfläche, weil wir hier der Einfachheit halber keine Unterscheidung zwischen den Statischen Momenten um die y- und z-Achse machen möchten. Wir erhalten dann für die sogenannten *Ersatzflächen*

$$\bar{A}_1 = A_1 + \frac{b}{2}t , \qquad (9.17) \qquad \bar{A}_2 = A_2 + \frac{b+h}{2}t . \qquad (9.18)$$

Zwischen den Gurten ist - in der modellhaften Vorstellung - keine Querschnittsfläche mehr vorhanden. Unter Verwendung der Ersatzflächen ist somit eine vereinfachte Berechnung der Statischen Momente möglich. Dabei gehen wir analog zu

Bsp. 5.1 vor. Es ergeben sich jedoch wesentliche Unterschiede. Bereits am freien Ende des Querschnitts ist an der Stelle $s_1 = 0$ das Statische Moment $S_{y1} \neq 0$, da die Ersatzfläche $\bar{A}_1$ überstrichen wird, bevor das zur Koordinate s_1 gehörende Hautfeld beginnt. Die realen Hautfeldflächen haben wir bereits auf die berandenden Gurte verschmiert. Daher sind die Statischen Momente S_{y1} bis S_{y3} in den einzelnen Bereichen nicht mehr von den zugehörigen Koordinaten s_1 bis s_3 abhängig. Die überstrichene Fläche kann nur bei Erreichen einer weiteren Ersatzfläche unmittelbar vor einer neuen Koordinate anwachsen. Somit gilt

$$S_{y1} = S_{y3} = -\frac{h}{2}\,\bar{A}_1\,, \qquad (9.19) \qquad S_{y2} = -\frac{h}{2}\,(\bar{A}_1 + \bar{A}_2)\,. \qquad (9.20)$$

Zur Bestimmung der Schubflüsse nach Gl. (5.21) benötigen wir neben den Statischen Momenten S_y auch das Flächenträgheitsmoment I_y. Weil die Querschnittsflächen der Hautfelder nicht vernachlässigbar sind, ermitteln wir es exakt. Dann tritt bei der Berechnung der Normalspannungen gemäß Gl. (9.1) kein Fehler auf, sondern nur bei der Schubspannungs- bzw. Schubflussbestimmung.

Für den Schubwandträger ergibt sich das Flächenträgheitsmoment I_y unter Berücksichtigung aller Gurte mit den Flächen A_1 und A_2 sowie den Hautfeldern zu

$$I_y = \underbrace{2\,(A_1 + A_2)\,\frac{h^2}{4}}_{\text{Gurte}} + \underbrace{2\left(\frac{b\,t^3}{12} + b\,t\,\frac{h^2}{4}\right)}_{\text{horizontal}} + \underbrace{\frac{t\,h^3}{12}}_{\text{vertikal}}\,. \qquad (9.21)$$

Sind die horizontalen Hautfelder sehr dünn ($t \ll b$), überwiegt ihr Steinerscher Anteil $\frac{1}{4}\,b\,t\,h^2$. Wir können den Eigenanteil $\frac{1}{12}\,b\,t^3$ vernachlässigen und erhalten

$$I_y = 2\,(A_1 + A_2)\,\frac{h^2}{4} + 2\,b\,t\,\frac{h^2}{4} + \frac{t\,h^3}{12}\,. \qquad (9.22)$$

Für das vertikale Hautfeld sind Vereinfachungen - auch bei $t \ll h$ - nicht möglich.

Hätten wir das Flächenträgheitsmoment I_y über die Ersatzflächen $\bar{A}_1$ und $\bar{A}_2$ nach den Gln. (9.17) bzw. (9.18) bestimmt, hätte sich durch das Verschmieren der Beitrag des vertikalen Hautfeldes zum gesamten Flächenträgheitsmoment verdreifacht. Es würde eine Parallelverschiebung der Bezugsachsen vorliegen. Aus diesem Grund bestimmen wir die Flächenträgheitsmomente beim Schubwandträger ohne zu verschmieren, jedoch unter Berücksichtigung leichtbaugerechter Näherungen.

Für die Statischen Momente nutzen wir hingegen die verschmierten Hautfeldflächen. Dadurch sind innerhalb eines Bereiches alle Anteile in der Kusinenformel nach Gl. (5.21) konstant, woraus folgt, dass auch die Schubflüsse

$$q_1 = q_3 = \frac{Q_z}{I_y}\,\bar{A}_1\,\frac{h}{2}\,, \qquad (9.23) \qquad q_2 = \frac{Q_z}{I_y}\,(\bar{A}_1 + \bar{A}_2)\,\frac{h}{2} \qquad (9.24)$$

bereichsweise konstant sein müssen.

Für die Bestimmung der Lage des Schubmittelpunktes nutzen wir Gl. (9.15) und wählen die linke untere Ecke des Schubwandträgers als Bezugspunkt, da durch diese

Ecke die Schubflüsse q_2 und q_3 verlaufen. Ihr Hebelarm verschwindet daher. Aus der Momentengleichheit folgt

$$Q_z\, e_y = q_1\, b\, h \quad \Leftrightarrow \quad Q_z\, e_y = \frac{Q_z}{I_y}\, \bar{A}_1\, \frac{h}{2}\, b\, h \,. \tag{9.25}$$

Mit den Gln. (9.17) und (9.22) erhalten wir für die Lage des Schubmittelpunktes

$$e_y = \frac{\left(A_1 + \frac{b}{2}\, t\right) b}{A_1 + A_2 + b\, t + \frac{t h}{6}} \,. \tag{9.26}$$

Wie bei den dünnwandig offenen Profilen liegt der Schubmittelpunkt des Schubwandträgers außerhalb des U-Profils, während sich der Flächenschwerpunkt innerhalb des U-Profils befindet. Beide - den Querschnitt charakterisierende - Punkte befinden sich auf der Symmetrieachse. Die Lage des Schubmittelpunktes ist unabhängig von der Größe der Querkraft. Daher können wir zu seiner Bestimmung mit einer Querkraft beliebiger Größe rechnen.

Beispiel 9.1 Ein durch mehrere Gurte verstärktes, offenes Profil nach Abb. 9.9a) soll im Schubmittelpunkt durch die Einzelkraft Q_z belastet werden. Die Wandstärke beträgt in allen Hautfeldern t. Der Einfluss der Hautfelder ist bereits in den Gurtquerschnittsflächen enthalten.

Gegeben Einzelkraft Q_z; Abmessung a; Hautfelddicke t; Gurtquerschnittsflächen $A_1 = A$, $A_2 = 2\,A$, $A_3 = 3\,A$

Gesucht

a) Berechnen Sie die Schubflüsse in den Hautfeldern.
b) Bestimmen Sie die Lage des Schubmittelpunktes.

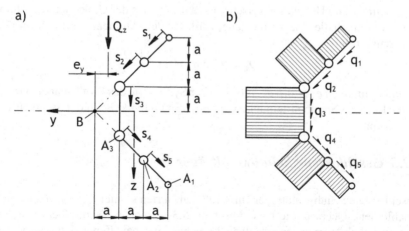

Abb. 9.9 a) Symmetrischer, offener Profilträger verstärkt durch 6 Gurte, b) qualitativer Schubflussverlauf

Lösung a) Da der Einfluss der Hautfelder bereits in den Gurtquerschnittsflächen enthalten ist, müssen wir die Hautfelder nicht mehr verschmieren. Wir können sofort das Flächenträgheitsmoment I_y, in dem nur Steinersche Anteile der Gurte enthalten sind, bestimmen

$$I_y = 2 \left(9\,a^2\,A_1 + 4\,a^2\,A_2 + a^2\,A_3\right) = 40\,a^2\,A \ .$$

Im Modell des Schubwandträgers sind die Statischen Momente zwischen den Gurten konstant. Daher werden sich auch die Schubflüsse, die wir über die Beziehung

$$q_i\,(s_i) = -\frac{Q_z\,S_{yi}}{I_y} \quad \text{mit} \quad i = 1, 2, \ldots 5$$

ermitteln, innerhalb eines Hautfeldes nicht verändern. Die Koordinate s_1 lassen wir an der oberen rechten Ecke, unmittelbar nach dem Gurt mit der Fläche A_1 beginnen. Nach jedem Gurt beginnt eine neue Koordinate. Wir erhalten zunächst für die Schubflüsse q_1 bis q_3

$$q_1\,(s_1) = -\frac{Q_z}{I_y}\,A_1\,(-3\,a) = \frac{3}{40}\,\frac{Q_z}{a} \ ,$$

$$q_2\,(s_2) = -\frac{Q_z}{I_y}\,\left[A_1\,(-3\,a) + A_2\,(-2\,a)\right] = \frac{7}{40}\,\frac{Q_z}{a} \ ,$$

$$q_3\,(s_3) = -\frac{Q_z}{I_y}\,\left[A_1\,(-3\,a) + A_2\,(-2\,a) + A_3\,(-a)\right] = \frac{10}{40}\,\frac{Q_z}{a} \ .$$

Aus der Symmetrie der Struktur folgt dann $q_4(s_4) = q_2(s_2)$ und $q_5(s_5) = q_1(s_1)$. Der resultierende Schubflussverlauf ist qualitativ in Abb. 9.9b) skizziert.

b) Für die Bestimmung der Lage des Schubmittelpunktes wählen wir den Bezugspunkt B nach Abb. 9.9a), da durch diesen Punkt alle Schubflüsse außer q_3 verlaufen. Ihre Hebelarme verschwinden daher. Aus der Gleichheit des Momentes, das durch die Querkraft erzeugt wird, mit dem Moment, das die Schubflüsse erzeugt, folgt

$$e_y\,Q_z = 2\,a\,a\,q_3 = 2\,a^2\,\frac{1}{4}\,\frac{Q_z}{a}$$

und schließlich $e_y = 0{,}5\,a$. Aufgrund der Symmetrie des Profils haben wir damit die Lage des Schubmittelpunktes mit Bezug zum Punkt B auf der Symmetrielinie berechnet.

9.2.3 Geschlossene Schubwandträger

Geschlossene Schubwandträger mit parallelen Gurten können wir wie dünnwandige geschlossene Querschnitte nach Abschnitt 5.3 betrachten. Vereinfachend ist hier, dass die Schubflüsse in den einzelnen Bereichen - wie bei offenen Schubwandträger-Konstruktionen - konstant sind.

Bereits beim offenen Schubwandträger haben wir im Unterabschnitt 9.2.2 fest-gestellt, dass wir konstante Schubflüsse auf unterschiedliche Weise erreichen kön-nen. Im einfachsten Fall berücksichtigen wir nur die Gurte bei der Berechnung der Statischen Momente, was jedoch nur so lange zulässig ist, wie sich die Statischen Momente zwischen den Gurten kaum verändern. Die Gurtquerschnitte müssen folg-lich wesentlich größer als die Hautfeldflächen sein. Ist das nicht gegeben, können wir durch ein Verschmieren der Hautfeldflächen auf berandende Steifen bzw. Gurte konstante Schubflüsse erreichen. Das Verschmieren nutzen wir allerdings nur für die Statischen Momente, während die Flächenträgheitsmomente exakt bzw. ohne Verschmieren berechnet werden.

Beispiel 9.2 Ein durch mehrere Gurte verstärkter, geschlossener Profilträger ge-mäß Abb. 9.10a) soll im Schubmittelpunkt durch die Einzelkraft Q_z belastet wer-den. Die Wandstärke beträgt in allen Bereichen t. Der Einfluss der Hautfelder ist bereits in den Gurtquerschnittsflächen enthalten.

Gegeben Einzelkraft $Q_z = 1$ kN; Längenabmessungen $a = 400$ mm; $b = 100$ mm; Radius $r = 150$ mm; Gurtquerschnittsflächen $A_1 = 686$ mm^2; $A_2 = 500$ mm^2; $A_3 = 350$ mm^2; Flächenträgheitsmoment $I_y = 5{,}51 \cdot 10^7$ mm^4

Gesucht

a) Berechnen Sie die Schubflüsse in den Hautfeldern.
b) Bestimmen Sie die Lage des Schubmittelpunktes.

Lösung a) Nach Abb. 9.10b) führen wir sechs Bereichskoordinaten s_1 bis s_6 ein. Wie bei dünnwandig geschlossenen Profilen (vgl. Unterabschnitt 5.3.1) ermitteln wir die Schubflüsse in zwei Schritten. Zunächst schneiden wir das geschlossene Profil an einer Ecke auf und erhalten damit einen offenen mehrgurtigen Schub-wandträger. In diesem gilt für alle Bereiche die Beziehung

$$q_i'(s_i) = -\frac{Q_z \, S_{yi}}{I_y} \quad \text{mit} \quad i = 1, 2, \ldots 6 \, ,$$

a)

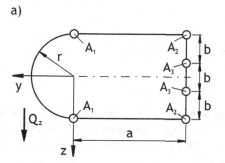

b)

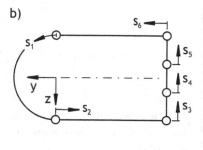

Abb. 9.10 a) Durch sechs Gurte verstärkter, geschlossener Profilträger mit konstanten Haut-felddicken, b) gewählte Bereichskoordinaten s_i

woraus für die Schubflüsse bei einer Öffnung des Profils auf der linken Seite des oberen linken Gurtes folgt

$$q'_1(s_1) = 0\,\frac{\text{N}}{\text{mm}}, \qquad q'_2(s_2) = -\frac{Q_z}{I_y}\,A_1\,r = -1,87\,\frac{\text{N}}{\text{mm}},$$

$$q'_3(s_3) = -\frac{Q_z}{I_y}\,(A_1\,r + A_2\,r) = -3,23\,\frac{\text{N}}{\text{mm}},$$

$$q'_4(s_4) = -\frac{Q_z}{I_y}\left(A_1\,r + A_2\,r + A_2\,\frac{b}{2}\right) = -3,55\,\frac{\text{N}}{\text{mm}},$$

$$q'_5(s_5) = q'_3(s_3) = -3,23\,\frac{\text{N}}{\text{mm}}, \qquad q'_6(s_6) = q'_2(s_2) = -1,87\,\frac{\text{N}}{\text{mm}}.$$

Alle Schubflüsse sind im jeweiligen Hautfeld unabhängig von der Koordinate und damit konstant. Der Einfachheit halber geben wir im weiteren Verlauf daher die Bereichskoordinaten nicht mehr an. Darüber hinaus ergeben sich die beiden letzten Schubflüsse aus Symmetriegründen.

Der nächste Schritt ist nun die Ermittlung eines konstanten Zusatzschubflusses $q_{0\text{SMP}}$ nach Gl. (5.59), der den Unterschied zwischen dem geöffneten, weicheren Profil und dem geschlossenen Profil darstellt. Die Querkraft Q_z greift weiterhin im Schubmittelpunkt des geschlossenen Profils an. Den Zusatzschubfluss bestimmen wir zu

$$q_{0\text{SMP}} = -\frac{\oint \dfrac{q'(s)}{t(s)}\,\mathrm{d}s}{\oint \dfrac{1}{t(s)}\,\mathrm{d}s} = -\frac{2\,q'_2\,a + 2\,q'_3\,b + q'_4\,b}{\pi\,r + 2\,a + 2\,r} = 1,59\,\frac{\text{N}}{\text{mm}}.$$

Jetzt können wir die Gesamtschubflüsse $q_i(s_i)$ in den einzelnen Bereichen aus der Überlagerung der Schubflüsse des geöffneten Profils $q'_i(s_i)$ und des konstanten Zusatzschubflusses $q_{0\text{SMP}}$ zusammensetzen

$$q_1 = q'_1 + q_{0\text{SMP}} = 1,59\,\frac{\text{N}}{\text{mm}}, \qquad q_2 = q'_2 + q_{0\text{SMP}} = -0,28\,\frac{\text{N}}{\text{mm}},$$

$$q_3 = q'_3 + q_{0\text{SMP}} = -1,64\,\frac{\text{N}}{\text{mm}}, \qquad q_4 = q'_4 + q_{0\text{SMP}} = -1,96\,\frac{\text{N}}{\text{mm}},$$

$$q_5 = q'_5 + q_{0\text{SMP}} = -1,64\,\frac{\text{N}}{\text{mm}}, \qquad q_6 = q'_6 + q_{0\text{SMP}} = -0,28\,\frac{\text{N}}{\text{mm}}.$$

Die Gesamtschubflüsse sind bereichsweise konstant. Ein positives Vorzeichen bedeutet, dass der Schubfluss in Richtung der zugehörigen Bereichskoordinate verläuft. Bei einem negativen Vorzeichen weist der Schubfluss entgegen der jeweils gewählten Koordinatenrichtung.

b) Da der Schubwandträger bzgl. der y-Achse symmetrisch ausgeführt ist, liegt der Schubmittelpunkt auf der Symmetrieachse. Das führt auf $e_z = 0\,\text{mm}$.

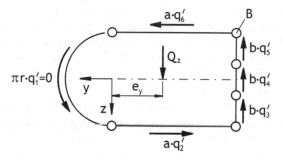

Abb. 9.11 Schubmittelpunkt des geöffneten Profils

Die Lage des Schubmittelpunktes auf der y-Achse bestimmen wir wie bei den dünnwandigen geschlossenen Profilen in einem zweistufigen Verfahren.

Zunächst suchen wir den Schubmittelpunkt des geöffneten Profils gemäß Abb. 9.11. Die resultierenden Kräfte entlang des jeweiligen Hautfeldes sind dabei neben der Haut angedeutet, wobei die eingetragene Richtung der Richtung der Koordinaten s_i entspricht. Da die Schubflüsse des geöffneten Profils negative Vorzeichen haben, ist ihr wirklicher Verlauf in umgekehrter Richtung.

Als Bezugspunkt für die Forderung nach der Gleichheit der Momente infolge der Querkraft und der Schubflüsse wählen wir den Punkt B in der oberen rechten Ecke. Das hat den Vorteil, dass nur die Schubflüsse q'_1 und q'_2 einen Hebelarm um den Bezugspunkt haben. Wegen $q'_1 = 0\,\frac{\text{N}}{\text{mm}}$ ergibt sich somit die Beziehung

$$\left(a - e_y\right) Q_z = 2\,r\,a\,q'_2\,.$$

Der Abstand zum Koordinatenursprung ist damit $e_y = 624,4\,\text{mm}$. Die Schubmittelpunktslage des geöffneten Profils ist über die Koordinate $y' = -624,4\,\text{mm}$ festgelegt. Wir verwenden dabei gestrichene Größen, um die Koordinate des geöffneten vom geschlossenen Profil abgrenzen zu können. Mit Hilfe der Gl. (5.66) können wir den Schubmittelpunkt des geschlossenen Schubwandträgers jetzt durch Überlagerung von $y' = -624,4\,\text{mm}$ und einem Korrekturwert, den wir über den im Profil konstanten Schubfluss erhalten, bestimmen. Mit der von der Profilmittellinie eingeschlossenen Fläche $A_m = 2\,r\,a + \pi\,\frac{r^2}{2}$ finden wir für den Schubmittelpunkt des geschlossenen Profils die Koordinate auf der Symmetrielinie

$$y = -624,4\,\text{mm} + \frac{2\,A_m}{Q_z}\,q_{0_{\text{SMP}}} = -130,4\,\text{mm}\,.$$

9.3 Ebene Schubfeldträger

Schubfeldträger sind Strukturelemente, die im Leichtbau sehr häufig eingesetzt werden. Näherungsweise können z. B. mit dem Rahmen verklebte Frontscheiben von Fahrzeugen oder Fahrzeugdächer als Schubfeldträger modelliert werden. Auch

Kombinationen aus Hautfeldern, Spanten und Stringern, wie sie im Flugzeugbau verwendet werden, sind in der Vorauslegung als Schubfeldträger beschreibbar.

Prinzipiell können Schubfeldträger nahezu beliebige Formen haben. Üblicherweise setzen sie sich jedoch aus viereckigen Hautfeldern zusammen. Diese Hautfelder werden vollständig von Steifen (je nach Anwendung spricht man auch von Gurten, Pfosten, Profilen oder Stäben) berandet.

Die Dehnsteifigkeit der Steifen ist groß im Vergleich zu den Hautfeldern. Da sie nur Normalkräfte aufnehmen (modellhafte Näherung), betrachten wir sie als gelenkig miteinander über Knotenpunkte verbunden. Äußere Kräfte können nur in den Knoten eingeleitet werden.

Die Hautfelder übertragen bei unserer Idealisierung nur Schubbeanspruchungen (Schubflüsse und -spannungen) entlang ihrer Ränder. Daher sprechen wir auch von Schubfeldern.

I. Allg. wird es uns nicht gelingen, in alle Raumrichtungen geschlossene Lösungen bzw. Funktionen für die auftretenden Schubflüsse anzugeben. Wir können sie immer nur feldweise bestimmen, da die Schubfelder allseits mit Steifen umschlossen sind. Deshalb werden Schubfeldträger auch als *Schubfeldschema mit feldweise veränderlichem Schubfluss* oder als *diskontinuierliche Form eines dünnwandigen Vollwandsystems* bezeichnet.

Eine enge Beziehung besteht zwischen Fachwerken und Schubfeldträger-Konstruktionen. Bei diesen werden die Diagonalstäbe des Fachwerkes durch Schubfelder ersetzt. Dadurch wir oftmals eine noch leichtbaugerechtere Struktur ermöglicht. Bei einer Fachwerksstruktur werden alle Lasten über die Stäbe, aus denen das Fachwerk besteht, übertragen. Wird aus Gründen der Aerodynamik oder der Abdichtung gegen z. B. Luft oder Feuchtigkeit eine Verkleidung benötigt, trägt diese nicht mit. Bei Schubfeldträger-Konstruktionen können hingegen die Funktionen Lasttragen und Verkleiden kombiniert werden.

9.3.1 Statisch bestimmte Schubfeldträger

Die Hautfelder von Schubfeldträgern sind in realen Strukturen überwiegend eben oder so schwach gekrümmt, dass die Krümmung vernachlässigbar ist. Schubfeldträger-Konstruktionen können aus Schubfeldern unterschiedlicher Geometrie aufgebaut sein. Wir beginnen mit dem einfachsten Schubfeld, dem Rechteckfeld, um darauf aufbauend zunehmend komplexere Hautfelder (Parallelogramm- und Trapezfeld) zu betrachten.

Wir untersuchen zuerst das Rechteckfeld gemäß Abb. 9.12a). Dieses ist an allen vier Rändern von Steifen berandet, die wir uns gelenkig miteinander verbunden vorstellen. Mit Hilfe der Gleichgewichtsbeziehungen können wir die Lagerreaktionen in den Punkten A und B ermitteln. Die Lagerkräfte in den Pendelstützen ergeben sich zu $A_V = F$ und $B_H = A_H = F \frac{a}{b}$. Wenn wir jetzt jeden einzelnen Knoten freischneiden, können wir die lokalen Steifenkräfte - ähnlich wie beim Fachwerk - an den Knoten bestimmen. Der Übersicht halber erstellen wir hierzu eine Explosia)

b)

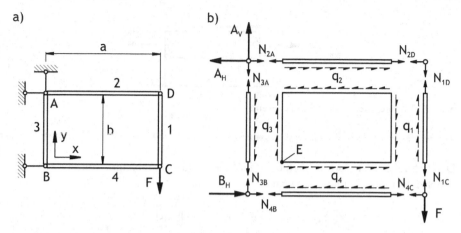

Abb. 9.12 a) Statisch bestimmt gelagerter und durch eine Einzelkraft F belasteter Schubfeldträger mit rechteckigem Schubfeld, b) innere Kraftgrößen im Schubfeldträger

onszeichnung, aus der die wesentlichen inneren Kraftgrößen hervorgehen. Grundsätzlich bezeichnen wir die Knoten mit Buchstaben und die Steifen bzw. Stäbe mit arabischen Zahlen. Die Kräfte an den Steifenenden werden dann durch ihre Position im Schubfeldträger eindeutig definiert, indem der 1. Index die Steife und der 2. den Knoten angibt, an dem die Stab- bzw. Steifenkraft wirkt. Wir nehmen dabei unterschiedliche Kräfte an den Steifenenden an, da die Steifenkräfte sich infolge der im Schubfeld wirkenden Schubflüsse entlang der Steifenachse verändern können. Wir erhalten die in Abb. 9.12b) skizzierten Kraftgrößen. Die Kräftegleichgewichte an den Knoten führen auf $N_{1C} = F$, $N_{1D} = 0$, $N_{2D} = 0$, $N_{2A} = F_B$, $N_{3A} = F_A$, $N_{3B} = 0$, $N_{4B} = -F_C$ und $N_{4C} = 0$.

Für den Verlauf der Steifenkräfte zwischen den Knoten müssen wir den Schubfluss im Schubfeld untersuchen, da dieser eine kontinuierliche Veränderung der Steifenkräfte verursachen kann. Daher untersuchen wir das von seinen Steifen freigeschnittene Schubfeld. Da das Schubfeld definitionsgemäß sehr dünn ist, können wir von über der Dicke des Schubfeldes konstanten Schubspannungen ausgehen, weshalb wir statt Schubspannungen Schubflüsse q_i am Schubfeldrand betrachten. Prüfen müssen wir aber noch, wie sich der Schubfluss entlang der Schubfeldkanten verändert. Dazu stellen wir drei Gleichgewichtsbeziehungen für das Rechteckfeld gemäß Abb. 9.12b) auf

$$\sum_i F_{ix} = 0 \qquad \Leftrightarrow \qquad a\,q_2 = a\,q_4 \qquad\qquad \Leftrightarrow \qquad q_2 = q_4\,, \qquad (9.27)$$

$$\sum_i F_{iy} = 0 \qquad \Leftrightarrow \qquad b\,q_1 = b\,q_3 \qquad\qquad \Leftrightarrow \qquad q_1 = q_3\,, \qquad (9.28)$$

$$\sum_i M_{iE} = 0 \qquad \Leftrightarrow \qquad a\,(b\,q_1) = b\,(a\,q_2) \qquad \Leftrightarrow \qquad q_1 = q_2\,. \qquad (9.29)$$

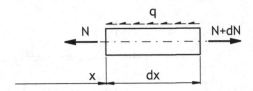

Abb. 9.13 Kräftegleichgewicht an einer Steife

Der Schubfluss ist also im rechteckigen Schubfeld - unabhängig von der Art der äußeren Belastung - immer konstant

$$q_1 = q_2 = q_3 = q_4 = q = \text{konst.} \qquad (9.30)$$

Um den Verlauf der Steifenkräfte entlang der Steifenachse zu bestimmen, betrachten wir als nächstes ein Stück einer berandenden Steife mit der Länge dx nach Abb. 9.13 und stellen das Kräftegleichgewicht in Steifenrichtung (lokale x-Achse) auf

$$N + q\,dx = N + dN \qquad \Rightarrow \qquad dN = q\,dx\,. \qquad (9.31)$$

An dieser Stelle tritt definitionsgemäß nur die Normalkraft als Schnittgröße auf, da Steifen wie Stäbe behandelt werden.

Die Integration von Gl. (9.31) entlang der Steifenachse liefert uns

$$N\,(x) = \int q\,dx + N_0\,. \qquad (9.32)$$

Die Integrationskonstante N_0 stellt dabei die Normalkraft an der Stelle $x = 0$ dar. Bei konstantem Schubfluss q resultiert

$$N\,(x) = N_0 + q\,x \qquad (9.33)$$

Die Normalkraft in der Steife wird also unter der Bedingung, dass q konstant ist, durch eine lineare Funktion beschrieben, während die Normalkräfte in den Stäben eines Fachwerkes konstant sind. Allerdings sind, wie wir später sehen werden, nicht bei allen Schubfeldern die Schubflüsse konstant. Aus dem linearen Verlauf der Normalkräfte können wir ableiten, dass die mit dem Modell des Schubfeldträgers berechneten Schubflüsse und Normalkräfte nur Näherungen darstellen. Aufgrund der Normalkräfte und der resultierenden Normalspannungen in den Steifen müssen die Steifen Längenänderungen erfahren, die - aus Kompatibilitätsgründen - im angeschlossenen Schubfeld ebenfalls vorhanden sein müssen. Aus diesen Dehnungen folgende Normalspannungen im Schubfeld berücksichtigen wir aber nicht.

Da ein konstanter Schubfluss im Rechteckfeld des Schubfeldträgers herrscht, resultieren die in Abb. 9.14 dargestellten linearen Normalkraftverläufe in den Steifen.

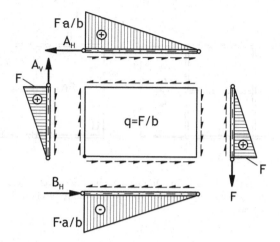

Abb. 9.14 Resultierende Steifenkräfte im Schubfeldträger nach Abb. 9.12a)

Darüber hinaus können wir den Schubfluss q im Feld bestimmen. Hierzu untersuchen wir das Gleichgewicht in Längsrichtung von Steife 1 und erhalten $q = \frac{F}{b}$.

Wie bereits in Kap. 7 demonstriert, sind Verformungsberechnungen vielfach unter Verwendung der Formänderungsenergie U_i sehr effektiv möglich. Deshalb wollen wir die Formänderungsenergie eines Rechteckfeldes bestimmen. Dabei gehen wir wieder von

$$U_i = \frac{1}{2} \int_V \left(\sigma_x \, \varepsilon_x + \sigma_y \, \varepsilon_y + \sigma_z \, \varepsilon_z + \tau_{xy} \, \gamma_{xy} + \tau_{xz} \, \gamma_{xz} + \tau_{yz} \, \gamma_{yz} \right) \mathrm{d}V \quad (9.34)$$

aus. Wenn wir berücksichtigen, dass mit Gl. (9.30) und der Annahme einer konstanten Wandstärke im Hautfeld die Schubspannung τ_{xy} im Rechteckfeld ebenfalls konstant ist, vereinfacht sich Gl. (9.34) zu

$$U_i = \frac{1}{2} \int_{x=0}^{a} \int_{y=0}^{b} \tau \, \gamma \, t \, \mathrm{d}y \, \mathrm{d}x \, . \quad (9.35)$$

Mit $\tau = \frac{q}{t}$ und $\gamma = \frac{\tau}{G}$ folgt die Formänderungsenergie eines Rechteckfeldes

$$U_i = \frac{q^2 \, a \, b}{2 \, G \, t} = \frac{q^2 \, A}{2 \, G \, t} \, . \quad (9.36)$$

Beispiel 9.3 Ein Kragarm ist gemäß Abb. 9.15a) als Schubfeldträger ausgeführt und durch die Einzellast F belastet. Er besteht aus drei Hautfeldern gleicher Hautfelddicke t und neun Steifen gleicher Dehnsteifigkeit EA. Die gewählten Bezeichnungen sind in Abb. 9.15b) dargestellt.

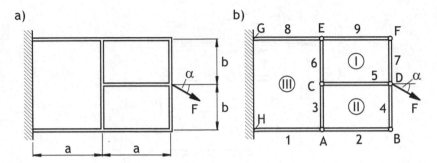

Abb. 9.15 a) Ebener Schubfeldträger mit drei rechteckigen Schubfeldern und b) Idealisierung und gewählte Bezeichnungen (arabische Zahlen für Steifen, römische Zahlen für Hautfelder und Buchstaben für Knoten)

Gegeben Elastizitätsmodul $E = 7 \cdot 10^4$ MPa; Schubmodul $G = 2,7 \cdot 10^4$ MPa; Kraft $F = 8$ kN; Hautfelddicke $t = 6$ mm; Länge $a = 300$ mm, $b = 200$ mm; Steifenquerschnitt $A_{St} = 75$ mm^2; $\alpha = 30°$

Gesucht

a) Berechnen Sie die Schubflüsse in den Hautfeldern. Bestimmen und skizzieren Sie die Normalkraftverteilung in den Steifen.

b) Ermitteln Sie die Verschiebung des Kraftangriffspunktes entlang der Kraftwirkungslinie.

Lösung a) Der zu untersuchende Kragarm ist an seinem linken Ende fest eingespannt. Dies können wir mit dem Modell des Schubfeldträgers ohne weitere Informationen über die Lagerungsform nicht abbilden, da modellseitig nur Lasten und Lagerungen in den Knoten aufgebracht werden dürfen. Wir werden den Schubfeldträger daher von seinem freien Ende - also vom rechten Rand - her untersuchen. Dadurch müssen wir keine Lagerreaktionen ermitteln. Darüber hinaus verwenden wir in dieser Aufgabe keine Explosionszeichnung, sondern wir nutzen ein alternatives Vorgehen, bei dem geeignete Schnitte durch den Schubfeldträger geführt werden, um die inneren Kraftgrößen zu ermitteln.

Aus Gl. (9.30) wissen wir, dass die Schubflüsse in Rechteckfeldern konstant sind. Die Steifenkräfte sind nach Gl. (9.33) immer lineare Funktionen, wenn die Schubflüsse konstant sind. Wir haben also mit solchen Beziehungen im Schubfeldträger zu rechnen.

Bei der Untersuchung von Schubfeldträgern ist es i. d. R. vorteilhaft, zunächst solche Schnitte zu führen, die nur durch ein Schubfeld und zwei Steifen gehen. Damit erhalten wir ein allgemeines ebenes Kräftesystem und können drei linear unabhängige Gleichgewichtsbeziehungen aufstellen. Daher schneiden wir nach Abb. 9.16a) zunächst durch das Schubfeld III, wobei der Schnitt parallel zu den Steifen 3 und 6 liegt. Damit wirkt der an den Hautfeldrändern vorhandene Schubfluss auch in parallelen Schnitten zum Hautfeldrand. Ferner sind die lokalen Koordinaten x_1 und x_8 der Steifen identisch.

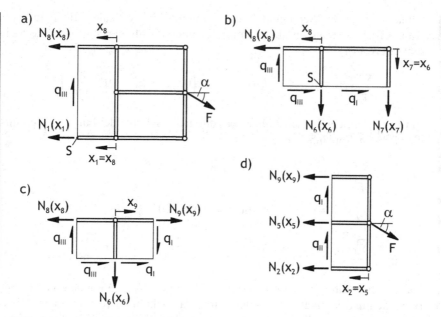

Abb. 9.16 a) Vertikaler Schnitt durch das Schubfeld III, b) horizontaler Schnitt durch das Schubfeld I sowie vertikaler und horizontaler Schnitt durch das Schubfeld III, c) horizontale und vertikale Schnitte durch die Schubfelder I und III, d) vertikaler Schnitt durch die Schubfelder I und II

Aus der Summe aller Kräfte in vertikaler und horizontaler Richtung sowie einem Momentengleichgewicht um den Punkt S erhalten wir

$$\sum_i F_{iV} = 0 \quad \Leftrightarrow \quad q_{III} = 1{,}25 \cdot 10^{-3} \, \frac{F}{\text{mm}} \, ,$$

$$\sum_i M_{iS} = 0 \quad \Leftrightarrow \quad N_8 \, (x_8) = F \left(0{,}808 + 1{,}25 \cdot 10^{-3} \, \frac{x_8}{\text{mm}} \right) ,$$

$$\sum_i F_{iH} = 0 \quad \Leftrightarrow \quad N_1 \, (x_1 = x_8) = F \left(0{,}058 - 1{,}25 \cdot 10^{-3} \, \frac{x_8}{\text{mm}} \right) .$$

Als nächstes führen wir einen Schnitt durch die Schubfelder III und I, wobei gemäß Abb. 9.16b) der horizontale Schnitt parallel zu Steife 9 und der vertikale Schnitt parallel zu Steife 6 geführt wird. Dann bestimmen wir mit zwei Kräftegleichgewichten und einem Momentengleichgewicht wiederum drei Größen

$$\sum_i F_{iH} = 0 \quad \Leftrightarrow \quad q_I = 2{,}7 \cdot 10^{-3} \, \frac{F}{\text{mm}} \, ,$$

$$\sum_i M_{iS} = 0 \quad \Leftrightarrow \quad N_7 \, (x_7) = 2{,}7 \cdot 10^{-3} \, F \, \frac{x_7}{\text{mm}} \, ,$$

$$\sum_i F_{iV} = 0 \quad \Leftrightarrow \quad N_6 \, (x_6) = -1{,}44 \cdot 10^{-3} \, F \, \frac{x_6}{\text{mm}} \, .$$

Schneiden wir das Schubfeld I jetzt zusätzlich in vertikaler Richtung nach
Abb. 9.16c), erhalten wir aus einem horizontalen Kräftegleichgewicht die Steifenkraft $N_9\,(x_9)$

$$\sum_i F_{iH} = 0 \quad \Leftrightarrow \quad N_9\,(x_9) = F\left(0,808 - 2,7 \cdot 10^{-3}\,\frac{x_9}{\text{mm}}\right)\,.$$

Ein vertikaler Schnitt nach Abb. 9.16d) durch die Schubfelder I und II liefert uns
die nächsten drei Unbekannten

$$\sum_i F_{iV} = 0 \quad \Leftrightarrow \quad q_{II} = -1,938 \cdot 10^{-4}\,\frac{F}{\text{mm}}\,,$$

$$\sum_i M_{iS} = 0 \quad \Leftrightarrow \quad N_2\,(x_2) = 1,938 \cdot 10^{-4}\,F\,\frac{x_2}{\text{mm}}\,,$$

$$\sum_i F_{iH} = 0 \quad \Leftrightarrow \quad N_5\,(x_5) = F\left(0,866 - 2,9 \cdot 10^{-3}\,\frac{x_5}{\text{mm}}\right)\,.$$

Die beiden verbliebenen Steifenkräfte $N_3\,(x_3)$ und $N_4\,(x_4)$ können wir aus horizontalen und vertikalen Schnitten durch das Schubfeld II bestimmen. Diese
führen wir analog zu den Schnitten durch das Schubfeld I aus. Wir erhalten dann

$$N_3\,(x_3) = -1,44 \cdot 10^{-3}\,F\,\frac{x_3}{\text{mm}}\,, \qquad N_4\,(x_4) = 1,938 \cdot 10^{-4}\,F\,\frac{x_4}{\text{mm}}\,.$$

Wir sind jetzt in der Lage, die Normalkraftverläufe in den Steifen grafisch darzustellen. Aus Abb. 9.17 ist ersichtlich, dass in den unbelasteten Ecken des Schubfeldträgers die Steifenkräfte erwartungsgemäß verschwinden. Die Steifen 8 und
9, die den sogenannten Obergurt des Kragarms bilden, sind auf Zug belastet.
Im Untergurt (Steifen 1 und 2) hingegen findet ein Übergang vom Zug- in den

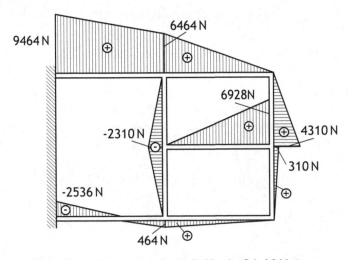

Abb. 9.17 Qualitative Normalkraftverläufe in den Steifen des Schubfeldträgers

Druckbereich statt. Daher ist der Untergurt genau wie die Steifen 3 und 6, die ebenfalls druckbelastet sind, stabilitätsgefährdet. Sie müssen nach Abschnitt 8.2 untersucht werden. Bei sehr konservativer Betrachtung würden wir den Maximalwert der jeweiligen Steifenkraft für die Stabilitätsberechnungen verwenden. Für einen weniger konservativen Ansatz ist es üblich, mit dem Mittelwert der entsprechenden Steifenkraft zu rechnen. Einer dieser Ansätze muss ausgewählt werden, da Stabilitätslasten i. Allg. für konstante Beanspruchungen bestimmt werden.

b) Da die Verschiebung des Kraftangriffspunktes entlang der Wirkungslinie der Kraft F gesucht ist, können wir gemäß Kap. 7 die Energieerhaltung ausnutzen und von Gl. (7.10) ausgehen, die die Gleichheit der äußeren Arbeit W_a mit der Formänderungsenergie U_i beschreibt. Für die äußere Arbeit können wir Gl. (7.6) heranziehen. Die Formänderungsenergie der Steifen und der Schubfelder ist mit den Gln. (7.14) und (9.36) ebenfalls bekannt. Allerdings müssen wir eine Summation über die Anzahl der Steifen bzw. der Schubfelder durchführen. Daraus folgt der Ausdruck

$$W_a = U_i \quad \Leftrightarrow \quad \frac{1}{2} F f_F = \frac{1}{2} \frac{1}{E A_{St}} \sum_{i=1}^{9} \int_{l_i} N_i^2 \, dx_i + \frac{1}{2} \frac{1}{G t} \sum_{j=I}^{III} q_j^2 A_j \ .$$

Als Lösung des Integrals folgt für die gesuchte Verschiebung zunächst

$$f_F = \frac{1}{E A_{St}} 5{,}67 \cdot 10^6 \, \text{N mm} + \frac{1}{G t} 5{,}02 \cdot 10^3 \, \text{N}$$

und unter Verwendung der Material- und Geometrieparameter $f_F = 1{,}11$ mm.

Nachdem wir bereits Schubfelder in Rechteckform betrachtet haben, wollen wir nun Parallelogrammfelder gemäß Abb. 9.18a) untersuchen. Hier haben wir bereits

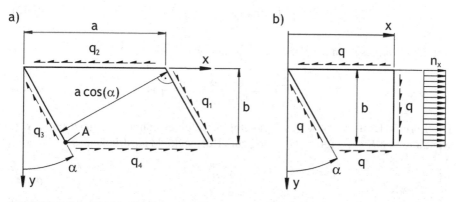

Abb. 9.18 a) Schubfeld in Parallelogrammform und b) Normalkraftfluss in einem Schnitt durch das Parallelogrammfeld

die Steifen vom Schubfeld entfernt und Schubflüsse entlang der Hautfeldränder eingeführt. Auch beim Parallelogrammfeld stellen wir zunächst drei Gleichgewichtsbeziehungen am Schubfeld auf

$$\sum_i M_{iA} = 0 \quad \Leftrightarrow \quad (q_2\,a)\,b - \left(\frac{q_1\,b}{\cos\alpha}\right) a\,\cos\alpha = 0 \qquad \Leftrightarrow q_2 = q_1\,, \quad (9.37)$$

$$\sum_i F_{iy} = 0 \quad \Leftrightarrow \quad q_3\,\frac{b\,\cos\alpha}{\cos\alpha} - q_1\,\frac{b\,\cos\alpha}{\cos\alpha} = 0 \qquad \Leftrightarrow q_3 = q_1\,, \quad (9.38)$$

$$\sum_i F_{ix} = 0 \quad \Leftrightarrow \quad q_4\,a - q_2\,a - q_3\,\frac{b\,\sin\alpha}{\cos\alpha} + q_1\,\frac{b\,\sin\alpha}{\cos\alpha} = 0 \quad \Leftrightarrow q_4 = q_2\,. \quad (9.39)$$

Der Schubfluss ist folglich auch im Parallelogrammfeld - unabhängig von der Art
der äußeren Belastung - überall konstant, d. h. es gilt

$$q_1 = q_2 = q_3 = q_4 = q = \text{konst.} \qquad\qquad (9.40)$$

Da die Schubflüsse wieder konstant sind, finden wir auch in den berandenden Steifen von Parallelogrammfeldern lineare Verläufe der Normalkräfte.

Wie wir in Abb. 9.18b) erkennen können, entstehen im Parallelogrammfeld in
Schnitten parallel zur y-Achse auch Normalkraftflüsse, obwohl an den Schub-
feldrändern nur Schubflüsse eingeleitet werden. Diese Normalkraftflüsse n_x und
daraus resultierende Normalspannungen σ_x erhalten wir aus dem Kräftegleichgewicht zu

$$n_x = 2\,q\,\tan\alpha \qquad \Leftrightarrow \qquad \sigma_x = 2\,\frac{q}{t}\,\tan\alpha\,. \qquad (9.41)$$

Daher verändert sich der Ausdruck für die Formänderungsenergie gegenüber dem
des Rechteckfeldes nach Gl. (9.35) zu

$$U_i = \frac{1}{2}\int_A \left(\sigma_x\,\varepsilon_x + \tau_{xy}\,\gamma_{xy}\right) t\,\mathrm{d}A\,. \qquad (9.42)$$

Mit dem Stoffgesetz in der Form $\varepsilon_x = \frac{\sigma_x}{E}$ und $\gamma_{xy} = \frac{\tau_{xy}}{G}$ folgt

$$U_i = \frac{1}{2}\int_A \left(\frac{4\,q^2\,\tan^2\alpha}{E\,t^2} + \frac{q^2}{G\,t^2}\right) t\,\mathrm{d}A\,. \qquad (9.43)$$

Die Formänderungsenergie des Parallelogrammfeldes können wir jetzt unter Verwendung von $E = 2\,(1 + \nu)\,G$ analog zum Rechteckfeld ausdrücken

$$U_i = \frac{q^2\,A^*}{2\,G\,t}\,. \qquad\qquad (9.44)$$

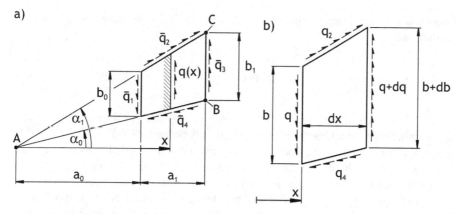

Abb. 9.19 a) Schubfeld in Trapezform mit mittleren Schubflüssen $\bar{q}_1$ bis $\bar{q}_4$ und $q\,(x)$, b) infinitesimales Schubfeld der Länge dx

Dabei stellt A^* eine Art Ersatzflächeninhalt des Parallelogrammfeldes dar, für den gilt

$$A^* = A \left(1 + \frac{2}{1+\nu} \tan^2 \alpha \right) . \qquad (9.45)$$

In Schubfeldträgern mit nicht parallelen Feldrändern können wir die Schubflüsse entlang der Ränder nicht mehr wie bei den Hautfeldern zuvor als konstant annehmen. Um dennoch mit vertretbarem Aufwand Gleichgewichtsbeziehungen am Schubfeld aufstellen und auswerten zu können, wollen wir zunächst mit mittleren Schubflüssen $\bar{q}_i$ entlang der Feldränder der Länge l_i arbeiten

$$\bar{q}_i = \frac{1}{l_i} \int_0^{l_i} q_i\,(x_i)\,\mathrm{d}x_i . \qquad (9.46)$$

x_i stellt dabei die jeweilige Koordinate entlang des Feldrandes dar.

Für ein Trapezfeld sind in Abb. 9.19a) die mittleren Schubflüsse $\bar{q}_1$ bis $\bar{q}_4$ sowie der Schubfluss $q\,(x)$, der sich an einer beliebigen Position x ergibt, dargestellt.

Mit Hilfe des Strahlensatzes

$$\frac{b_0}{b_1} = \frac{a_0}{a_0 + a_1} \qquad (9.47)$$

und mit drei Momentengleichgewichten

$$\sum_i M_{iA} = 0 \qquad \Leftrightarrow \qquad (\bar{q}_3\,b_1)\,(a_0 + a_1) - (\bar{q}_1\,b_0)\,a_0 = 0 , \qquad (9.48)$$

$$\sum_i M_{iB} = 0 \qquad \Leftrightarrow \qquad \left(\bar{q}_2\,\frac{a_1}{\cos\alpha_1} \right) b_1 \cos\alpha_1 - (\bar{q}_1\,b_0)\,a_1 = 0 , \qquad (9.49)$$

$$\sum_i M_{iC} = 0 \qquad \Leftrightarrow \qquad \left(\bar{q}_4\,\frac{a_1}{\cos\alpha_0} \right) b_1 \cos\alpha_0 - (\bar{q}_1\,b_0)\,a_1 = 0 \qquad (9.50)$$

können wir die mittleren Schubflüsse $\bar{q}_2$ bis $\bar{q}_4$ durch den mittleren Schubfluss $\bar{q}_1$ ausdrücken

$$\bar{q}_3 = \bar{q}_1 \left(\frac{b_0}{b_1}\right)^2 , \qquad (9.51) \qquad\qquad \bar{q}_2 = \bar{q}_4 = \bar{q}_1 \frac{b_0}{b_1} . \qquad (9.52)$$

Folglich sind nicht alle mittleren Schubflüsse entlang der Feldkanten gleich groß ($\bar{q}_1 \neq \bar{q}_2$). Nach dem Gesetz der Gleichheit zugeordneter Schubspannungen, das wir auch auf die Schubflüsse übertragen können, müssen die lokalen Schubflüsse in den Ecken eines Schubfeldes aber die gleichen Werte haben. Folglich können die Schubflüsse entlang der Ränder eines Trapezfeldes nicht konstant sein.

Wir betrachten ein differentielles Flächenelement, das durch Schnitte parallel zu den Seiten b_0 bzw. b_1 an den Stellen x und $x+dx$ entsteht und sich über die gesamte Höhe des Trapezfeldes erstreckt (vgl. Abb. 9.19b)). Auf der Ober- und Unterseite berücksichtigen wir die lokal wirkenden Schubflüsse. Daher sind diese Schubflüsse jetzt nicht mit einem Querstrich versehen. Es folgt aus dem horizontalen Kräftegleichgewicht

$$q_4 \frac{dx}{\cos\alpha_0} \cos\alpha_0 - q_2 \frac{dx}{\cos\alpha_1} \cos\alpha_1 = 0 \quad \Rightarrow \quad q_2 = q_4 . \qquad (9.53)$$

Die Schubflüsse auf Ober- und Unterseite sind demnach gleich. Diese Aussage haben wir für die mittleren Schubflüsse bereits mit Gl. (9.52) gefunden. Normalkraftflüsse treten im betrachteten Schnitt nicht auf, was direkt aus dem Kräftegleichgewicht in x-Richtung folgt, wenn der linke Rand dem Feldrand bei $x = 0$ entspricht.

Aus Gl. (9.53) und der Gleichheit der Schubspannungen bzw. Schubflüsse können wir zudem schlussfolgern, dass sich Schubflüsse entlang von Schnitten bei einer Koordinate x nicht ändern. Folglich sind die Schubflüsse an den parallelen Rändern des Trapezfeldes konstant, so dass wir für diese Schubflüsse nicht mit mittleren Werten arbeiten müssen

$$\bar{q}_1 = q_1 \quad \text{und} \quad \bar{q}_3 = q_3 .$$

Aus den Gln. (9.51) und (9.52) wird demnach

$$q_3 = q_1 \left(\frac{b_0}{b_1}\right)^2 , \qquad (9.54) \qquad\qquad \bar{q}_2 = \bar{q}_4 = q_1 \frac{b_0}{b_1} . \qquad (9.55)$$

In vertikaler Richtung ermitteln wir aus einem Kräftegleichgewicht am differentiellen Element nach Abb. 9.19b)

$$-q\,b + \left(q + dq\right)\left(b + db\right) - q_4 \frac{dx}{\cos\alpha_0} \sin\alpha_0 + q_2 \frac{dx}{\cos\alpha_1} \sin\alpha_1 = 0 . \qquad (9.56)$$

Wegen der Gleichheit der zugeordneten Schubspannungen (bzw. Schubflüsse) gehen wir von $q_2 = q_4 = q = q(x)$ aus. Unter Berücksichtigung von

$$db = (\tan\alpha_1 - \tan\alpha_0)\, dx \tag{9.57}$$

folgt mit $b = b(x)$ bei Vernachlässigung aller Größen, die von zweiter Ordnung klein sind,

$$2\,q(x)\, db + b(x)\, dq = 0 \quad\Rightarrow\quad \frac{dq}{q(x)} = -2\,\frac{db}{b(x)}. \tag{9.58}$$

Wenn wir in den Grenzen von q_1 bis $q(x)$ und b_0 bis $b(x)$ integrieren, ergibt sich

$$\ln\frac{q(x)}{q_1} = \ln\frac{-2\,b(x)}{b_0} = \ln\left(\frac{b_0}{b(x)}\right)^2 \tag{9.59}$$

und schließlich

$$q(x) = q_1\left(\frac{b_0}{b(x)}\right)^2 = q_1\left(\frac{a_0}{a_0 + x}\right)^2. \tag{9.60}$$

Setzen wir Gl. (9.60) in Gl. (9.32) ein, erhalten wir durch Integration die Normalkraftverläufe in den nicht parallelen Steifen

$$N_2(x) = N_{20} + \frac{q_1}{\cos\alpha_1}\,\frac{x}{1 + \dfrac{x}{a_1}\left(\dfrac{b_1}{b_0} - 1\right)}, \tag{9.61}$$

$$N_4(x) = N_{40} + \frac{q_1}{\cos\alpha_0}\,\frac{x}{1 + \dfrac{x}{a_1}\left(\dfrac{b_1}{b_0} - 1\right)}. \tag{9.62}$$

Zu beachten ist, dass der Index i der Normalkraft $N_i(x)$ die Steife am Hautfeld kennzeichnet, an der der Schubfluss q_i wirkt. Darüber hinaus stellen die Konstanten N_{20} und N_{40} die Normalkräfte am Stabanfang bei $x = 0$ nach den Abbn. 9.19a) und b) dar, d. h. die Koordinate x beschreibt nicht die jeweilige Steifenachse.

Üblicherweise werden die mittleren Schubflüsse statt der exakten eingeführt. Unter Ausnutzung der mittleren Schubflüsse an den Feldrändern resultieren dann näherungsweise linear veränderliche Normalkräfte in den Steifen.

Aus den Gln. (9.54) und (9.55) ist ersichtlich, dass das Produkt der mittleren Schubflüsse zweier gegenüberliegender Seiten im Trapezfeld gleich groß ist. Dies können wir benutzen, um einen mittleren Schubfluss q_m für das gesamte Schubfeld

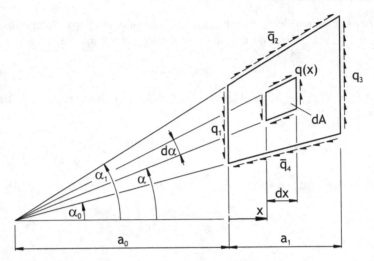

Abb. 9.20 Differentielles Flächenelement dA in einem Trapezfeld

in Trapezform zu definieren

$$q_m = \sqrt{q_1\, q_3} = \sqrt{\bar{q}_2\, \bar{q}_4} \,. \tag{9.63}$$

Auf Basis dieses mittleren Schubflusses werden wir nachfolgend die Formänderungsenergie des Trapezfeldes bestimmen.

An einer beliebigen Stelle x können wir auch den Schubfluss $q\,(x)$ durch den mittleren Schubfluss q_m ausdrücken

$$q\,(x) = q_m \,\frac{b_1}{b_0} \,\frac{a_0^2}{(a_0 + x)^2} \,. \tag{9.64}$$

Für die Ermittlung der Formänderungsenergie des Trapezfeldes greifen wir auf die bereits bekannte Lösung des Parallelogrammfeldes zurück. Das differentielle Flächenelement dA aus Abb. 9.20 können wir näherungsweise als Parallelogramm betrachten.

Die Fläche des differentiellen Flächenelementes ergibt sich dann zu

$$\mathrm{d}A = \frac{(a_0 + x)\,\mathrm{d}\alpha}{\cos\alpha} \,\frac{\mathrm{d}x}{\cos\alpha} \,. \tag{9.65}$$

Für das Element dA können wir die Formänderungsenergie mit den Gln. (9.44) und (9.45) angeben

$$\mathrm{d}U_i = \frac{q^2\,(x)}{2\,G\,t} \left(1 + \frac{2}{1 + \nu}\,\tan^2\alpha\right) \mathrm{d}A \,. \tag{9.66}$$

Daraus erhalten wir mittels Integration und unter Verwendung von Gl. (9.64) die Formänderungsenergie für ein Trapezfeld

$$
U_i = \int_{x=0}^{a_1} \int_{\alpha=\alpha_0}^{\alpha_1} \frac{q_m^2}{2\,G\,t} \left(\frac{b_1}{b_0}\right)^2 a_0^4 \frac{1 + \dfrac{2}{1+\nu}\tan^2\alpha}{(a_0 + x)^3 \cos^2\alpha}\, \mathrm{d}\alpha\, \mathrm{d}x\ . \tag{9.67}
$$

Diesen Ausdruck können wir schließlich in eine Form ähnlich Gl. (9.44), die die Formänderungsenergie des Parallelogrammfeldes beschreibt, bringen. Nach der Integration und einigen mathematischen Umformungen erhalten wir die Formänderungsenergie des Trapezfeldes

$$
U_i = \frac{q_m^2\, A^*}{2\,G\,t}\ . \tag{9.68}
$$

Dabei ist A^* erneut ein Ersatzflächeninhalt, für den nun gilt

$$
A^* = A \left[1 + \frac{2}{3\,(1+\nu)} \left(\tan^2\alpha_0 + \tan\alpha_0 \tan\alpha_1 + \tan^2\alpha_1\right)\right]\ . \tag{9.69}
$$

Unter Verwendung von q_m und A^* gelingt es, die Formänderungsenergie für das Trapez-, das Parallelogramm- und das Rechteckfeld in einheitlicher Schreibweise anzugeben. Dabei können Parallelogramm- und Rechteckfeld aus dem Trapezfeld abgeleitet werden.

Beispiel 9.4 Der Schubfeldträger nach Abb. 9.21a) ist in A und B gelagert und durch die Einzelkraft F am Knoten H belastet. Alle Hautfelder haben die Hautfelddicke t. Die Steifenquerschnitte sind jeweils A_{St}.

Gegeben Elastizitätsmodul $E = 7 \cdot 10^4\,\mathrm{MPa}$; Schubmodul $G = 2,7 \cdot 10^4\,\mathrm{MPa}$; Einzelkraft $F = 20\,\mathrm{kN}$; Länge $a = 1\,\mathrm{m}$; Hautfelddicke $t = 1\,\mathrm{mm}$; Steifenquerschnitt $A_{St} = 100\,\mathrm{mm}^2$

Gesucht

a) Berechnen Sie die Schubflüsse bzw. die mittleren Schubflüsse in allen Hautfeldern. Bestimmen und skizzieren Sie die Normalkraftverteilung in den Steifen.

b) Ermitteln Sie die vertikale Verschiebung des Punktes C.

Lösung a) Der Schubfeldträger, den wir untersuchen wollen, besteht aus drei unterschiedlichen Schubfeldern. Den Gln. (9.30) und (9.40) entnehmen wir, dass die Schubflüsse im Rechteckfeld (q_{III}) und im Parallelogrammfeld (q_{II}) konstant sind. Im Trapezfeld hingegen sind die Schubflüsse nur an den parallelen Rändern konstant. Wir arbeiten daher an den nicht parallelen Rändern mit mittleren Schubflüssen, die wir mit einem Querstrich kennzeichnen.

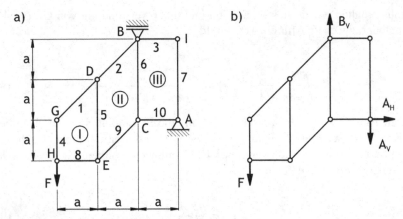

Abb. 9.21 a) Ebener Schubfeldträger mit drei Schubfeldern und b) Freikörperbild des Schubfeldträgers

Zunächst bestimmen wir die vertikalen Reaktionskräfte in den Lagern A und B gemäß Abb. 9.21b). Aus einem Momentengleichgewicht um A folgt $B_V = 3\,F$ und danach aus der Summe aller Kräfte in vertikaler Richtung $A_V = 2\,F$. Mit Hilfe eines horizontalen Kräftegleichgewichts ergibt sich eine verschwindende horizontale Lagerkraft $A_H = 0$.

Anschließend schneiden wir sämtliche Steifen und Schubfelder frei. Da die Steifenkräfte bei Verwendung des mittleren Schubflusses an den nicht parallelen

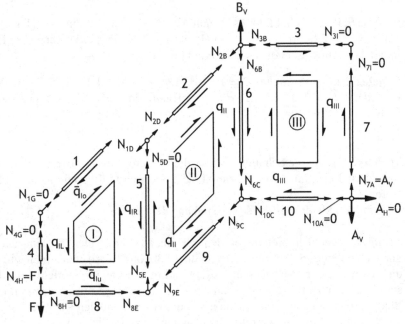

Abb. 9.22 Freigeschnittene Schubfelder, Knoten und Steifen

Rändern des Trapezfeldes in allen drei Schubfeldern lineare Funktionen darstellen, sind sie mit den Endwerten an den jeweiligen Knoten eindeutig angebbar. Im Unterschied zu Bsp. 9.3 wollen wir uns auf die Berechnung von Endwerten beschränken und keine exakten Funktionsverläufe für die Steifenkräfte aufstellen. Daher schneiden wir jetzt auch die Knoten frei. Die resultierenden Teilsysteme sind in Abb. 9.22 zusammengestellt. Der leichteren Zuordnung halber geben wir bei den Steifenkräften im Index sowohl die Nummer der Steife (arabische Zahl) als auch den zugehörigen Knoten (Großbuchstabe) an.

Bei Fachwerken sind Regeln zum Erkennen von sogenannten Nullstäben bekannt. So sind beide Stabkräfte null, wenn an einem unbelasteten Knoten zwei Stäbe in unterschiedlicher Richtung angreifen. Greifen an einem unbelasteten Knoten drei Stäbe an, von denen zwei in die gleiche Richtung zeigen, sind diese beiden Stabkräfte gleich groß. Die dritte Stabkraft ist null. Diese Regeln können wir direkt auf die Steifenkräfte eines Schubfeldträgers übertragen. Allerdings gelten sie im Schubfeldträger nur lokal an den einzelnen Knoten, da die Steifenkräfte gewöhnlich entlang der Steifenlängsachse nicht konstant sind.

In unserem Beispiel verschwinden die Steifenkräfte in allen Steifen an der unbelasteten linken (Knoten G) bzw. rechten oberen Ecke (Knoten I) sowie für die Steife 8 am linken Ende (Knoten H), die Steife 5 am oberen (Knoten D) und die Steife 10 am rechten Ende (Knoten A). Überprüfen können wir dies mittels lokaler Knotengleichgewichte. Da jeder Knoten ein zentrales ebenes Kräftegleichgewicht darstellt, sind an jedem Knoten zwei linear unabhängige Gleichgewichtsbeziehungen formulierbar.

Die Kräftegleichgewichte entlang der Steifen 3, 4, 7 und 10 ergeben

$$\text{Steife 4:} \quad q_{IL}\, a - F \qquad = 0 \quad \Rightarrow \quad q_{IL} = \frac{F}{a}\,,$$

$$\text{Steife 7:} \quad q_{III}\, 2\,a - 2\,F \qquad = 0 \quad \Rightarrow \quad q_{III} = \frac{F}{a}\,,$$

$$\text{Steife 3:} \quad q_{III}\, a - N_{3B} \qquad = 0 \quad \Rightarrow \quad N_{3B} = F\,,$$

$$\text{Steife 10:} \quad q_{III}\, a - N_{10C} \qquad = 0 \quad \Rightarrow \quad N_{10C} = -F\,.$$

q_{IL} ist der konstante Schubfluss am linken Rand des Trapezfeldes, den wir zur Bestimmung des mittleren Schubflusses q_{mI} im Schubfeld verwenden werden. I. Allg. ist bei der Untersuchung von Trapezfeldern empfehlenswert, die konstanten Schubflüsse an den beiden parallelen Rändern zunächst zu bestimmen. Das ist in der Regel zielführender als die Bestimmung der mittleren Schubflüsse an den anderen beiden Rändern.

Unter Verwendung von N_{3B} und N_{10C} sind wir mit vertikalen und horizontalen Kräftegleichgewichten an den Knoten B und C in der Lage, weitere lokale Steifenkräfte zu bestimmen. Es resultiert $N_{2B} = \sqrt{2}\,F$, $N_{6B} = 2\,F$, $N_{9C} = -\sqrt{2}\,F$ und $N_{6C} = -F$.

Aus den Kräftegleichgewichten entlang der Steifen 2, 6 und 9 folgt jetzt

Steife 6: $N_{6B} - q_{II}\, 2\,a - q_{III}\, 2\,a - N_{6C} = 0 \quad \Rightarrow \quad q_{II} = \dfrac{F}{2\,a}\,,$

Steife 2: $-N_{2D} - q_{II}\,\sqrt{2}\,a + N_{2B} = 0 \quad \Rightarrow \quad N_{2D} = N_{1D} = \dfrac{\sqrt{2}\,F}{2}\,,$

Steife 9: $-N_{9E} + q_{II}\,\sqrt{2}\,a + N_{9C} = 0 \quad \Rightarrow \quad N_{9E} = -\dfrac{\sqrt{2}\,F}{2}\,.$

Mit diesen Werten erhalten wir anschließend am Knoten E aus den Gleichgewichten die Kräfte $N_{8E} = -\frac{F}{2}$ und $N_{5E} = \frac{F}{2}$. Jetzt folgt aus einem Gleichgewicht entlang der Steife 5 der Schubfluss am rechten Rand des Trapezfeldes $q_{IR} = \frac{F}{4\,a}$.

Entsprechend Gl. (9.63) bestimmen wir den mittleren Schubfluss im Trapezfeld zu $q_{mI} = \sqrt{q_{IR}\,q_{IL}} = \frac{F}{2\,a}$.

Die resultierende Normalkraftverteilung ist in Abb. 9.23 skizziert. Zu beachten ist, dass diese Normalkräfte in den nicht parallelen Rändern des Trapezfeldes nur Näherungen darstellen, da sich diese Normalkraftverteilungen unter der Annahme von mittleren Schubflüssen ergeben, die aber tatsächlich nicht wirken.

b) Für die vertikale Verschiebung des Punktes C können wir das Prinzip der virtuellen Kräfte verwenden. Dazu bringen wir im Punkt C eine vertikal nach unten gerichtete virtuelle Kraft der Größe 1 an, die direkt in die Steife 6 eingeleitet wird. Da die Steife 6 am oberen Ende mit dem Lager B verbunden ist, wird die virtuelle Kraft direkt in dieses Lager abgeleitet und führt zu einem konstanten Normalkraftverlauf in der Steife. Auf alle anderen Steifen und die Schubflüsse in den drei Feldern hat die virtuelle Kraft keinen Einfluss.

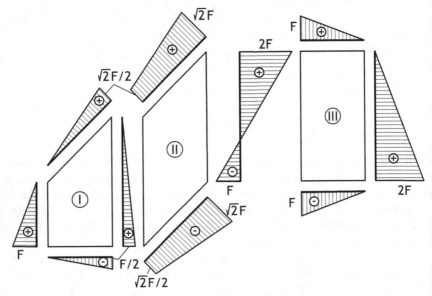

Abb. 9.23 Normalkraftverteilung in den Steifen des Schubfeldträgers

Wir können somit das komplette Problem durch Betrachtung der Steife 6 nach dem Prinzip der virtuellen Kräfte mit

$$f_{CV} = \int_0^{2a} \frac{\bar{N}_6 \, N_6}{E \, A_{St}} \, dx$$

lösen. Dabei ist N_6 der Normalkraftverlauf, der durch die reale Kraft F hervorgerufen wird und der von der Längsachse x der Steife abhängt. Dieser Verlauf stellt eine linear veränderliche Funktion dar, die bereits in Abb. 9.23 dargestellt ist. $\bar{N}_6$ ist der virtuelle Normalkraftverlauf. Er stellt eine konstante Funktion mit dem Wert eins dar.

Unter Verwendung der gegebenen Größen erhalten wir schließlich eine Verschiebung des Knotens C in vertikale Richtung von $f_{CV} = 2,86$ mm.

9.3.2 Statisch unbestimmte Schubfeldträger

Aufgrund der großen Ähnlichkeit des Schubfeldträgers mit einem Fachwerk erfolgt die Unterscheidung in innerlich statisch bestimmtes und innerlich statisch unbestimmtes System analog zum Fachwerk (vgl. Abschnitt 2.7).

Auch bei ebenen Schubfeldträgern stellt jeder Knoten ein zentrales ebenes Kräftesystem dar, für das wir jeweils zwei linear unabhängige Gleichgewichtsbeziehungen aufstellen können. Wir erweitern Gl. (2.90) um die Anzahl der Schubfelder und erhalten

$$U^i = r + s + m - 2\,k\ , \tag{9.70}$$

wobei s die Anzahl der Längs- und Quersteifen, m die Anzahl der Schubfelder, r die Anzahl der Lagerreaktionen und k die Anzahl der Knoten ist. Wir können erneut die drei Fälle

$U^i = 0$	$\Rightarrow$	innerlich statisch bestimmt,
$U^i > 0$	$\Rightarrow$	U^i-fach innerlich statisch unbestimmt bzw. überbestimmt,
$U^i < 0$	$\Rightarrow$	verschieblich bzw. innerlich statisch unterbestimmt.

unterscheiden. Zusätzlich muss - wie beim Fachwerk - gewährleistet sein, dass der Schubfeldträger nicht als starrer Körper verschieblich ist. Er darf beispielsweise nicht mit drei parallelen Loslagern gelagert sein.

Beispiel 9.5 Ein Schubfeldträger wird gemäß Abb. 9.24 durch eine Einzelkraft F belastet. Der Schubfeldträger besteht aus vier Schubfeldern gleicher Abmessung und Dicke sowie aus zwölf Steifen gleicher Dehnsteifigkeit.

Gegeben Abmessungen a und b; Schubfelddicke t; Elastizitätsmodul E der Steifen; Schubmodul G der Schubfelder; Steifenquerschnitt A_{St}; Einzelkraft F

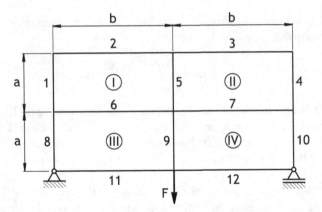

Abb. 9.24 Statisch unbestimmter Schubfeldträger mit vier Schubfeldern

Gesucht Ermitteln Sie die Schubflüsse q_I und q_{II} in den Schubfeldern I und II.

Lösung Der zu untersuchende Schubfeldträger ist statisch unbestimmt, was sich aus Gl. (9.70) ergibt. Mit vier Schubfeldern, zwölf Steifen, drei Lagerreaktionen (ein Loslager und ein Festlager) und neun Knoten beträgt der Grad der inneren statischen Unbestimmtheit $U^i = 1$. Das System ist einfach innerlich statisch überbestimmt, obwohl das Gesamtsystem, wenn wir es als starre Scheibe betrachten, statisch bestimmt gelagert ist. Wir sind nicht in der Lage, die gesuchten Schubflüsse allein nach dem Schnittprinzip zu bestimmen. Wie wir im Unterabschnitt 7.6.2 gesehen haben, müssen wir zunächst eine statisch Überzählige berechnen. Wenn wir das Schubfeld I aus dem System entfernen, definieren wir den Schubfluss q_I als statisch Überzählige X und können ein 0-System gemäß Abb. 9.25 verwenden.

Aus Symmetriebetrachtungen ergibt sich, dass die beiden vertikalen Lagerkräfte jeweils $\frac{F}{2}$ betragen. Die horizontale Lagerkraft im Festlager verschwindet. Mit dem Schnittprinzip erhalten wir im 0-System die Schubflüsse $q_{0\,II} = 0$ und $q_{0\,III} = q_{0\,IV} = \frac{F}{2a}$ sowie die linear veränderlichen Steifenkräfte, deren Verläufe in Abb. 9.25 skizziert sind.

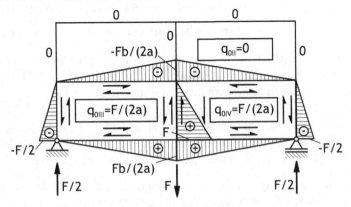

Abb. 9.25 0-System des statisch unbestimmten Schubfeldträgers

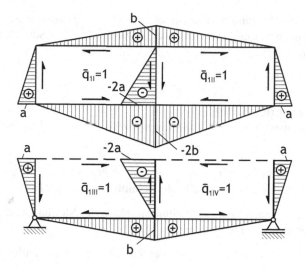

Abb. 9.26 1-System des statisch unbestimmten Schubfeldträgers

Im 1-System nach Abb. 9.26 tragen wir als einzige Last einen virtuellen Einheitsschubfluss $\bar{q}_{1\,I} = 1$ dort an, wo wir das Schubfeld I entfernt haben. Die Schubflüsse und linearen Verläufe der Steifenkräfte erhalten wir wieder nach dem Schnittprinzip. Der Anschaulichkeit halber sind die Steifenkräfte für den oberen und unteren Teil des Schubfeldträgers getrennt in Abb. 9.26 dargestellt.

Da es zwischen dem entfernten Schubfeld I und seinen berandenden Steifen keine Relativverschiebung gibt, gilt nach dem Prinzip der virtuellen Kräfte

$$
0 = \sum_{i=1}^{12} \int_{l_i} \left(\frac{\bar{N}_1 N_0}{E A_{St}} \right)_i \mathrm{d}x + \sum_{j=I}^{IV} \left(\frac{\bar{q}_1 q_0 A}{G t} \right)_j
$$
$$
+ X \left(\sum_{i=1}^{12} \int_{l_i} \left(\frac{\bar{N}_1 \bar{N}_1}{E A_{St}} \right)_i \mathrm{d}x + \sum_{j=I}^{IV} \left(\frac{\bar{q}_1 \bar{q}_1 A}{G t} \right)_j \right).
$$

Setzen wir jetzt die gegebenen Größen ein und führen die erforderlichen Integrationen aus, erhalten wir zunächst

$$
0 = \frac{F}{E A_{St}} \left(\frac{b^3}{a} - \frac{a^2}{2} \right) + \frac{F A}{G t a} + X \left(\frac{4}{E A_{St}} \left(a^3 + b^3 \right) + \frac{4 A}{G t} \right)
$$

und unter Verwendung von $A = a\,b$ schließlich

$$
X = -\frac{F}{4} \frac{\dfrac{1}{E A_{St}} \left(\dfrac{b^3}{a} - \dfrac{a^2}{2} \right) + \dfrac{b}{G t}}{\dfrac{1}{E A_{St}} \left(a^3 + b^3 \right) + \dfrac{a\,b}{G t}}.
$$

Die statisch Überzählige X entspricht direkt dem gesuchten Schubfluss q_I im Feld I. Außerdem muss aus Symmetriegründen für den Schubfluss im Feld II $q_{II} = -q_I$ gelten.

9.4 Zusammenfassung

Allgemeines

• Vollwandsysteme bestehen aus Längs- und Quersteifen sowie Schubfeldern. Die Steifen übertragen Normalkräfte, die Schubfelder Schubflüsse.

• Kräfte greifen nur in den Verbindungspunkten der Steifen an, die als gelenkig verbunden angenommen werden.

• Schubfeld- und Schubwandträger sind Varianten von Vollwandsystemen.

Schubwandträger

• Nur in eine Trägerrichtung wechseln Schubfelder und Steifen.

• Der Schubfluss q ist im offenen zweigurtigen Schubwandträger mit parallelen Gurten konstant. In mehrgurtigen Schubwandträgern mit parallelen Gurten sind die Schubflüsse feldweise konstant.

• Die Berechnung geschlossener Schubwandträger erfolgt analog zu mehrzelligen dünnwandigen Profilen unter Querkraftbelastung.

Schubfeldträger

• Schubfelder und Steifen wechseln in allen Richtungen.

• Bei Rechteck- und Parallelogrammfeldern ist der Schubfluss innerhalb eines Feldes konstant, d. h. es gilt

$$q = q_1 = q_2 = q_3 = q_4 .$$

• Im Trapezfeld sind die Schubflüsse q_1 und q_3 entlang der parallelen Feldränder konstant. Entlang der anderen beiden Ränder wird mit mittleren Schubflüssen $\bar{q}_2$ und $\bar{q}_4$ gearbeitet

$$q_3 = q_1 \left(\frac{b_0}{b_1} \right)^2 \quad \text{und} \quad \bar{q}_2 = \bar{q}_4 = q_1 \frac{b_0}{b_1} .$$

• Die Formänderungsenergie von Rechteck-, Parallelogramm- und Trapezfeldern kann einheitlich angegeben werden

$$U_i = \frac{q_m^2 \, A^*}{2 \, G \, t}$$

mit

$$A^* = A = a\,b \quad \text{(Rechteck)},$$

$$A^* = A \left(1 + \frac{2}{1 + \nu}\, \tan^2 \alpha \right) \quad \text{(Parallelogramm)},$$

$$A^* = A \left(1 + \frac{2}{3\,(1 + \nu)}\, \left(\tan^2 \alpha_0 + \tan \alpha_0\, \tan \alpha_1 + \tan^2 \alpha_1 \right)\right) \quad \text{(Trapez)}.$$

- Eine Unterscheidung in innerlich statisch bestimmtes und innerlich statisch unbestimmtes System erfolgt analog zum Fachwerk

$$U^i = r + s + m - 2\,k\ .$$

9.5 Verständnisfragen

1. Woraus besteht ein Vollwandsystem? Welche Vorteile hat es?

2. Was sind die Unterschiede und Gemeinsamkeiten von Schubwand- und Schubfeldträgern?

3. Wie kann das Verschmieren bei mehrgurtigen Schubwandträgern mit parallelen Gurten erfolgen?

4. Wie werden geschlossene Schubwandträger mit parallelen Gurten berechnet?

5. Was ist bei der Lasteinleitung in Schubwandträger zu beachten?

6. Bei welchen Schubfeldträgern sind die Schubflüsse feldweise konstant?

7. Bei welchen Schubfeldträgern wird ein mittlerer Schubfluss an den Feldrändern berechnet?

8. Wo werden äußere Lasten in Schubfeldträger eingeleitet?

9. Wann ist ein Schubfeldträger innerlich statisch bestimmt? Wie kann man den Grad der statischen Unbestimmtheit überprüfen?

10. Wie kann man die Verformung eines Schubfeldträgers effektiv berechnen?

Kapitel 10
Ergänzungen und weiterführende Theorien

Für das allgemeine Verständnis ist an einigen Stellen der vorherigen Kapitel keine vollständig erklärende Theorie erforderlich. Um diese Kapitel daher nicht mit zu umfassenden Herleitungen zu überladen, haben wir auf eine zu tiefgehende Darstellung verzichtet und stellen in diesem Kapitel Ergänzungen zu diesen Ableitungen sowie weiterführende Theorien zusammen. Es stellt in seiner Gesamtheit kein eigenständiges Kapitel dar, sondern es werden Themen abschnittsweise in der Reihenfolge ihres Auftretens im vorherigen Text behandelt. Um allerdings ein besonders profundes Verständnis der abgeleiteten Berechnungsmethoden zu erzielen, ist die Erarbeitung der Inhalte der nachfolgenden Abschnitte sehr empfehlenswert.

10.1 Linearisierung der Taylor-Reihenentwicklung

Die nach Taylor (vgl. Infobox 12, S. 368) benannte Reihenentwicklung von Funktionen ist in den Natur- und Ingenieurwissenschaften ein sehr nützliches Hilfsmittel, um Fragestellungen sehr unterschiedlicher Art zu lösen. Wir nutzen die Taylor-Reihenentwicklung zur Approximation von Funktionen durch Polynomfunktionen. Besondere Bedeutung besitzt diese Annäherung zur Beschreibung der Veränderung von physikalischen Größen z. B. entlang einer infinitesimalen Strecke.

Die Taylor-Reihenentwicklung einer Funktion besitzt die folgende Form

$$f(x) = f(x_0) + \frac{f'(x_0)}{1!}(x - x_0)^1 + \frac{f''(x_0)}{2!}(x - x_0)^2 + \ldots$$
$$= \sum_{n=0}^{\infty} \frac{f^{(n)}(x_0)}{n!}(x - x_0)^n .$$

(10.1)

Dabei stellt x_0 den Entwicklungspunkt dar, um den herum die Funktion angenähert werden soll. Darüber hinaus bezeichnen wir als Glied der Taylor-Reihe einen einzelnen Summanden.

© Springer-Verlag Berlin Heidelberg 2015
M. Linke, E. Nast, *Festigkeitslehre für den Leichtbau*, DOI 10.1007/978-3-642-53865-0_10

Infobox 12 zu Brook Taylor (1685-1731, englischer Mathematiker) [1]

Taylor wurde in eine wohlhabende und gebildete Familie geboren, in der er viel Raum zur Entwicklung seiner musikalischen und künstlerischen Talente erhielt. Taylor wurde zu Hause von namhaften Privatlehrern unterrichtet. 1701 ging er auf das St. John's College der Universität Cambridge (England), wo er Rechtswissenschaften studierte. Sein Studium schloss er erfolgreich 1714 mit dem Doktortitel ab.

Taylors vorrangiges Interesse galt der Mathematik. 1715 veröffentlichte er das Werk, in dem er die nach ihm benannte Reihenentwicklung vorstellte, deren Bedeutung erst 4 Jahrzehnte nach seinem Tod erkannt wurde. Mit ihr ist es möglich, eine gegebene Funktion in eine Potenzreihe zu entwickeln, die häufig mathematisch leichter zu handhaben ist als die ursprüngliche Funktion. In den naturwissenschaftlich-technischen Gebieten stellt die Taylor-Reihe daher ein außergewöhnlich nützliches mathematisches Hilfsmittel zur Lösung sehr unterschiedlicher Fragestellungen dar.

[1] Jones P. S.: Taylor, Brook. In: Gillispie C. C. (Hrsg.): Dictionary of Scientific Biography, Bd. XIII, Scribner-Verlag, 1976, S. 265-268.

Zur Verdeutlichung der Approximation von Funktionen entwickeln wir beispielhaft die Sinus-Funktion $f(x) = \sin(x)$ in verschiedene Taylor-Reihen, die nach einer unterschiedlichen Anzahl von Gliedern abgebrochen werden. Als Entwicklungspunkt wählen wir den Koordinatenursprung. Für $n = 1, 3, 5, 7$ erhalten wir die Funktionen $f_i(x)$

$$f_1(x) = x , \quad f_3(x) = x - \frac{1}{6} x^3 , \quad f_5(x) = x - \frac{1}{6} x^3 + \frac{1}{120} x^5 ,$$

$$f_7(x) = x - \frac{1}{6} x^3 + \frac{1}{120} x^5 - \frac{1}{5040} x^7 ,$$

die in Abb. 10.1 zusammen mit der zu approximierenden Sinus-Funktion dargestellt sind. Bemerkt sei, dass die Polynome mit gerader Ordnung $n = 2, 4, 6$ nicht aufgeführt sind, da diese sich wegen $f^{(n)}(x) = 0$ von den dargestellten Funktionen nicht unterscheiden (d. h. $f_2 = f_1$, $f_4 = f_3$ usw.). Es ist zu erkennen, dass mit zunehmender Anzahl der berücksichtigten Glieder dem Verlauf der Sinus-Funktion über einen größeren Bereich gefolgt werden kann. Im Grenzübergang bei Verwendung von unendlich vielen Gliedern entspricht die entwickelte Taylor-Reihe der Sinus-Funktion.

Wir nutzen die Taylor-Reihe an vielen Stellen in diesem Lehrbuch zur Beschreibung der Änderung von Größen entlang einer Koordinate. Insbesondere linearisieren wir die Taylor-Reihe, d. h. wir verwenden nur das lineare Glied. Bzgl. der zuvor diskutierten Sinus-Funktion würde dies bedeuten, dass wir sie durch die Gerade $f_1(x)$ annähern würden. Anhand von Abb. 10.1 ist ersichtlich, dass diese Appro-

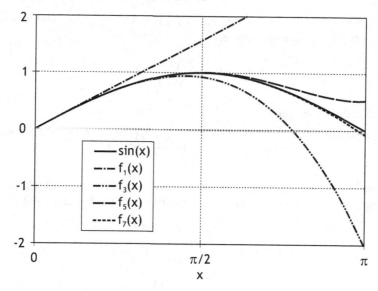

Abb. 10.1 Approximation der Sinus-Funktion im Koordinatenursprung mit Taylor-Reihen, die nach unterschiedlichen Gliedern abgebrochen sind

ximation nur in der Nähe des Koordinatenursprungs zu geringen Abweichungen führt. Dies ist aber ausreichend genau, wenn $x - x_0$ ein infinitesimaler Abschnitt dx und die Funktion $f(x)$ um x_0 hinreichend glatt ist, d. h. $f(x)$ ist mindestens so oft differenzierbar, wie es im Rahmen unserer Theorie erforderlich ist.

Zur Verdeutlichung untersuchen wir eine Größe, die durch die Funktion $f(x)$ beschrieben werden kann. Ihre Taylor-Reihenentwicklung um die Stelle bzw. den Entwicklungspunkt x_0 ist bereits oben angegeben. Da wir uns für die Änderung an einer beliebigen Stelle x_0 über die Strecke dx interessieren, setzen wir $x - x_0 = dx$. In diesem Fall resultiert für die Taylor-Reihe

$$f(x_0 + dx) = f(x_0) + \frac{f'(x_0)}{1!}dx^1 + \frac{f''(x_0)}{2!}dx^2 + \frac{f'''(x_0)}{3!}dx^3 + \dots .$$

Die Änderung der Funktion über die Strecke dx ist dann

$$\Delta f = f(x_0 + dx) - f(x_0) = \frac{f'(x_0)}{1!}dx^1 + \frac{f''(x_0)}{2!}dx^2 + \frac{f'''(x_0)}{3!}dx^3 + \dots .$$

Sie ist eine Potenzreihe in Abhängigkeit von der infinitesimalen Strecke dx. Berücksichtigen wir, dass die Strecke dx unendlich klein wird, aber nicht verschwindet, können wir diese Änderung annähern mit dem linearen Glied der Taylor-Reihe

$$\lim_{dx \to 0} \Delta f = \lim_{dx \to 0} \left(\frac{f'(x_0)}{1!}dx^1 + \frac{f''(x_0)}{2!}dx^2 + \frac{f'''(x_0)}{3!}dx^3 + \dots \right) \approx f'(x_0)\, dx .$$

Beachten wir noch $f'(x) = \frac{\partial f}{\partial x}$, resultiert für die Änderung der Funktion an der Stelle x_0 über die infinitesimale Strecke $\mathrm{d}x$

$$f'(x_0)\,\mathrm{d}x = \frac{\partial f(x)}{\partial x}\bigg|_{x_0}\,\mathrm{d}x\,,$$

und für den Funktionswert

$$f(x_0 + \mathrm{d}x) \approx f(x_0) + \frac{\partial f(x)}{\partial x}\bigg|_{x_0}\,\mathrm{d}x\,. \qquad (10.2)$$

Verwenden wir statt der Funktion f Größen wie das Biegemoment M_b oder die Normalspannung σ_x und entwickeln die Funktion an einer beliebigen Stelle x, so erhalten wir

$$M_b(x + \mathrm{d}x) = M_b(x) + \frac{\partial M_b(x)}{\partial x}\,\mathrm{d}x = M_b + \mathrm{d}M_b\,, \qquad (10.3)$$

$$\sigma_x(x + \mathrm{d}x) = \sigma_x(x) + \frac{\partial \sigma_x(x)}{\partial x}\,\mathrm{d}x = \sigma_x + \mathrm{d}\sigma_x\,. \qquad (10.4)$$

Dabei stellen $\mathrm{d}M_b$ und $\mathrm{d}\sigma_x$ die Änderungen der Größen entlang der Strecke $\mathrm{d}x$ dar.

10.2 Weiterführende Torsionstheorie

Dem im Unterabschnitt 4.2.4 beschriebenen Vorgehen zur Berechnung von dünnwandigen offenen Profilen unter Torsionsbeanspruchung liegt das Verhalten von dünnwandigen rechteckigen Vollquerschnitten zugrunde. Zur Abschätzung der Anwendbarkeit der abgeleiteten Beziehungen haben wir in Tab. 4.1 die Abweichungen von gedrungenen Rechteckprofilen in Bezug zur exakten Theorie angegeben, wonach wir von ausreichender Dünnwandigkeit ausgehen dürfen, wenn das Verhältnis von Querschnittsbreite zur Wandstärke größer als 10 ist.

Die Bestimmung dieser Abweichungen bzw. der exakten Schubspannungsverteilung im Querschnitt erfordert eine wesentlich aufwendigere Lösung der beherrschenden Gleichungen als dies im oben genannten Unterabschnitt dargestellt ist. Da das Vorgehen zur Ermittlung dieser exakten Schubspannungsverteilung im Rechteckprofil nicht unbedingt erforderlich für ein grundlegendes Verständnis der Torsion bei dünnen offenen Profilen ist, stellen wir die exakte Schubspannungsberechnung nicht im Hauptteil dieses Lehrbuchs dar, sondern diskutieren sie an dieser Stelle.

Wir beginnen unsere Überlegungen mit dem in Abb. 10.2a) dargestellten Querschnitt. Dieser Querschnitt ist einer Verdrehung $\vartheta = \vartheta(x)$ unterworfen. Unter den Annahmen, dass der Querschnitt bei Torsion erhalten bleibt und dass er sich frei verwölben kann, verschiebt sich der Punkt P nach P', wie in Abb. 10.2a) skizziert. Die Verschiebungen v und w in y- bzw. z-Richtung lauten dann

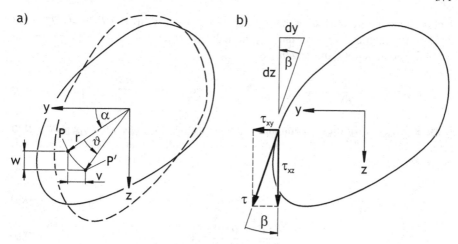

Abb. 10.2 a) Verschiebung des Punktes P infolge der Verdrehung ϑ, die im Querschnitt überall gleich ist, b) resultierende Schubspannung τ auf dem Querschnittsrand

$$v = r \cos (\alpha + \vartheta(x)) - r \cos \alpha \quad \text{und} \quad w = r \sin (\alpha + \vartheta(x)) - r \sin \alpha .$$

Wegen der trigonometrischen Additionstheoreme unter Beachtung kleiner Winkel $\vartheta(x)$ mit $\sin \vartheta(x) \approx \vartheta(x)$ und $\cos \vartheta(x) \approx 1$ resultiert

$$\cos (\alpha + \vartheta(x)) = \cos \alpha \cos \vartheta(x) - \sin \alpha \sin \vartheta(x) \approx \cos \alpha - \vartheta(x) \sin \alpha ,$$
$$\sin (\alpha + \vartheta(x)) = \sin \alpha \cos \vartheta(x) + \cos \alpha \sin \vartheta(x) \approx \sin \alpha + \vartheta(x) \cos \alpha ,$$

und wir erhalten

$$v = -\vartheta(x) \, r \sin \alpha \quad \text{sowie} \quad w = \vartheta(x) \, r \cos \alpha .$$

Berücksichtigen wir, dass $y = r \cos \alpha$ sowie $z = r \sin \alpha$ gilt und dass ferner die Verwölbung durch eine *Wölbfunktion* $u^*(y, z)$ beschrieben werden kann (vgl. die Gln. (4.91) und (4.101)), so müssen die Verschiebungen den folgenden Ansätzen genügen

$$u = \vartheta'(x) \, u^*(y, z) , \quad v = -\vartheta(x) \, z \quad \text{und} \quad w = \vartheta(x) \, y .$$

Wenn die Verdrillung ϑ' entlang der x-Achse konstant ist, verschwinden die Verzerrungen $\varepsilon_x, \varepsilon_y, \varepsilon_z$ und γ_{yz} nach den Verschiebungs-Verzerrungs-Beziehungen in den Gln. (2.49) bis (2.51) und (2.53). Es verbleibt lediglich

$$\gamma_{xy} = \vartheta' \left(\frac{\partial u^*(y, z)}{\partial y} - z \right) \quad \text{und} \quad \gamma_{xz} = \vartheta' \left(\frac{\partial u^*(y, z)}{\partial z} + y \right) .$$

Unter Beachtung des Hookeschen Gesetzes nach den Gln. (2.67) bis (2.72) sind die Spannungen σ_x, σ_y, σ_z und τ_{yz} null. Es resultiert mit $u^* = u^*(y,z)$ für die verbleibenden Schubspannungen

$$\tau_{xy} = G\,\vartheta'\left(\frac{\partial u^*}{\partial y} - z\right),\qquad(10.5)\qquad \tau_{xz} = G\,\vartheta'\left(\frac{\partial u^*}{\partial z} + y\right).\qquad(10.6)$$

Berücksichtigen wir diese Spannungen in den Gleichgewichtsbeziehungen nach den Gln. (2.24) bis (2.26), erhalten wir mit verschwindenden Volumenlasten (d. h. es gilt $f_x^* = f_y^* = f_z^* = 0$)

$$\frac{\partial \tau_{xy}}{\partial x} = 0\,,\qquad(10.7)\qquad\qquad \frac{\partial \tau_{xz}}{\partial x} = 0\,,\qquad(10.8)$$

$$\frac{\partial^2 u^*}{\partial y^2} + \frac{\partial^2 u^*}{\partial z^2} = 0\,.\qquad(10.9)$$

Aus den Gln. (10.7) sowie (10.8) können wir schlussfolgern, dass die Schubspannungen sich nicht in x-Richtung ändern. Gl. (10.9) stellt eine partielle Differentialgleichung 2. Ordnung dar, die auch als *Potentialgleichung* bezeichnet wird und die von der Wölbfunktion u^* erfüllt werden muss. Im vorliegenden homogenen Fall spricht man auch von einer *Laplace-Gleichung*, die nach Pierre-Simon Laplace (1749-1827, französischer Mathematiker und Astronom) benannt ist. Zusätzlich muss noch die Randbedingung auf der Oberfläche des Querschnitts beachtet werden. Da keine resultierende Schubspannung τ am Rand mit einer Spannungskomponente senkrecht zur Oberfläche des Querschnitts auftreten kann (vgl. Abb. 10.2b)), gilt

$$\frac{\mathrm{d}z}{\mathrm{d}y} = \frac{\tau_{xz}}{\tau_{xy}}\qquad\Leftrightarrow\qquad \tau_{xz}\,\mathrm{d}y - \tau_{xy}\,\mathrm{d}z = 0\,.\qquad(10.10)$$

Setzen wir in diese Beziehung die Schubspannungen nach den Gln. (10.5) und (10.6) ein, so ergibt sich die Randbedingung zu

$$G\,\vartheta'\left(\frac{\partial u^*}{\partial z} + y\right)\mathrm{d}y - G\,\vartheta'\left(\frac{\partial u^*}{\partial y} - z\right)\mathrm{d}z = 0\,.\qquad(10.11)$$

Wird die Laplace-Gleichung (10.9) für die Wölbfunktion u^* unter Beachtung der dazugehörigen Randbedingung nach Gl. (10.11) gelöst, ist somit die Torsionsbeanspruchung im Träger bekannt.

Statt eine Wölbfunktion u^* zu verwenden, ist es zweckmäßiger, eine *Torsionsfunktion* $\Phi(y,z)$ so zu definieren, dass gilt

$$\tau_{xy} = -2\,G\,\vartheta'\frac{\partial \Phi}{\partial z}\,,\qquad(10.12)\qquad \tau_{xz} = 2\,G\,\vartheta'\frac{\partial \Phi}{\partial y}\,.\qquad(10.13)$$

Der Vergleich mit den Schubspannungen nach den Gln. (10.5) und (10.6) liefert

$$\frac{\partial \Phi}{\partial z} = -\frac{1}{2}\left(\frac{\partial u^*}{\partial y} - z\right),\qquad(10.14)\qquad \frac{\partial \Phi}{\partial y} = \frac{1}{2}\left(\frac{\partial u^*}{\partial z} + y\right).\qquad(10.15)$$

Differenzieren wir Gl. (10.14) partiell nach y und Gl. (10.15) nach z, so erhalten wir

$$\frac{\partial^2 u^*}{\partial y^2} = -2\frac{\partial^2 \Phi}{\partial y \partial z} \,, \qquad \frac{\partial^2 u^*}{\partial z^2} = 2\frac{\partial^2 \Phi}{\partial z \partial y} \,.$$

Setzen wir dies in die Gleichgewichtsbeziehung nach Gl. (10.9) ein, folgt

$$\frac{\partial^2 u^*}{\partial y^2} + \frac{\partial^2 u^*}{\partial z^2} = -2\frac{\partial^2 \Phi}{\partial y \partial z} + 2\frac{\partial^2 \Phi}{\partial z \partial y} - 0 \,.$$

Demnach ist bei Wahl der obigen Torsionsfunktion die Gleichgewichtsbedingung immer erfüllt.

Wir differenzieren Gl. (10.14) nun partiell nach z und Gl. (10.15) nach y. Addieren wir das Ergebnis, so erhalten wir die *Differentialgleichung der Torsionsfunktion*

$$\frac{\partial^2 \Phi}{\partial y^2} + \frac{\partial^2 \Phi}{\partial z^2} = 1 \,, \tag{10.16}$$

die wir zur Lösung des Torsionsproblems beim Reckteckprofil verwenden. Es handelt sich um eine *Poissonsche Differentialgleichung*, d. h. um eine inhomogene Potentialgleichung. Benannt werden solche Differentialgleichungen nach Siméon Denis Poisson (1781-1840, französischer Mathematiker und Physiker).

Die zu erfüllenden Randbedingungen erhalten wir, indem wir die Gln. (10.14) und (10.15) in die Bedingung nach Gl. (10.11) einsetzen. Es resultiert

$$2\,G\,\vartheta' \underbrace{\left(\frac{\partial \Phi}{\partial y}\,\mathrm{d}y + \frac{\partial \Phi}{\partial z}\,\mathrm{d}z \right)}_{=\mathrm{d}\Phi} = 0 \quad \Leftrightarrow \quad \mathrm{d}\Phi = 0 \,. \tag{10.17}$$

Folglich ist die Torsionsfunktion auf dem Rand eine Konstante. Da diese Konstante keinen Einfluss auf die Schubspannungen (vgl. die Gln. (10.12) und (10.13)) hat, kann sie frei gewählt werden, und zwar solange, wie es sich um einfach berandete Profile bzw. Vollquerschnitte handelt. Wir wählen der Einfachheit halber

$$\Phi = 0 \,. \tag{10.18}$$

Mit den Gln. (10.16) und (10.18) ist das Torsionsproblem auf die Ermittlung einer Torsionsfunktion Φ reduziert, die die Poissonsche Differentialgleichung erfüllt und die auf dem Rand verschwindet. Bei Bekanntheit der Torsionsfunktion sind die Schubspannungskomponenten nach den Gln. (10.12) und (10.13) bestimmt. Der Betrag der resultierenden Schubspannung ist dann

$$\tau = \sqrt{\tau_{xy}^2 + \tau_{xz}^2} = 2\,G\,\vartheta' \sqrt{\left(\frac{\partial \Phi}{\partial z} \right)^2 + \left(\frac{\partial \Phi}{\partial y} \right)^2} \,. \tag{10.19}$$

Das Torsionsmoment T können wir aus den Schubspannungen mit der Querschnitts-fläche A wie folgt ermitteln (vgl. Abb. 10.3a))

$$T = \int_A \left(\tau_{xz}\, y - \tau_{xy}\, z \right)\, dA = 2\, G\, \vartheta' \int_A \left(\frac{\partial \Phi}{\partial y}\, y + \frac{\partial \Phi}{\partial z}\, z \right)\, dA \ .$$

Beachten wir das Elastizitätsgesetz der Torsion nach Saint-Venant mit $T = G I_T\, \vartheta'$ nach Gl. (4.11), erhalten wir das Torsionsflächenmoment

$$I_T = 2 \int_A \left(\frac{\partial \Phi}{\partial y}\, y + \frac{\partial \Phi}{\partial z}\, z \right)\, dA \ . \tag{10.20}$$

Diese Beziehung können wir noch weiter durch Anwendung der partiellen Integration vereinfachen. Hierzu untersuchen wir zunächst das Integral für den ersten Summanden des Integranden. Wenn wir die obere Grenze der Profilfläche in y-Richtung mit y_o und die untere mit y_u bezeichnen, so resultiert

$$\int_A \left(\frac{\partial \Phi}{\partial y}\, y \right)\, dA = \int \left(\int_{y_u}^{y_o} \frac{\partial \Phi}{\partial y}\, y\, dy \right) dz = \int \left(\underbrace{\left[\Phi\, y \right]_{y_u}^{y_o}}_{=0} - \int_{y_u}^{y_o} \Phi\, dy \right) dz$$

$$= - \int \int_{y_u}^{y_o} \Phi\, dy\, dz = - \int \Phi\, dA \ .$$

Analog erhalten wir für den 2. Summanden

$$\int_A \left(\frac{\partial \Phi}{\partial z}\, z \right)\, dA = - \int \Phi\, dA \ .$$

Das Torsionsflächenmoment nach Gl. (10.20) können wir also umformulieren zu

$$I_T = -4 \int \Phi\, dA \ . \tag{10.21}$$

Wir wenden dies nun auf einen rechteckigen Vollquerschnitt nach Abb. 10.3b) an. Da die Torsionsfunktion auf dem Rand verschwindet, können wir eine Fourier-Reihe - benannt nach Jean Baptiste Joseph Fourier (1768-1830, französischer Mathematiker und Physiker) - mit zwei Sinus-Anteilen verwenden. Dadurch können wir eine beliebige stetige Funktion in den Veränderlichen y und z im Rechteckge-biet mit $0 \leq y \leq t$ und $0 \leq z \leq h$ darstellen, die unsere Randbedingung nach Gl. (10.18) erfüllt (vgl. zu Fourier-Reihen, insbsondere zu Fourier-Reihen mit mehreren Veränderlichen z. B. [7]). Wir setzen daher an

$$\Phi(y,z) = \sum_{n=1}^{\infty} \sum_{m=1}^{\infty} \Phi_{mn}\, \sin\left(\frac{m\, \pi\, y}{t} \right) \sin\left(\frac{n\, \pi\, z}{h} \right) \ . \tag{10.22}$$

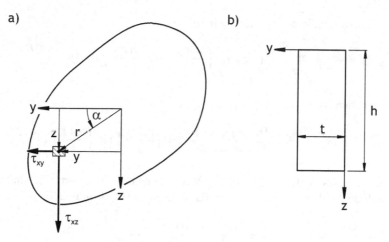

Abb. 10.3 a) Moment der Schubspannungen um Koordinatenursprung, b) Rechteckquerschnitt

Wir differenzieren dies zweimal partiell sowohl nach y als auch nach z. Es folgt

$$\frac{\partial^2 \Phi(y,z)}{\partial y^2} = -\sum_{n=1}^{\infty} \sum_{m=1}^{\infty} \Phi_{mn} \frac{m^2 \pi^2}{t^2} \sin\left(\frac{m\pi y}{t}\right) \sin\left(\frac{n\pi z}{h}\right),$$

$$\frac{\partial^2 \Phi(y,z)}{\partial z^2} = -\sum_{n=1}^{\infty} \sum_{m=1}^{\infty} \Phi_{mn} \frac{n^2 \pi^2}{h^2} \sin\left(\frac{m\pi y}{t}\right) \sin\left(\frac{n\pi z}{h}\right).$$

$$(10.23)$$

Die beherrschende Differentialgleichung (10.16) wird dann zu

$$-\pi^2 \sum_{n=1}^{\infty} \sum_{m=1}^{\infty} \Phi_{mn} \left(\frac{m^2}{t^2} + \frac{n^2}{h^2}\right) \sin\left(\frac{m\pi y}{t}\right) \sin\left(\frac{n\pi z}{h}\right) = 1. \qquad (10.24)$$

Da allerdings eine Konstante in einem Rechteckgebiet ebenfalls durch eine Fourier-Reihe beschrieben werden kann, formulieren wir die Konstante 1 der rechten Seite um. Wir nehmen dazu an, dass die Konstante durch eine ungerade Funktion beschrieben werden kann. Wir müssen daher nur die ungeraden Glieder der Fourier-Reihenentwicklung berücksichtigen. Eine Funktion $f(y,z) = 1$ können wir dann wie folgt darstellen

$$f(y,z) = 1 = \sum_{n=1}^{\infty} \sum_{m=1}^{\infty} f_{mn} \sin\left(\frac{m\pi y}{t}\right) \sin\left(\frac{n\pi z}{h}\right) \quad \text{mit} \quad m,n = 1,3,5,\dots .$$

Die Fourier-Koeffizienten ermitteln wir zu

$$f_{mn} = \frac{4}{h\,t} \int_{y=0}^{t} \int_{z=0}^{h} \underbrace{f(y,z)}_{=1} \sin\left(\frac{m\,\pi\,y}{t}\right) \sin\left(\frac{n\,\pi\,z}{h}\right) dz\,dy = \frac{16}{\pi^2\,m\,n} \ .$$

Damit erhalten wir

$$f(y,z) = 1 = \frac{16}{\pi^2} \sum_{n=1}^{\infty} \sum_{m=1}^{\infty} \frac{1}{m\,n} \sin\left(\frac{m\,\pi\,y}{t}\right) \sin\left(\frac{n\,\pi\,z}{h}\right) \ .$$

Dies ist die rechte Seite von Gl. (10.24). Wir können also Φ_{mn} durch Koeffizienten-vergleich der beiden Reihen ermitteln. Es folgt für ungerade m und n

$$\Phi_{mn} = -\frac{16\,t^2\,h^2}{\pi^4\,m\,n\,(m^2\,h^2 + n^2\,t^2)} \ .$$

Koeffizienten mit geraden m und n sind null.

Für das Torsionsflächenmoment erhalten wir nach Gl. (10.21) mit $m, n = 1, 3, 5, \ldots$

$$I_T = -4 \sum_{n=1}^{\infty} \sum_{m=1}^{\infty} \Phi_{mn} \int_0^h \int_0^t \sin\left(\frac{m\,\pi\,y}{t}\right) \sin\left(\frac{n\,\pi\,z}{h}\right) dy\,dz$$

$$= \frac{256\,t^3\,h^3}{\pi^6} \sum_{n=1}^{\infty} \sum_{m=1}^{\infty} \frac{1}{m^2\,n^2\,(m^2\,h^2 + n^2\,t^2)} \ .$$

Die Auswertung dieser Reihe führt auf die in Tab. 4.1, S. 115, angegebenen Korrekturwerte.

Darüber hinaus können wir die maximal auftretende Schubspannung bestimmen. Diese tritt in der Mitte der längeren Seite des Rechtecks auf. Wir erhalten mit Gl. (10.13)

$$\tau_{\max} = \tau_{xz}\left(y = t, z = \frac{h}{2}\right) = 2\,G\,\vartheta' \frac{\partial\Phi\left(y = t, z = \frac{h}{2}\right)}{\partial y}$$

$$= 2\,G\,\vartheta' \sum_{n=1}^{\infty} \sum_{m=1}^{\infty} \Phi_{mn} \frac{m\,\pi}{t} \sin\left(\frac{n\,\pi}{2}\right) \cos(m\,\pi) \ .$$

Wegen $W_T = \frac{T}{\tau_{\max}}$ und $T = G\,I_T\,\vartheta'$ resultiert

$$W_T = \frac{I_T}{2 \sum\limits_{n=1}^{\infty} \sum\limits_{m=1}^{\infty} \Phi_{mn} \frac{m\pi}{t} \sin\frac{n\pi}{2} \cos(m\,\pi)} \quad \text{mit} \quad m, n = 1, 3, 5, \ldots \ .$$

Diese Beziehung ist ebenfalls in Tab. 4.1, S. 115, für verschiedene Seitenverhältnisse ausgewertet.

10.3 Ergänzung zu Querkraftschub bei Rechteckprofilen

Das Verhalten von dünnwandigen Profilen unter Querkraftschubeinfluss beschreiben wir in Kap. 5 in weiten Teilen auf der Basis dünnwandiger rechteckiger Vollquerschnitte. Die im Rechteckquerschnitt resultierenden Schubspannungen werden dabei als konstant über der Wandstärke angenommen. Dies stellt solange eine gute Näherung dar, wie es sich um schmale Profile mit einem Seitenverhältnis von Höhe zu Breite von mindestens 2 handelt (vgl. Tab. 5.1). Nachfolgend werden wir die theoretische Begründung für dieses Seitenverhältnis basierend auf den exakten Ergebnissen liefern.

Wir untersuchen einen Balken mit einem Rechteckquerschnitt gemäß Abb. 10.4. Wir benutzen dazu die Gleichgewichtsbeziehungen, Verschiebungs-Verzerrungs-Beziehungen und das Stoffgesetz.

Der Einfachheit halber nehmen wir an, dass die Struktur durch ein Biegemoment um die y-Achse, die auch Hauptachse ist, und eine korrespondierende Querkraft Q_z beansprucht wird. Die Querkraft ist dabei in Balkenlängsachse konstant, d. h. es wirken keine Streckenlasten. Als Folge treten in der Struktur nur Normalspannungen in Trägerlängsrichtung ($\sigma_x \neq 0$, $\sigma_y = \sigma_z = 0$) auf, die linear über der Querschnittshöhe verteilt sind (vgl. Normalspannungen im Biegebalken nach Gl. (3.24))

$$\sigma_x = \frac{M_{by}}{I_y} z \, . \tag{10.25}$$

Darüber hinaus nehmen wir an, dass durch eine Querkraft Q_z nur Schubspannungen auf der y-z-Ebene hervorgerufen werden, weshalb folgt

$$\tau_{xy} \neq 0 \neq \tau_{xz} \quad \text{und} \quad \tau_{yz} = 0 \, . \tag{10.26}$$

Unter Vernachlässigung von Volumenkräften resultiert aus den Gleichgewichtsbeziehungen (vgl. die Gln. (2.24) bis (2.29)) an einem infinitesimalen Volumenelement mit den Gln. (2.7) und (10.25)

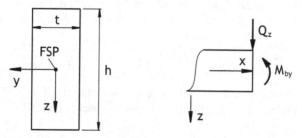

Abb. 10.4 Balken mit Rechteckquerschnitt unter Querkraftschubeinfluss

$$\frac{\partial \sigma_x}{\partial x} + \frac{\partial \tau_{xy}}{\partial y} + \frac{\partial \tau_{xz}}{\partial z} = 0 \quad \Leftrightarrow \quad \frac{\partial \tau_{xy}}{\partial y} + \frac{\partial \tau_{xz}}{\partial z} = -\frac{Q_z}{I_y} z , \qquad (10.27)$$

$$\frac{\partial \tau_{xy}}{\partial x} = 0 , \qquad (10.28) \qquad\qquad\qquad \frac{\partial \tau_{xz}}{\partial x} = 0 . \qquad (10.29)$$

Damit stehen die Gleichgewichtsbeziehungen zur Verfügung, die die gesuchten Schubspannungen τ_{xy} und τ_{xz} erfüllen müssen. Daneben muss für diese Schubspannungen zudem die Randbedingung auf der Oberfläche des Querschnitts berücksichtigt werden, d. h. die resultierende Schubspannung darf keine Komponente senkrecht zur Oberfläche aufweisen. Da wir diese Randbedingung bereits für die Schubspannungsberechnung bei einer Torsionsbeanspruchung gemäß Abschnitt 10.2 formuliert haben, dürfen wir sie hier übernehmen (vgl. Gl. (10.10))

$$\tau_{xz} \, dy - \tau_{xy} \, dz = 0 . \qquad (10.30)$$

Im nächsten Schritt kombinieren wir die Verträglichkeitsbedingungen nach den Gln. (2.56) bis (2.61) mit dem Stoffgesetz gemäß der Gln. (2.67) bis (2.72). Unter Beachtung der verschwindenden Spannungen σ_y, σ_z und τ_{yz} sind demnach alle Kompatibilitätsbedingungen bis auf

$$2\frac{\partial^2 \varepsilon_y}{\partial x \partial z} = \frac{\partial}{\partial y}\left(\frac{\partial \gamma_{yz}}{\partial x} - \frac{\partial \gamma_{xz}}{\partial y} + \frac{\partial \gamma_{xy}}{\partial z} \right) \quad \Leftrightarrow \quad -2\frac{\nu G}{E}\frac{\partial^2 \sigma_x}{\partial x \partial z} = \frac{\partial^2 \tau_{xy}}{\partial y \partial z} - \frac{\partial^2 \tau_{xz}}{\partial y^2}$$

und

$$2\frac{\partial^2 \varepsilon_z}{\partial x \partial y} = \frac{\partial}{\partial z}\left(\frac{\partial \gamma_{yz}}{\partial x} + \frac{\partial \gamma_{xz}}{\partial y} - \frac{\partial \gamma_{xy}}{\partial z} \right) \quad \Leftrightarrow \quad -2\frac{\nu G}{E}\frac{\partial^2 \sigma_x}{\partial x \partial y} = \frac{\partial^2 \tau_{xy}}{\partial z^2} - \frac{\partial^2 \tau_{xz}}{\partial y \partial z}$$

identisch erfüllt. Unter Berücksichtigung von Gl. (10.25) mit $\frac{\partial M_{by}}{\partial x} = Q_z$ und wegen $E = 2\,G\,(1 + \nu)$ folgt für die verbliebenen Kompatibilitätsbedingungen

$$-\frac{\nu}{1+\nu}\frac{Q_z}{I_y} = \frac{\partial^2 \tau_{xy}}{\partial y \partial z} - \frac{\partial^2 \tau_{xz}}{\partial y^2} , \quad (10.31) \qquad 0 = \frac{\partial^2 \tau_{xy}}{\partial z^2} - \frac{\partial^2 \tau_{xz}}{\partial y \partial z} . \qquad (10.32)$$

In beiden Gleichungen werden wir das Gleichgewicht nach Gl. (10.27) berücksichtigen. Hierzu differenzieren wir Gl. (10.27) partiell nach y und z. Es folgt

$$\frac{\partial^2 \tau_{xz}}{\partial y \partial z} = -\frac{\partial^2 \tau_{xy}}{\partial y^2} , \qquad (10.33) \qquad \frac{\partial^2 \tau_{xy}}{\partial y \partial z} = -\frac{\partial^2 \tau_{xz}}{\partial z^2} - \frac{Q_z}{I_y} . \qquad (10.34)$$

Setzen wir Gl. (10.34) in (10.31) und Gl. (10.33) in (10.32) ein, resultieren die verbliebenen Kompatibilitätsbedingungen ausgedrückt für die gesuchten Schubspannungen

$$\frac{\partial^2 \tau_{xz}}{\partial y^2} + \frac{\partial^2 \tau_{xz}}{\partial z^2} = -\frac{Q_z}{I_y (1+\nu)}, \quad (10.35) \qquad \frac{\partial^2 \tau_{xy}}{\partial y^2} + \frac{\partial^2 \tau_{xy}}{\partial z^2} = 0. \quad (10.36)$$

Statt mit den Schubspannungen zu arbeiten, ist es zweckmäßiger, eine Spannungsfunktion $\Phi(y, z)$ so zu definieren, dass die Gleichgewichtsbeziehungen gemäß den Gln. (10.27) bis (10.29) erfüllt sind. Dies ist der Fall, wenn wir die Schubspannungen wie folgt wählen

$$\tau_{xy} = -\frac{\partial \Phi}{\partial z}, \qquad (10.37) \qquad \tau_{xz} = \frac{\partial \Phi}{\partial y} - \frac{Q_z z^2}{2 I_y} + f(y). \quad (10.38)$$

Die von der y-Koordinate abhängige Funktion $f(y)$ stellt dabei eine zu ermittelnde Unbekannte dar.

Setzen wir die Schubspannungsansätze in die Kompatibilitätsbedingungen nach den Gln. (10.35) und (10.36) ein, erhalten wir die beherrschenden Differentialgleichungen für den Querkraftschub infolge der Querkraft Q_z in Abhängigkeit von der Spannungsfunktion Φ zu

$$\frac{\partial}{\partial y} \left(\frac{\partial^2 \Phi}{\partial y^2} + \frac{\partial^2 \Phi}{\partial z^2} \right) = \frac{\nu}{1+\nu} \frac{Q_z}{I_y} - \frac{\partial^2 f(y)}{\partial y^2}, \qquad (10.39)$$

$$\frac{\partial}{\partial z} \left(\frac{\partial^2 \Phi}{\partial y^2} + \frac{\partial^2 \Phi}{\partial z^2} \right) = 0. \qquad (10.40)$$

Da der Klammerausdruck in Gl. (10.40) partiell nach z abgeleitet null ist, kann die Integration in y-Richtung der rechten Seite von Gl. (10.39) nur eine Funktion von y, aber nicht von z sein. Wir erhalten somit aus den beiden vorherigen Gleichungen

$$\frac{\partial^2 \Phi}{\partial y^2} + \frac{\partial^2 \Phi}{\partial z^2} = \frac{\nu}{1+\nu} \frac{Q_z}{I_y} y - \frac{\partial f(y)}{\partial y} + C. \qquad (10.41)$$

Um die Konstante C zu ermitteln, betrachten wir zunächst die Verdrehung eines Querschnittspunktes nach Abb. 10.5. Die Verdrehung resultiert aus der Scherung eines infinitesimal kleinen Flächenbereiches. Im positiven Drehsinn erhalten wir die Verdrehungen $-\frac{\partial v}{\partial z}$ und $\frac{\partial w}{\partial y}$, woraus wir die mittlere Verdrehung ϑ_m eines Querschnittspunktes bestimmen zu

$$\vartheta_m = \frac{1}{2} \left(\frac{\partial w}{\partial y} - \frac{\partial v}{\partial z} \right). \qquad (10.42)$$

Die Änderung dieser Verdrehung in Trägerlängsrichtung x erhalten wir in Abhängigkeit von den Schubspannungen τ_{xz} sowie τ_{xy} unter Beachtung des Hookeschen

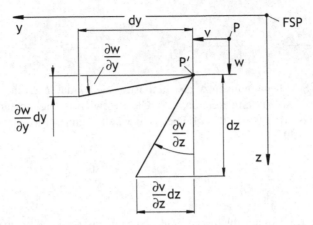

Abb. 10.5 Verdrehungen eines Querschnittspunktes P infolge einer Verformung

Gesetzes $\gamma_{xz} = \frac{\tau_{xz}}{G}$ und $\gamma_{xy} = \frac{\tau_{xy}}{G}$ zu

$$\frac{\partial \vartheta_m}{\partial x} = \frac{1}{2} \frac{\partial}{\partial x} \left(\frac{\partial w}{\partial y} - \frac{\partial v}{\partial z} \right) = \frac{1}{2} \left[\frac{\partial}{\partial y} \underbrace{\left(\frac{\partial w}{\partial x} + \frac{\partial u}{\partial z} \right)}_{= \gamma_{xz}} - \frac{\partial}{\partial z} \underbrace{\left(\frac{\partial v}{\partial x} + \frac{\partial u}{\partial y} \right)}_{= \gamma_{xy}} \right]$$

$$= \frac{1}{2} \left(\frac{\partial \gamma_{xz}}{\partial y} - \frac{\partial \gamma_{xy}}{\partial z} \right) = \frac{1}{2G} \left(\frac{\partial \tau_{xz}}{\partial y} - \frac{\partial \tau_{xy}}{\partial z} \right) . \tag{10.43}$$

Setzen wir in diese Gleichung die Ansätze nach den Gln. (10.37) und (10.38) ein, folgt

$$2G \frac{\partial \vartheta_m}{\partial x} = \frac{\partial^2 \Phi}{\partial y^2} + \frac{\partial^2 \Phi}{\partial z^2} + \frac{\partial f(y)}{\partial y} \quad \Leftrightarrow \quad \frac{\partial^2 \Phi}{\partial y^2} + \frac{\partial^2 \Phi}{\partial z^2} = 2G \frac{\partial \vartheta_m}{\partial x} - \frac{\partial f(y)}{\partial y} \tag{10.44}$$

Setzen wir die Gln. (10.41) und (10.44) gleich, resultiert die Beziehung

$$2G \frac{\partial \vartheta_m}{\partial x} = \frac{\nu}{1+\nu} \frac{Q_z}{I_y} y + C , \tag{10.45}$$

die wir zur Bestimmung der Konstante C nutzen. Hierzu betrachten wir zunächst den Mittelwert über alle Querschnittspunkte der Verdrehung ϑ_m.

Unter der Annahme, dass es sich um gerade Biegung um die y-Hauptachse ohne Torsionswirkung (d. h. die Querkraft greift im Schubmittelpunkt an) handelt, muss die mittlere Verdrehung $\bar{\vartheta}_m$ für den Querschnitt verschwinden. Dann ist auch ihre Änderung in x-Richtung null, wodurch die linke Seite von Gl. (10.45) gleich null ist. Bilden wir den Mittelwert über der Querschnittsfläche A auch für die rechte Seite, folgt daher

$$2\,G\,\frac{\partial \bar{\vartheta}_m}{\partial x} = 0 = \underbrace{\frac{v}{1+v}\,\frac{Q_z}{I_y}\,\frac{1}{A}\int_A y\,\mathrm{d}A}_{=0} + C\,\underbrace{\frac{1}{A}\int_A \mathrm{d}A}_{=A} \qquad \Leftrightarrow \qquad C = 0\,. \qquad (10.46)$$

Demnach muss die Konstante C verschwinden. Die beherrschende partielle Differentialgleichung lautet dann

$$\frac{\partial^2\Phi}{\partial y^2} + \frac{\partial^2\Phi}{\partial z^2} = \frac{v}{1+v}\,\frac{Q_z}{I_y}\,y - \frac{\partial f(y)}{\partial y}\,, \qquad (10.47)$$

die unter Beachtung der Randbedingung nach Gl. (10.30) gelöst werden muss. Da die Randbedingung noch die Schubspannungen enthält, ersetzen wir diese durch den gewählten Spannungsansatz nach den Gln. (10.37) und (10.38). Wir erhalten

$$\left(\frac{\partial\Phi}{\partial y} - \frac{Q_z}{2\,I_y}\,z^2 + f(y)\right)\mathrm{d}y + \frac{\partial\Phi}{\partial z}\,\mathrm{d}z = 0\,. \qquad (10.48)$$

Die Randbedingung kann umformuliert werden zu

$$\mathrm{d}\Phi = \frac{\partial\Phi}{\partial y}\,\mathrm{d}y + \frac{\partial\Phi}{\partial z}\,\mathrm{d}z = \left(\frac{Q_z}{2\,I_y}\,z^2 - f(y)\right)\mathrm{d}y\,. \qquad (10.49)$$

Wir lösen nun Gl. (10.47) in der Form, dass die Änderung der Spannungsfunktion Φ auf dem Rand null wird. Für unser Rechteckgebiet ist dies der Fall, wenn der Klammerausdruck der rechten Seite von Gl. (10.49) für $y = \pm\frac{t}{2}$ und $z = \pm\frac{h}{2}$ verschwindet. Da die Funktion $f(y)$ noch unbestimmt ist, nutzen wir diese. Wir erhalten

$$f(y) = \frac{Q_z}{8\,I_y}\,h^2 = \text{konst.} \qquad (10.50)$$

Folglich ist die Spannungsfunktion Φ auf dem Rand wegen $\mathrm{d}\Phi = 0$ konstant. Die beherrschende Differentialgleichung (10.47) vereinfacht sich demnach für ein Rechteckgebiet zu

$$\frac{\partial^2\Phi}{\partial y^2} + \frac{\partial^2\Phi}{\partial z^2} = \frac{v}{1+v}\,\frac{Q_z}{I_y}\,y\,. \qquad (10.51)$$

Da die absolute Höhe der Spannungsfunktion Φ auf dem Rand ohne Einfluss auf die Schubspannungen (vgl. die Gln. (10.37) und (10.38)) ist, können wir Φ auf dem Rand frei wählen. Zweckmäßiger Weise wählen wir $\Phi = 0$. Dadurch können wir eine Fourier-Reihe zur Lösung der Differentialgleichung (10.51) nutzen, die automatisch auf dem Rand verschwindet. Da die rechte Seite von Gl. (10.51) eine ungerade Funktion in y-Richtung und eine gerade Funktion in z-Richtung beschreibt, wählen wir für die Spannungsfunktion (vgl. zu Fourier-Reihen und deren Entwicklung, insbesondere bei mehreren Veränderlichen z. B. [7])

$$\Phi(y,z) = \sum_{m=1}^{\infty}\sum_{n=1}^{\infty}\Phi_{mn}\,\sin\left(2\,\pi\,m\,\frac{y}{t}\right)\cos\left(\pi\,(2\,n-1)\,\frac{z}{h}\right)\,. \qquad (10.52)$$

Zweimaliges Differenzieren von Φ sowohl nach y als auch z führt auf

$$\frac{\partial^2 \Phi}{\partial y^2} = -\sum_{m=1}^{\infty} \sum_{n=1}^{\infty} \frac{4\pi^2 m^2}{t^2} \Phi_{mn} \sin\left(2\pi m \frac{y}{t}\right) \cos\left(\pi(2n-1)\frac{z}{h}\right), \quad (10.53)$$

$$\frac{\partial^2 \Phi}{\partial z^2} = -\sum_{m=1}^{\infty} \sum_{n=1}^{\infty} \frac{\pi^2}{h^2}(2n-1)^2 \Phi_{mn} \sin\left(2\pi m \frac{y}{t}\right) \cos\left(\pi(2n-1)\frac{z}{h}\right). \quad (10.54)$$

Die rechte Seite von Gl. (10.51) entwickeln wir ebenfalls in eine Fourier-Reihe. Sie weist die gleiche Struktur auf wie die Spannungsfunktion Φ. Wir definieren daher

$$g(y,z) = \frac{\nu}{1+\nu} \frac{Q_z}{I_y} y = \sum_{m=1}^{\infty} \sum_{n=1}^{\infty} g_{mn} \sin\left(2\pi m \frac{y}{t}\right) \cos\left(\pi(2n-1)\frac{z}{h}\right). \quad (10.55)$$

Die Fourier-Koeffizienten ermitteln wir zu

$$
\begin{aligned}
g_{mn} &= \frac{\nu}{1+\nu} \frac{Q_z}{I_y} \frac{4}{ht} \int_{z=-\frac{h}{2}}^{\frac{h}{2}} \int_{y=-\frac{t}{2}}^{\frac{t}{2}} y \sin(2\pi m \frac{y}{t}) \cos\left(\pi(2n-1)\frac{z}{h}\right) \, dy \, dz \\
&= \frac{\nu}{1+\nu} \frac{Q_z}{I_y} \frac{4t}{\pi^2} \frac{(-1)^{m+n+2}}{m(2n-1)}.
\end{aligned}
\quad (10.56)
$$

Setzen wir nun die Ausdrücke aus den Gln. (10.53) und (10.54) sowie die Funktion $g(y,z)$ gemäß der Gln. (10.55) und (10.56) in die beherrschende Differentialgleichung (10.51) ein, können wir die Koeffizienten Φ_{mn} unseres Spannungsansatzes durch Koeffizientenvergleich gewinnen. Es folgt unter Beachtung des Rechteckquerschnitts mit $I_y = \frac{1}{12}h^3 t$

$$\Phi_{mn} = \frac{48}{\pi^4} \frac{\nu Q_z}{1+\nu} \frac{t^2}{h^3} \frac{(-1)^{m+n+1}}{m(2n-1)\left(4m^2 + (2n-1)^2 \frac{t^2}{h^2}\right)} \quad (10.57)$$

und somit die Spannungsfunktion zu

$$\Phi = \frac{48}{\pi^4} \frac{\nu Q_z}{1+\nu} \frac{t^2}{h^3} \sum_{m=1}^{\infty} \sum_{n=1}^{\infty} \frac{(-1)^{m+n+1} \sin\left(2\pi m \frac{y}{t}\right) \cos\left(\pi(2n-1)\frac{z}{h}\right)}{m(2n-1)\left(4m^2 + (2n-1)^2 \frac{t^2}{h^2}\right)}. \quad (10.58)$$

Unter Berücksichtigung der Gln. (10.37) und (10.38) mit $f(y)$ nach Gl. (10.50) können wir somit die gesuchten Schubspannungen im Rechteckprofil (mit $A = ht$ sowie $I_y = \frac{1}{12}h^3 t$) angeben

$$\tau_{xy} = \frac{48}{\pi^3} \frac{\nu Q_z}{1+\nu} \frac{t^2}{h^4} \sum_{m=1}^{\infty} \sum_{n=1}^{\infty} \frac{(-1)^{m+n+1} \sin\left(2\pi m \frac{y}{t}\right) \sin\left(\pi(2n-1)\frac{z}{h}\right)}{m\left(4m^2 + (2n-1)^2 \frac{t^2}{h^2}\right)} \quad (10.59)$$

und

$$\tau_{xz} = \frac{3}{2} \frac{Q_z}{A}\left(1 - 4\frac{z^2}{h^2}\right) + \frac{\partial \Phi}{\partial y} \quad (10.60)$$

mit

$$\frac{\partial \Phi}{\partial y} = \frac{96}{\pi^3} \frac{v \, Q_z}{1 + v} \frac{t}{h^3} \sum_{m=1}^{\infty} \sum_{n=1}^{\infty} \frac{(-1)^{m+n+1} \cos\left(2 \pi m \frac{y}{t}\right) \cos\left(\pi \, (2 \, n - 1) \frac{z}{h}\right)}{(2 \, n - 1)\left(4 \, m^2 + (2 \, n - 1)^2 \frac{t^2}{h^2}\right)} \, .$$

Sofern die Höhe des Rechteckquerschnitts sehr viel kleiner ist als die Wandstärke ($t \ll h$), geht diese Lösung in die des rechteckigen Vollquerschnitts nach Unterabschnitt 5.2.1 bzw. Gl. (5.14) über. Es tritt keine Schubspannungskomponente τ_{xy} auf und die Komponente τ_{xz} ist über die Wanddicke konstant. Zu bemerken ist, dass das gleiche Ergebnis folgt, wenn die Querkontraktion vernachlässigt wird (d. h. $v = 0$).

Hinsichtlich der Konsistenz der dargestellten Theorie lässt sich noch eine weitere Aussage ableiten. Untersuchen wir das Gleichgewicht gemäß den Gln. (10.28) und (10.29), so muss die Änderung der Schubspannungen in Trägerlängsrichtung x verschwinden. Dies trifft allerdings nur zu, wenn die Änderung der Querkraft, also $\frac{\partial Q_z}{\partial x} = p_z$ null ist. Somit ist die Theorie nur dann konsistent anwendbar, wenn Querkräfte als diskrete Einzellasten und nicht als Streckenlasten eingeleitet werden.

Die Analyse der zuvor bestimmten Schubspannungen führt darauf, dass die maximale Schubspannung bei $z = 0$ am Profilrand auftritt. Aus den Gln. (10.59) und (10.60) erhalten wir für $z = 0$ eine verschwindende Schubspannung τ_{xy} und

$$\tau_{xz} = \frac{3}{2} \frac{Q_z}{A} \left(1 + \frac{64}{\pi^3} \frac{v}{1 + v} \frac{t^2}{h^2} \sum_{m=1}^{\infty} \sum_{n=1}^{\infty} \frac{(-1)^{m+n+1} \cos\left(2 \pi m \frac{y}{t}\right)}{(2 \, n - 1)\left(4 \, m^2 + (2 \, n - 1)^2 \frac{t^2}{h^2}\right)}\right) \, .$$

Eine Auswertung dieser Beziehung für verschiedene Seitenverhältnisse liefert die in Tab. 5.1 dargestellten Korrekturwerte für eine Querkontraktionszahl $v = 0,3$.

10.4 Äußere Arbeit eines Momentes

Zur Veranschaulichung der äußeren Arbeit eines Momentes untersuchen wir den in Abb. 10.6 dargestellten Körper. Der Einfachheit halber (ohne Einschränkung der Allgemeingültigkeit für die folgenden Beziehungen) nehmen wir an, dass es sich um einen starren Körper handelt. Folglich bleiben Verformungen des Körpers unberücksichtigt.

Wir stellen das im Raum wirkende Moment M in Form eines Kräftepaares aus F und $-F$ dar, die nach Abb. 10.6 in den Punkten A und B des Körpers angreifen. Es folgt aus dem Kreuzprodukt

$$M = r_{BA} \times F \, . \tag{10.61}$$

Die von diesem Kräftepaar bei einer beliebigen, infinitesimal kleinen Verschiebung verrichtete Arbeit dW_a ergibt sich aus dem Vektorprodukt von Verschiebungs- und Kraftvektor zu

$$dW_a = dr_A \cdot (-F) + dr_B \cdot F \, . \tag{10.62}$$

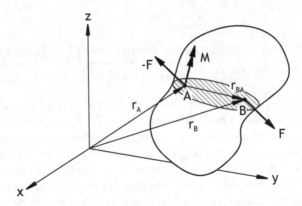

Abb. 10.6 Starrer Körper unter Momentenbelastung

Da die Verschiebung eines starren Körpers durch eine Translation und eine Verdrehung beschrieben werden kann, lässt sich der infinitesimale Verschiebungsvektor $\mathrm{d}r_B$ durch den Verschiebungsvektor $\mathrm{d}r_A$ und einen infinitesimalen Drehvektor $\mathrm{d}\boldsymbol{\varphi}$ ausdrücken

$$\mathrm{d}r_B = \mathrm{d}r_A + \mathrm{d}\boldsymbol{\varphi} \times r_{BA} \ . \tag{10.63}$$

Setzen wir dies in Gl. (10.62) ein, resultiert

$$\mathrm{d}W_a = \underbrace{-\mathrm{d}r_A \cdot \boldsymbol{F} + r_A \cdot \boldsymbol{F}}_{=0} + (\mathrm{d}\boldsymbol{\varphi} \times r_{BA}) \cdot \boldsymbol{F} = (\mathrm{d}\boldsymbol{\varphi} \times r_{BA}) \cdot \boldsymbol{F} \ . \tag{10.64}$$

Mit den Rechenregeln für das Spatprodukt, d. h. es gilt $(\boldsymbol{a} \times \boldsymbol{b}) \cdot \boldsymbol{c} = (\boldsymbol{b} \times \boldsymbol{c}) \cdot \boldsymbol{a}$, erhalten wir schließlich

$$\mathrm{d}W_a = (\mathrm{d}\boldsymbol{\varphi} \times r_{BA}) \cdot \boldsymbol{F} = (r_{BA} \times \boldsymbol{F}) \cdot \mathrm{d}\boldsymbol{\varphi} \ . \tag{10.65}$$

Der Klammerausdruck der rechten Seite von Gl. (10.61) stellt das Moment $\boldsymbol{M}$ dar. Demnach ergibt sich die infinitesimale äußere Arbeit $\mathrm{d}W_a$ eines Momentes durch das Vektorprodukt von Momentenvektor $\boldsymbol{M}$ und einem infinitesimalen Verdrehungsvektor $\mathrm{d}\boldsymbol{\varphi}$

$$\mathrm{d}W_a = \boldsymbol{M} \cdot \mathrm{d}\boldsymbol{\varphi} \ . \tag{10.66}$$

Im ebenen Fall sind die Verdrehung und das Moment gleichgerichtet. Es folgt

$$\mathrm{d}W_a = M \, \mathrm{d}\varphi \ . \tag{10.67}$$

Anhang: Hinweise zu den Verständnisfragen

Hinweise zur Beantwortung der Verständsnisfragen der Kap. 2 bis 9 sind mit Hilfe von Bezügen in den Tabn. A.1 und A.2 angegeben.

Tab. A.1 Hinweise zur Beantwortung der Verständsnisfragen in Form von Bezügen für die Kap. 2 bis 5; zusätzlich verwendete Abkürzungen: Abs. (Abschnitt), Uabs. (Unterabschnitt)

Frage	Kap. 2	Kap. 3	Kap. 4	Kap. 5
1	Tab. 2.1	Abs. 3.1 & 3.2	Abs. 4.1, 4.2 & 4.4	Uabs. 5.2.1 & 5.2.2
2	Abb. 2.5, S. 13	Abs. 3.1	Abs. 4.1, Abb. 4.1	Uabs. 5.2.2, Abb. 5.4
3	S. 23	Gl. (3.3), Abs. 3.2	Abs. 4.3	Abb. 5.4, Gl. (5.16)
4	Uabs. 2.4.1	S. 46 ff., Gln. (3.26) & (3.28)	S. 95 ff., Gl. (4.7)	Abs. 5.3
5	S. 24 & 26	S. 44, Abs. 3.3, Uabs. 3.4.1	Uabs. 4.2.2, Gl. (4.20)	Uabs. 5.2.3
6	Abb. 2.14	S. 68 ff.	Uabs. 4.2.4, Gl. (4.66)	S. 179 ff., Abb. 5.18
7	Uabs. 2.5.2	S. 71 ff.	Abs. 4.3, Abbn. 4.22 & 4.27	Uabs. 5.4.1
8	Gl. (2.32)	S. 64, Uabs. 3.4.1 & 3.4.2	Abs. 4.4	S. 185 ff.
9	S. 28 & 31	Uabs. 3.5.1 & 3.5.2	S. 130 ff. & 141 ff.	Abb. 5.18, Uabs. 5.4.2
10	Abs. 2.7	Uabs. 3.5.3	Uabs. 4.2.2 & 4.2.4, Bsp. 4.5	S. 186 ff.

© Springer-Verlag Berlin Heidelberg 2015
M. Linke, E. Nast, *Festigkeitslehre für den Leichtbau*, DOI 10.1007/978-3-642-53865-0

Tab. A.2 Hinweise zur Beantwortung der Verständnisfragen in Form von Bezügen für die Kap. 6 bis 9; zusätzlich verwendete Abkürzungen: Abs. (Abschnitt), Uabs. (Unterabschnitt)

Frage	Kap. 6	Kap. 7	Kap. 8	Kap. 9
1	Abs. 6.1 & 6.2	Abs. 7.1 & 7.2	Abs. 8.1, Abb. 8.2	S. 329
2	Abs. 6.1	Abs. 7.2, Gl. (7.9)	Tab. 8.1	S. 329, 343
3	Uabs. 6.2.6	Abs. 7.3	Abb. 8.10	Uabs. 9.2.2
4	Abs. 6.3	Abs. 7.4	Uabs. 8.2.4	Uabs. 9.2.3
5	S. 204 ff.	Abs. 7.5	Abs. 8.3	S. 335, Abb. 9.4
6	Uabs. 6.3.2	S. 240 ff., Abb. 7.14	Gl. (8.136), Abb. 8.30	Gln. (9.30) & (9.40)
7	Uabs. 6.3.3	S. 243 ff.	S. 308, 313	Gl. (9.46)
8	Uabs. 6.3.3, Abb. 6.16	S. 243 ff., Uabs. 7.6.1	Abb. 8.28	S. 343
9	Uabs. 6.3.4, Abb. 6.15	S. 253 ff.	Abb. 8.32	Uabs. 9.3.2
10	Uabs. 6.3.3 & 6.3.4	S. 255 ff.	Uabs. 8.4.3	S. 347

Literatur

1. Balke H (2010): Einführung in die Technische Mechanik, 3. Aufl., Springer, Heidelberg

2. Bewersdorff J (2013): Algebra für Einsteiger - Von der Gleichungsauflösung zur Galois-Theorie, 5. Aufl., Springer Spektrum

3. Gross D, Hauger W, Schröder J, Wall W A (2011): Technische Mechanik 1: Statik, 11. Aufl., Springer, Heidelberg

4. Gross D, Hauger W, Schröder J, Wall W A (2012): Technische Mechanik 2: Elastostatik, 11. Aufl., Springer, Heidelberg

5. Kollbrunner C F, Meister M (1958): Ausbeulen, 1. Aufl., Springer, Berlin

6. Kossira H (1996): Grundlagen des Leichtbaus - Einführung in die Theorie dünnwandiger stabförmiger Tragwerke, Springer, Heidelberg

7. Walker P L (1986): The Theory of Fourier Series and Integrals, John Wiley & Sons Ltd., New York

Ergänzungsliteratur

Bruhn E F (1973): Analysis and Design of Flight Vehicle Structures, Jacobs Publishing Inc., USA

Dieker S, Reimerdes H-G (1992): Elementare Festigkeitslehre im Leichtbau, Donat, Bremen

Dowling N E (2012): Mechanical Behavior of Materials, 4. Aufl., Prentice Hall, London

Göldner H, Altenbach J, Eschke K, Kreißig R, Landgraf G (1989): Lehrbuch Höhere Festigkeitslehre, Band 2, 2. Aufl., Leipzig

Gross D, Schnell W, Hauger W, Wriggers P (2004): Technische Mechanik 4: Hydromechanik - Elemente der Höheren Mechanik - Numerische Methoden, 5. Aufl., Springer, Heidelberg

Klein B (2011): Leichtbau-Konstruktion, 9. Aufl., Vieweg+Teubner, Wiesbaden

Megson T H G (2012): Aircraft Structures for Engineering Students, 5. Aufl., Elsevier Aerospace Engineering, Amsterdam

Rammerstorfer F G (1992): Repetitorium Leichtbau, 1. Aufl., Oldenbourg Wissenschaftsverlag, Wien

Timoshenko S, Goodier J N (2009) Theory of Elasticity, 3. Aufl., McGraw-Hill, New York

Wiedemann J (2007): Leichtbau - Elemente und Konstruktion, 3. Aufl., Springer, Berlin

Sachverzeichnis

Printed in the United States
By Bookmasters